Die Welt der Codes

Von altersher haben Menschen die Fähigkeit entwickelt, ihre natürliche Umgebung richtig zu deuten. Dies war ein wichtiger Überlebensfaktor und eine durchaus entscheidende Voraussetzung, um die dominante Spezies auf Erden zu werden.

Die ersten Zeichen

Viele frühe Kulturen kannten bereits Kommunikationsmittel, die abstraktes Denken erforderten: Sprache, numerische Systeme und die Schreibkunst. In jener Zeit entstanden die ersten Symbole und Chiffren. Manchmal nutzten Archäologen kryptoanalytische Methoden, um die Hinterlassenschaften dieser antiken Völker zu entziffern und um den Aufbau und die Wertvorstellungen der jeweiligen Gemeinschaft zu verstehen.

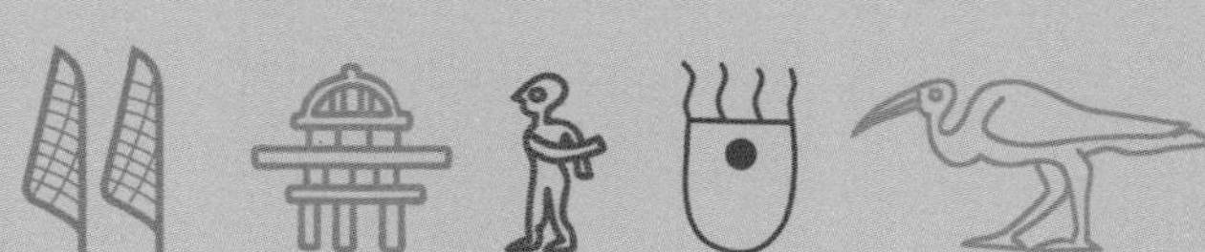

DIE LANDSCHAFT DEUTEN

Höhlen boten den Menschen einen natürlichen Schutz, obwohl es manchmal schwierig war, sie gegen Raubtiere und feindliche Stämme zu verteidigen.

Das Überleben der frühen Menschen hing von ihrer Fähigkeit ab, die Vorgänge zu verstehen, die ihre Umgebung beherrschten. Als sich die ersten primitiven Stammesverbände entwickelten, unterstützten sich die Mitglieder gegenseitig bei der Suche nach Nahrung und Schutz sowie bei der Jagd. Es galt auch, drohendem Unheil aus dem Weg zu gehen. Das Sammeln von Informationen und deren Deutung erforderten einen gewissen Scharfsinn, um die verborgenen Zeichen der Umwelt erkennen zu können. Das wurde besonders wichtig, als *Homo sapiens* sich von Ostafrika aus aufmachte, als Sammler und Jäger den Rest der Welt zu erobern. Dabei passte er sich verschiedensten biogeographischen Regionen an.

Die Zeichen in der Landschaft erkennen

Am Großen Afrikanischen Grabenbruch in Ostafrika wurde die Überrreste der ersten Menschen gefunden. Auch wenn sich die Umweltverhältnisse geändert haben, ist diese Gegend ein guter Ausgangspunkt, um nach den Wurzeln der menschlichen Erfindungsgabe zu suchen. Wie würden frühe Menschen diese Landschaft „lesen“?

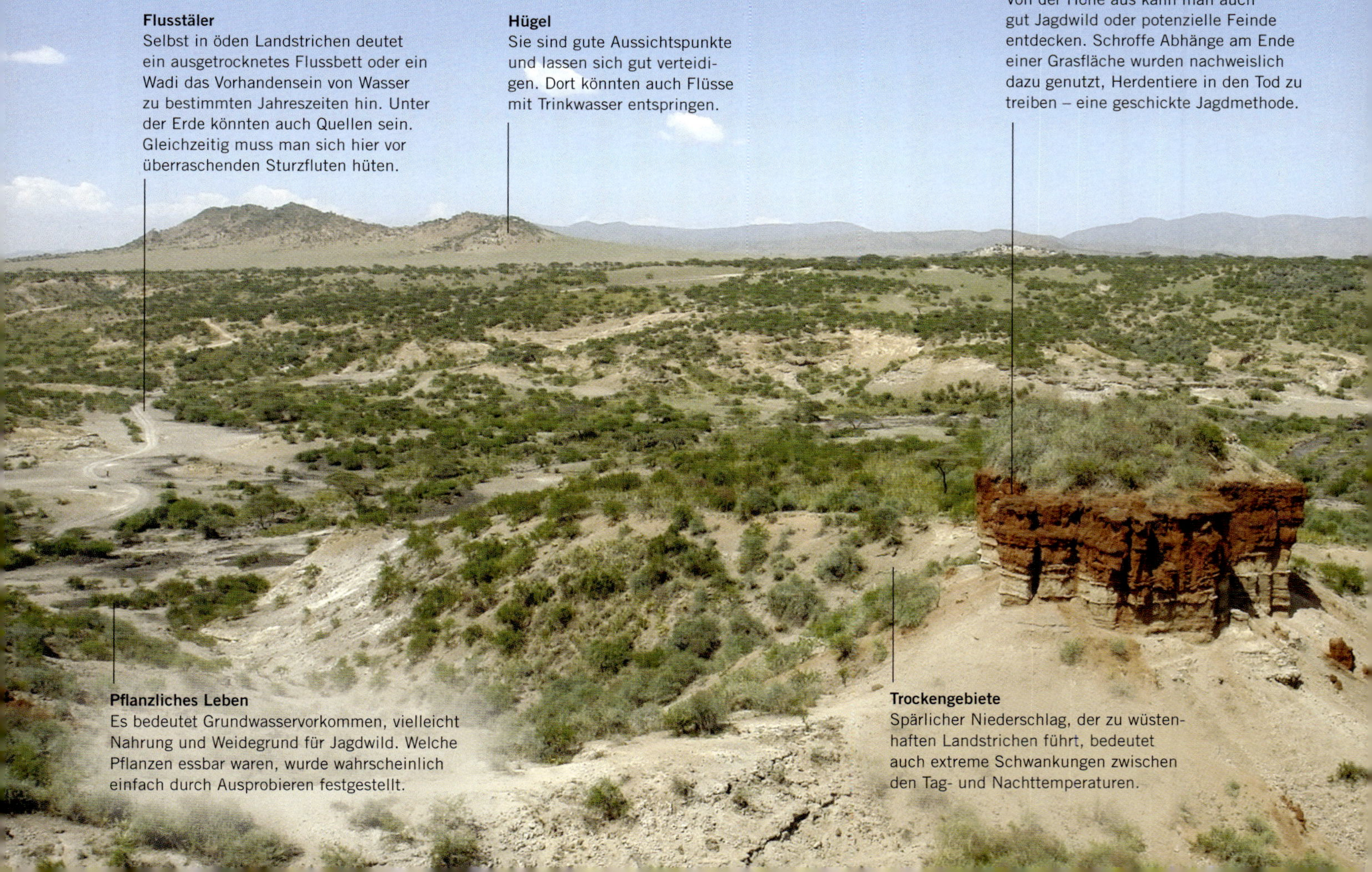

Die Jahreszeiten

Wenn Menschen aus den Tropen abwanderten, waren sie dem Wechsel der Jahreszeiten ausgesetzt. Da die Migration ein allmählicher Prozess war, wurde das Wissen darum vermutlich über einen sehr langen Zeitraum weitergegeben. Mehrere Jahrtausende später bildeten sich an den Ufern der großen Flüsse menschliche Siedlungen – am Tigris und Euphrat in Mesopotamien, am Nil in Ägypten, am Indus auf dem indischen Subkontinent und am Gelben Fluss in China. Dort musste man die jährliche Periode der Überschwemmungen genau kennen, um den Anbau und die Ernte der Feldfrüchte sinnvoll planen zu können. Hütten und Häuser mussten in erhöhter Lage gebaut werden, damit sie nicht überflutet wurden.

Wetterzeichen deuten

Die Anordnung der Wolken lieferte den ersten Menschen wertvolle Informationen über das zu erwartende Wetter.

1 Cirrus Hohe, zarte Wolken, die bei schönem Wetter auftreten. In kälteren Klimazonen können sie sich allerdings verdichten und sind dann mit einem beständigen Wind verbunden, der zu einem Blizzard ausarten kann.

2 Cumulonimbus Sich auftürmende und ambossförmige Wolken. Sie sind ein sicheres Zeichen für drohende Gewitter, Hagel und Schnee. Der Wind aus der Wolkenrichtung verstärkt sich, die Temperatur kann stark fallen.

3 Wolkenfetzen Unstrukturierte Dampfwolken, die vom Wind getrieben werden. Sie verheißen anhaltend schlechtes Wetter.

4 Ein Hagelsturm, der mit einem Wolkenbruch verbunden ist, könnte bedeuten, dass sich der Sturm in einen Tornado verwandelt.

5 Cirrocumulus Hohe, bauschige und dünne Wolkenfelder. Sie treten bei schönem Wetter auf.

6 Cirrostratus Durchgehend graue Wolkenschicht. Wenn auf sie Cirruswolken folgen, könnte es schlechtes Wetter geben.

7 Cumulus Bauschige weiße Wolken in einem blauen Himmel – stabiles Wetter. Wenn sie sich verdichten und größer werden, können sie zu Sturmwolken werden.

8 Nimbus Graue, dichte Wolkenschicht, dabei tritt meist gleichmäßiger und lang andauernder Niederschlag auf.

9 Stratus Niedrige graue Wolken, die den Himmel verdunkeln und aus denen Nieselregen fällt. Sehr niedrige Stratuswolken sorgen für Hochnebel.

Drohende Katastrophen Die Beobachtung des Verhaltens von Säugetieren und Vögeln liefert bis heute wertvolle Hinweise. Viele Tiere spüren, wenn sich eine Naturkatastrophe anbahnt. Vor Erdbeben etwa kommen Erdwürmer an die Oberfläche, Hunde geben keinen Laut von sich und suchen oft Schutz. Herdentiere wie Pferde und Antilopen werden unruhig, manchmal flüchten sie sogar panisch – das tun sie auch vor gewaltigen Stürmen oder Buschfeuern. Zieht ein Hurrikan oder Taifun herauf, stieben Vögel auseinander (oder fallen tot von den Bäumen), Haie verlassen ihre angestammten Riffe. Wenn Tiere ohne ersichtlichen Grund abwandern oder flüchten, kann das auch einen Wetterwechsel ankündigen (*siehe S. 14*).

FÄHRTENLESEN

Vor über 100 000 Jahren entwickelten die Menschen eine Fertigkeit, die man als frühe Form der Entschlüsselung betrachten kann. Bei einer erfolgreichen Jagd kam es darauf an, Fährten und Spuren von Wildtieren richtig zu deuten. Das versprach nicht nur eine sichere Beute, es schützte die Jäger auch davor, selbst Opfer eines Raubtiers zu werden, das vielleicht dasselbe Beutetier verfolgte. Heutzutage beherrschen nur noch wenige Menschen die Kunst des Fährtenlesens, doch jeder von uns merkt unwillkürlich auf, wenn er eine Tierspur sieht.

Mantelpaviane sind Allesfresser, die in Gruppen leben. Daher findet man selten eine einzelne Spur. Dieser Abdruck zeigt den deutlichen Unterschied zwischen den Händen – mit dem abgewinkelten Daumen – und den Füßen.

Wasserlöcher in Savannen

Ein Ort, an dem sich reichlich Tierspuren befinden, sind die Wasserlöcher in den Savannen von Afrika, Asien und auf dem amerikanischen Kontinent. Wasser hat für Tiere und Menschen eine magische Anziehungskraft, nicht nur, um den Durst zu stillen. Oft wachsen dort auch Pflanzen, die eine wichtige Nahrungsquelle bilden. Alle größeren Lebewesen hinterlassen im Schlamm rund um das Wasserloch deutliche Spuren. Je nach klimatischen Verhältnissen kann man sogar das Alter von Tierfährten oder Exkrementen relativ genau bestimmen.

Losung
Der Kot von Wild heißt in der Jägersprache Losung. Hier handelt es sich um den Kot von Hasen oder Kaninchen. Diese Tiere sind zu leicht, um Spuren zu hinterlassen, man deutet daher ihren Kot.

Warzenschwein
Es ist schwer, das Alter des Dungs dieser Tiere festzulegen. Warzenschweine verdauen sehr langsam und scheiden kompakten, trockenen Kot aus.

Hyänenspuren deuten darauf hin, dass sich frisch erlegtes Wild oder Aas in der Gegend befindet.

Löwenspuren haben einen unverwechselbaren Charakter. Sie sagen dem Jäger, dass Wild in der Nähe sein muss oder auch ein gefährliches Raubtier.

Angefressene Büsche verkünden, dass hier kürzlich Huftiere durchgezogen sind, möglicherweise Antilopen oder Zebras.

Gegensätzliche Klimazonen

Abwechslungsreiche Landschaften bringen nicht nur eine einmalige Fauna hervor, jedes Terrain bietet auch eine Vielzahl an Fährten.

Überschwemmungsgebiete
In Gegenden, wo häufig Flüsse über die Ufer treten, findet man unzählige, deutlich erkennbare Tierspuren, sobald die Erde wieder trocken ist. Starke Regenfälle können sie allerdings verwaschen. In den Tropen kommt es nur in der Regenzeit zu Überflutungen, deshalb halten sich Fährten wie diese Antilopenspur in Kenia monatelang im ausgedörrten Boden.

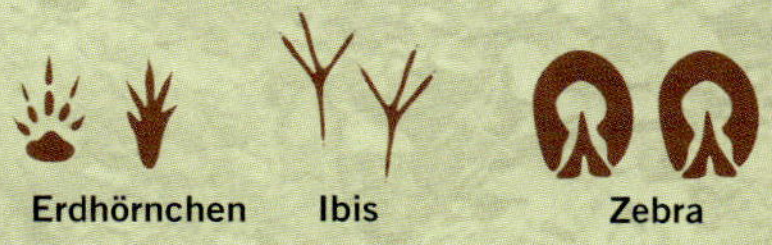

Wüstenspuren Im Sand der Sahara oder anderer Wüsten lassen sich frische Fährten sehr gut erkennen – allerdings nur für kurze Zeit, da der Wind sie rasch wieder verweht. Hier überschneidet sich die Spur der Seitenwinder-Klapperschlange mit der eines Kojoten in der Mojave-Wüste.

Schneespuren In Neuschnee hinterlässt auch das kleinste Tier oder ein Vogel Spuren, obwohl Verwehungen oder warmes Wetter ihre ursprüngliche Form stark verändern können. Trotzdem bietet Schnee einen hervorragenden Untergrund für deutliche Spuren. Diese Fährte eines Eisbären wurde in Grönland aufgenommen.

BUSCHSPRACHE

Es gibt viele Theorien darüber, wann und wie die erste gesprochene Sprache entstand. Genaues wissen wir nicht, obwohl wir alle die Geschichte vom Turmbau zu Babel aus der Bibel kennen. Es liegt jedoch auf der Hand, dass die Jäger und Sammler Handzeichen und Körpersprache benötigten, um sich bei der Pirsch lautlos verständigen zu können. Oft wurden Zeichen in den Sand gemalt, Zweige oder Steine arrangiert, um innerhalb einer Gruppe „Nachrichten“ zu hinterlassen. Diese Art der Kommunikation exisitiert noch heute weltweit bei primitiven Kulturen. Sie wurde von modernen Organisationen wie Armeen, Jagdverbänden oder den Pfadfindern übernommen.

Zweig-Code der Penan

Die Penan, ein Urvolk auf Borneo, benutzen noch heute ein uraltes Kommunikationssystem mit Zweigen.

Indianische Zeichen

Die Prärie-Indianer Nordamerikas entwickelten das bis heute umfassendste Kommunikationssystem für die Pirsch und Jagd: Körpersprache, Handzeichen und gemalte Zeichen (*links*). Außerdem verfügten sie über eine komplexe Zeichensprache, um sich mit fremden Stämmen verständigen zu können – wie auch die Aborigines an der Westwüste Australiens. Diese ausgeklügelte Zeichensprache war durchaus eine Art primitiver Vorläufer der modernen Taubstummensprache (*siehe S. 242*).

Das US-Militär erlernte die Zeichensprache der Ureinwohner Amerikas.

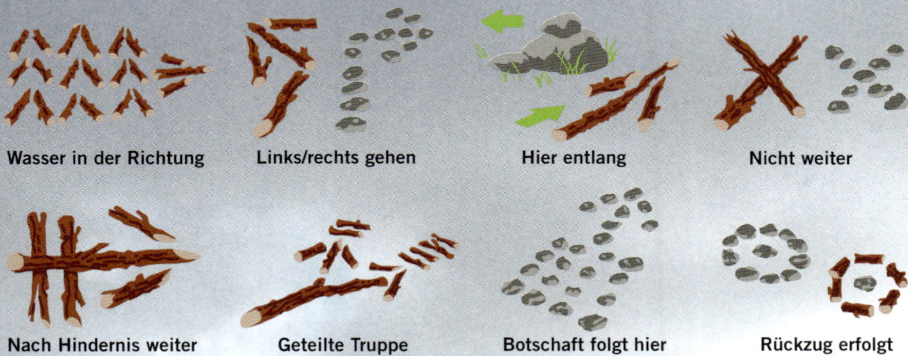

Zeichen im Feld

Urvölker wie die Buschmänner der Wüste Kalahari und die Penan auf Borneo (*gegenüber*) haben ihr eigenes System zur Übermittlung von Botschaften entwickelt. Das Aufeinandertreffen der Kulturen ließ eine international anerkannte militärische Zeichensprache entstehen. Diese wurde zunächst von den Truppen der Kolonialmächte eingesetzt und dient der lautlosen Verständigung im Feld bzw. bei Manövern. Auch die Pfadfinder können diese Zeichen deuten. Moderne Überlebenszeichen sehen ganz ähnlich aus (*siehe S. 220*). Die Zeichen werden entweder in den Erdboden geritzt oder aus abgebrochenen Zweigen, Steinen usw. geformt.

Militärische Zeichen

Im Kampf oder bei Aufklärungsmanövern kann die lautlose Verständigung über Leben oder Tod entscheiden. Die US-Armee benutzt ein System an Hand- und Körpersignalen, das in ähnlicher Form bei sämtlichen Truppen der Welt bekannt ist. Es dient dazu, den Kameraden Schlüsselinformationen mitzuteilen.

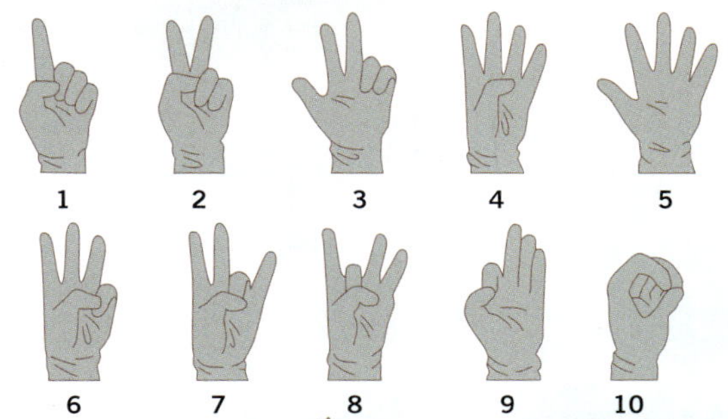

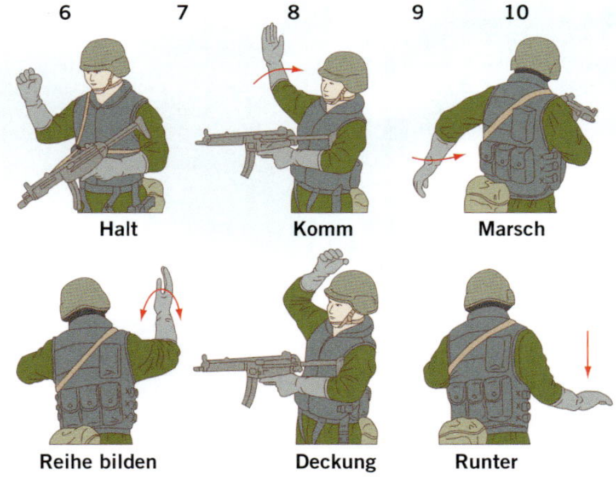

Schattenwölfe

Das Wissen der Urvölker ist heute noch wichtig. Eine US-Eliteeinheit der Polizei, die Schattenwölfe, hat Indianer wie die Navajo und Schwarzfuß in ihren Reihen. Deren Kunst des Fährtenlesens wird bei der Jagd auf Drogenschmuggler an der Grenze zwischen den USA und Mexiko geschätzt. Seit 1972 konnten 20412 kg Marihuana sichergestellt werden. Die Indianer sind sogar in andere Länder gereist, um den dortigen Polizisten das Fährtenlesen beizubringen.

FRÜHE FELSENBILDER

Seit Urzeiten wurden stilisierte Zeichnungen der menschlichen Figur genutzt, um die verschiedenen Aktivitäten des Menschen darzustellen. Die berühmten Höhlenzeichnungen von Lascaux in Frankreich und die hier abgebildeten Felsmalereien aus Alta in Norwegen, die etwa 4500 v. Chr. entstanden, zeigen eindeutig Menschen – mit Kopf, Rumpf, Armen und Beinen –, die verschiedene wilde Tiere mit Speeren oder Pfeil und Bogen erlegen. Der genaue Hintergrund dieser frühen Kunst ist nicht bekannt, doch es handelt sich zweifellos um eine visuelle Kodierung, um bestimmte Informationen zu vermitteln.

Piktogramme

Frühe Höhlenmalereien sollten offenbar keine naturgetreuen Darstellungen von Mensch und Tier sein, sondern Symbolbilder, die untereinander zu Piktogrammen kombiniert wurden, um eine Botschaft zu übermitteln. Es bleibt ungewiss, ob diese Botschaft Jagdtechniken betraf, auf vorhandenes Wild der Region hinwies oder schlicht eine Erinnerung an einen besonders erfolgreichen Beutezug war. Spätere Höhlenmalereien, etwa die rund 15000 Jahre alten Felszeichnungen von Lascaux in Frankreich sind bereits wesentlich feiner ausgearbeitet.

Die Höhlenmalereien in El Castillo in Spanien enthalten geometrische Formen, die sich wiederholen. Es könnte sich um eine Art Chronik der Ereignisse oder um Clanabzeichen handeln.

Mannigfaltigkeit
Die unterschiedliche Größe und Gestaltung dieser Höhlenmalerei könnte bedeuten, dass sie über viele Generationen hinweg entstand. Eventuell wurde die Farbe wesentlich später zugefügt.

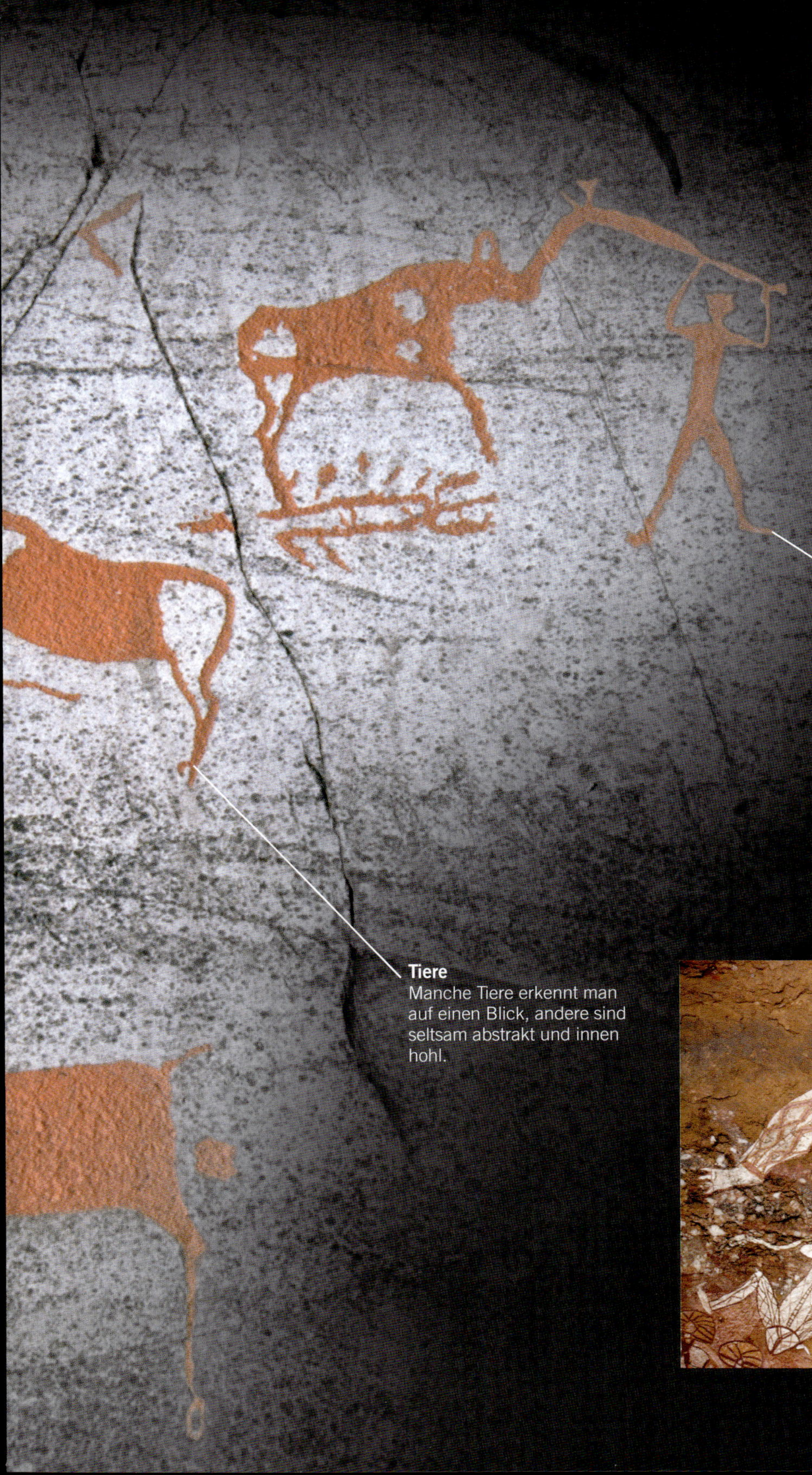

Jäger
Sie werden in unterschiedlicher Form beim Töten der Beute dargestellt: mit Bogen und Speeren oder auch mit bloßen Händen.

Tiere
Manche Tiere erkennt man auf einen Blick, andere sind seltsam abstrakt und innen hohl.

Höhlenmalereien in Santa Cruz, Argentinien, zeigen Jagdszenen, ergänzt durch den Abdruck vieler Hände. Das war vielleicht eine Art Signatur des oder der Künstler(s).

Die Kunst der Aborigines hat eine mystische Funktion. Die Darstellungen des Jagdwilds sehen aus wie Röntgenbilder – damit soll einerseits die genaue Anatomie der Tiere und andererseits ihre Seele porträtiert werden.

DIE ERSTEN SCHRIFTEN

Schreiber waren im Alten Ägypten derart hoch geschätzt, dass sie keine Steuern zahlen mussten.

Das erste System für die Verschlüsselung von Botschaften entwickelte sich vor etwa 5500 Jahren gemeinsam mit Zählsystemen (*siehe S. 26*). Es entstand aus administrativen Gründen: Die Menschen in den frühen Städten benötigten eine Art Buchführung über ihre gehandelte Ware. Die frühesten Belege für Aufzeichnungen durch in Tonklümpchen geritzte Symbole lieferten die Sumerer um 3400 v. Chr. in Mesopotamien. Im Lauf der folgenden Jahrtausende entstanden in West- und Südasien, in China und Zentralamerika ähnliche Schrift- sowie Zählarten. Dieser tiefe Einschnitt bei der Entwicklung der Zivilisation ging mit dem Aufkommen von Kalender, Maßen und Gewichten, Münzwesen, Mathematik, Geometrie und Algebra einher. Gleichzeitig waren Geschichtsschreibung und Literatur geboren worden.

um 3400 v. Chr.
Sumerische Zählmarken aus Ton. Sie wurden in Tonkugeln gesteckt und bezeichneten Warenart sowie Menge. Gleichzeitig entwickelte sich eine Piktogramm-Schrift.

um 3000 v. Chr.
Ägypten: Entwicklung der Hieroglyphen-Schrift und eines Zahlensystems.

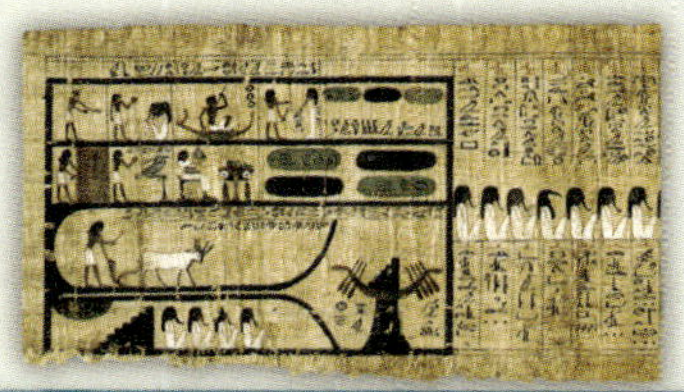

um 1400 v. Chr.
Syrien: Das Alphabet von Estrangelo, der ältesten syrischen Schriftart, umfasst 22 Konsonanten.

1400 v. Chr.
Syrien und Palästina: aramäisches Alphabet.

1100 v. Chr.
Phönizien: Entwicklung eines ersten Alphabets.

Die Schriftarten
- piktographisch
- hieroglyphisch
- keilförmig
- Inschriften
- alphabetisch
- etwaige Verwandschaft der Schriften

um 3250 v. Chr.
Tell Brak, Syrien: Keilinschriften auf Tontafeln sind die ersten Zeugnisse für Schrifttum.

um 2400 v. Chr.
Mesopotamien: Akkadisch wird Amtssprache und durch Keilschrift verbreitet.

um 1700 v. Chr.
Sinai: Proto-kanaanäische Schrift.

um 1500 v. Chr.
Anatolien und Kaukasus: Hethit und Uratäer nutzen Keilschrift.

China

um 1400 v. Chr.
Shang-China: erste Inschriften finden sich auf Orakelknochen. Aus Rissen von erhitzten Knochen wurde die Zukunft gelesen.

um 2600 v. Chr.
Indus-Tal: Eventuell durch mesopotamischen Einfluss entwickeln die Menschen der Stadt Harappa eine eigene Piktogramm-Schrift, die nicht restlos entziffert ist. Die Kultur endete um 1800 v. Chr.

Indien

um 2000-1600 v. Chr.
Auf Kreta entwickelt sich die Hieroglyphen-Schrift (Linear A, Linear B), eventuell durch ägyptischen Einfluss (*siehe S. 28*).

Ägäis

Sumerische Zählmarke in Keilschrift.

Die Entwicklung der Schrift

Sie vollzog sich in vier Phasen: Auf Piktogramme, Hieroglyphen und Keilschriftzeichen folgte das Alphabet. Die meisten Schriftarten waren ursprünglich piktographisch, hier wurden Symbole für einzelne Worte oder Bilder verwendet. Doch Piktogramme erwiesen sich rasch als unzureichendes Ausdrucksmittel, da durch sie weder abstrakte Begriffe noch Qualitäten wiedergegeben werden konnten. Die Schriften im westlichen Eurasien basierten auf der Keilschrift der Sumerer oder auf ägyptischen Hieroglyphen. Die chinesische Schrift entwickelte sich eigenständig und beherrschte bald große Teile Ostasiens. Auch in Mesoamerika entstand ein eigenes Schrifttum, das jedoch durch die Ankunft der europäischen Eroberer im 16. Jahrhundert fast vollständig vernichtet wurde.

um 600 v. Chr.
Zentralamerika: Wahrscheinlich nutzten die Zapoteken eine Piktogramm-Schrift.

um 300 v. Chr.
Zentralamerika: Eine Hieroglyphen-Silbenschrift entwickelt sich durch die Maya (*siehe S. 36*).

Mesoamerika

um 1000 n. Chr.
Mesoamerika: Aztekische Sprache wird in Piktogrammen festgehalten.

um 650 v. Chr.
Italien: Entstehung der etruskischen Schrift, wird durch Lateinisch (ab 500) verdrängt.

250 v. Chr.
Nordeuropa: Runenzeichen (*oben*), die bereits in alphabetischer Reihenfolge sind. Möglicher Einfluss durch etruskisches oder römisches Alphabet (*siehe S.188*).

um 300 n. Chr.
Westeuropa: Latein wird vorherrschende Schriftform.

Osteuropa

um 1000 n. Chr.
Die slawische Schrift entsteht aus der griechischen.

Westeuropa

um 750 v. Chr.
Griechenland: erste Inschriften in Griechisch.

Europa

um 500 v. Chr.
Persien: aramäisches Alphabet eingeführt.

Mittlerer Osten

um 300 v. Chr.
Indien: Brahmanen entwickeln Alphabet, basiert vielleicht auf dem Aramäischen.

um 450 n. Chr.
Arabien: Das arabische Alphabet entsteht.

Indien

1000 v. Chr. | 750 v. Chr. | 500 v. Chr. | 250 v. Chr. | 0 | 250 | 500 | 750 | 1000 | 1250 | 1500

75 n. Chr.
Mesopotamien: Keilschrift verschwindet.

um 300 n. Chr.
Korea: Chinesische Schrift im Norden.

um 750 n. Chr.
Japan: Chinesisch beeinflusste die japanische Schrift.

Die Keilschrift

Sie entwickelte sich in Mesopotamien. Man benutzte geschnittenes Schilfrohr, um Zeichen in feuchte Tontafeln zu ritzen. Stilisierte Piktogramme ergaben Worte, jedes Piktogramm stand für eine Silbe, abstrakte Begriffe wurden durch Substantive ersetzt („Ohr" für „hören"). 3000 Jahre lang wurde diese Schrift verwendet, um wirtschaftliche Belange und Sagen wie das Gilgamesch-Epos aufzuzeichnen. Im gesamten südwestlichen Raum Asiens wurde diese Schrift übernommen, um andere, häufig nicht verwandte Sprachen auszudrücken – Sumerisch, Akkadisch, Elamitisch, Hethitisch, Urtäisch und Altpersisch. Möglicherweise haben Keilschriftzeichen die ägyptischen Hieroglyphen beeinflusst. Nach den Eroberungen von Alexander dem Großen (336–323 v. Chr.) wurde die Keilschrift vom aramäischen Alphabet abgelöst und war bis zum 19. Jahrhundert (*siehe S. 22*) eine vergessene Schrift, wie die ägyptischen Hieroglyphen auch.

Schwein | Vogel | Essen | Kopf | gehen/stehen | Ochse | Topf | Hand | Tag | Quelle | Wasser

Piktogramm um 3000 v. Chr.

Frühe Keilschriftzeichen um 2400 v. Chr.

Assyrische Keilschrift um 650 v. Chr.

KEILSCHRIFT DEUTEN

Vom Keil zum Wort
Der Forschungsreisende Carsten Niebuhr begleitete von 1761 bis 1767 eine Expedition von dänischen Gelehrten in den Orient. Er kopierte die Keilschrift der Ruinen von Persepolis derart sorgfältig, dass seine Aufzeichnungen später als Vorlage für die Entzifferung der Schrift genutzt wurden. Er stellte fest, dass es drei unterschiedliche Schriftformen gab und dass die Schrift von links nach rechts lief. Es gelang ihm sogar, einzelne Zeichen der vereinfachten Schriftversion zu isolieren.

Die Entschlüsselung und Übersetzung der Keilschrift zog sich über Jahrhunderte hin. Der spanische Gesandte am persischen Hof von Schah Abbas, García Silva Figueroa, sah 1618 in Persepolis Inschriften in Keilform, die er als „dreieckige Zeichen in Form einer Pyramide oder eines Miniaturobelisken" beschrieb. Der deutsche Forschungsreisende Engelbert Kaempfer verlieh der Schrift ihren Namen. Der britische Orientalist Thomas Hyde beschäftigte sich mit ihr, glaubte aber, es handle sich um rein dekorative Zeichen, keine Schrift.

Eine erste Spur

Dem deutschen Philologen Georg Friedrich Grotefend (1775–1853) gelang es 1802, einen Großteil des Zeichen-Inventars zu entschlüsseln. Grundlage waren zwei kurze Inschriften, die Niebuhr kopiert hatte. Grotefend nahm an, dass die Keilschriftzeichen alphabetisch seien, manche standen für kurze, andere für lange Vokale. Er war auf der richtigen Spur.

Er wusste, dass Persepolis (*unten*) Hauptstadt des alten Perserreichs unter den Achämeniden war, und vermutete, dass es sich möglicherweise um Gedenkinschriften handelte, die die Namen und Ahnenreihen von Herrschern der achämedischen Dynastie wiedergaben. Diese Namen waren durch griechische Quellen bekannt. Kurz zuvor war ein persischer Text aus der antiken Oasenstadt Palmyra mit Hilfe eines griechischen Paralelltextes entziffert worden. Dieser Text enthielt den Namen Ardaschir, der Begründer des Sassanidenreichs, der „König der Könige des Irans … aus dem Geschlecht der Götter, Enkel des Gottes Babak, dem König". Entsprechend dieser Vorlage nahm Grotefend an, dass das erste Wort der beiden Inschriften den Namen des Herrschers wiedergab und dass die folgenden Wörter demnach „König" und „König der Könige" bedeuten müssten. Die Wiederholung des Wortes „König" erleicherte die Identifikation der Zeichen für diesen Begriff, aber da die Zeichen des ersten Wortes jeweils unterschiedlich waren, mussten sie unterschiedliche Könige bezeichnen. Dann bemerkte er, dass das erste Wort der ersten Inschrift in der dritten Zeile der zweiten Inschrift auftauchte, danach kam das Wort, das er für „König" hielt. Es war also möglich, dass das erste Wort der zweiten Inschrift, vorausgesetzt, es wäre ein Königsname, der Sohn des Königs sei, der in der dritten Zeile genannt wurde. Der achämenidische Herrscher Xerxes war der Sohn von Dareios, Sohn des Hystaspes. Folglich musste das erste Wort der zweiten Inschrift der Name des Herrschers sein, den die Griechen Xerxes nannten. Das Wort in der dritten Zeile musste Dareios sein, der Vater von Xerxes.

Von der Schrift zum Klang

Auf Grund einer Übersetzung aus dem Persischen wusste Grotefend, dass Hystaspes ein griechischer Name war, die Perser nannten den König „Goschtasb“. Das persische Wort für „König“ lautete *khšeio*. Die ersten beiden Wörter von Inschrift 2 begannen mit dem gleichen Zeichen, das Grotefend nun als den Laut „kh“ identifizieren konnte. Das zweite Zeichen beider Wörter war ebenfalls identisch, musste also „sh“ bedeuten. Der dritte Buchstabe im ersten Wort von Inschrift 1, das bereits als „Dareios“ feststand, tauchte im ersten Wort von Inschrift 2 wieder auf. Grotefend war sicher, dass dieses Wort die altpersische Bezeichnung für das griechische Xerxes war. Daher musste dieses Zeichen für ein „r“ stehen. Durch diese Methode konnte Grotefend zehn der 22 Zeichen entziffern und las: Xerxes, Dareios, Hystaspes/Goschtasb, „König“ sowie „groß“. Grotefends Errungenschaft war bemerkenswert. Zum ersten Mal in der Geschichte war es gelungen, eine unbekannte antike Schrift ohne Vorlage eines Paralelltexts in einer bereits bekannten Sprache teilweise zu entschlüsseln. Nach dieser Pionierleistung setzten andere seine Arbeit fort. Durch die Erforschung verwandter Sprachen wie Avestisch und Sanskrit konnten hier beträchtliche Fortschritte erzielt werden.

Inschrift 1
Linie 1 Dārayavauš : xšāyaθiya: vazra
Linie 2 vazraka : xšyaθiya : xša
Linie 3 yaθiyānām : xšāyaθiya:
Linie 4 dahyūnām : Vištāapahy
Linie 5 ā : puça : Haxāmanišiya : h
Linie 6 ya : imam : tacaram : akunauš

Grotefends Übersetzung: **Dareios der große König**, **König der Könige**, **König** der Länder, Sohn des **Hystaspes**, einem Achämeniden.

Inschrift 2
Linie 1 Xšayāršа : xšāyaθiya :
Linie 2 ka : xšāyaθiya : xšāyaθiya
Linie 3 nām : Dārayavahauš :xšāyaθ
Linie 4: iyahyā : puça : Haxāmanišiya:

Grotefends Übersetzung: **Xerxes**, **der große König**, **König der Könige**, Sohn des **Dareios**, dem Achämeniden.

Die **fettgedruckten** Worte sind jene, die Grotefend entziffern konnte.

Die Lösung des Rätsels

Erst 1847, nachdem sich siebzehn Gelehrte aus unterschiedlichen Ländern damit befasst hatten, war es möglich, die altpersische Keilschrift vollständig zu entziffern. Grotefend hatte angenommen, die Schrift sei alphabetisch; tatsächlich stellen alle 36 Zeichen Konsonanten plus einen Vokal dar. Bis auf drei Zeichen für die Vokale „a“, „i“ und „u“ handelt es sich um eine Silbenschrift, mit 22 Zeichen für Konsonanten plus dem dazugehörigen Vokal „a“, vier Zeichen für Konsonanten plus „i“ und sieben für Konsonanten, auf die ein „u“ folgt.

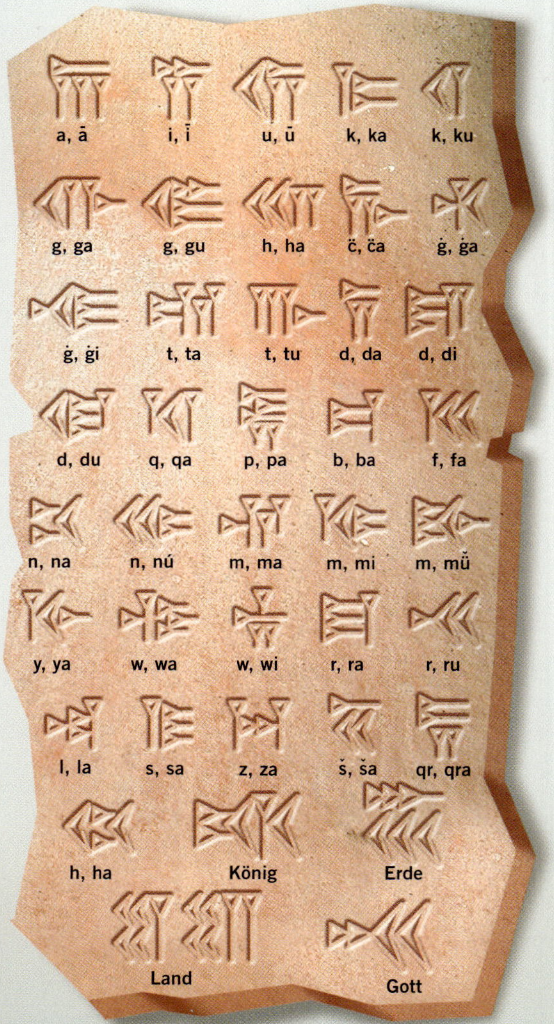

Die altpersische Keilschrift stellt einen Sonderfall unter den Keilschriften dar. Bis zur Regentschaft von Dareios hatten die Perser keine eigene Schrift. Sie wurde offensichtlich nur für die Inschriften der achämenidischen Könige verwendet. Einzige Gemeinsamkeit mit Akkadisch und Elamitisch sind die keilförmigen Buchstaben. Doch die akkadische Keilschrift konnte letztlich nur durch die Entzifferung des Altpersischen entschlüsselt und somit ein historischer Zeitraum von 3000 Jahren abgedeckt werden.

ALPHABETE UND SCHRIFTEN

Die ältesten Keilschrifttafeln mit einem Alphabet wurden in Ugarit an der Küste Syriens gefunden. Sie stammen etwa von 1400 v. Chr. Die Abfolge der Zeichen deutet darauf hin, dass das Alphabet von einem ähnlichen beeinflusst wurde, dem späteren Phönizischen, das 1000 v. Chr. entstand. Phönizische Händler sorgten für seine Verbreitung im Mittelmeerraum. Die Griechen verfeinerten das System, indem sie Zeichen für Vokale zufügten. In Indien und Südostasien entwickelte sich ein nahezu perfektes silbenbildendes Alphabet, das möglicherweise von der Form aramäischer Buchstaben inspiriert wurde. Die akkadische Keilschrift sowie ägyptische Hieroglyphen wurden noch weitere 1000 Jahre verwendet, obwohl das Alphabet wesentlich leichter zu schreiben war.

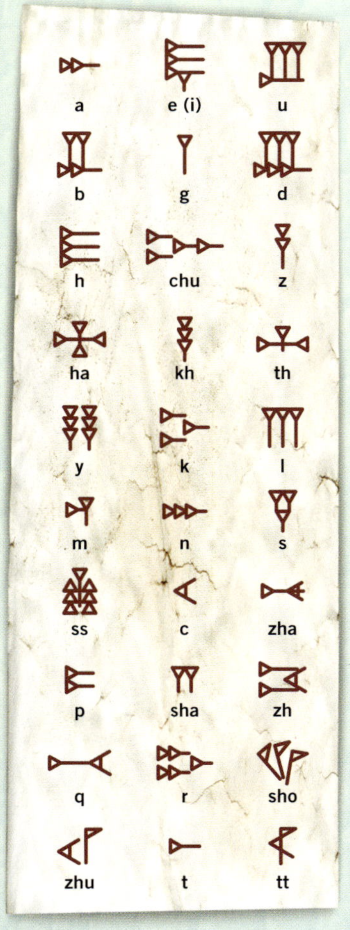

Ugaritisch ist das älteste bekannte Alphabet. Es datiert von ca. 1400 v. Chr. und wurde in Keilschrift verfasst. Ursprünglich hatte es 22 Konsonanten, später 30.

Abschads

Ugaritisch war eng mit Phönizisch, Hebräisch, Kanaanäisch und Aramäisch verwandt. Diese semitischen Alphabete bestanden lediglich aus Konsonanten. Sie werden heute „Abschads" genannt, nach den ersten drei Buchstaben Aleph, Beth und Gimel. Das Zeichen für Aleph repräsentiert nicht den Vokal „a", sondern einen Stoßton. Nahezu alle Schriften der semitischen Sprachen sind Abschads. Die äthiopische Schrift entstand aus dem arabischen Abschad, die Buchstabenform wurde jedoch verändert, um darauf folgende Vokale anzudeuten. Viele indische und südostasiatische Schriften sehen ähnlich aus.

Die Griechen übernahmen das Alphabet der Phönizier (*unten*), und obwohl sie es gewohnt waren, semitische Sprachen zu schreiben, war ein rein aus Konsonanten bestehendes Alphabet für eine vokalreiche Sprache wie das Griechische unzureichend. Nach einigen Versuchen entstand das erste „echte Alphabet", bei dem jeder Laut der Sprache durch ein Zeichen wiedergegeben wurde. Die griechische Version der phönizischen Bezeichnungen für die ersten beiden Buchstaben des Alphabets, *alpha* und *beta*, führte zu dem heutigen Begriff „Alphabet".

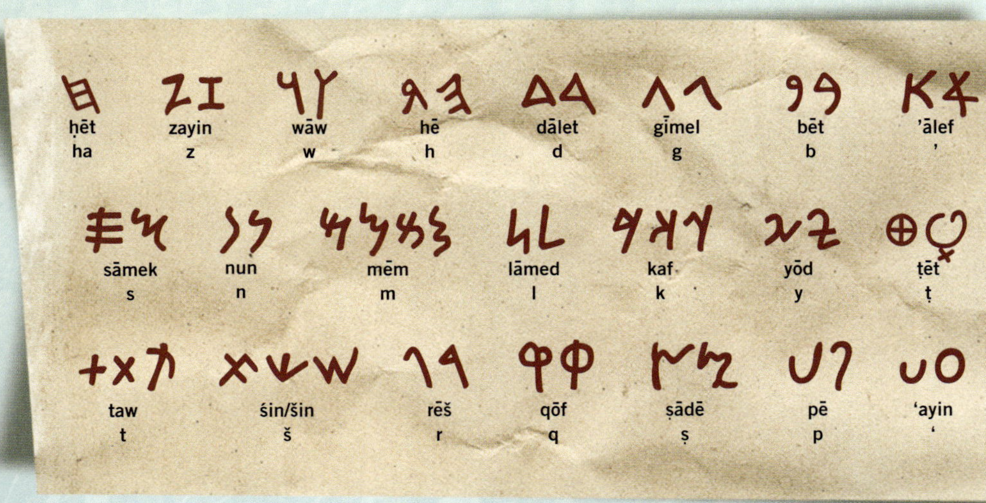

Das Lateinische Alphabet

Es bildet die Grundlage des modernen westlichen Schrifttums. Erste Inschriften in Latein tauchten im 6. Jahrhundert v. Chr. auf, eventuell war es vom Etruskischen abgeleitet. Das Alphabet umfasste ursprünglich 21 Buchstaben, „V" stand für „V" und „U", „I" für „I" sowie „J". Bis zum 10. Jahrhundert unterschied sich „U" graphisch nicht von „V", auch das „W" entstand erst wesentlich später. „J" erhielt im 15. Jahrhundert einen eigenen Buchstaben. Im Italienischen kennt man nach wie vor kein „K" für ein hartes „C" und bevorzugt „CH". Für spezielle Laute der skandinavischen, türkischen und zentraleuropäischen Sprachen wurden eigene Buchstaben eingeführt.

Silbenbildende Alphabete

Die Buchstaben eines silbenbildenden Alphabets geben in der Regel Konsonanten plus Vokale wieder. Diese Alphabete findet man sehr häufig in den komplexen Schriften des indischen Subkontinents. Die älteste Schrift ist Brahmi (um 300 v. Chr.), die am weitesten verbreitete ist Dewanagari (*rechts*). Eine echte Silbenschrift hätte mehrere hundert Zeichen. Silbenbildende Alphabete verändern stattdessen die Buchstabenform, je nachdem, welcher Vokal zuvor oder danach steht. Das japanische Hiragana und Katakana sowie das koreanische Hangul sind solche Silbenschriften. Auch die Inuit und die Ureinwohner Nordamerikas nutzen Silbenschriften.

Dewanagari-Schrift Hier wird das Zeichen für einen einzelnen Konsonanten variiert, je nachdem, welche Silbe damit ausgedrückt wird.

Chinesische Schrift

Sie ist eine Wortschrift, die im 2. Jahrhundert v. Chr. aus einer Bilderschrift hervorging. Die ältesten Zeugnisse dieser Schrift befinden sich auf Knochen, die zu Orakelzwecken genutzt wurden, oder auf sakralen Bronzegefäßen. Die meisten Zeichen bestehen aus einem lautgebenden und einem sinngebenden Teil. Insgesamt gibt es etwa 50 000 Schriftzeichen, für den täglichen Gebrauch genügen aber rund 4000, die 90 % der modernen chinesischen Schrift bestreiten.

Die Beherrschung der chinesischen Schrift erfordert enorm viele Zeichen.

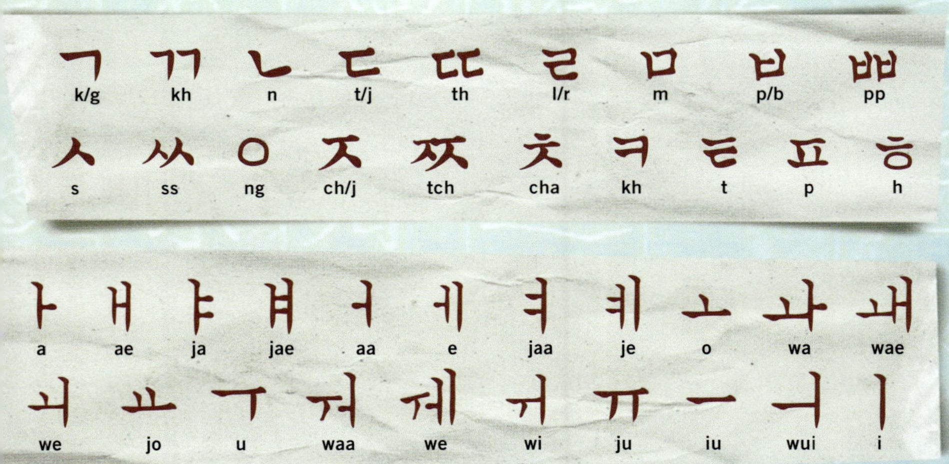

Die koreanische Schrift Hangul ist eine Silbenschrift, bei der Konsonanten und Vokale getrennt behandelt werden; der Vokallaut bestimmt die Konsonanten.

Das lateinische Alphabet beschränkte sich nicht nur auf westliche Reiche, sondern wurde von christlichen Missionaren jahrhundertelang in die ganze Welt getragen. Im orthodoxen Osten wurde noch das Griechische genutzt, doch ab dem 9. Jahrhundert sorgten byzantinische Missionare für die Entwicklung einer Kombination aus lateinischen und griechischen Buchstaben. Dieses Alphabet verwurzelte sich in Osteuropa und Russland. Es ist heute unter der Bezeichnung Kyrillisch bekannt (*rechts*). Seine 33 Buchstaben ergeben sich durch die slawischen Vokallaute. Kyrillisch wird heute in etwa 50 zentralasiatischen Sprachen verwendet, die in der ehemaligen Sowjetunion gesprochen werden.

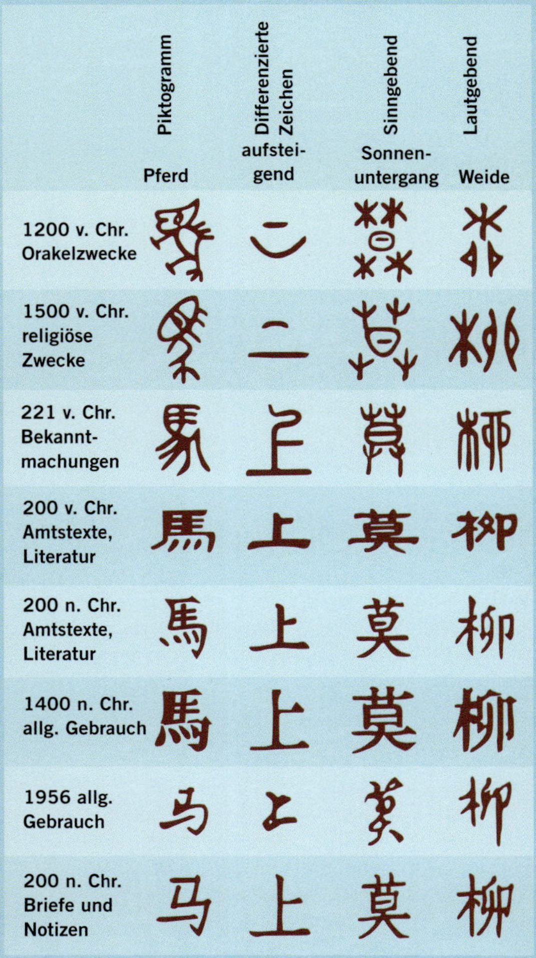

Numerische Systeme

In den meisten Teilen der Welt entwickelten sich Zahlensysteme vor einer Schriftform. Die Notwendigkeit, Dinge in Zahlen festzuhalten, war offenbar dringlicher als das geschriebene Wort. Jäger und Sammler, die vor 30 000 Jahren lebten, nutzten Kerbholz, um die Anzahl ihrer erlegten Tiere zu dokumentieren. Auf den Tontafeln der Sumerer in Mesopotamien von 3400 v. Chr. finden sich erste Bestandsaufnahmen und Rechensysteme, um den Warenhandel zu regeln. Normalerweise nehmen Menschen ihre zehn Finger zum Zählen, deshalb basieren die meisten numerischen Systeme auf der Dezimalzahl. Allerdings hatten Maya, Azteken sowie Kelten die 20 als Grundlage, und in den Hochkulturen Mesopotamiens diente die 60 als Einheit. Griechen, Römer, Hebräer und später Araber hatten alphabetische Zählsysteme, dabei wurden Zahlen durch Buchstaben ausgedrückt. Letztlich hat sich das arabische Zahlensystem durchgesetzt.

Frühe Kerbstöcke
Diese 10 Zentimeter langen Kerbstöcke aus Knochen wurden im Kongo gefunden und datieren vermutlich von 6500 v. Chr. Sie weisen Einkerbungen in Form von frühen Zahlen auf. Es ist unklar, wozu sie genau dienten – handelt es sich um eine Art Rechenschieber, wurden mit ihnen Beutetiere oder Tage dokumentiert? Noch ältere Kerbstöcke hat man in Südafrika und Mitteleuropa entdeckt. Die Buschmänner in Namibia berechnen die Zeit heute noch mit ganz ähnlichen Stöcken.

In Hochkulturen wie der ägyptischen war es wichtig, über Vieh- und Erntebestand Buch zu führen.

4000 – **3000** – **2000**

um 3300 v. Chr. Sumerer
Additionssystem, Basis 60
1 Finger (1,65 cm)
30 Finger 1 Elle

um 3000 v. Chr. Ägypten
4 Finger 1 Handbreit (ca. 7,5 cm)
7 Handbreit 1 Elle
100 Ellen 1 Rohr

um 1950 v. Chr. Kreta
Additionssytem, Basis 10

um 1800 v. Chr. Babylonier
Stellenwertsystem, Basis 60, keilförmige Zahlen

um 1450 v. Chr. China
Additions- und Multiplikationssystem, keine Basis

um 1400 v. Chr. Hethiter
Additionssytem, Basis 10, keilförmige Zahlen

Mathematik in Keilform
In Mesopotamien entwickelten die Sumerer und Babylonier auf der Basiszahl 60 ein ausgefeiltes Sexagesimalsystem, vielleicht auf Grund ihrer astronomischen Beobachtungen. 60 lässt sich durch 2, 3, 4, 5, 6 und 10 teilen. Obwohl in weiten Teilen der Welt das Dezimalsystem herrscht, nutzen wir heute noch die 60, um eine Minute (60 Sekunden) und eine Stunde (60 Minuten) einzuteilen. Ein Kreis umfasst 360 Grad, auch bei der Winkelberechnung wird die 60 eingesetzt.

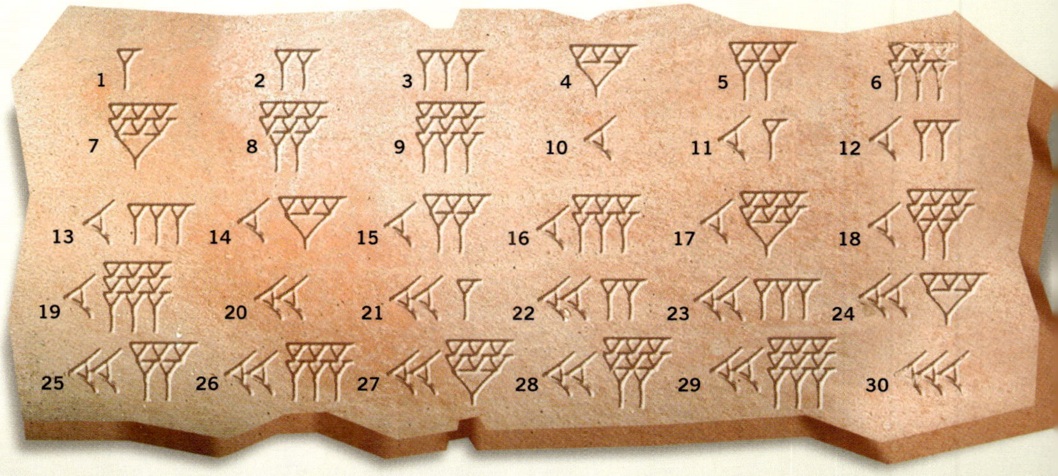

1	I
2	II
3	III
4	IV
5	V
6	VI
7	VII
8	VIII
9	IX
10	X
11	XI
12	XII
13	XIII
14	XIV
15	XV
16	XVI
17	XVII
18	XVIII
19	XIX
20	XX
50	L
100	C
500	D
1000	M
5000	$\overline{V}$
10,000	$\overline{X}$
100,000	$\overline{C}$
1,000,000	$\overline{M}$

Römische Zahlen

Römische Zahlen werden manchmal heute noch genutzt. Sie sind eine Mischung aus Additions- und Stellenwertsystem und verwenden insgesamt sieben Zeichen, um damit alle Zahlen auszudrücken. Vier und neun sind fünf minus eins bzw. zehn minus eins.

Zahlen der Maya

Die Maya entwickelten ein elegantes und einfaches Zahlensystem. 1–19 wurden nur durch zwei Formen ausgedrückt – einen Kreis und einen Querstrich. Für 20 nutzte man das Symbol für „Vollendung“ oder „Null“. Dieses System war Grundlage für die komplexen Kalendermessungen der Maya (*siehe S. 152*). Eins bis vier wurden durch die entsprechende Anzahl an Kreisen dargestellt, fünf durch Querstrich, sechs durch einen Querstrich in einem Kreis, zehn durch zwei parallele Querstriche usw. bis neunzehn: vier Kreise über drei Querstrichen.

um 700 v. Chr. Griechenland
Additionssytem, Basis 10
4 Daktuloi (1 Fingerbreite)
1 Palaiste (Handbreit)
4 Palaiste 1 Fuß,
(ca. 30 cm)
1,5 Fuß 1 Elle

um 500 v. Chr. Rom
Additionssytem, Basis 10
4 Digitus (1 Fingerbreite) 1 Handbreit
4 Palmus 1 Fuß (ca. 30 cm)
5 Pedes 1 Passus (Doppelschritt)
1000 Passus 1 Meile

um 240 n. Chr. Indien
Stellenwertsystem, Basis 10

um 450 n. Chr. Maya
Stellenwertsystem, Basis 20, Glyphen

um 1000 n. Chr.
Die Araber nutzen ein von Indien übernommenes Zahlensystem.

1000 V. CHR. 0 N. CHR. 1000 2000

um 200 v. Chr. Hebräer
Additionssytem, Basis 10

um 1200 n. Chr.
arabische Zahlen in Europa eingeführt

Arabische Zahlen

Sie sind heutzutage am weitesten verbreitet, obwohl die Bezeichnung nicht ganz korrekt ist, da die Araber sie von den Hindu übernommen haben. Zum ersten Mal wurde eine Null eingesetzt: Es gibt nur 0–9, höhere Zahlen werden durch Kombinationen ausgedrückt. Im Gegensatz zur Schrift wurden arabische Zahlen von jeher von links nach rechts gelesen, ein weiterer Hinweis, dass das numerische System der Araber ursprünglich aus einem anderen Kulturkreis stammt. Über Nordafrika gelangte es schließlich nach Europa.

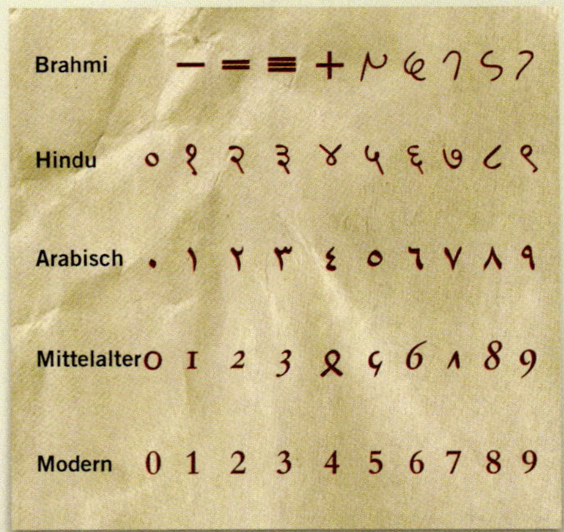

Mittelalter

Der italienische Mathematiker Leonardo Fibonacci lernt in Nordafrika die arabischen Zahlen kennen und führt sie im 13. Jahrhundert in Europa ein. Trotzdem halten sich lange Zeit unterschiedliche Zahlensysteme, außerdem wird nach wie vor mit den Fingern gezählt (*rechts*).

Linear A und Linear B

Der Beweis

Die Schriftzeichen von Linear A (*oben*) und Linear B sind recht ähnlich, doch ihre Wiedergabe ist so unterschiedlich, dass die Bedeutung anders lauten muss. Die Zeichenabfolge ist nicht identisch, es muss sich daher um zwei unterschiedliche Sprachen handeln.

Aus der Anzahl der Zeichen folgerte Evans, dass Linear B eine Silbenschrift war. Sie wurde von links nach rechts geschrieben. Die meisten Tafeln trugen Rechnungen, und es war relativ einfach, das numerische System zu erschließen. Als Evans seine Ausgrabungen in Knossos 1904 einstellte, waren etwa 3000 Linear-B-Tontafeln gefunden wurden, doch bis 1953 wurden nur wenige öffentlich gezeigt.

1939 wurden in Pylos auf dem Festland 600 weitere Linear-B-Tontafeln entdeckt. Sie wurden 1951 veröffentlicht, und der Herausgeber, E.L. Bennett, konnte die Grundform der 87 Zeichen belegen, aus denen die Linear-B-Schrift besteht.

Am 5. April 1900 entdeckte Sir Arthur Evans im Palast des König Minos in Knossos auf Kreta ein Versteck mit Tontafeln. Sie waren mit Hieroglyphen versehen. Dieses Schriftsystem hatte Evans bereits auf steinernen Siegeln in Antiquitätenläden in Athen gesehen. Er verfolgte ihre Spur bis nach Kreta, die dortige weibliche Bevölkerung trug die Siegel als Amulette. 1902 fand man in Hagia Triada weitere Tontafeln. Deren Beschriftung glich jener von Knossos, wies aber deutliche Unterschiede auf. Diese Schrift nannte Evans „Linear A“ und jene von Knossos „Linear B“. Er erachtete beide Schriften als Minoisch und vermutete, dass sie sich aus den Hieroglyphenzeichen entwickelt hatten, die sich auf den Siegeln befanden.

Sir Arthur Evans (1851–194 legte große Teile des Palastes Knossos (*unten*) frei und entdeckte die minoische Kultur.

Vorläufer des Griechischen

Sieben Zeichen der Linear B glichen der Silbenschrift, die auf Zypern verwendet wurde. 1871–1873 gelang es George Smith und Moritz Schmidt , diese Schrift zu entziffern, offenbar handelte es sich um einen Vorläufer des Griechischen. Das Zeichen für die Silbe „se“ wurde auf Zypern sowohl für die Silbe als auch für den Auslaut „s“ genutzt (die meisten griechischen Substantive enden mit „s“), das „e“ wird jedoch nicht gesprochen. Obwohl dieses Zeichen bei Linear B und der Silbenschrift Zyperns vorkommt, bildet es fast nie die Endung eines Wortes der Linear B. Deshalb, so die Forscher, konnte es keine griechische Sprache sein. Doch es gab noch einen überzeugenderen Grund: Der Palast von Knossos war um 1400 v. Chr. zerstört worden, und Evans hielt es für schwer vorstellbar, dass auf Kreta Griechisch gesprochen wurde – über 800 Jahre bevor es die ersten griechischen Inschriften gab.

Alice Kobers Leistung

Nach dem Tod von Evans analysierte die amerikanische Altphilologin Alice Kober 1945–1949 die Linear B. Sie fand dabei Wörter, die Dreiergruppen bilden. Diese Dreiergruppen haben den gleichen Wortstamm, aber unterschiedliche Endungen. Daraus folgerte sie, dass Linear B eine Sprache darstellt, die stark beugend ist. Sie besitzt somit drei Fälle. Alice Kober bezog sich bei ihrer Beweisführung auf die akkadische Sprache, die ebenfalls eine stark beugende Sprache ist. Sie erkannte, dass die dritte Silbe eine Brückensilbe ist, wobei der Konsonant dieser Silbe zum Stamm und der Vokal zur Endung gehört. Sie konnte so ein Gitter erstellen, wo sie Zeichen mit gleichem Vokal/Konsonant auflistete. Sie hätte vielleicht die ganze Schrift entschlüsselt, wäre sie nicht im Alter von 43 Jahren an Lungenkrebs verstorben.

Linear B
Viele Tafeln sind Inventarlisten oder dienten der Buchführung. Sie wurden von links nach rechts geschrieben, dies belegt die Anordnung der Anfangsbuchstaben.

Listen
In der linken Spalte werden bestimmte Artikel aufgelistet.

Zeichen
Die Schrift umfasst 87 Zeichen, also viel mehr als eine Buchstabenschrift. Vermutlich waren manche beugend oder gaben das Geschlecht an.

Zahlen
Die rechte Spalte enthält ein dezimales numerisches System, mit mehreren Symbolen für „Summe".

Ventris Beitrag

Ein Durchbruch geschah 1952. Ein junger britischer Architekt namens Michael Ventris (1922–1956), der sich seit seiner Kindheit für Minoische Schriften interessierte, hatte mit 18 Jahren einen Artikel über die Linear-B-Tafeln geschrieben. Darin äußerte er die Vermutung, dass die Sprache Etruskisch sei. Nach seinem Kriegsdienst wandte er sich erneut dem Thema zu. 1950 verteilte er unter den Forschern auf diesem Gebiet einen Fragebogen, um den aktuellen Wissensstand zu ermitteln. Offenbar war man der einhelligen Meinung, die Sprache sei indoeuropäisch, vielleicht mit Hethitisch verwandt. Ventris dachte immer noch, sie sei Etruskisch. Der Fund der Tafeln von Pylos führte dazu, dass Ventris und seine Kollegen Listen darüber erstellten, welche Zeichen am häufigsten einen Wortanfang bildeten. Über 18 Monate lang tauschten Ventris und seine Kollegen Arbeitsnotizen aus. Sie bestanden aus vier Gittern, basierend auf dem Ansatz von Kober. In diese Gitter wurden die Zeichen und ihre Häufigkeit eingetragen und die Vokale, die wahrscheinlich dazugehörten. Diese Methode leistete einen entscheidenden Beitrag zur endgültigen Entschlüsselung der Linear-B-Schrift.

Ein Hinweis durch Homer

Durch die Identifizierung eines Ortsnamens wurde das Geheimnis schließlich gelüftet, dies war schon bei vielen antiken Schriften geschehen (*siehe S. 22, 34*). Bisher hatte man bei Linear B keine Namen entdecken können. Ventris bemerkte eine Anordnung von Zeichen, die auf unterschiedlichen Listen auftauchten, und folgerte, dass es sich um Ortsbezeichnungen handeln könnte. Homer erwähnt den Hafen von Amnisos, in der Nähe von Knossos. Bei einer Silbenschrift würde es „a-mi-ni-so" lauten. Ventris kannte bereits das Zeichen für „a", das Zeichen für „ni" leitete er von einer Gemeinsamkeit mit dem Kyprischen ab. Durch die Zuordnung der Silben „mi" und „so" konnte er schließlich die adjektive Form der beiden Wörter „a-mi-ni-si-ya" sowie „a-mi-ni-si-yo" entdecken.

Dann spekulierte Ventris, dass bei einer Gruppierung von drei Zeichen das dritte als „-so" gelesen werden könnte, das ergab „ko-no-so" – Knossos. Er hatte den ausschlaggebenden Faktor der Linear-B-Schrift herausgefunden, nämlich dass der Endkonsonant „s" nicht geschrieben wurde. Das erklärte, warum die Schrift so „ungriechisch" wirkte. Eine einfache Sprachregel hatte die Identifizierung der Sprache so lange verhindert.

Entscheidender Brief

In Zusammenarbeit mit dem Kryptanalytiker John Chadwick entdeckte Ventris weitere griechische Worte in der Schrift. Im Mai 1953 erhielt Ventris (*oben*) einen Brief des Archäologen von Pylos, der seine Theorien auf unerwartete Weise bestätigte. Der Brief beschrieb eine Tafel, auf der unterschiedliche Gefäße aufgelistet waren, deren Formen von einer Ziffer bezeichnet wurden. Ventris untersuchte die Zeichen, die vor der Zeichnung eines dreibeinigen Gefäßes standen und erhielt das Wort „ti-ri-po-de", ein Gefäß mit vier Henkeln hieß „qe-to-ro-we", eines mit dreien „ti-ri-o-we" und eines ohne Henkel „a-no-we". Diese Worte konnten eindeutig als Griechisch identifiziert werden: „Dreifuß", „mit vier Henkeln", mit „drei Henkeln" und „henkellos". Diese Erkenntnis bewies, dass Linear B tatsächlich eine griechische Sprache war, die möglicherweise vom benachbarten Festland nach Kreta gekommen war. Die minoische Kultur hatte nur ihre eigene Schreibweise entwickelt. Linear A konnte bislang nicht entschlüsselt werden.

Am 24. Juni 1953 verkündete Ventris die Entzifferung. Am gleichen Tag kam die Nachricht, dass Edmund Hillary den Mount Everest erfolgreich bezwungen hatte (*siehe S. 86*).

DISKOS VON PHAISTOS

Der Diskos wurde 1908 in der Palastanlage von Phaistos auf Kreta gefunden. Die Scheibe aus gebranntem Ton ist der bedeutendste Fund aus der Bronzezeit, sie hat einen Durchmesser von 15 cm und ist etwa 1 cm dick. Der Diskos ist mit spiralförmig angeordneten Menschen-, Tier- und Pflanzenmotiven versehen, die mit einzelnen Stempeln aufgedrückt wurden. Er stellt somit den ersten bekannten „Druck“ der Menschheit dar. Herkunft, Zweck oder Bedeutung des einzigartigen Stücks konnten bis heute nicht geklärt werden, auch nicht, ob es sich bei den Motiven um eine Schriftart handelt.

Spirale
Die Spiralen wurden im Gegensatz zu den Piktogrammen mit der Hand angebracht, ebenso wie die Querlinien, die die einzelnen Motive voneinander trennen – vielleicht in Wörter oder Sätze?

Adler
Erscheint fünfmal auf Seite A.

Schild
Das zweithäufigste Piktogramm, erscheint 17-mal, 13-mal direkt nach dem gefiederten Kopf, viermal am Ende eines „Wortes“.

Tischlerhobel
Kommt insgesamt dreimal vor, auf Seite A.

Seite A

Es ist unklar, was die Vorder- oder Rückseite des Diskos ist und in welcher Reihenfolge die Scheibe gelesen werden sollte. Deshalb wurden die Seiten A und B genannt. Seite A enthält 123 Stempeleindrücke und 31 Zeichengruppen, Seite B 119 Eindrücke und 30 Zeichengruppen.

Die Zeichen auf dem Diskos

Die Motive auf dem Diskos wurden aufgelistet, außerdem hat man festgestellt, wie oft sie erscheinen (*rechts*). Es gab zahllose Versuche, die Zeichen zu entziffern oder als Schrift einzuordnen. Gewisse Ähnlichkeiten mit kretischen sowie ägyptischen Hieroglyphen bestehen zwar, auch Paralellen mit der Linear-A-Schrift und anatolischen Hieroglyphen lassen sich nicht abstreiten, doch niemand konnte bisher das Geheimnis des Diskos lüften. Auf Grund der Einmaligkeit des Funds gibt es auch keine Vergleichsmöglichkeiten oder Anhaltspunkte, die Hinweise auf die Sprache geben könnten.

Seite B

Enthält 30 Zeichengruppen. Die auf beiden Seiten verwendeten Piktogramme sind sofort erkennbar und haben Symbolcharakter.

Gefiederter Kopf
Das häufigste Piktogramm erscheint neunzehnmal, es markiert eventuell den Beginn eines Wortes.

Weinrebe
Erscheint viermal, nur auf Seite B.

Schleuder
Kommt fünfmal vor, nur auf Seite B.

Indikatoren
Manche Zeichen sind mit diagonalen Linien versehen, ebenfalls von Hand. Sie könnten den Anfang oder das Ende eines Wortes anzeigen. Man vermutet, dass der Diskos von außen nach innen „gelesen" wurde.

Sieb
Eines der insgesamt neun Piktogramme, die nur einmal erscheinen.

Schild 17	Keule 6	Fesseln 2	Hacke 1	Säge 2	Deckel 1	Bumerang 12	Tischlerhobel 3	Krug 2	Kamm 2	Schleuder 5	Säule 11	Bienenkorb 6	Schiff 7	Horn 6	Tierhaut 15
Steinbock 1	Adler 5	Taube 3	Thunfisch 6	Biene 3	Platane 11	Weinrebe 4	Papyrus 4	Rosette 4	Lilie 4	Ochsenrücken 6	Flöte 2	Reibe 1	Sieb 1	Axt 1	Wellenband 6

Rätselhafte Hieroglyphen

Die seltsamen malerischen Inschriften auf ägyptischen Kunstgegenständen und Obelisken, die den Weg nach Europa gefunden hatten, bereiteten westlichen Gelehrten jahrhundertelang Kopfzerbrechen. Kein Ägypter konnte sie lesen, und niemand beherrschte Altägyptisch, da diese Sprache in der griechisch-römischen-ptolemäischen Periode 305–30 v. Chr. ausgestorben war. Es gab also keinerlei Hinweis auf ihre Bedeutung. Dann wurde bei Napoleons Ägyptenfeldzug (1798–1801) fast zufällig ein Stein entdeckt. Er war für den Mauerbau einer Festung in Rosetta im Nildelta wiederverwendet worden. Er stammte aus dem Jahr 196 v. Chr. und gab ein priesterliches Dekret in drei Sprachen wieder.

Frühere Interpretationen der Hieroglyphen

Die ägyptischen Hieroglyphen waren lange für eine Bildersprache gehalten worden, bei der jedes Piktogramm eine Vorstellung wiedergibt – wie bei einem Bilderrätsel. Zahlreiche Versuche waren unternommen worden, um sie zu entschlüsseln, wobei ein Problem darin bestand, dass viele Hieroglyphen etwas Erkennbares (einen Falken, einen Pflug usw.) zeigten. Doch daneben gab es eine Menge unverständlicher Zeichen in kursiver Form. Handelte es sich um abstrakte Darstellungen, irgendwelche Satzzeichen oder geheimnisvolle Verbindungsmarkierungen? Die Schrift hatte auch keine erkennbare Struktur: Manchmal waren die Zeichen in horizontalen Reihen angeordnet, manchmal in vertikalen Spalten. Trotzdem gingen die Gelehrten davon aus, dass Hieroglyphen eine echte Schrift darstellten und dass sie eine phonetische Funktion hatten.

Hieroglyphen galten zunächst als Bildersprache.

Napoleons Besetzung von Ägypten bot französischen Antiquaren die Möglichkeit, ägyptische Monumente zu begutachten. Sie rieten Napoleon, was er plündern sollte. Unter der Beute befand sich der Stein von Rosetta. Nach Napoleons Niederlage gegen die Briten landete er mit vielen weiteren Kunstschätzen in England. Ihr Eintreffen löste unter den Gelehrten großes Interesse aus.

Der Stein von Rosetta

Dieser außergewöhnliche Fund präsentierte einen Text, der in drei Sprachen verfasst war: in Hieroglyphen, in demotischer und in griechischer Schrift. Auf Grund des schlechten Zustands des Steins fehlten jedoch wichtige Textstellen. Man konnte die Hieroglyphen-Fragmente zwar durch den griechischen Text entziffern, doch der Aufbau der altägyptischen Sprache konnte nicht rekonstruiert werden.

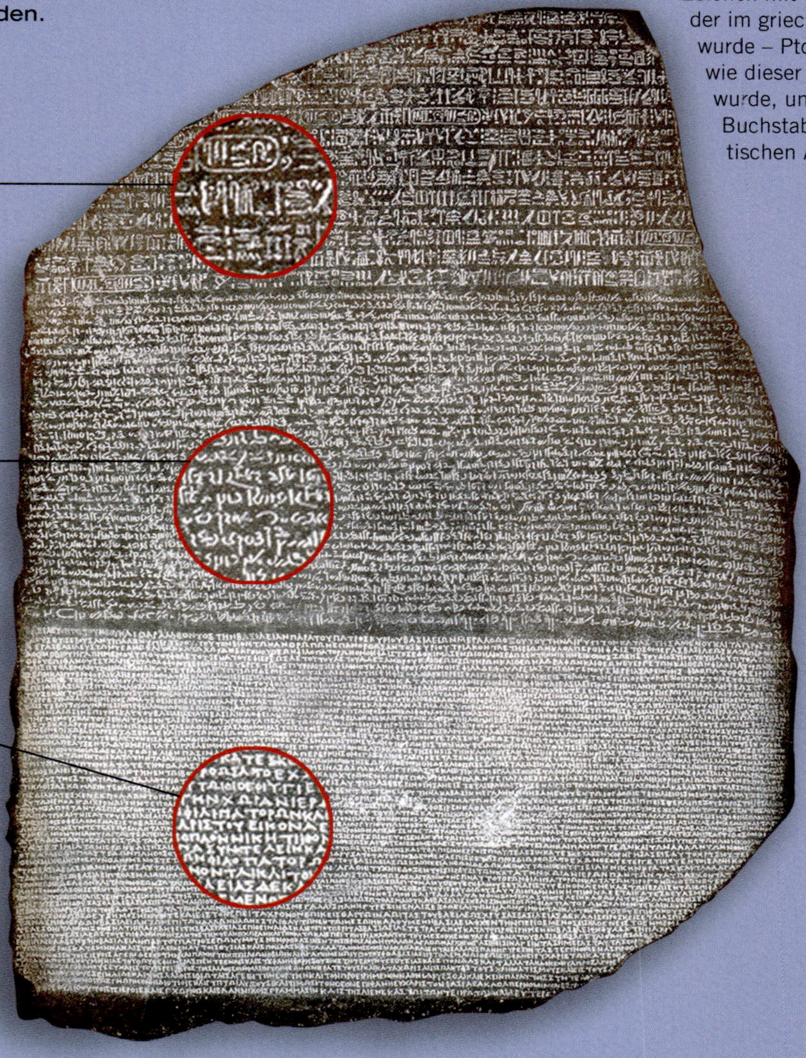

Oben
Hieroglyphen, leider stark beschädigt; man kann nur 14 Zeilen erkennen, die den letzten 28 Zeilen des griechischen Textes entsprechen, doch keine Zeile ist vollständig.

Mitte
Der demotische Text besteht aus 32 Zeilen, ist aber oben rechts schadhaft. Da diese Sprache von rechts nach links geschrieben wird, fehlt der Anfang der ersten 14 Zeilen.

Unten
Griechischer Text, er war sofort lesbar. Von den 54 Zeilen sind die letzten 26 unvollständig. Durch ihn konnten die ägyptischen Hieroglyphen und das Demotische endlich enträtselt werden.

Die Lösung des Rätsels

Thomas Young, ein Universalgelehrter, war vom Stein von Rosetta fasziniert. Er suchte nach einer Gemeinsamkeit der drei Texte und entdeckte Zeichen innerhalb eines Ovals bzw. einer Kartusche. Er nahm an, dass es sich um eine besondere Hervorhebung handelte, und verglich die Zeichen mit dem einzigen Pharao, der im griechischen Text genannt wurde – Ptolemaios. Er wusste, wie dieser Name ausgesprochen wurde, und hatte somit einige Buchstaben aus dem altägyptischen Alphabet.

Thomas Young (1773–1829) war Philologe, Arzt und Physiker.

Ptolemäus

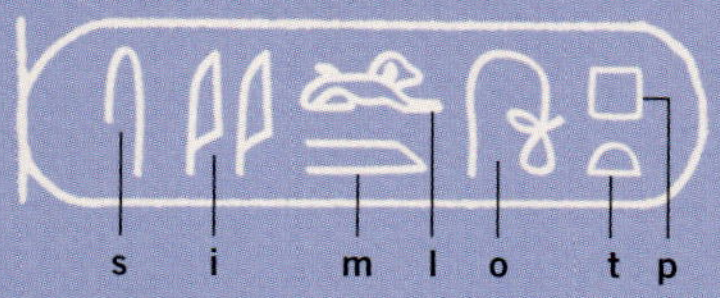

In Originalform von rechts nach links dargestellt, lässt sich „Ptolmis" entziffern, die griechische Version lautet „Ptolemaios".

Young wiederholte diese Vorgehensweise bei der Inschrift eines anderen Herrschers aus der Dynastie der Ptolemäer: Königin Berenike. Diese Dynastie war eigentlich griechischen, nicht ägyptischen Ursprungs, daher hätten die Zeichen phonetisch anders lauten müssen. Young hielt Hieroglyphen deswegen letztlich für eine Bildersprache.

Berenike

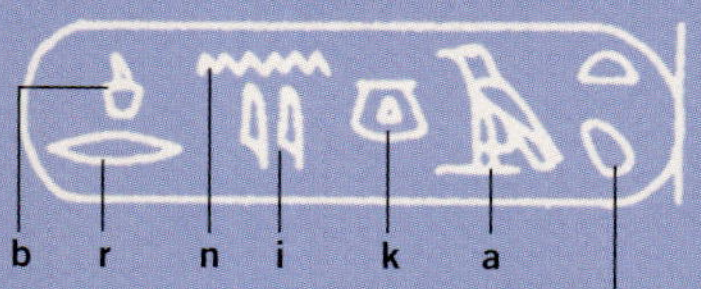

Von links nach rechts gelesen wird deutlich, dass der Vokal „e" fehlt. Der letzte Buchstabe wird nicht mitgelesen, an seiner Stelle steht ein weibliches Symbol, oft der Name einer Königin oder Göttin.

Entschlüsselung des Steins

Jean-François Champollion (1790–1832) gelang 1822 die Entzifferung der demotischen Schrift sowie der Hieroglyphen. Thomas Young setzte seine Arbeit fort; er entschlüsselte den Namen in der Kartusche, es war Ptolemäus V. (205–180 v. Chr.). Im Tempel von Karnak in Theben wurde eine weitere Kartusche gefunden, die Young als Berenike IV. (58–55 v. Chr.), eine ägyptische Königin aus der Dynastie der Ptolemäer, identifizierte.

Von rechts nach links
Im Gegensatz zu europäischen Schriften wurde die altägyptische Schrift von rechts nach links geschrieben – genauso wie die Arabische.

Optik ist wichtig
Die Ästhetik spielte bei den Hieroglyphen offenbar eine wichtige Rolle. Schreiber, Maler oder Graveure achteten bei ihrer Ausführung genau auf die Positionierung und Komposition der Zeichen und Hierogylphen.

Zusätzliche Symbole
Die Kartusche des Ptolemäus erscheint insgesamt sechsmal auf dem Stein von Rosetta. Der Name an sich ist stets gleich, oft jedoch mit zusätzlichen Hieroglyphen versehen. Young hielt diese für Titel, z.B. Ptolemäus „der Große".

Wenige Vokale
Bei der ägyptischen Schreibweise wurden häufig Vokale weggelassen. Vielleicht war das die tatsächliche Aussprache der damaligen Zeit.

Entzifferte Hieroglyphen

Jean-François Champollion (1790–1832) war der Sohn eines Buchhändlers, der bereits mit achtzehn Jahren acht alte orientalische Sprachen beherrschte. Durch die Entzifferung der Hieroglyphen auf dem Stein von Rosetta legte er den Grundstein für die wissenschaftliche Erforschung des Alten Ägypten. Es war ihm erst spät in seinem kurzen Leben vergönnt, nach Ägypten zu reisen, um die dortigen Schätze mit eigenen Augen zu betrachten.

Entschlossenheit
Champollion (*oben*) hatte es sich in den Kopf gesetzt, als Erster den Code der Pharonen zu entschlüsseln. Durch die Namenskartuschen für Kleopatra, Alexander den Großen und Ramses II. erkannte er, dass einzelne Hieroglyphen für Buchstaben standen, andere für Buchstabenkombinationen oder ganze Wörter. Mit diesem Wissen wandte er sich der Entschlüsselung des Steins von Rosetta zu.

Champollions Leistung

Champollion beschäftigte sich zunächst mit Inschriften aus der Ptolemäischen Periode, da diese sowohl in Griechisch als auch in Hieroglyphenschrift vorlagen. Dann studierte er Abbildungen aus einem Tempel in Abu Simbel. Er wusste, dass dieser Tempel unter Ramses II. erbaut worden war, und konnte letztlich den Namen dieses Pharao entziffern. Champollion hatte Koptisch gelernt und erkannte, dass diese lithurgische Sprache der koptischen Kirche von der Sprache abstammte, die sich hinter den Hieroglyphen verbarg. Das war ihm eine enorme Hilfe bei der Entschlüsselung. Er fand rasch heraus, dass das Hieroglyphensystem aus Wortzeichen bestand – die Zeichen standen für ein einzelnes Wort oder einen Begriff. Daneben gab es Lautzeichen für ein bis drei Konsonanten sowie Zeichen, die kontextbestimmend waren, um gleichlautende Wörter voneinander zu unterscheiden. Schließlich konnte er beweisen, dass die Hieroglyphen eine echte Schrift waren. Im September 1822 präsentierte Champollion der Académie des Inscriptions et Belles-Lettres in Paris seine Forschungsergebnisse. Seine Erkenntnisse lösten in Frankreich eine Welle der Begeisterung für das antike Ägypten aus.

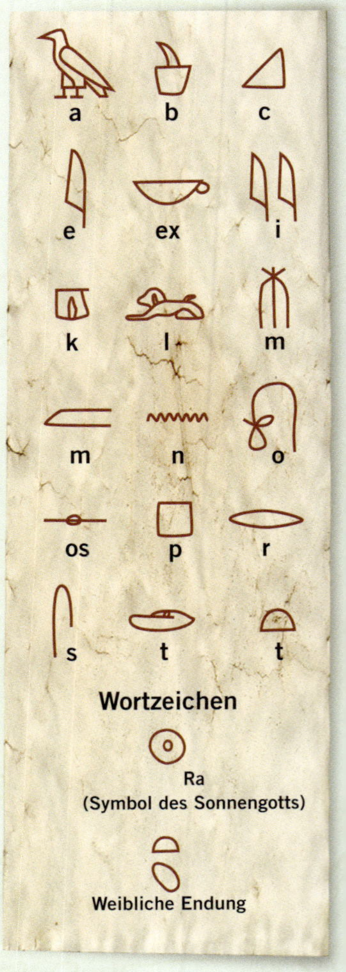

Echtes Alphabet
Champollion erstellte ein komplettes Alphabet der Hieroglyphen. Manche Annahmen, etwa die weibliche Endung und das Wortzeichen für den Sonnengott Ra erwiesen sich als richtig; andere wurden später leicht revidiert, als mehr Material vorlag, das entschlüsselt werden konnte.

Alexander (der Große)

Kleopatra

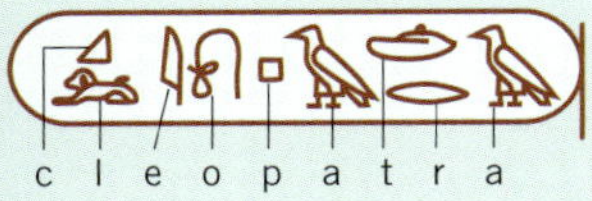

Ramses

Champollion analysierte die Namenskartuschen von Alexander und Kleopatra in ptolemäischem Griechisch, bevor er sich an einem „echten“ Ägypter, Ramses II., versuchte.

Ägyptische Figuren wurden meist mit Piktogrammen und Hieroglyphen abgebildet. Hier sieht man Ramses III. und die Göttin Isis mit ihren Namenskartuschen.

Funktion der Hieroglyphen

Insgesamt gibt es über 2000 Hieroglyphen. Sie entwickelten sich aus Piktogrammen für Gegenstände, Tiere oder Tätigkeiten im Alten Ägypten. Sie konnten Buchstaben des Alphabets, einen Laut, das Geschlecht, Zahlen oder abstrakte Begriffe darstellen. Außerdem gab es kontextbestimmende Hieroglyphen.

Das hieroglyphische Alphabet Die Hieroglyphenschrift kennt keine Vokale, wir wissen daher nicht, wie die Sprache ausgesprochen wurde. Das sogenannte Hieroglyphen-Alphabet für die Transkription von Fremdwörtern verwendet Konsonanten zur Darstellung griechischer Vokale.

Determinative

Manche Zeichen oder Piktogramme bildeten keinen Bestandteil des Satzes , sondern erläuterten die Bedeutung der vorausgegangenen Buchstaben. Sie hatten unterschiedliche Funktionen:

Adjektive und Adverbien Es gab einige Piktogramme, die vielfältig eingesetzt wurden, meist recht unkompliziert:

Erläuterung Da mit Hieroglyphen nur die Konsonanten, nicht die Vokale, bezeichnet wurden, ergaben sich viele Wörter unterschiedlicher Bedeutung, die gleich geschrieben wurden, da sie den gleichen Konsonantenbestand hatten. Um dieses Problem zu beheben, wurden den meisten Wörtern sogenannte Determinative oder Deutzeichen zugesetzt, um die Bedeutung näher erklären. Das Zeichen für „Geschmack" war z. B. das gleiche wie für „Boot", deshalb fügte der Schreiber bei „Geschmack" eine Zunge, bei „Boot" ein Schiff hinzu. Auch „Fisch" und „Ruf" wurden gleich geschrieben, beide bestanden aus den Buchstaben „r" und „m". Daher setzte man ein Deutzeichen hinzu, um die Begriffe voneinander unterscheiden zu können.

Fisch

Ruf

Zahlen

Das ägyptische Zählsystem war additiv und umfasste unterschiedliche Zeichen. Bruchrechnungen wurden durch Zahlen dargestellt, die neben oder unter dem Zeichen für Mund standen, sie gaben den Teil an.

	1–9	Quer- oder Längsstrich
	10–90	Viehfessel
	100–900	Strick
	1000–9000	Lotos
	10 000	Erhobener Finger
	100 000	Kaulquappe
	1 000 000	Himmelstragender Gott

Abstrakte Begriffe

Symbole, die mit alltäglichen Tätigkeiten oder Phänomenen assoziiert wurden, konnten auch abstrakte Begriffe darstellen.

Piktogramme symbolisierten oft mehr, als sich in Worten ausdrücken ließ, und wurden daher durch Hieroglyphen ergänzt. Dieses Relief aus dem Tempel von Sesostris I. (12. Dynastie) zeigt die symbolische Vereinigung von Unter- und Oberägypten: Links steht Seth, rechts Horus, beide sind durch das Hieroglyphenzeichen für Einheit verbunden. Die Zeichen über ihren Köpfen beschreiben sowohl die Gottheiten als auch die Einigung Ägyptens.

DAS RÄTSEL DER MAYA

Als der spanische Eroberer Hernán Cortés 1519 Dörfer der Maya an der Golfküste von Yucatán plünderte, fand er in den Häusern Bücher vor. Peter Martyr, ein Chronist der „Neuen Welt", beschrieb die Exemplare, die an den spanischen Hof geschickt wurden: «Sie haben ganz andere Buchstaben als wir; Würfel, Haken, Spiralen, Streifen und andere Gebilde, die stark ägyptischen Formen ähneln.» Lange Zeit dachte man, dass die Schrift der Maya eine Bilderschrift sei. Maya ist die einzige Sprache Mesoamerikas, die nicht restlos entziffert wurde.

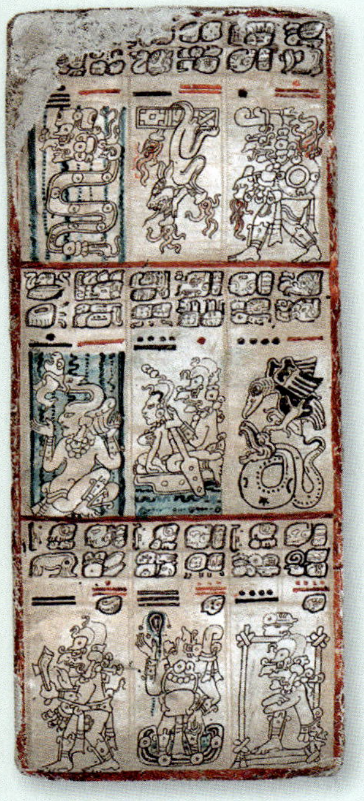

Verlorene Schätze

Die Maya-Bücher bestanden aus langen Papierstreifen, die aus Baumrinde hergestellt und wie eine Ziehharmonika gefaltet waren. Nur vier Stück sind erhalten. Der Bischof von Yucatán, Diego de Landa, verbrannte 1562 alle Maya-Bücher, deren er habhaft werden konnte, als Werke unchristlichen Aberglaubens. Doch ausgerechnet de Landa lieferte entscheidende Hinweise, um die Schrift der Maya entziffern zu können: Er hielt die Namen und Symbole der Maya für die 20 Tage des 260-Tages-Kalenders fest und fügte hinzu: «Diese Menschen nutzen auch bestimmte Buchstaben, mit denen sie ihre Bücher verfassten; über ihre Vergangenheit und ihre Kenntnisse, und mit diesen Abbildungen und Zeichen begriffen sie ihre Anliegen, vermittelten und lehrten sie.»

Glyphen in Stein

Ein Großteil der Maya-Bücher wurde von der katholischen Kirche als Teufelswerk verbrannt, doch ihre Glyphen und Symbole sind auf Bauten, Friesen, Stelen und Keramikgefäßen erhalten geblieben. Sie stammen von 200–900 n. Chr. Diego de Landa, der erste Bischof von Yucatán, berichtete von einem Maya-Kalender und von einem numerischen System, was bedeutet, dass man manche Zeichen wohl entziffern konnte. Viele Forscher glaubten, die meisten Glyphen seien kalendarischer Natur und dass es sich um eine Bilderschrift handle. Erst 1952 konnte das Geheimnis gelüftet werden.

Relieftafeln wie diese in der Ruinenstätte Palenque *(unten)* brachten Forscher zu der Annahme, man könne daraus die Entstehung der Tempel und die damit verbundenen Riten ablesen.

Die Suche nach dem Alphabet

Theoretisch wäre die Entzifferung der Maya-Schrift relativ einfach gewesen. Noch heute werden in Zentralamerika über 30 Dialekte gesprochen, die der Sprache der Maya ähnlich sind. Die Sprachfamilie war also bekannt. Die damaligen spanischen Chronisten lieferten eine gute Beschreibung über das Aussehen der Maya-Bücher, und es war klar, dass die Glyphenschrift eine echte Schreibschrift war. Bischof de Landa notierte die Glyphen für die Monate und Tage des Maya-Kalenders, erklärte deren Funktion und hielt auch diejenigen Zeichen fest, die er als das Alphabet der Maya bezeichnete. Er bat seine Maya-Gewährsmänner, die Buchstaben des spanischen Alphabets in die Maya-Schriften einzutragen. Diese übertrugen jedoch die *Laute* des Spanischen, nicht die tatsächlichen Buchstaben. Wenn de Landa ein „a" aussprach, hörten sie die Silbe „ah", bei „b" hörten sie „ba'y". Der Bischof hatte sie um ein Alphabet gebeten, und sie lieferten Silbenschrift. Doch es war zumindest ein Anfang.

Durchbruch

Das Alphabet von Bischof de Landa bildete die Grundlage der Arbeit von Juri Knorosow, einem russischen Linguisten, dem es 1952 gelang, den Maya-Code zu knacken. Sein Ansatz war denkbar einfach: Schriften sind dazu da, um gelesen zu werden. Also mussten auch die Glyphen der Maya ein phonetisches Element enthalten. Von seinen Studien der ägyptischen Hieroglyphen und der akkadischen Sprache wusste Knosorow, dass diese Schriften Zeichen nutzten, die sowohl sinn- als auch lautgebend waren. Er ging davon aus, dass die Schrift der Maya ähnlich sei, und ging schrittweise vor:

chikin (Westen)

1 Das Kombinationszeichen für „Westen" und die Aussprache, ***chikin***, waren bereits identifiziert worden. Es bestand aus zwei Elementen; einer „greifenden Hand", die das Zeichen für Sonne, ***kin,*** überragte. Daher musste die greifende Hand das phonetische Element ***chi*** sein.

2 Das Zeichen für die Silbe ***ku*** kannte man von de Landas Alphabet. Knorosow stellte fest, dass das gleiche Zeichen über dem Abbild des Geiergottes auftauchte, das er inzwischen als ***chi*** lesen konnte, das ganze Wort ergab ***ku-chi***. Das Wort für „Geier" in Yucatec lautet ***kuch***. Knosorow hatte etwas Wichtiges herausgefunden, nämlich dass der letzte Vokal stumm war.

3 Genauso untersuchte Knorosow de Landas Silbe ***cu***, die gemeinsam mit einem unbekannten Zeichen über einem Truthahnbild stand. Auf Yucatec heißt „Truthahn" ***cutz***, er hatte also die Bedeutung eines weiteren Zeichens entdeckt: ***tz(u)***. Auf die gleiche Weise entzifferte er die Zeichen für „elf", „Last" und „Hund".

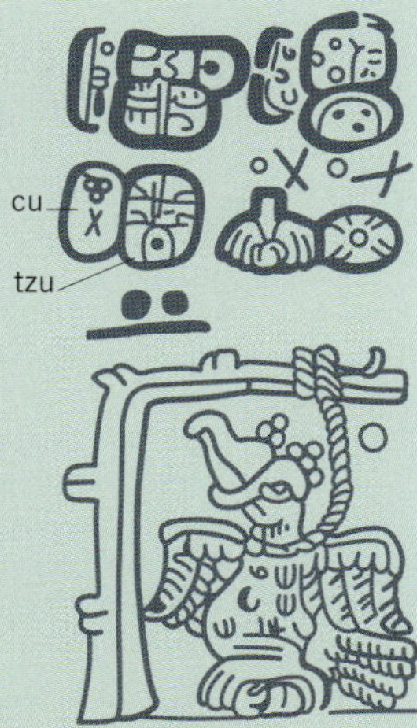

cutz (Truthahn)

cutch (Last)

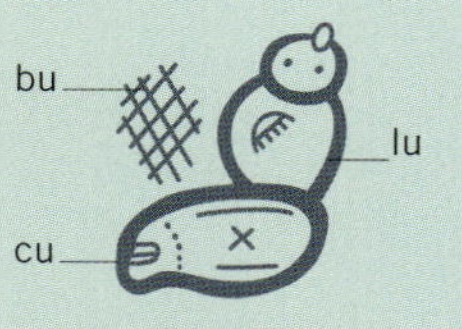

buluc (elf)

4 Es stellte sich heraus, dass die Glyphen zweierlei darstellten: Die Silben wurden von Kürzeln abgeleitet, die wiederum Worte wiedergaben, die aus einzelnen Silben gebildet wurden, so wie ***ka*** für „Fischflosse". Diese formten in gewisser Weise das Alphabet. Daneben gab es unzählige Kürzel, die keine Silben, sondern Dinge oder Vorstellungen repräsentierten. Die Kombination von Silben und Kürzeln bot daher viele Ausdrucksmöglichkeiten für bestimmte Wörter oder Phrasen.

5 Es wurde rasch deutlich, dass die Schreiber der Maya über eine gewisse Gestaltungsfreiheit verfügten: Meist wurde in zwei Glyphen breiten Spalten geschrieben, die von links nach rechts gelesen wurden. Es gab jedoch keine genauen Grammatikregeln, wie die einzelnen Glyphen zusammengesetzt gehörten. Diese Erkenntnis trug enorm zur Entzifferung der Schrift bei. In den Jahren nach 1952 beschäftigten sich viele Forscher mit der Maya-Schrift, und die Aufgabe ist längst noch nicht abgeschlossen.

Das Hieroglyphen-Zeichen der Maya für „Berg" ist ***witz***. Es gibt drei Versionen: als Kürzel, als Silbe ***wi*** mit dem Kürzel ***witz*** und schließlich als Kombination aus zwei phonetischen Zeichen – ***wi*** + ***tz(i)***.

witz **wi-witz** **wi-tzi**

INDIGENE TRADITIONEN

Eigene Bildsprache

Haida, Tlingit, Kwakiutl und andere Indianderstämme des Nordwestens sowie der Pazifikküste gestalteten ihre Totempfähle sehr individuell. Außerdem wurden Zeltplanen, Kanus und Zeremoniengegenstände bemalt. Bemalte Zelte zeigten den Status des Bewohners an, wie Medizinmann, Häuptling oder wichtiger Krieger. Die Symbolsprache war leicht verständlich, das Universum war z. B. ein Haus; das Haus selbst spiegelte den Kosmos wider. Unterschiedliche Teile des Hauses standen für menschliche Körperteile:

Vorderpfosten	Armknochen
Hinterpfosten	Beinknochen
Längsbalken	Rückgrat
Dachsparren	Rippen
Fassade	Haut
Verzierung	Tattoos

Die Bewohner repräsentierten sowohl den Geist des Hauses als auch den Geist der Ahnen.

Totempfähle aus Rot-Zedern überdauerten im Regenwaldklima maximal 100 Jahre, ihre ursprüngliche Bedeutung ging durch die Verwitterung verloren.

Es gibt Tausende untergegangener Kulturen, darunter viele Hochzivilisationen mit unglaublich vielschichtigen Traditionen, Riten und Mythen. Die ausdrucksstarken Zeugnisse dieser Kulturen können wir heutzutage in den Museen der Welt bewundern, auch wenn ihre Bedeutung nicht immer restlos geklärt werden konnte.

Verloren gegangenes Erbe

Die Totempfähle an der pazifischen Nordwestküste sind beeindruckende Hinterlassenschaften indianischer Völker, die einst von Alaska bis zum US-Bundesstaat Washington ansässig waren. Die Bezeichnung „Totem" rührt vermutlich von der Sprache der Ojibwa und bedeutet „Verwandschaftsgruppe". Totempfähle sind eine Art Wappenpfähle, die Legenden eines Clans erzählen. Sie werden von unten nach oben „gelesen", schildern herausragende Taten eines Stammes oder zeigen die Wappentiere des Clans. Sie wurden zum Schutz vor bösen Geistern oder zu Ehren eines Toten aufgestellt. „Schandpfähle" waren symbolische Zeichen für unbezahlte Schulden, Konflikte, Mordtaten oder andere Dinge, über die nicht offen gesprochen werden konnte. Erst kürzlich wurde ein solcher Pfahl in Alaska aufgestellt, der den umgedrehten Kopf vom ehemaligen Vorstand des Ölkonzerns Exxon, Lee Raymond, zeigt. Er steht dafür, dass sich Exxon nach der Ölpest von 1989 bis heute weigert, eine verhängte Strafe von 2,5 Milliarden Dollar an die Geschädigten zu zahlen.

Die Wappentiere verraten auch die Abstammungslinie eines Clans, die sich in zwei Gruppen teilte – Adler oder Rabe –, denen wiederum viele andere Tiere zugeordnet werden:

Adler	**Rabe**
Fische	Rochen
Amphibien, z.B. Frösche	Meeressäuger
Biber (gilt als Amphibie statt als Säugetier)	Säugetiere (außer Biber)

Jeder Clan hatte seine eigene Art, einen Totempfahl zu gestalten. Der Donnervogel, der hier oben thront, war jedoch in vielen Gegenden weitverbreitet.

Adinkra

Die Ashanti im afrikanischen Ghana verwenden eine reichhaltige Symbolsprache: *Adinkra*. Es steht nicht nur mit Sprichwörtern, Liedern und Geschichten in Verbindung, sondern bestätigt auch die soziale Identität sowie politische Ansichten. Die Ashanti verständigen sich seit Jahrhunderten in dieser Symbolsprache; auf Außenstehende wirkt sie wie ein dekoratives Muster. Die Wahl des Motivs hat eine starke persönliche Bedeutung, auch für Analphabeten. *Adinkra* wird traditionell in allen Bereichen des Lebens, auf Kleidung, Hauswänden,Töpfer- und Holzware, verwendet. Die Ashanti sind für ihre Textilien berühmt, etwa für handgewebte *Kente*, edle Stoffe, die früher Königen vorbehalten waren. Über 700 Symbole und Zusatzbedeutungen konnten bislang katalogisiert werden. Manche *Adinkra* sind traditionell – ein Holzkamm steht für Schönheit und weibliche Eigenschaften –, andere entsprechen modernen Statussymbolen wie BMW oder Fernseher. Das Symbol für den Kakaobaum, der im 19. Jahrhundert eingeführt wurde und dessen Früchte Ghanas wichtigstes Exportgut sind, bezieht sich nicht nur auf die Pflanze oder auf Schokolade, sondern auch auf die sozialen Folgen. Das zeigt folgendes Sprichwort: «*kookoo see abusua, paepae mogya mu*» – «Kakao ruiniert die Familie und entzweit Blutsbande.» Ein Symbol, das für Europäer wie ein Gänseblümchen oder die Sonne aussieht, steht für die Ungerechtigkeit des Seins und eine Redensart: «Nicht alle Paprikaschoten am selben Strauch reifen zur gleichen Zeit.»

Adinkrehene
Das höchste Symbol der *Adinkra*-Symbole: *Größe, Herrschaft.*

Denkyem
Krokodil: *Anpassungsfähigkeit.*

Duafe
Holzkamm: *Schönheit, Weiblichkeit, Hygiene.*

Dwennimmen
Widderhörner: *Kraft, Demut.*

Ese Ne Tekrema
Zähne und Zunge: *Freundschaft.*

Funtunfunefu Denkyemfunefu
Krokodile: *Demokratie, Universalität.*

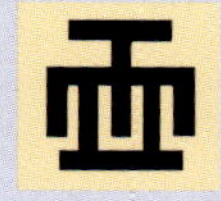

Hwemudua
Messstab: *Inspektion, Qualitätskontrolle.*

Mpatapo
Knoten der Versöhnung: *Frieden schließen.*

Owo Foro Adobe
Schlange auf einem Bastbaum: *Sorgfalt, Vorsicht.*

Owuo Atwedee
Die Leiter des Todes: *Sterblichkeit.*

Woforo Dua Pa A
Auf einen guten Baum klettern: *Kooperation, Rückhalt.*

Pforten ins Nichts

Ein Großteil der Monumentalarchitektur hat neben ihrer symbolischen auch eine praktische Funktion, selbst wenn das Konstrukt zu sakralen Zwecken errichtet wurde. Eine Ausnahme bilden die japanischen *Otorii (unten)*, hölzerne Pforten, die manchmal den Zugang zu Tempeln oder Schreinen bilden. Sie sollen die profane von der sakralen Welt trennen. Freistehende Otorii markieren den Übergang ins Nichts, gemäß dem Glauben des Shinto, der einheimischen Religion Japans. Oft säumen diese Tore auch Pfade, die zu einem Shinto-Schrein führen.

Wörtlich übersetzt bedeutet Torii etwa „Vogelsitz". Es besteht traditionell aus drei Teilen, da die Zahl drei den Göttern heilig ist. Bevor man ein solches Tor durchschreitet, will es der Brauch, dass man sich reinigt, deshalb sind dort Waschgelegenheiten, die *temizu*. Dann verneigt man sich und klatscht dreimal in die Hände – dadurch bittet man um Erlaubnis, den heiligen Bereich betreten zu dürfen. Es sollte vermieden werden, sich direkt in Richtung des Schreins zu bewegen, denn dort wandeln die Geister. Über ihre genaue Herkunft weiß man nur wenig, doch diese rätselhaften Tore werden immer wieder neu errichtet.

02

In jeder Gesellschaft, in der ein bestimmtes politisches System oder eine Religion vorherrschten, gab es Gegenbewegungen, die heimlich operierten und eine eigene Symbolik entwickelten, um ihre Aktivitäten zu verschleiern.

Sekten und Geheimbünde

In erster Linie waren es Andersgläubige, aber auch Gelehrte, die sich mit „ketzerischen“ Erkenntnissen beschäftigten und bis weit in die Aufklärung hinein geheime Zeichen verwendeten. Alchemisten, Geisterbeschwörer und andere beriefen sich bei ihrer Geheimsprache auf zahlreiche heidnische Traditionen, um den Stein der Weisen zu finden, Gold herzustellen oder das Geheimnis der Schöpfung zu enträtseln. Ihre Zeichen und Symbole werden heute noch von vielen Geheimbünden eingesetzt.

FRÜHE CHRISTEN

Das Kruzifix

Die älteste bekannte Kreuzdarstellung ist in die Mauern einer römischen Erziehungsanstalt eingeritzt. Jesus Christus wird am Kreuz mit einem Eselskopf gezeigt. Darunter steht in ungelenken, griechischen Buchstaben: «Alexamenos sebete theon» – «Alexamenos betet Gott an.» Die Karikatur entstand um 123 bis 126 n. Chr. Das Kreuz wurde also bereits sehr früh mit dem Christentum in Verbindung gebracht, doch erst im 5. Jahrhundert wurde es zum zentralen Symbol des Glaubens.

In seinen Anfängen war das Christentum im wahrsten Sinn des Wortes eine Untergrundsekte. Seine Anhänger wurden von den Römern verfolgt und waren gezwungen, untereinander geheime Symbole sowie Zeichen zu nutzen. Sie versammelten sich in Katakomben und an verborgenen Plätzen, um ihre Religion auszuüben, und hinterließen dort verschlüsselte Botschaften für andere, die aber deren Freunde und Familie nicht gefährden durften. Das Kreuz, das heute weltweit als Symbol für das Christentum dient, wurde nur selten verwendet, höchstens in abgewandelter Form. Um sich eineinander zu erkennen zu geben, nutzten die Christen oft Symbole heidnischen Ursprungs. Diese verschlüsselten Codes waren wichtig, um den Zusammenhalt der frühen Christengemeinde zu stärken, die bis zum Anfang des 3. Jahrhunderts n. Chr. im Verborgenen lebte.

Das abgewandelte Kreuz

Es war ein Anker oder ein Dreizack, als Symbol für den sicheren Hafen nach den Stürmen des Lebens. Das Schwert als christliches Zeichen wurde erst bei den Kreuzzügen aktuell.

Brot und Wein

Trauben und Getreide galten in der gesamten römischen Welt als Zeichen für Überfluss und Lebensfreude. Sie wurden Demeter, der Göttin der Erde, und Dionysios, dem Gott des Weins, geopfert. Die Christen machten daraus ihr zentrales Mysterium – das Abendmahl. Das Brot symbolisiert den Leib Christi, der Wein sein Blut.

1. JAHRHUNDERT

2. JAHRHUNDERT

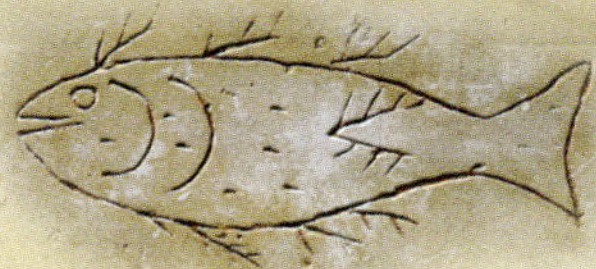

Ichthys

Der Fisch war ein Symbol der Urchristen, seit jeher stand er für Fruchtbarkeit und Leben. Oft flankierten auch zwei Fische einen Dreizack. Fische kommen in der Bibel häufig vor, auch beim Abendmahl wird Fisch serviert, als Zeichen für ewiges Leben. Das griechsiche Wort für „Fisch" – *Ichthys* – ist ein kurzgefasstes Glaubensbekenntnis:

Iesois Jesus
CHristos Christus
THeou Gottes
hYios Sohn
Soter der Retter

Die simple Zeichnung eines Fisches soll in den Sand gemalt worden sein, um sich einander als Christ zu erkennen zu geben.

Die lateinischen Buchstaben können horizontal oder vertikal gelesen werden, übersetzt lauten sie: «Wer den Pflug führt, bereitet den Boden.»

Rätselhafte Buchstabengebilde

Die symmetrischen Anordnungen von Buchstaben, die an römischen Hauswänden gefunden wurden, waren eventuell Botschaften früher Christen.

Das Sprichwort «Wer den Pflug führt, bereitet den Boden» (*rechts*) könnte als Aufforderung, das Christentum zu verbreiten, verstanden werden.

Die Worte *Pater noster*, „Vater unser", der berühmte Beginn des Herrengebets, bilden ein Kreuz. Die As und Os stehen für die griechischen Begriffe „Alpha" (Anfang) und „Omega" (Ende), die ebenfalls eine stark christliche Bedeutung haben.

Taube und Pfau
Die Christen übernahmen viele heidnische Symbole. Im antiken Griechenland wurde die Taube mit der Göttin Aphrodite assoziert, für die Christen stellte sie den Heiligen Geist dar. Ein Taubenpaar stand für die eheliche Liebe. Manchmal trank das Pärchen Lebenswasser aus einem Brunnen. Eine Taube mit einem Olivenzweig im Schnabel galt früh als Sinnbild für Versöhnung und Frieden. Heidnische Völker hielten das Fleisch des Pfaus für unverderblich – für Christen wurde der schöne Vogel zum Symbol für Unsterblichkeit und für die Auferstehung.

Das Christusmonogramm
Die beiden Buchstaben *X* und *P*, die griechischen Majuskeln des lateinischen *Ch* und *R*, sind das Monogramm Christi. Am 27. Oktober 312 sollten diese beiden Buchstaben die römische Welt für immer verändern. Konstantin und Maxentius, zwei Konkurrenten um die Herrschaft des Reichs, traten mit ihren Truppen an der Milvischen Brücke nahe Rom zum Kampf gegeneinander an. In der Nacht zuvor war Konstantin das Monogramm im Traum erschienen, es prangte am Himmel und eine Stimme sagte: *in hoc signo vinces* – «In diesem Zeichen wirst Du siegen.» Christliche Soldaten seiner Armee teilten ihm mit, es sei das Monogramm ihres Erlösers, der über den Tod triumphiert hatte. Konstantin ließ es auf seiner Standarte, seinem Helm sowie den Schildern seiner Soldaten anbringen und ging als Sieger aus der Schlacht hervor. Der Lorbeerkranz rund um die beiden Buchstaben wurde für Christen die Krone des Martyriums.

3. JAHRHUNDERT | 4. JAHRHUNDERT | 5. JAHRHUNDERT

Der „Gute Hirte“
Ab dem 3. Jahrhundert gab es Darstellungen eines Hirten, der ein Lamm über seiner Schulter trägt – Christus, der sein Volk schützt. Das war jedoch auch ein beliebtes klassisches Motiv. Das Lamm selbst stand für Christus und seine Opferung, eine Botschaft, die von allen christlichen Gläubigen verstanden wurde.

Die Betenden
Die Abbildung einer Person, die mit erhobenen Händen betet, galt als Sinnbild für den Menschen, der sich der Gnade einer Gottheit unterwirft. Diese muss aber nicht zwingend christlich sein.

Christus am Kreuz
In Norditalien fand man eines der ältesten Kruzifixe aus dem Jahr 420. Frühe Versionen zeigen Christus lebend und triumphierend am Kreuz, wie z.B. jenes an der Kirchentür der Santa Sabina in Rom. Die Westkirche präsentiert ihn im Lendenschurz, um sein Menschsein zu betonen, die Ostkirche als Weltenherrscher in einer Tunika.

DAS PENTAGRAMM

Ein Symbol, dem seit jeher mystische oder magische Kräfte zugeschrieben werden, ist das Pentagramm. Natürliches Abbild ist der fünfzackige Stern, der sich offenbart, wenn man einen Apfel quer aufschneidet. Er versinnbildlicht die griechische Göttin Kore, die im Herzen der Erdgöttin Demeter ruht. Pythagoras interessierte sich für den mathematischen Aspekt des Symbols, es ist die Grundlage für den Goldenen Schnitt. Da man es in einem Zug zeichnen kann und am Schluss wieder zum Anfang kommt, stand es auch für den Kreislauf des Lebens.

Geometrie

Die Form des Pentagramms hat viele Gelehrte fasziniert. Pythagoras stellte als einer der Ersten fest, dass es aus fünf gleich langen Linien besteht, die einen fünfzackigen Stern bilden, der aus fünf Dreiecken zusammengesetzt ist. Verbindet man die fünf Schnittpunkte im Inneren, entsteht ein weiteres Pentagramm. Das Pentagramm mit seinem Goldenen Schnitt und damit dem Zahlenverhältnis für Schönheit wurde zur Grundlage vieler Kirchenbauten. Die Zahl fünf hat je nach Kulturkreis zahllose Bedeutungen: das fünfte Element, die fünfte Wissenschaft (Geometrie) und die fünf Wunden Jesu Christi. Die katholische Kirche nutzte das Pentagramm zur Abwehr gegen Dämonen.

Hebräische Lettern Neben anderen geheimnisvollen Symbolen verwendete Lévi hebräisch anmutende Zeichen.

Tribut an Dee In die Mitte seines Entwurfs stellte Lévi den Glyphen von John Dee (*siehe S. 57*), der die mystische Einheit der Schöpfung darstellt.

Babylonische Astronomie Bei den Babyloniern wurde das Pentagramm mit den Planeten assoziiert. Die Spitzen repräsentierten Jupiter, Merkur, Mars, Saturn und Venus. Die Astronomen hatten beobachtet, dass Venus bei ihrem acht Jahre dauernden Umlauf um die Sonne fünfmal eine Konjunktion mit der Erde bildet. Verbindet man diese Konjunktionspunkte, ergibt sich ein Pentagramm am Sternenhimmel. Venus wurde auch Morgenstern genannt, der Überbringer der Weisheit.

Der Goldene Schnitt In einem Pentagramm lässt sich zu jeder Strecke und Teilstrecke ein Partner finden, der mit ihr im Verhältnis des Goldenen Schnitts steht, wie die farbigen Linien dieser Abbildung zeigen.

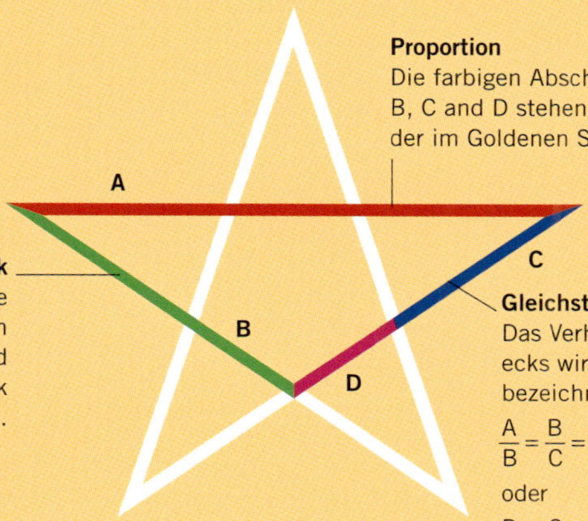

Proportion Die farbigen Abschnitte A, B, C and D stehen zueinander im Goldenen Schnitt.

Goldenes Dreieck Das gleichschenklige Dreieck aus den farbigen Linien wird Goldenes Dreieck genannt.

Gleichstellung Das Verhältnis des Goldenen Dreiecks wird mit dem Griechischen *phi* bezeichnet:

$\frac{A}{B} = \frac{B}{C} = \frac{C}{D} = ø$

oder

D + C = B und C + B = A

Der Okkultist Eliphas Lévi (1810–1875) entwarf dieses Pentagramm als Sinnbild für die Menschheit. Er nutzte unzählige Symbole und Zeichen aus uralten Mythen. Von Lévi stammt auch eine Version des Siegels von Baphomet (*rechts*).

Menschlicher Körper
Das Pentagramm ähnelt einem Menschen mit ausgestreckten Armen und Beinen. Berühmtes Beispiel ist Leonardo da Vincis Studie „Der vitruvianische Mensch“ (*siehe S. 194*).

Pentagramme und Glaube

Im Volksglauben stand das Pentagramm als Bannzeichen gegen das Böse, für die katholische Kirche hatte die Zahl fünf eine besondere Bedeutung: die fünf entscheidenden Ereignisse im Leben der Jungfrau Maria – Verkündigung, Geburt Christi, Wiederauferstehung, Christi Himmelfahrt und Mariä Himmelfahrt. Eine Zeitlang war das Pentagramm auch das Symbol für die Stadt Jerusalem, bevor der Davidstern es wurde.

Griechen und Römer verbanden die fünf Spitzen des Pentagramms mit den klassischen Elementen – Feuer, Erde, Wasser, Luft und Äther (für den Geist) – sowie mit den bekannten Planeten. Für die Alchemisten des Mittelalters hatte das Symbol eine ambivalente Bedeutung: Wies die Spitze nach oben, repräsentierte das Pentagramm den Geist, der die Elemente beherrscht; wies sie nach unten, versinnbildlichte es die Mächte des Bösen.

Geisterbeschwörer und Magiere nutzten das umgedrehte Pentagramm in einem Doppelkreis häufig für ihre Rituale. In Christopher Marlowes Stück *Doctor Faustus* ist Mephisto kurzzeitig innerhalb des Zeichens gefangen. Ein Ziegenbockgesicht innerhalb des Zeichens mit den fünf hebräischen Buchstaben für „Leviathan“ wurde als Siegel des Baphomet bekannt. Es stellt die Grube dar, in der die gefallenen Engel verharren müssen. Die drei nach unten weisenden Spitzen des Sterns sollen die Umkehrung der Heiligen Dreifaltigkeit darstellen.

Keltische Tradition Das Pentagramm steht normalerweise auf zwei Spitzen, beim Drudenfuß weist nur eine Spitze nach unten. Der Drudenfuß wird heute noch von den Anhängern der Wicca, einer Art Hexen-Religion, bei Ritualen genutzt und repräsentiert die Einheit von Mensch und Kosmos. Diese Interpretation entspricht im Grunde jener der klassischen Tradition.

Der Stifter der Bahai-Religion, der Perser Bahá'u'lláh (1817–1892) verfasste mehrere Texte in Form eines Pentagramms, es gilt als Manifestation Gottes. Die Bahai-Religion nutzt auch andere religiöse Symbole wie Davidstern und Swastika (Sanskrit für „Glücksbringer“), um ihre Offenheit gegenüber anderen Glaubensrichtungen zu demonstrieren.

Wahrsagen

Im Mittelalter wurde eine Reihe mystischer Riten praktiziert, die Elemente der Alchemie, der Kabbala und der Zauberei enthielten. Sie entstanden hauptsächlich durch den Wunsch, die Zukunft vorhersagen zu können. Seit jeher gab es in vielen Kulturen Menschen, die scheinbar fähig waren, Zeichen zu deuten und deshalb kommende Ereignisse vorauszusehen. Die hellseherisch Begabten verbargen ihr Können häufig durch eine geheimnisvolle Aura. Zwei uralte Disziplinen, die mit reicher Symbolik verbunden sind, haben sich bis in die heutige Zeit erhalten: die Astrologie und das Tarotkartenlegen.

Die Leber von Opfertieren wurde in der Antike für die Weissagung genutzt, das Ergebnis in Stein verewigt.

Prophezeiungen

Es gibt viele Arten des Wahrsagens. Sie lassen sich in vier Hauptkategorien des Zeichenlesens einteilen:

Anzeichen deuten Hierbei werden natürliche astronomische oder meteorolgische Ereignisse wahrgenommen und gedeutet. Wenn beispielsweise vor einem bedeutenden Sieg Vollmond herrschte, wurde das als Vorzeichen für zukünftigen Erfolg gesehen. Die Astrologie fällt in diese Kategorie.

Wahrsagen durch Loswerfen Das Muster, das durch das Werfen von Kieseln, Knochen, Zweigen oder Runen entsteht, wird durch den „Seher" gedeutet. Eine moderne Abart dieser Methode ist das Lesen von Kaffeesatz, Teeblättern oder von Tarotkarten (*siehe auch* I Ching, *Seite 181*).

Omen Altrömische Priester, sogenannte Auguren, verkündeten den Willen der Götter, indem sie aus tierischen Eingeweiden „lasen" oder den Flug der Vögel interpretierten.

Eingebung Auf Grund seiner besonderen Gabe hat der Seher oder Priester eine spontane Erkenntnis über ein zukünftiges Ereignis.

Astrologie

Die Beobachtung des Himmels ist eng mit der Kulturgeschichte der Menschheit verbunden. Die Bewegungen von Sonne und Mond, der sichtbaren Planeten und Sterne wurden bereits von sehr frühen Zivilisationen registriert. Die Unterscheidung zwischen Astronomie (wissenschaftliche Himmels- und Sternenkunde) und Astrologie (Sterndeutung) erfolgte zuerst in Mesopotamien und im Alten Ägypten, doch häufig überschnitten sich die beiden Disziplinen. Durch die Eroberung Alexandrias durch Alexander den Großen gelangte die Astrologie nach Griechenland, und über Rom in die westliche Welt. Die hinduistischen Tierkreiszeichen entsprechen im Prinzip den babylonischen/westlichen, in China entwickelte man ein eigenes System. Heutzutage kennnen die meisten Menschen der westlichen Welt ihr Sternzeichen.

Bei westlichen Astrologen verkörpert jedes „Haus" des Tierkreises (*links*) ein grundsätzliches Lebensthema, das den Rahmen für die menschliche Entwicklung vorgibt. Zum Zeitpunkt der Geburt stehen jedes Haus und jeder Planet in einem bestimmten Sternzeichen, ein Geburtshoroskop ergibt sich durch die Beziehung der Häuser und Planeten untereinander.

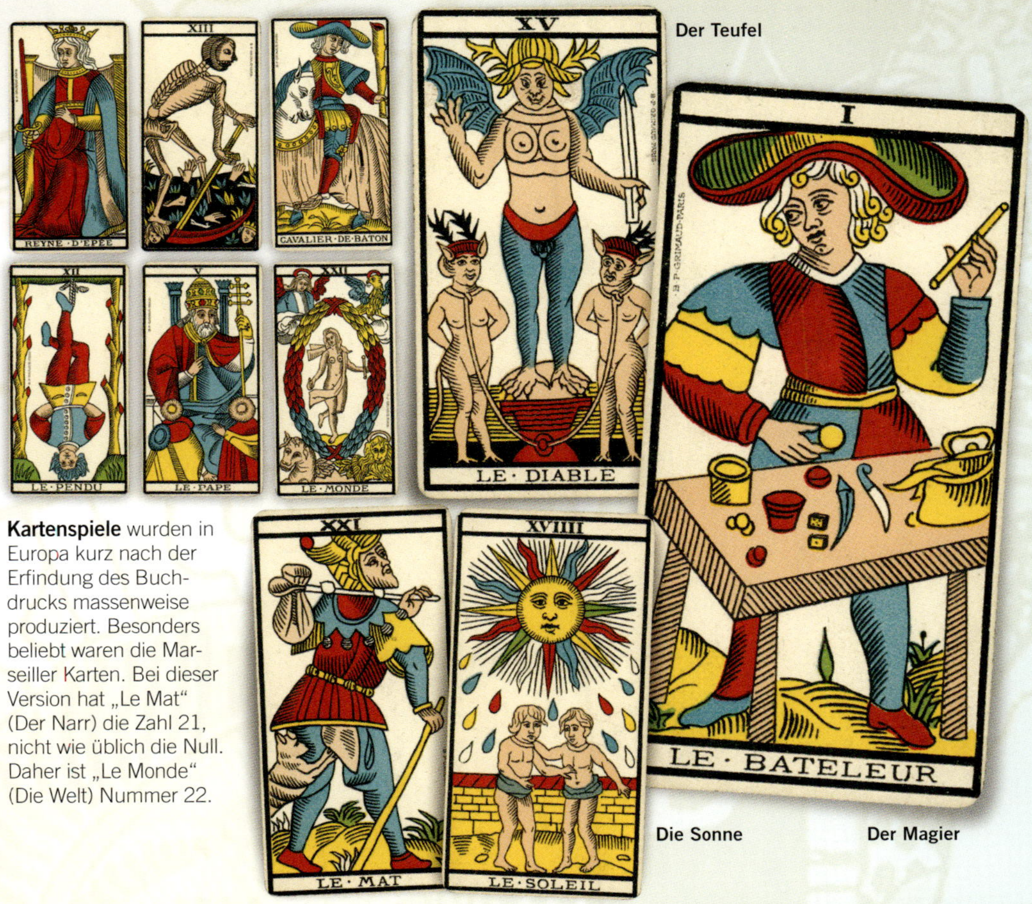

Der Teufel

Die Sonne

Der Magier

Kartenspiele wurden in Europa kurz nach der Erfindung des Buchdrucks massenweise produziert. Besonders beliebt waren die Marseiller Karten. Bei dieser Version hat „Le Mat“ (Der Narr) die Zahl 21, nicht wie üblich die Null. Daher ist „Le Monde“ (Die Welt) Nummer 22.

Tarot

Die genaue Herkunft des Tarot ist unbekannt. Angeblich wurde es im 11. Jahrhundert von den Mamelucken in Ägypten verwendet und fand im 15. Jahrhundert den Weg nach Europa. Das älteste erhaltene Spiel ist das Visconti-Sforza-Tarot. Ein Tarotdeck besteht aus den „Kleinen Arkana“, d. h. vier Serien von je 14 Karten, die sich in zehn Zahlenkarten (As–10) und vier Hofkarten (König, Königin, Ritter und Bube) unterteilen plus 22 Trumpfkarten („Große Arkana“). In den Mittelmeerländern werden Tarotkarten zum normalen Kartenspiel genutzt, nur die Nordeuropäer schreiben den Karten wahrsagerische Kräfte zu. Das älteste Spiel ist das Marseiller (um 1760), das verbreitetste ist das Rider-Deck, das 1910 von Arthur Edward Waite herausgegeben wurde – Waite war Mitglied des hermetischen Ordens der Goldenen Morgendämmerung (*siehe S. 254*). Ungewöhnlich ist das Deck des Magiers Aleister Crowley, das in den 1940er Jahren erschien. Crowleys Interpretation der Karten weicht von den alten Vorlagen erheblich ab.

Stäbe Feuer

Schwerter Luft

Kelche Wasser

Münzen Erde

Die vier Serien werden häufig den Elementen zugeordnet, wie hier beim bekannten Rider-Waite-Deck.

Tarot-Trumpfkarten

0 Le Mat (Der Narr) Naivität
1 Le Bateleur (Der Magier, Der Gaukler) Intelligenz, Geschicklichkeit, Tatendrang; Machtmissbrauch, Der Blender
2 La Papesse (Die Päpstin, Hohepriesterin) Geduld, Intuition, Sanftmut; Unentschlossenheit, Zweifel
3 L'Impératrice (Die Kaiserin) Kreativität, Wärme, Sicherheit; Abhängigkeit,Unergiebigkeit, Willkür
4 L'Empereur (Der Kaiser) Stabilität, Ordnung, Macht; Tyrannei, Erstarrung
5 Le Pape (Der Papst, Hierophant) Rechtschaffenheit, Vertrauen; Intoleranz, Heuchelei, Anmaßung
6 L'Amoureux (Die Liebenden) Wahre Liebe, Entscheidung; Laster, Halbherzigkeit
7 Le Chariot (Der Wagen) Sieg, Triumph; Selbstüberschätzung
8 La Justice (Die Gerechtigkeit, bei Waite Nr. 11) Objektivität, Aufrichtigkeit; Brutalität, Vorurteil
9 L'Hermite (Der Eremit) Weisheit, Selbsterkenntnis; Entfremdung, Isolation
10 La Roue de Fortune (Rad des Schicksals) Veränderung, Neuanfang; Instabilität, mangelnde Kontrolle
11 La Force (Stärke, Kraft, bei Waite Nr. 8) Willensstärke, Beherrschung; Machthunger, ungezügelter Ehrgeiz
12 Le Pendu (Der Gehängte) Reife, Erlösung; Resignation, Selbstaufgabe
13 Treize (Der Tod) repräsentiert einen Zustand, der über unseren Horizont hinausgeht. Metamorphose, Erneuerung; der unvermeidliche Verlust, Angststarre
14 Tempérance (Mäßigkeit) Harmonie, Vertrauen; Unausgeglichenheit
15 Le Diable (Der Teufel) die Fesseln der Materie und des Seins; ungezügelte Leidenschaften, Gier
16 La Maison Dieu (Der Turm) jäher Wandel, Befreiung; geistige Einkerkerung
17 L'Etoile (Der Stern) Hoffnung, erfüllte große Liebe; Zweifel, Starrsinn
18 La Lune (Der Mond) Belebte Phantasie, seelische Kräfte; Illusion, Enttäuschung
19 Le Soleil (Die Sonne) Vitalität, Lebensfreude; Selbstsucht,Betrug
20 Le Jugement (Das Gericht) Entschlossenheit, neues Leben; Stagnation, Todesangst
21 Le Monde (Die Welt) Erfüllung, seinen Platz in der Welt gefunden haben, Anerkennung; Frustration, Leichtfertigkeit

HÄRESIEN, SEKTEN UND KULTE

Sobald sich ein Glaube verbreitet, treffen seine Missionare auf andere Traditionen und Glaubenssysteme. Manchmal kommt es dann zu lokalen Abweichungen, die von den Vertretern der orthodoxen Lehre missbilligt werden. Hinduismus und Buddhismus hatten diesbezüglich keine großen Probleme und empfanden einen solchen Prozess durchaus als Bereicherung. Das Christentum – und später der Islam – war hier unnachgiebiger und bezichtigte Menschen rasch der Ketzerei.

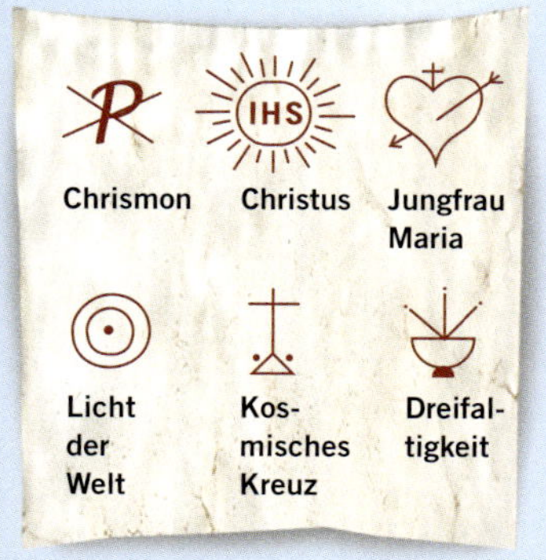

Christliche Symbole

Mythische Symbole

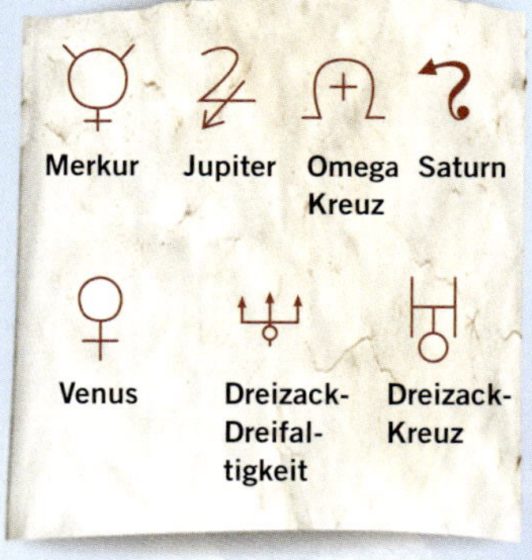

Klassische Symbole

Die Christen haben viele Symbole anderer Kulturen übernommen *(oben)*. Das zeigt sich auch an den geheimnisvollen Dachverzierungen einer Stadt in Apulien in Süditalien (*rechts*).

Die Atbasch-Chiffre

Atbasch ist eine ursprünglich hebräische Geheimschrift, die von den Kopisten der ersten fünf Bücher des Alten Testaments – der Tora – angewandt wurde. Dabei wird das Alphabet einfach umgedreht, das erste Zeichen wird durch das letzte, das zweite durch das vorletzte usw. ersetzt. Der Name Atbasch leitet sich von den ersten beiden (Aleph & Beth) und letzten beiden (Taw & Shin) Zeichen des 22 Buchstaben umfassenden hebräischen Alphabets ab. Es handelt sich um ein monoalphabetisches Substitutionsverfahren, das mühelos auf andere Alphabete übertragen werden kann.

Diese Kodierung wurde von verschiedenen Geheimbünden benutzt, bietet aber keine sichere Verschlüsselung, da man die Atbasch-Chiffre nur ein zweites Mal anwenden muss, um den Ursprungstext zu erhalten. Sie entspricht im Prinzip der Caesar-Verschiebung (*siehe S. 67, 103*). Der römische Kaiser ersetzte einfach jeden Buchstaben der Nachricht durch den Buchstaben, der drei Stellen weiter im Alphabet folgt. Atbasch funktioniert noch simpler, wie folgendes Beispiel zeigt:

Grundlage ist hier das lateinische Alphabet.

Klartext
a b c d e f g h i j k l m n o p q r s t u v w x y z

Chiffrentext
z y x w v u t s r q p o n m l k j i h g f e d c b a

Die Position des Buchstabens wird ermittelt und durch den Gegenpart ersetzt

a	b	c	d	e	f	g	h	i	j	k	l	m
z	y	x	w	v	u	t	s	r	q	p	o	n

Beispiel:

Klartext	Maria kommt nicht
Chiffrentext	Nzirz pinng mrxsg

Gnosis

Der Begriff kommt vom altgriechischen Wort für „Erkenntnis" und bezeichnet das nur Wenigen zugängliche Geheimwissen über die Schöpfung. Sie wird als permanenter Kampf zwischen den gleich starken Kräften des Lichts und der Finsternis aufgefasst. Auch Christen glauben an den ewigen Kampf zwischen Gott und dem gefallenen Engel Luzifer oder Satan, sie widersetzen sich allerdings der Vorstellung, dass hier gleich starke Gegner am Werk seien. Deshalb bezeichneten sie die Gnosis als Irrlehre und ihre Anhänger als Häretiker.

Erkenntnis wird aus christlicher Sicht mit der Schlange im Paradies assoziiert, die Eva verführte. Früher wurden daher viele „Intellektuelle" jeglicher Prägung als Gnostiker verdammt. Etwa die Bogomilen auf dem Balkan, eine christliche Religionsgemeinschaft, die Rituale und Zeremonien ablehnte, weil sie Gott in ihrem Innern fand. Die Bogomilen existierten vom 10. bis zum 15. Jahrhundert und wurden ähnlich wie die Katharer in Südfrankreich von der orthodoxen Kirche erbittert bekämpft. Die Katharer waren eine friedliebende, tief religiöse Sekte, die im Verlauf der Kreuzzüge im 14. Jahrhundert gnadenlos ausgelöscht wurde, weil sich das Papsttum von ihr bedroht fühlte.

Ihre Grabsteine verzierten die Bogomilen mit dem gnostischen Kreuz (*oben*), Sternen und manchmal auch mit dem Halbmond. Deshalb wurden sie bisweilen mit dem Islam in Verbindung gebracht.

«Tötet alle, der Herr wird die Seinen erkennen.»

BEFEHL VOR DER PLÜNDERUNG EINER VON KATHARERN UND CHRISTEN BEWOHNTEN STADT

Gnostische Symbole

Da man unter Gnosis zahlreiche, von der jeweiligen orthodoxen Lehre abweichende religiöse Bewegungen zusammenfasst, stammen die Symbole aus unterschiedlichen Kulturen. Ihre genaue Bedeutung ist bis heute umstritten.

Gnostisches Kreuz Wird auf die altägyptischen Ogdoad von Hermopolis zurückgeführt, die acht Schöpfergottheiten. Für Gnostiker repräsentiert es die acht Urzeiten, in der achten wird der Messias erscheinen. Bei den Katholiken ist es eine Art Taufkreuz. Die acht Speichen stehen für die acht Tage zwischen Christi Einzug in Jerusalem und der Wiederauferstehung.

Messianisches Siegel Wurde vermutlich von Anhängern Jesu im 1. Jahrhundert getragen. Eine Menora thront über dem Davidstern, von dem der christliche Fisch herabhängt. Möglicherweise ein Zeichen von zum Christentum konvertierter Juden, die frühe Missionsarbeit betrieben.

Sabaoth Im Alten Testament war Sabaoth ein Beiname Gottes, er bedeutete „Herr der Heerscharen", worunter man die himmlischen Heerscharen verstand. Er symbolisiert auch Abraxas, eine Sonnengottheit, die die sieben Stufen zu Erleuchtung des Menschen darstellt.

Ouroboros Die kosmische Schlange versinnbildlichte im Alten Ägypten die Sonne, bei den Gnostikern die Ewigkeit und die Sonnengottheit Abraxas. Außerdem stand sie auf Grund ihrer Häutung für die Selbstgeburt, wobei Selbstgeburt mit Gott assoziiert wurde. Sie gilt auch als Überbringerin der Erkenntnis, wie die Schlange im Garten Eden.

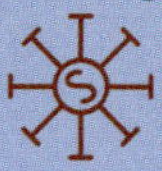

Schlangenrad Verbindet das gnostische Kreuz mit der vereinfachten Abbildung einer Schlange. Steht für das Zusammentreffen der acht Urzeiten mit Selbstgeburt und ist demnach das Symbol des gnostischen Messias.

Gekreuzigte Schlange Geht auf die eherne Schlange zurück, die Moses fertigte, um sein Volk vor Schlangenbissen zu schützen. Für Gnostiker vereint sie das christliche Hauptsymbol Kreuz mit dem Überbringer der Erkenntnis. Bei den Alchemisten repräsentierte sie Quecksilber. Sie ähnelt auch dem Äskulapstab, dem Zeichen für den medizinischen Beruf.

Abraxas Der gnostische Sonnengott wird meist als Krieger dargestellt, dessen Unterleib aus Schlangen besteht. Manchmal fährt er einen vierspännigen Wagen, der die vier Jahrszeiten symbolisiert.

Ritterorden der Kreuzzüge

Um die während der Kreuzzüge entstandenen Ritterorden ranken sich viele Legenden – vor allem um die Templer. Geschlossene Gesellschaften, die sich an der Grenze zwischen weltlichem und kirchlichem Leben befinden, erregen Verdacht, und das Papsttum, das im 14. Jahrhundert starken politischen Wirren ausgesetzt war, sah sich von den zunehmend mächtigen Orden bedroht. Wie diese Templerkirche in Tomar in Portugal (*oben*) zeigt, häuften die Orden auch beträchtliche Reichtümer an, was die Habgier der Herrscher und des Klerus erweckte. In Frankreich besaßen die Templer in Paris und im Süden unermessliche Güter. Am 13. Oktober 1307 wurden auf geheimen Befehl König Philipps IV. alle Tempelritter in Frankreich verhaftet und der Ketzerei angeklagt. Obwohl den Templern nie eine Verbindung zur Freimaurerei oder zu anderen „gnostischen" Bewegungen nachgewiesen werden konnte, wurde der Orden ausgelöscht. Der letzte Großmeister der Templer wurde 1314 öffentlich verbrannt.

Rosslyn-Kapelle

Diese außergewöhnliche Kirche wurde durch den Bestseller *Das Sakrileg* weltberühmt. Sie enthält unzählige, detailliert ausgeführte Steinmetzarbeiten, die neben christlichen Symbolen auch keltische Mythen, Volkslegenden und die Ikonographie der Freimaurer wiedergeben. Sie wurde 1446 von William St. Clair, Baron von Orkney, als Collegiate Chapel of St. Matthew entworfen und steht in Roslin, einem Dorf nahe Edinburgh in Schottland. Rosslyn gehört zu den 37 Stiftskirchen, die in jener Zeit in Schottland erbaut und oft extravagant ausgeschmückt wurden, da die säkulären Stiftungen spirituelles und intellektuelles Wissen in einem christlichen Umfeld verbreiten wollten.

Das atemberaubende Gewölbe ist in massiven Stein gemeißelt und mit vielen Ornamenten versehen: fünfzackigen Sternen, runden Blüten, Rosen sowie einer Taube mit einem Olivenzweig. Das komplexe Tonnengewölbe im Hauptschiff ist mit symmetrisch angeordneten Schmuckelementen verziert. Der fünfzackige Stern hat je nach Betrachtungsweise zwei Bedeutungen: Aufrecht steht er für Hoffnung, Wissen und Erleuchtung; verkehrt herum repräsentiert er das Böse und Hexerei.

Verbindung zur Freimaurerei

Obgleich sicher viele Freimaurer an der Entstehung der Kirche beteiligt waren (sie enthält zahlreiche Symbole der Freimaurer) konnte die Verbindung zu Tempelrittern oder Freimaurern nicht eindeutig nachgewiesen werden. Die Familie St. Clair sagte 1309 gegen die Tempelritter aus, gleichzeitig waren die Nachkommen des Kirchengründers, die Sinclairs von Roslin, Großmeister der Großloge von Schottland.

In Rosslyn befinden sich viele sprichwörtliche Anspielungen. Das hier gezeigte Kind verkörpert das Schicksal und agiert als Mittler zwischen dem gekrönten Tod und seinem irdischen Opfer.

Die Lehrlingssäule Der Legende nach soll der Steinmetzmeister, der diese Arbeit begann, nach Rom gepilgert sein, um dort nach Inspiration für die Fertigstellung zu suchen. Bei seiner Rückkehr musste er feststellen, dass sein Lehrling das Werk vollendet hatte. Voller Zorn erschlug er ihn. Das Fundament der Säule besteht aus acht Drachen, aus deren Mäulern Weinreben wachsen, die sich um die Säule ranken. In der germanischen Mythologie trägt der Weltenbaum Yggdrasil den Himmel, während an den Wurzeln Drachen und Schlangen nagen.

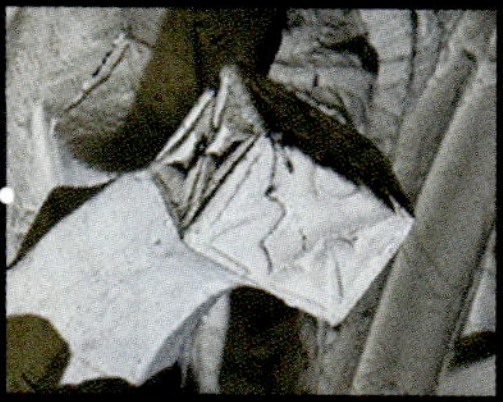

„Musik" aus Stein befindet sich auf den Bögen der Lehrlingssäule und auf den Verstrebungen des Tonnengewölbes (*oben*).

213 Steine mit geometrischen Mustern ragen aus den Säulen und Gewölben empor. Einem Musikwissenschaftler zufolge soll es sich um chladnische Klangfiguren handeln, die im Zusammenspiel zu einer mittelalterlichen Kirchenmusik verschmelzen. Er entwickelte sogar ein Musikstück danach.

ALCHEMIE

Ursprünge

Die Alchemie entstand im 3. Jahrhundert v. Chr. im alexandrinischen Ägypten. Sie vereinte Aristoteles' Theorien über Stoffe, Gnostizismus und Metallurgie. Der legendäre Weise Hermes Trismegistos soll ein Werk über Alchemie, Magie, Astrologie und Philosophie verfasst haben, das die gesamte Weltweisheit enthält, von ihm leitet sich der Begriff „Hermetik" ab. Ein weiterer bedeutender Alchemist war Zosimus aus Panopolis, der um 300 n. Chr. in Alexandria lebte; er schrieb ein praktisches Handbuch über die Kunst der Alchemie. Alchemisten gelang eine Fülle von chemischen Entdeckungen, z. B. Phosphor und Alkohol. Man trachtete aber auch nach höheren Zuständen des Seins, etwa nach dem idealen, zweigeschlechtlichen Wesen, das in Platons *Symposium* zur Sprache kommt und das vor unserer Zeit existiert haben soll.

Die *Tabula Smaragdina*

Die *Smaragdene Tafel* (1614) ist ein Zitat aus einer alten Schrift unklarer Herkunft. Es wurde zum Grundsatz der Alchemisten: «Die Dinge, die unten sind, entsprechen den Dingen, die oben sind, und jene, die oben sind, entsprechen den Dingen, die unten sind.»

Die Bezeichnung Alchemie rührt vom arabischen Wort „al-kimiya" für „Chemie" und bezeichnet die wissenschaftliche Beschäftigung mit chemischen Stoffen, vor allem die Umwandlung von gewöhnlichen Metallen in Gold. Deshalb galt sie auch als „geheime Kunst", die unter anderem danach strebte, den „Stein der Weisen" und lebensverlängernde Exiliere zu finden. Trotzdem ist sie die Grundlage moderner naturwissenschaftlicher Disziplinen, die bedeutende Denker in ihren Bann zog, darunter Robert Boyle, Gottfried Leibniz, Isaac Newton und den Schweizer Psychiater C. G. Jung, der die Symbole der Alchemisten unter psychologischen Aspekten betrachtete. Die Alchemie besteht seit über zwei Jahrtausenden; sie löste bei Königen Gier und beim Volk Schrecken aus. Viele Künstler, Wissenschaftler, Philosophen und zahllose Geheimbünde verleitete sie zur Hinwendung zum Okkultismus.

Entwicklung

In der arabischen Welt wurde Alchemie bereits im frühen Mittelalter praktiziert. Der berühmteste arabische Alchemist war der islamische Universalgelehrte Jabir ibn Hayyan (um 721–815), der Abhandlungen über Numerologie, Astrologie, Schutzamulette und die Anrufung von Geistern verfasste. Im 12. Jahrhundert gelangten Übersetzungen arabischer alchemistischer Texte nach Europa. Kirchengelehrte wie Roger Bacon (um 1220–1292) und Albertus Magnus (um 1200–1280) waren sofort fasziniert; europäische Könige oder Kaiser förderten begeistert die neue „Wissenschaft". Im 17. Jahrhundert wandelte sich die Alchemie zur wichtigen Vorstufe der heutigen Chemie, sie befasste sich mit der Untersuchung der stofflichen Welt und trug erheblich zur Entwicklung der Arzneimittelkunde bei.

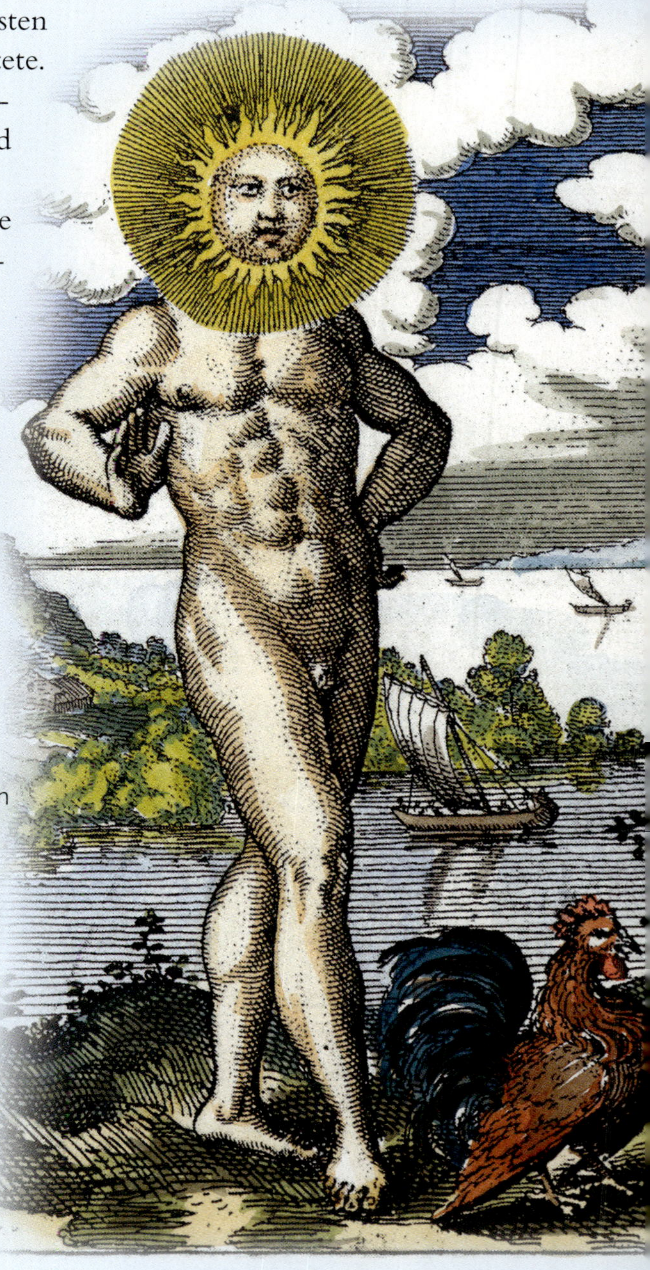

Alchemistische Sinnbilder zeigen häufig die Vereinigung von Gegensätzen, wie hier die Hochzeit eines allegorischen Königspaars. Die Heirat von Sonne und Mond ist das 30. Emblem der *Atalanta Fugiens* (1617), einem prächtig illustrierten, alchemistischen Werk des deutschen Arztes Michael Maier (1568–1622). Er schrieb: «Luna ist für Sol ebenso Voraussetzung wie die Henne für den Hahn.»

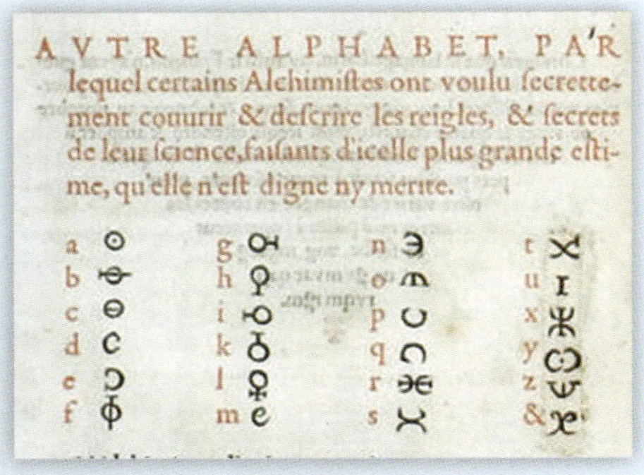

Heinrich Cornelius Agrippa präsentierte in seinem *Über die okkulte Philosophie* (1531–1533, *s. Seite 57*) ein alchemistisches Alphabet.

Symbolische Codes

Mancher Alchemist versuchte, den Schöpfungsvorgang in seinem Labor nachzuvollziehen. Gott galt als archetypischer Alchemist. Die Übereinstimmungen der diversen Aspekte in der materiellen Welt wurden von Alchemisten durch geheimnisvolle Symbole ausgedrückt. Jede Phase des alchemistischen Prozesses wurde durch einen Farbwechsel und den „Kampf" bestimmter Tiere verkündet. Befand sich der Löwe beispielsweise im Kampf mit einem anderen Tier, stand das für die Erzeugung von Schwefelsäure und Vitriol, indem man die grünen Kristalle von Eisensulfat in einem Kolben destillierte. Die symbolhafte Sprache der Alchemisten sollte ihre Aktivitäten verschleiern und ihr Wissen schützen, sie diente jedoch auch dazu, die chemischen Eigenschaften von Substanzen und andere Naturphänomene zu bezeichnen. Letztlich führte die Vorarbeit der Alchemisten zum heutigen Periodensystem der chemischen Elemente.

Planet	Substanz
Mars	Eisen
Merkur	Quecksilber
Jupiter	Zinn
Saturn	Blei
Sonne	Gold
Mond	Silber
Venus	Kupfer

Symbole	Bedeutung
gelber Löwe	gelbe Sulfide
roter Löwe	Zinnober
Krähe	schwarze Sulfide
Salamander	König der Tiere, da man glaubte, er lebe im Feuer; steht in alchemistischen Texten für Reinheit des Goldes.

Paracelsus

Der Arzt, Naturforscher und Philosoph gilt als Wegbereiter neuzeitlicher Medizin, Homöopathie und Chirurgie. Paracelsus (1493-1541) war ein scharfer Kritiker der damals gültigen Medizin und zog als Wunderarzt durch Europa. Sein Ansatz war durch die alchemistische Denkweise geprägt, doch er sah im Körper auch biologisch-chemische Vorgänge, die man wiederum durch chemische Mittel beeinflussen könnte. Er entwickelte das „Alphabet der Weisen", das dem Hebräischen ähnelt. Mit den Buchstaben dieses Alphabets gravierte er die Namen von Engeln in Amulette, um ihnen magische und heilende Kräfte zu verleihen.

Das Alphabet der Weisen

Faszination Alchemie

1678 machte ein englischer Physiker, Astronom und Naturphilosoph Notizen zu „Hermaphrodit", einer mysteriösen chemischen Verbindung mit alchemistischen Anklängen. Er nannte auch den „grünen Löwen" und das „Blut der elenden Hure". Tagsüber war Isaac Newton (1643–1727) ein angesehenes Mitglied des Parlaments, später sogar Präsident der Royal Society; nachts verwandelte er sich in einen Magier mit okkultem Wissen. Newton brachte unzählige Stunden damit zu, die griechischen Mythen und biblische Schriften zu studieren: Er wollte die wahre Natur des Universums herausfinden und suchte nach verschlüsselten alchemistischen Formeln.

Ironischerweise wurde Newton 1705 nicht für seine bahnbrechenden mathematischen Erkenntnisse geadelt, sondern für seine Leistungen als Königlicher Münzmeister. Diesen Posten hatte er ab 1699 inne, er überwachte die gesamte Münzprägung.

Die Alchemie faszinierte ihn sein Leben lang, unter seinen Aufzeichnungen befanden sich unzählige Notizen zu diesem Gebiet. Er hatte offenbar auch mit Quecksilber experimentiert, denn nach seinem Tod fand man große Mengen davon in seinem Körper.

Kabbala

Ursprünge
Das hebräische Wort „Kabbala" bedeutet „empfangen" oder „Überlieferung". Im 13. Jahrhundert entwickelten die deutschen Chassiden („Frommen") Praktiken, die Besinnlichkeit und Ekstase stärkten. Diese neue Mystik breitete sich in Frankreich und Spanien aus, wo Werke wie der *Sohar* (Glanz) entstanden. Der Sohar ist eine Sammlung von Monologen und Kommentaren zur *Tora* und das am weitesten verbreitete Buch der Kabbala. Die Tora bezeichnete ursprünglich die ersten fünf Bücher der Bibel, auch *Die fünf Bücher Mose* genannt. Die Tora ist neben dem *Talmud* die Hauptquelle der jüdischen Religion.

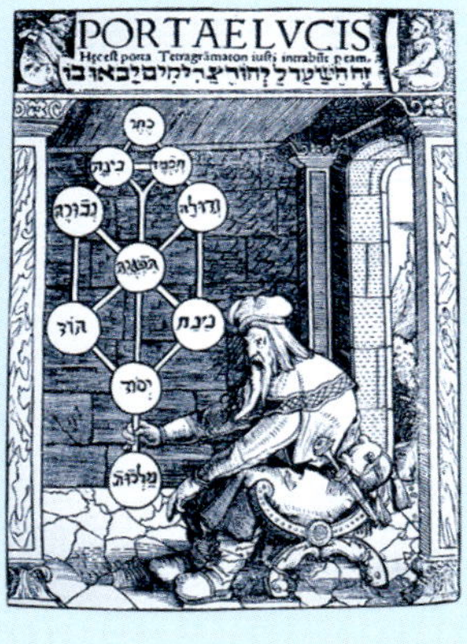

Dieses Exlibris von *Portae Lucis* (Die Pforten des Lichts, 1516) zeigt einen Mann, der den Lebensbaum mit den zehn Sephiroth – den zehn Dimensionen oder Energien Gottes – hält.

Die Kabbala bezeichnet die jüdische Mystik – Schriften, die im Mittelalter aufkamen und die verborgenen Botschaften in der Bibel nachspüren, die offenbaren, wie der Mensch durch heilige Energien in direkten Kontakt mit Gott treten kann. Die Kabbala behandelt alle Bereiche des Lebens und versucht, die Systematik des Lebensbaums, durch die Gott den Kosmos beherrscht, zu begreifen. Der Lebensbaum stellt die ständige wechselseitige Beziehung zwischen Gott und der Welt dar. In der Kabbala ist die Bibel ein kosmisches Formelbuch, in dem jeder Buchstabe eine ursprüngliche, essenzielle Wirklichkeit wiedergibt, ein kosmisches Periodensystem der Elemente, das seit den Zeiten des Propheten Moses in geheimen Enklaven mündlich überliefert wurde. Die 22 Zeichen des hebräischen Alphabets haben auch einen Zahlenwert, der für Mystiker die Instrumente der Schöpfung symbolisiert. Über sie zu meditieren, ermöglicht den Dialog mit Gott.

Die Kunst der Kabbala

In der Kabbalah gibt es zwei Aspekte der Gottheit – den Gott der Schöpfung und Gott (Hebräisch *Ain Soph*), den Unbegreiflichen und Unermesslichen, der jenseits menschlicher Vorstellungskraft liegt. *Ain Soph* manifestiert sich durch eine Reihe von Emanationen im Lebensbaum (*rechts*), und zwar durch die zehn *Sephiroth*, zehn göttliche Urpotenzen der göttlichen Allmacht, von der die Schöpfung ausgeht. Die Aufgabe des Kabbalisten ist es, den unendlichen Aspekt Gottes durch die zehn *Sephiroth* zu erschließen, die das Universum erfüllen und in der menschlichen Seele kulminieren. Wohltätiges Handeln beeinflusst das harmonische Gefüge der *Sephiroth* positiv und erlaubt so, dass die göttliche Gnade frei in der Schöpfung fließen kann. Doch böswillige Taten stellen sich der göttlichen Gnade entgegen, indem sie unheilbringende Impulse aussenden, um die Harmonie der *Sephiroth* zu stören. Für den Kabbalisten befindet sich der Mensch im Zentrum der Schöpfung, und er dominiert die Zukunft und das Schicksal der Welt. Die Verbindung zwischen dem grenzenlosen Aspekt Gottes, *Ain Soph*, und den zehn *Sephiroth* ist Adam Kadmon, das Urbild des Menschen. Adam Kadmon ist die perfekteste Manifestation Gottes, die der menschliche Geist begreifen kann, und ist mit Messias, der Inkarnation Gottes, gleichsetzbar.

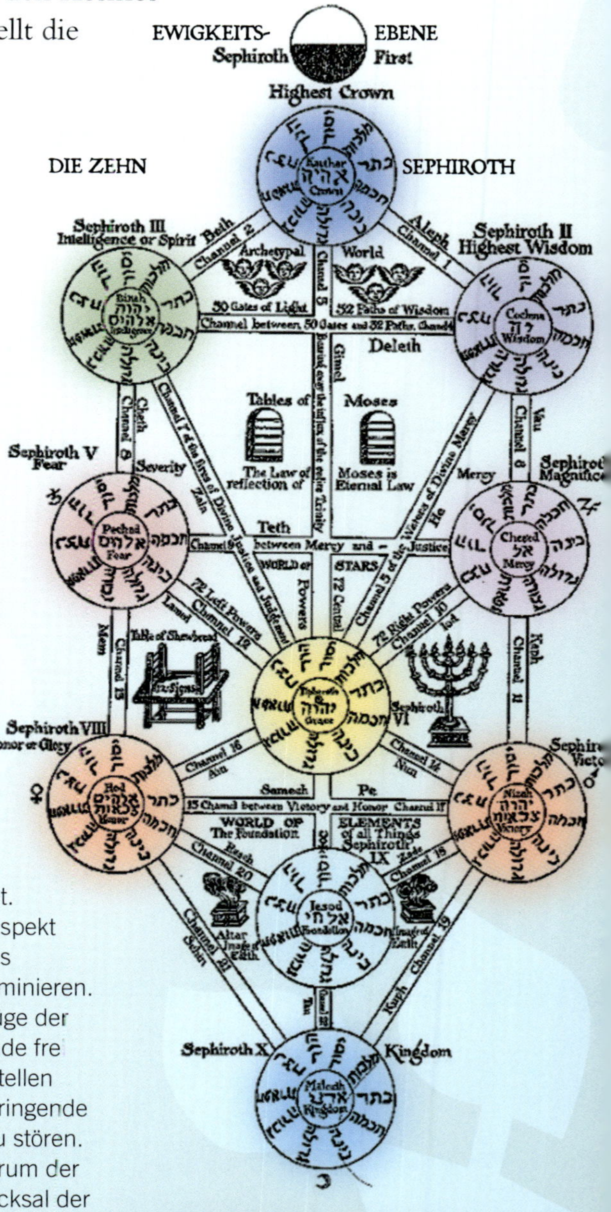

Der kabbalistische Lebensbaum mit den zehn *Sephiroth,* die den göttlichen Urpotenzen entsprechen und sich ständig im Fluss befinden. Sie können durch menschliche Handlungen beeinflusst werden.

Kabbala und Christentum

Die Verbreitung der Kabbala unter den jüdischen Gemeinden im Europa des 15. Jahrhunderts fiel mit der Begeisterung für die Hermetik zusammen. Der Theologe, Jurist, Arzt und Philosoph Heinrich Cornelius Agrippa behandelte in seinem Werk *Drei Bücher der verborgenen Philosophie* (1531) auch die Kabbala. Das Buch war extrem erfolgreich und führte zur Entwicklung der christlichen Kabbala. Hauptvertreter dieser Bewegung waren der italienische Gelehrte Giovanni Pico della Mirandola (1463–1494) und der deutsche Humanist Johannes Reuchlin (1455–1522). Ihre Schriften beeinflussten den Klosterbruder Francesco Giorgio (1466–1540) sehr stark, dessen Theorien über Harmonie, Numerologie und heilige Geometrie wiederum die Architektur der Freimaurer enorm prägten.

Der deutsche Universalgelehrte Agrippa setzte bei seinen Studien der hermetischen Praktiken Gematrie ein.

Falscher Messias

Sabbetai Zvi (1626–1676) war ein angesehender Kabbalist, der sich 1665 in Gaza zum Messias erklärte. Er verkündete, für die Juden sei die Zeit der Rückkehr nach Jerusalem gekommen.

Bevor Zvi verhaftet und unter Androhung der Todesstrafe zum Islam konvertierte (*rechts*), brachte er die jüdischen Gemeinden in großen Aufruhr, weil er sich selbst zum Messias erklärte. Er brach jüdische Gesetze und rechtfertigte sein Verhalten als göttliche Eingebung.

Der amerikanische Popstar Madonna gehört zu den vielen Prominenten, die pseudokabbalistische Botschaften verkünden. Viele warnen vor einer oberflächlichen Betrachtung der Mystik; die orthodoxe Tradition empfiehlt, die Kabbala nicht vor dem 40. Lebensjahr zu studieren.

Im Anfang war das Wort ...

Der theosophische Aspekt der Kabbala befasst sich mit der Buchstabenkombination des hebräischen Alphabets und ihren Zahlwerten. Als kosmische, heilige Sprache gilt Hebräisch als Mutter aller Sprachen. Die 22 Zeichen werden als grundlegende Elemente der Schöpfung empfunden, die voller verborgener Botschaften sind. Aleph z. B. besteht aus einem Wow mit zwei Jodh und verweist auf den Namen Gottes, der aus Jodh, He und Waw gebildet wird. Die Wortsymbolik ergibt sich aus der Buchstabenposition im Alphabet und aus dem Zahlwert.

Gematrie
Sie ist die Technik der Interpretation von Worten oder Wortgruppen mit Hilfe von Zahlen. Jeder Buchstabe hat einen bestimmten Zahlwert, und jede Zahl hat eine besondere, mystische Bedeutung. Beispielsweise heißt „Liebe“ auf Hebräisch „Ahebah“ הבהא (aleph-he-beth-he), die Summe der Zahlwerte ergibt 13. Das Wort für „Einigkeit“ lautet „Achad“ דחא (aleph-cheth-daleth), auch hier ergibt sich ein Zahlwert von 13. Gemäß der kabbalistischen Numerologie besteht also ein Zusammenhang zwischen Liebe und Einigkeit.

Mystische Zahlen
Indem man die fünf „Sophit“ oder alternativen Buchstabenformen zufügt, erhält man im Alphabet 27 Buchstaben. Dadurch kann man jede Zahl von 1 bis 999 ausdrücken.

Mystische Formen
Die Zahl 22 findet sich auch in der Geometrie wieder, und zwar beim gleichmäßigen Vieleck. Dieses besteht aus fünf platonischen Körpern, den vier Kepler-Poinsot-Körpern und den 13 archimedischen Körpern.

Buchstabe	Wert	Sophit	Wert	Name
א	1			Aleph
ב	2			Beth
ג	3			Gimel
ד	4			Daleth
ה	5			He
ו	6			Waw
ז	7			Zajin
ח	8			Heth
ט	9			Teth
י	10			Jodh
כ	20	ך	500	Kaph
ל	30			Lamedh
מ	40	ם	600	Mem
נ	50	ן	700	Nun
ס	60			Samekh
ע	70			Ajin
פ	80	ף	800	Pe
צ	90	ץ	900	Sadhe
ק	100			Qoph
ר	200			Resch
ש	300			Schin
ת	400			Taw

GEISTERBESCHWÖRUNG

Streng genommen ist Geisterbeschwörung der Versuch, mit Toten oder „echten" Geistern Kontakt aufzunehmen, um Rat zu erhalten oder einen Blick in die Zukunft zu werfen. Die sogenannte Nekromantie gab es bereits im Alten Ägypten und in Babylonien, sie war aber auch in Israel, China und in der griechisch-römischen Welt weitverbreitet. Für die katholische Kirche waren Geisterbeschwörungen nichts anderes als ein teuflischer Handel mit unreinen Geistern und Riten, die sündige Neugier und verbotene Anrufung verstorbener Seelen enthielten. Es gelang ihr jedoch nicht, diese Praktiken auszumerzen. Vor allem im Mittelalter waren Geisterbeschwörungen auch beim Klerus sehr beliebt, der heimlich Zauberbücher studierte, um mit Engeln oder ätherischen Wesen zu kommunizieren. Dabei herrschte sowohl bei Alchemisten als auch bei Geistlichen die Auffassung, dass speziell verschlüsselte Alphabete und andere Symbole, die geheimnisvollen Schriften entnommen wurden, tatsächlich fähig wären, den Menschen mit der „anderen Welt" in Verbindung zu bringen.

Magie in der Bibel

Obwohl die Magie in der Bibel wiederholt verdammt wird, gibt es eine Stelle, an der König Saul die Hexe von Endor aufsucht, um den Geist des kurz zuvor verstorbenen Propheten Samuel anzurufen. Er wollte von ihm wissen, wie sein Kampf gegen die Philister ausgehen würde. Obwohl sich das Christentum ab dem 5. Jahrhundert zunehmend etablierte, zog die Aussicht, mit der Geisterwelt in Kontakt treten zu können, die Menschen weiterhin stark in Bann.

Der *Schlüssel des Salomon* zählt zu den berühmtesten Zauberbüchern des Mittelalters (König Salomon zugeschrieben). Das Werk enthält magische Kreise (*oben*), Anleitungen für Geisterbeschwörungen und Zaubersprüche, um die Geister der Hölle herbeizurufen.

Uralte Traditionen

Geisterbeschwörungen sowie Anleitungen zur Geisteraustreibung waren in der Antike im Nahen Osten sehr verbreitet. 2000 Jahre v. Chr. wurde die Befragung von verstorbenen Königen in Ägypten vom Staat unterstützt – zugunsten des öffentlichen Wohls. Dabei wurde das Gesicht des Geisterbeschwörers oder der Statuette, die beschworen werden sollte, mit einer magischen Salbe eingerieben. In der griechisch-römischen Antike hob man Gruben aus, die den Göttern und Geistern der Unterwelt als Pforten in die diesseitige Welt dienen sollten. Viele Hochkulturen hatten unzählige magische Riten, und als Übersetzungen arabischer „Zaubertexte" im 12. und 13. Jahrhundert ganz Europa überschwemmten, wurden sie von den Mitgliedern des gebildeten Klerus eifrig studiert. Diese Mischung aus Sternenmagie, Geisteraustreibung, christlichen, jüdischen sowie muslimischen Lehren war faszinierend. Sie unterschied sich deutlich von der naiv anmutenden Zauberei früherer Jahrhunderte, und sie galt als akzeptierte Methode, um Beschwörungen und Anrufungen durchzuführen.

Magisches Handwerkszeug

Die Geisterbeschwörer des Mittelalters arbeiteten mit magischen Kreisen und Buchstaben, Zauberformeln sowie rituellen Gegenständen wie Schwertern, Kelchen oder Opferschalen. Es wurden sowohl christliche als auch heidnische und okkulte Bräuche und Symbole genutzt. Zu gegebener Zeit wurden ätherische Wesen durch Tieropfer milde gestimmt. Die wichtigsten Schriften jener Zeit über das Okkulte wurden von dem Benediktiner Abt Johannes Trithemius (1462–1516, *siehe S. 73*) und seinem Schüler Heinrich Cornelius Agrippa (1486–1535) verfasst. Agrippas *Drei Bücher der verborgenen Philosophie* (1531–1533) enthielt alchemistische Formeln, kabbalistische Elemente und das sogenannte thebanische Alphabet (*rechts*), Runenzeichen, die angeblich von Hexen verwendet wurden.

Gelehrte, die die Geheimnisse der Welt ergründen wollten, wurden oft bezichtigt, ihre Seele an den Teufel verkauft zu haben, wie Christopher Marlowes *Doctor Faustus* (um 1589).

Thebanisches Alphabet

Schwert
Eine Art Zauberstab des Magiers.

Magischer Kreis
Er schützt den Geisterbeschwörer und besteht aus geheimnisvollen Zeichen, Symbolen oder Runen.

Diese Illustration zeigt eine Geisterbeschwörung. Der magische Kreis schützt die Personen, die einen bösen Geist durch das Verlesen geheimer Texte herbeigerufen haben. Der Beschwörer in der Mitte nutzt ein Schwert, um die Botschaft des Geistes zu empfangen.

John Dee

Der Astrologe, Astronom, Mathematiker und Mystiker Dr. John Dee (1527–1608) galt in seiner Zeit als der gebildetste Mann Europas. Er war Berater von Königin Elisabeth I. von England und bildete viele Navigatoren aus, die Englands Entdeckungsreisen durchführen sollten.

Der respektierte Gelehrte beschäftigte sich intensiv mit hermetischen Theorien und versuchte Zeit seines Lebens, mit Engeln in Kontakt zu treten. Er glaubte, es müsse eine Universalsprache geben, und entwickelte eine Glyphe *(unten)*, die die mystische Einheit der gesamten Schöpfung ausdrücken sollte. Sein starkes Interesse für das Okkulte stieß bei Elisabeths Nachfolger, Jakob I., auf wenig Gegenliebe, Dee verbrachte seine letzten Lebensjahre in großer Armut und starb 1608 vereinsamt.

John Dee schrieb 1564 das hermetische Werk *Die Hieroglyphische Monade,* in der seine Glyphe nach kabbalistischen Prinzipien interpretiert wird. Er bezog sich auch auf das Enoch-Alphabet, das von den Templern genutzt worden sein soll.

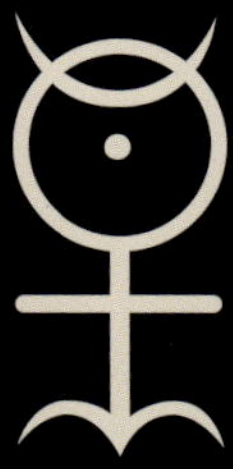

John Dees Glyphe

Das Enoch-Alphabet

ROSENKREUZER

Anfang des 17. Jahrhunderts entstand eine geheime, mystische Gesellschaft, deren Mitglieder sich Rosenkreuzer nannten. Es handelte sich um eine Reformbewegung innerhalb des deutschen Protestantismus, als deren Urheber der evangelische Theologe Johann Valentin Andreä gilt. Kirche, Staat und Gesellschaft sollten umfassend erneuert werden, und zwar durch die Harmonie von Naturwissenschaften, den christlichen Glauben und eine Bruderschaft, deren Ziel das menschliche Wohl war. Die Lehrinhalte der Rosenkreuzer umfassen alchemistische, kabbalistische und hermetische Elemente, daher ist dieser Geheimbund bis heute sagenumwoben. Die zentralen Symbole des Rosenkreuzertums sind das goldene Kreuz und die aufblühende rote Rose, Sinnbild für die (brüderliche) Liebe.

Die Lutherrose

Als Martin Luther 1517 seine 95 Thesen an die Türe der Wittenberger Schlosskirche nagelte, löste er damit Bauern- und Glaubenskriege sowie die Spaltung der Kirche aus. Er prangerte die Geldgier der katholischen Kirche an, die sich seiner Ansicht nach von der eigentlichen Lehre Christi entfernt hatte. Das Wappen des Reformators (*oben*) besteht aus einem Kreuz in einer Rose. Es trägt die Inschrift „Vivit", „Er (Jesus Christus) lebt". Luthers Rose ist weiß und soll anzeigen, dass der Glaube Freude, Frieden und Trost schenkt.

Gold- und Rosenkreuzer

Der Orden der Gold- und Rosenkreuzer entstand Mitte des 18. Jahrhunderts, die Schriften Samuel Richters sollen dabei eine große Rolle gespielt haben. Der streng hierarisch strukturierte Orden strebte die Vereinigung mit Gott an, dabei beschäftigten sich einige Zirkel auch mit Magie, Kabbala und Alchemie. Von Wien aus verbreitete sich der freimaurische Orden bis nach Polen und Russland, er soll großen politischen Einfluss ausgeübt haben und war bis 1793 aktiv.

Der Berg der Weisheit steht für die Kenntnis des Universums und wird von Pilgern aufgesucht. Auch die Rosenkreuzer wollten die Geheimnisse der Welt ergründen.

Beginn der Rosenkreuzer-Bewegung

Zu Beginn des 17. Jahrhunderts erschienen drei anonyme Schriften: *Fama Fraternitatis* (1615), *Confessio Fraternitatis* (1615) und die *Chymische Hochzeit* (1616). Letztere beschreibt die Abenteuer des Eremiten Christian Rosenkreuz, der durch einen geflügelten Boten auf eine Hochzeit in einem fernen Land geladen wird und dort okkulte Praktiken des Nahen Ostens erlebt. Die drei Texte gelten als Grundlage der Rosenkreuzer. In erster Linie geht es um eine neuartige Sicht auf die Welt. Eine genaue Definition der Rosenkreuzer ist schwierig, da es weltweit bis zu 200 Gruppierungen gibt, die sich auf das Rosenkreuzertum beziehen.

Rosen-Pentakel in einem Kreuz mit mystischen Buchstaben und Symbolen der Evangelisten.

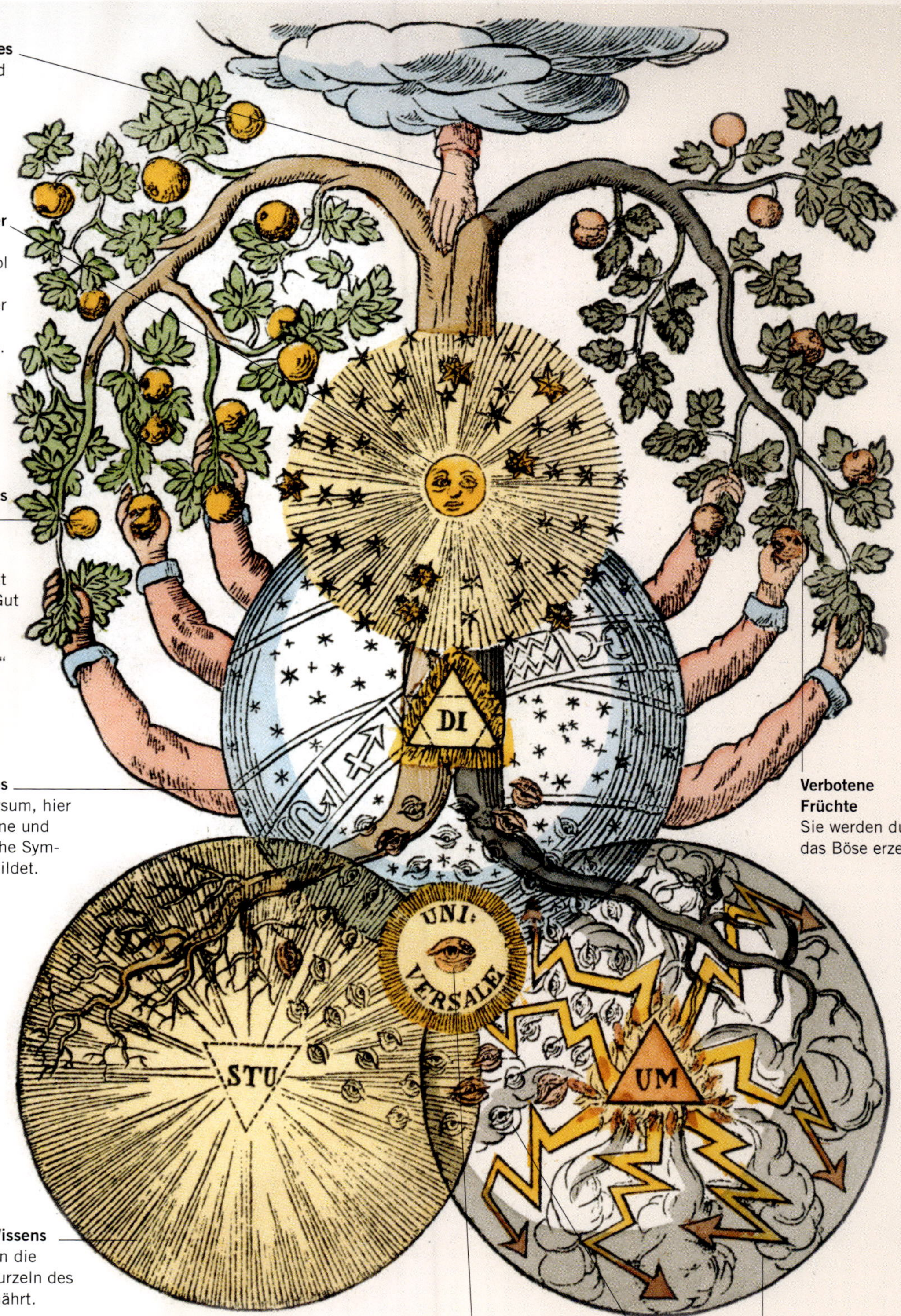

Hand Gottes Segnet und hält den Baum.

Strahlender Stern Das Symbol steht für den Akt der höchsten Schöpfung.

Früchte des Wissens Der Baum verkörpert die Dualität zwischen Gut und Böse. Links sind die „guten“ Früchte.

Der Kosmos Das Universum, hier durch Sterne und astrologische Symbole abgebildet.

Verbotene Früchte Sie werden durch das Böse erzeugt.

Welt des Wissens Hier werden die „guten“ Wurzeln des Baums genährt.

Der Baum des Bewusstseins Diese von den Rosenkreuzern genutzte Illustration aus dem Jahr 1785 greift auf den biblischen Baum der Erkenntnis im Garten Eden zurück. Ein Grundsatz der Rosenkreuzer lautete, dass Eva durch den Verzehr der Früchte – der zum Verlust der Unschuld und zur Vertreibung aus dem Paradies führte – die Menschheit zur ewigen Suche nach wahrhafter Einsicht verdammt hatte, um den Bund Gottes mit den Menschen wiederherzustelllen. Dieses Bild soll das kosmographische Wesen der spirituellen Welt widerspiegeln.

Allsehendes Auge Dieses Symbol nutzen Freimaurer und Rosenkreuzer. Es verbindet den Kosmos, die Welt des Wissens und die Welt des Chaos.

Welt des Menschen Rund um das allsehende Auge stehen Menschen, die Zugang zum „Wissen“ haben.

Chaos In diesem Höllenreich verkümmern die Wurzeln des Baums.

Die Illuminaten

Die Gerüchte über einen erlesenen Geheimbund, der aus exzellenten Wissenschaftlern, Künstlern und Weisen besteht, halten sich hartnäckig. Er soll alles kontrollieren, um eine neue Weltordnung zu schaffen. Die Freimaurer werden dieser Rolle einigermaßen gerecht, die zahllosen Rosenkreuzer-Organisationen scheinen kein Interesse daran zu haben, diese Gerüchte zu widerlegen. Derartige Organisationen gab es tatsächlich, inwieweit sie allerdings das Schicksal der Welt beeinflusst haben, bleibt umstritten. Der Illuminatenorden wurde am 1. Mai 1776 vom bayerischen Kirchenrechtler Adam Weishaupt gegründet und war vorrangig ein Resultat der Aufklärung; es handelte sich um einen losen Verband von Freidenkern. In ihrer kurzen Blütezeit zählte die Geheimgesellschaft in ganz Europa etwa 2000 Mitglieder, doch bereits 1787 wurde sie verboten. Symbol des Bundes war die Eule der Minerva (*unten*), ein Sinnbild für Weisheit. Hintergrund vieler Geheimbünde war letztlich der freie Gedankenaustausch, ohne von Staat oder Kirche reglementiert zu werden.

Freimaurer

Freimaurer-Chiffren
Bei dieser einfachen Chiffre-Schrift werden anstelle von Buchstaben Symbole genommen, die Symbole ergeben sich durch die Position der Buchstaben im Alphabet. Diese Schrift wurde jahrhundertelang in verschiedenen Varianten eingesetzt. Die Freimaurer verwendeten sie im 18. Jahrhundert für die Verfassung ihrer Akten, man findet sie auch auf Siegeln oder Zeichnungen mit symbolischem Charakter:

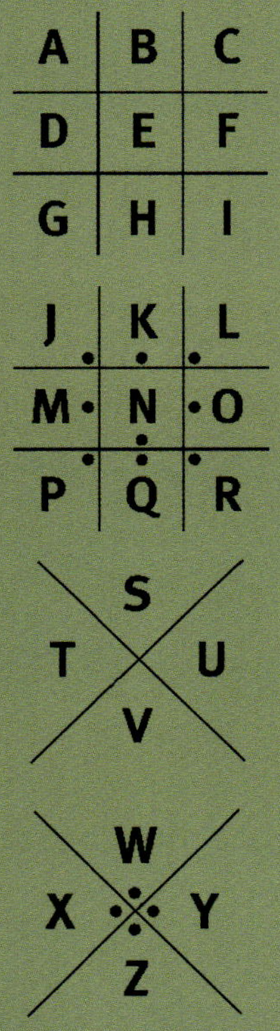

Bei Anwendung dieser Chiffren liest sich „Der Tempel des Salomon“ folgendermaßen:

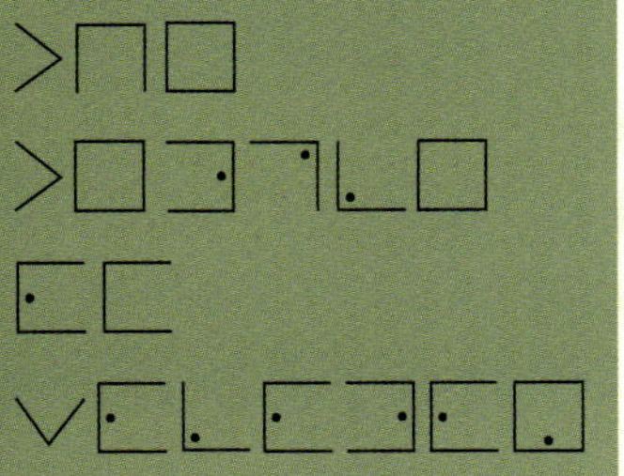

Die Freimaurer sind eine der ältesten und größten Brüderschaften, mit weltweit über fünf Millionen Mitgliedern. Ihre Ursprünge liegen im Dunkeln. Manche behaupten, sie gingen auf die Tempelritter zurück oder auf die Erbauer von König Salomons Tempel oder auf die geheimnisvolle Religion des Alten Ägypten. Die organisierte Freimaurerei ist wahrscheinlich aus der Steinmetzbruderschaft des Mittelalters hervorgegangen. Mauerkelle, Winkelmaß und Zirkel bilden noch heute ihr Emblem. Ihre strikte Geheimhaltung führte zu zahllosen Verschwörungstheorien und Anschuldigungen. Es gab insgesamt 16 päpstliche Erlässe, in denen Freimaurer bezichtigt wurden, sündhaft und verdorben zu sein. Obwohl die Freimaurerei in vielen Ländern verboten war, verbreitete sie sich rasch über den ganzen Globus. Prominente Freimaurer waren unter anderen Mozart, Voltaire, Friedrich der Große, Benjamin Franklin, George Washington, Winston Churchill und Gustav Stresemann.

Ursprünge und Rituale

Vom 11. bis zum 13. Jahrhundert prosperierten in Europa Steinmetzbruderschaften, die für den Bau der großen Kathedralen und Schlösser verantwortlich waren. Da die Wenigsten lesen oder schreiben konnten, wurden ihr Wissen, ihre Gesetze und Rituale mündlich überliefert. Die Tradition der geheimen Zeichen und Passwörter ist bis heute in der Freimaurerei lebendig. Das Wissen um die Baukunst wurde sorgfältig gehütet. „Freimaurerei“ ist eine Lehnübersetzung vom Englischen *freemansonery*, einem Begriff, der erstmals 1396 in England auftauchte. Er bezeichnet den *freemason*, einen erfahrenen Steinbildhauer, der jeglichen Stein kunstvoll gestalten kann. Am 24. Juni 1717 schlossen sich in London vier Logen zu einer Großloge zusammen. Dieser Tag gilt als das offizielle Gründungsdatum der modernen Freimaurerei. In jener Zeit, als der Bau von Kathedralen zurückging, waren auch Nicht-Steinmetze aufgenommen worden, die Gründung der Großloge sicherte das Fortbestehen der Tradition und der Handwerkskunst, die auf den Bau des Tempels von Salomon zurückgehen soll. Der Tempel, den die Babylonier vor über 2500 Jahren zerstört haben, wird von den Freimaurern als vollkommenes Bauwerk und humanistisches Symbol verehrt.

Initiation eines Lehrlings Der „Suchende“ betritt die Loge mit entblößter Brust, entblößtem rechten Knie, Augenbinde und gelösten Schuhbändern. Der „Meister vom Stuhl“ sitzt inmitten seiner Brüder.

Tempeltuch Der Raum, in dem alle Rituale stattfinden, wird in der Sprache der Freimaurer Tempel genannt, ein Tribut an den Tempel Salomons, dem Sinnbild für Humanität. Jeder Bruder bildet beim Tempelbau einen Stein.

Mozart in der Wiener Freimaurerloge Dieses Gemälde zeigt verschiedene Zeremonien der Freimaurer. Mozart ist ganz rechts zu erkennen.

Symbole und Ziele der Freimaurer

Freimaurer fühlen sich der Toleranz und Humanität verpflichtet. Brüderlichkeit und freie Entfaltung der Persönlichkeit stehen an erster Stelle. Die weltumspannende Initiationsgemeinschaft steht allen Männern offen (in manchen Ländern auch Frauen), unabhängig von Religion, sozialer Schicht oder Rasse. Ziel der Freimaurerei ist es, diese Grundsätze im Alltag zu leben und dadurch das Gute in der Welt zu fördern. Mit Hilfe der Symbolik der rituellen Handlungen ordnet sich das Logenmitglied in die Gesetzmäßigkeit des Universums ein und soll durch diese Eingebundenheit allmählich lernen, sein Leben aus einem übergeordneten Bewusstsein heraus zu gestalten.

Flammender Stern
Stellt im Grunde ein Pentagramm dar, das von jeher als fünftes Element, der menschliche Geist, empfunden wurde.

G – Abkürzung für Geometrie
Die Geometrie gilt als Geheimwissen, das durch Hiram Abiff, den Erbauer des Tempels von Salomon, begründet wurde.

Freimaurerschurz Zählt zu den Freimaurer-Insignien und ist häufig kunstvoll ausgearbeitet.

Jachin und Boas
Die zwei Säulen Jachin und Boas zählen zu den wichtigsten Symbolen der Freimaurer. Sie flankieren den Eingang zur Vorhalle des Tempels von Salomon.

Der Tempel Salomons
Er stellt für die Freimaurer ein Sinnbild für Humanität dar. Jeder Bruder, der die drei Grade *Lehrling*, *Geselle* und *Meister* durchläuft, wirkt am Bau des Tempels mit.

Zirkel
Die Geometrie wird als innerster Kern der Wahrheit und jeglichen Fortschreitens empfunden. Ihr werden besondere, heilige Kräfte zugeschrieben, die vollendete Formen erzeugen können.

George Washington legt am 18. September 1793 den Grundstein für das Weiße Haus. Viele amerikanische Tempel und öffentliche Gebäude sind von Freimaurern eingeweiht worden. George Washington trägt einen Freimaurerschurz und eine silberne Kelle.

Die amerikanische Nation

Die Geschichte der USA ist eng mit der Freimaurerei verbunden. Nahezu ein Drittel aller US-Präsidenten war Mitglied der Bruderschaft. Auch bei wichtigen historischen Ereignissen spielten die Freimaurer eine wichtige Rolle, z.B. bei der Boston Tea Party und der Unabhängigkeitserklärung. Die USA hat mit Abstand die meisten Freimaurer: ca. 1,8 Millionen. Symbole der Freimaurer finden sich auf der Ein-Dollar-Note und auf der Freiheitsstatue, deren Konstruktion auf Freimaurer zurückgeht.

Großes Siegel der USA Das allsehende Auge thront über einer dreizehnstufigen Pyramide, ein Schriftband darunter kündet vom Beginn einer „neuen Weltordnung".

03

Aus heutiger Sicht sind nur wenige frühe Geheimschriften sicher, doch die vielen Varianten des Substitutionsverfahrens waren über ein Jahrtausend lang relativ zuverlässige Verschlüsselungsmethoden.

Geheimcodes

Als sich die Mathematik weiterentwickelte, entstanden Dechiffrierungssysteme wie die Frequenzanalyse, durch die die meisten Substitutionsverfahren angreifbar wurden. Gleichzeitig wurden unzählige neue und sehr raffinierte Verschlüsselungssysteme ersonnen, die teils erst Jahrhunderte später nur mit modernen kryptoanalytischen Methoden und Computern geknackt werden konnten.

DIE KUNST DER TARNUNG

In Kriegszeiten oder bei inneren Unruhen mussten Botschaften verschlüsselt werden. Vor der Entwicklung von Geheimschriften bediente man sich anderer Mittel, um Nachrichten zu codieren – manche davon sind heute noch in Gebrauch –, damit eine Information nicht in falsche Hände geriet. Die Ägypter nutzten im 3. Jahrtausend v. Chr. ein Verschlüsselungssystem in religiösen Texten, die Kryptographie, während es bei der Steganographie darum geht, dass ein Dritter ihre Verwendung, also die Nachrichtenübermittlung, nicht bemerkt.

Unsichtbare Tinte

Die Römer kannten schon im 1. Jahrhundert n. Chr. Geheimtinte, etwa den Milchsaft der Thithymallus-Pflanze (Wolfsmilch). Die Schrift wurde unsichtbar, sobald der Saft getrocknet war und erst bei Erhitzung des Pergaments wieder sichtbar. Zitronensaft und Urin haben ähnliche Eigenschaften. Giovanni Battista della Porta, ein Gelehrter des 16. Jahrhunderts, beschrieb, wie man mit in Essig gelöstem Alaun auf einem hart gekochten Ei unsichtbar schreiben konnte. Die Flüssigkeit drang durch die Schale, und die Botschaft war auf dem Eiweiß lesbar.

Die Wachsmethode

Um 480 v. Chr. bemerkte Demaratos, ein spartanischer König, der in Persien im Exil lebte, wie die Perser aufrüsteten. Er wollte sein Heimatland Griechenland warnen, nahm eine Schreibtafel, kratzte das Wachs ab, schrieb eine Botschaft auf die Holztafel und überzog sie erneut mit Wachs. Das griechische Königshaus ahnte bald, was sich hinter der scheinbar leeren Tafel verbarg. Folglich konnte ein persischer Überraschungsangriff erfolgreich abgewehrt werden.

Die Rasiermethode

Es ist schwierig, einen Boten durch feindliche Linien zu senden. Histiaeus, der Aristagoras von Milet zum Aufstand gegen den persischen König anstacheln wollte, kam auf eine List. Er ließ den Kopf des Boten rasieren, brannte eine Nachricht in die Kopfhaut und wartete, bis das Haar nachgewachsen war. Dann schickte er den Kurier los, der sich bei Aristagoras den Kopf rasierte.

„Blood Chits“ werden im Krieg von Piloten mitgeführt. Darin wird in der Landessprache des Einsatzgebiets um Hilfe gebeten, falls der Pilot abgeschossen wird.

Haltbare Seide

Die Textilfaser von Seide ist sehr widerstandsfähig. Die Chinesen schrieben geheime Botschaften auf ein Stück Seide, formten den Stoff zu einer winzigen Kugel und überzogen sie mit Wachs. Der Kurier schluckte die Wachspille und schied sie nach Ankunft am Bestimmungsort auf natürlichem Wege wieder aus. Im Zweiten Weltkrieg wurden Landkarten auf Seidenstücke gezeichnet. Die Seide wurde gefaltet und im Stiefelabsatz von Piloten verborgen. Wurde der Pilot abgeschossen, konnte er sich anhand der Karte orientieren.

Theseus und der Minotaurus

Ein berühmtes Labyrinth, aus dem es kein Entkommen gab, wird in der griechischen Sage von Theseus und Minotaurus geschildert. Das Ungeheuer Minotaurus war halb Mensch, halb Stier und wurde in einem Labyrinth unter dem Palast von Knossos auf Kreta gefangen gehalten. Alle neun Jahre mussten ihm sieben Jungfrauen und sieben Jünglinge als Menschenopfer gebracht werden. Theseus ließ sich unter die Opfer aufnehmen, tötete den Minotaurus und fand Dank eines Wollknäuels, das die Königstochter Ariadne klugerweise mitgenommen hatte, wieder aus dem Labyrinth heraus. Bei Ausgrabungen, die zu Beginn des 19. Jahrhunderts auf Kreta gemacht wurden, entdeckte man den Palast von Knossos, dessen Räume und Korridore so verschlungen angelegt sind, dass man den Palast selbst als Labyrinth bezeichnen könnte.

Theseus und der Minotaurus im Labyrinth waren bei klassischen Mosaiken, Reliefs und Wandmalereien ein beliebtes Motiv.

Den Boden der Kathedrale von Amiens in Frankreich ziert ein ausgefeiltes Labyrinth.

In der *Hypnerotomachia* entziffert der Held diese ägyptische Inschrift als: «Militärische Umsicht oder Disziplin hält das Reich am besten zusammen.»

Rebusse

Eine spielerische Abart der Verschlüsselung ist die Methode, Worte durch Bilder oder Objekte zu ersetzen. Frühe Christen nutzten dieses Verfahren, um einander zu erkennen zu geben. Viele Altertumsforscher hielten Hieroglyphen einst irrtümlicherweise für Rebusse, in der Wappenkunde wurden durch Rebusse Wortspiele erzeugt (*siehe S. 228*). Der phantastische Roman *Hypnerotomachia Poliphili* (1499) enthält Inschriften in „Hieroglyphen", die der Held irgendwie entziffern kann. Im 18. und 19. Jahrhundert waren Bilder-Briefe sehr verbreitet.

Bildergeschichten wie diese waren im 19. Jahrhundert üblich, um den Kindern das Lesen beizubringen.

Diese Mikrokamera ist hier nur leicht vergrößert abgebildet.

Mikroform

Die Technik, verkleinerte, analoge Abbildungen von gedruckten Vorlagen auf Filmmaterial (Mikrofiche) festzuhalten, wurde zu Beginn des 20. Jahrhunderts entwickelt. Damit konnte man relativ umfangreiche Texte oder Listen unauffällig abfotografieren und außer Landes schmuggeln. Agenten und Spione nutzten diese Technik, im zivilen Bereich wird Mikroform für die Archivierung von Dokumenten eingesetzt.

Reizvolle Gärten

Die griechischen und römischen Geschichtsschreiber schildern labyrinthartig angelegte Gärten, die für den fröhlichen Zeitvertreib der Besucher gedacht waren. Diese Irrgärten kamen seit der Renaissance verstärkt in Mode. Im Park von Versailles befand sich bis 1774 ein berühmter Irrgarten, der mit 39 kunstvoll gestalteten Springbrunnen ausgestattet war. Zutritt hatten nur Angehörige des Königshofs. Auch im Orient, in China und Südasien kannte man diese Form der Gartengestaltung. Dabei wurden Bäume und Hecken nicht nur in geometrischen Mustern gepflanzt, sie wurden zusätzlich auch noch in Form geschnitten; die Wege waren teils mit prächtigen Mosaiken ausgelegt, die die Komplexität des Gesamtkunstwerks noch unterstrichen. In Versailles war es nicht Ziel, aus dem Irrgarten wieder herauszufinden, sondern den Weg so auszuwählen, dass jeder der 39 Brunnen genau einmal erreicht wurde.

Nur für den Empfänger bestimmt

Seit mehr als 2000 Jahren werden Botschaften verschlüsselt, um ihre Inhalte vor neugierigen Augen zu schützen. Prinzipiell gibt es zwei Methoden: die Transposition, dabei werden Buchstaben anders angeordnet, und die Substitution, bei der sie ersetzt werden. Die Skytale von Sparta (*siehe S. 102*) ist ein frühes Beispiel für Transposition, sie wurde mechanisch erzielt. Der römische Kaiser Caesar nutzte eine Geheimschrift, die als Caesar-Verschiebung (*siehe S. 103*) bekannt wurde. Sofern der Empfänger der Nachricht nicht weiß, welches Verfahren verwendet wurde, kann er den Text nicht entziffern. Sämtliche Herrscher und Staaten der Erde entwickelten ihre eigene Geheimschrift, und die Geschichte des Kampfes zwischen Verschlüsslern und Entschlüsslern ist ungewöhnlich reichhaltig.

Anagramme

Die einfachste Form, einen Text zu verschlüsseln, besteht darin, die Buchstabenreihenfolge zu verändern. Diese Art des Wortspiels und der Geheimhaltung blickt auf eine 2000 Jahre alte Geschichte zurück. Bei sehr kurzen Wörtern ist dieses Verfahren relativ unsicher, weil es nur eine begrenzte Zahl von Möglichkeiten gibt, die Buchstaben umzustellen. Das Wort „nur" kann beispielsweise nur fünfmal umgestellt werden: nru / rnu / run / urn / unr.

Steigert man jedoch die Zahl der Buchstaben, so ergibt sich eine Unmenge an möglichen Anordnungen, die geradezu unendlich erscheinen. Wenn der Empfänger das Umstellungsverfahren nicht genau kennt, ist es schier unmöglich, die ursprüngliche Botschaft wiederherzustellen.

Anagramme wurden auch zum Schutz wissenschaftlicher Erkenntnisse genutzt, Galileio Galilei veröffentlichte seine Entdeckung über die Phasen der Venus nicht als Klartext, sondern als Anagramm.

In Zeitschriften und Zeitungen findet man manchmal auch Rätsel in Anagrammform, sogenannte Visitenkartenrätsel. Meist ist dabei der Beruf einer Person aus dem Namen und der Stadt zu erraten. So beispielsweise: Welchen Beruf übt die Person mit der folgenden Visitenkarte aus?

„Fr. Inge C. Sonst, Rheine."
Antwort:
Schornsteinfegerin.

Transposition

Dieses Verfahren der Codierung beruht auf Umstellung von Buchstaben. Dabei sollten sie nach einem handbaren System umgestellt werden, auf das sich Sender und Empfänger zuvor verständigt haben. Schulkinder schicken sich heute noch Botschaften mittels „Gartenzaun"-Transposition. Dabei werden die Buchstaben des Texts abwechselnd auf zwei Zeilen geschrieben.

Nehmen wir zum Beispiel den Klartext:
DIES IST EIN VERSCHLÜSSELTER TEXT
Man schreibt jeden zweiten Buchstaben des Satzes in eine zweite Zeile und schreibt die beiden Zeilen dann als zwei Buchstabenfolgen:

Wenn jemand den Text entschlüsseln will, muss er einfach die Buchstabenfolgen wieder in zwei Zeilen schreiben und jeden zweiten hochziehen. Bei mehrzeiligen Texten wird die Sache natürlich komplizierter.

Dabei werden drei Zeilen untereinander geschrieben und dann aneinander gehängt. Man kann auch jedes Buchstabenpaar vertauschen, dann wechseln der erste und der zweite Buchstabe die Plätze, der dritte und der vierte und so weiter. Dadurch wird das System wesentlich sicherer, wenn auch schwieriger.

Monoalphabetische Substitution

Bei diesem Verfahren wird jeder Buchstabe des Alphabets entweder durch einen anderen oder durch Symbole oder Zahlen ersetzt, es gibt auch eine Mischform aus allen dreien. Bei der Caesar-Verschiebung ist das Alphabet um drei Stellen verschoben, d. h. jeder Buchstabe wird durch den Buchstaben ersetzt, der drei Stellen weiter im Alphabet folgt. Im *Kamasutra* gibt es einen Abschnitt über die Kunst der Geheimschrift (*gegenüber*), hier basiert die Codierung auf zufällig festgelegten Buchstabenpaarungen. Dann wird jeder Buchstabe der Nachricht durch sein Gegenüber ersetzt.

Algorithmen

Sie sind eine Folge von Anweisungen zur Lösung eines Problems, hier der Klartext, (die zu vermittelnde Botschaft), die Chiffre (Anweisung zur Entschlüsselung) und das allgemeingültige System, das sich bei sämtlichen Problemen dieser Kategorie anwenden lässt.

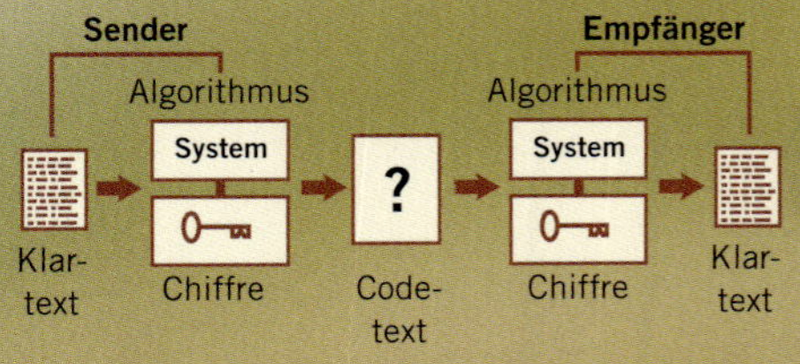

Der Erfolg dieses Systems liegt darin begründet, dass die Chiffre nur dem Sender und dem Empfänger bekannt ist.

Die Kamasutra-Chiffre

Das *Kamasutra* wurde im 4. Jahrhundert n. Chr. von dem brahamischen Gelehrten Watsjajana verfasst. Es beschreibt 64 Künste, die Frauen beherrschen sollten, darunter Kochen, Bekleidung, Massage, Liebesspiel und Parfümzubereitung. Es gibt auch ein Kapitel über Geheimschrift, damit die Damen ihre Affären verbergen können. Die Schrift schlägt vor, zufällig ausgewählte Buchstabenpaarungen zu generieren oder die Buchstaben des Alphabets beliebig zu ersetzen, um damit die immanente Logik eines Verfahrens wie der Caesar-Verschiebung zu vermeiden.

Normales Alphabet

A B C D E F G H I J K L M N O P Q R S T U V W X Y Z
R M E S Z W N A L Y B T F I Q X J U D V K H G O P C

Chiffrenalphabet

HEUTE
NACHT
UNTERM
FEIGEN-
BAUM

AZKVZ
IREAV
KIVZUF
WZLN-
ZIMRKF

Bei dieser Substitution verwandelt sich der simple Klartext links in das Kauderwelsch rechts. Dieses Verfahren beruht auf einer unwillkürlichen Umstellung, von daher gibt es 400 000 000 000 000 000 000 000 000 mögliche Anordnungsmöglichkeiten – selbst dem erfahrendsten Kryptoanalytiker wird es nicht nicht gelingen, eine Botschaft wie diese zu entschlüsseln.

Schlüsselsatz-Lösung

Um sich die eigene Umstellung des Alphabets leichter merken zu können, kann man auch auf einen Schlüsselsatz zurückgreifen, den man in das Alphabet integriert. Man nimmt zum Beispiel einen relativ simplen Satz wie HALLO MEIN FREUND, setzt ihn an den Beginn des Alphabets und entfernt Zwischenräume sowie Wiederholungen von Buchstaben. Dann vervollständigt man das Alphabet in der üblichen Reihenfolge, lässt jedoch die Buchstaben weg, die im Schlüsselsatz enthalten sind.

Normales Alphabet

A B C D E F G H I J K L M N O P Q R S T U V W X Y Z
H A L O M E I N F R U D B C G J K P Q S T V W X Y Z

Chiffrenalphabet

GEHT ES IHNEN GUT?
IMNS MQ FNCMC ITS?

Bei Anwendung dieser Methode entsteht ein raffiniertes Chiffrenalphabet (*oben*). Je länger der Schlüsselsatz ist, umso komplizierter gestaltet sich die Entschlüsselung.

Verwendung von Symbolen

Bei vielen monoalphabetischen Substitutionen wurden Symbole genutzt, um bestimmte Buchstaben zu ersetzen. Das erschwerte die Entzifferung erheblich, bedeutete aber auch, dass Sender und Empfänger perfekt aufeinander abgestimmt sein und die Codierung parat haben mussten. Doch das Prinzip blieb das gleiche.

Als einfaches Beispiel könnte etwa eine Caesar-Verschiebung jedes sechsten Buchstaben dienen, bei dem jeder Vokal des normalen Alphabets zusätzlich durch ein Symbol ersetzt wird:

Normales Alphabet

A B C D E F G H I J K L M
N O P Q R S T U V W X Y Z

Chiffrenalphabet

✪ G H I ✿ K L M ➻ O P Q R
S ♣ U V W X Y ❤ A B C D E

Auf Grundlage dieses Chiffrenalphabets lässt sich ein einfacher Satz mühelos verschlüsseln.

WIE WAR ES IM ZOO?
A➻✿ A✪W ✿X ➻R E♣♣

Die meisten Chiffren vermeiden Satzzeichen, da besonders Ausrufe- und Fragezeichen wichtige Hinweise zur Entzifferung liefern könnten.

A➻✿A✪W✿X➻RE♣♣

Noch schwieriger wird es, wenn man die Zwischenräume weglässt.

A➻✿+A✪W+✿X+➻R+E♣♣

Durch Einfügen von Symbolen kann man einerseits Zwischenräume anzeigen und andererseits die Verschlüsselung komplexer machen.

A➻✿ 3✪W 3X 3R E♣3

Oder man nimmt Zahlen, z.B. 3, um Buchstabenwiederholungen kenntlich zu machen.

Frequenzanalyse

Al-Kindi
Al-Kindi (801–73 n. Chr.) war ein arabischer Mathematiker, Mediziner, Philosoph, Astronom, Psychologe und Meteorologe. Er war bemüht, die griechische Philosophie in der arabischen Welt bekannt zu machen, und übertrug u. a. die Schriften von Aristoteles und Platon ins Arabische. Auf den Gebieten der Medizin, der Physik und der Musik gelangen ihm bedeutende Erkenntnisse. Zudem gilt er als Entdecker der Frequenzanalyse. Seine *Abhandlung über die Entzifferung kryptographischer Botschaften* wurde erst 1987 im Süleiman-Osman-Archiv in Istanbul gefunden. Vermutlich war das von al-Kindi beschriebene Verfahren in der arabischen Welt bereits im 9. Jahrhundert bekannt (für das arabische Alphabet). Es ist also nicht klar, ob er es erfunden oder als Erster dokumentiert hat.

Mit Frequenzanalyse kann man Geheimtexte dechiffrieren, die monoalphabetisch verschlüsselt wurden, und somit die Sprache des Ursprungstexts herausfinden. Dabei werden die einzelnen Buchstaben gezählt und ihre Häufigkeit notiert, meist in Prozent. Diese ist von Sprache zu Sprache unterschiedlich, in der deutschen Sprache etwa kommt das „e“ mit rund 20 % am häufigsten vor, im Italienischen gibt es drei Buchstaben mit einer Frequenz von über 10 % und neun Buchstaben mit weniger als 1 %. Auf Grund der Häufigkeit kann man auf das verwendete Alphabet schließen. Je länger die Nachricht ist, umso effektiver kann man die Frequenzanalyse anwenden, das gilt natürlich für die meisten kryptoanalytischen Verfahren.

Frequenzanalyse im Deutschen

Unterschiedliche Beispieltexte führen zwar zu leichten Abweichungen, doch in der Regel kommen im Deutschen folgende Buchstaben am häufigsten vor: „e“, „n“, „i“, „s“ und „r“. Diese variieren leicht, aber das „e“ ist stets am häufigsten, gefolgt von „n“, „i“, „s“, „r“, „a“, „t“ und „d“. Die Tabelle rechts zeigt die Häufigkeit der einzelnen Buchstaben in Prozent.

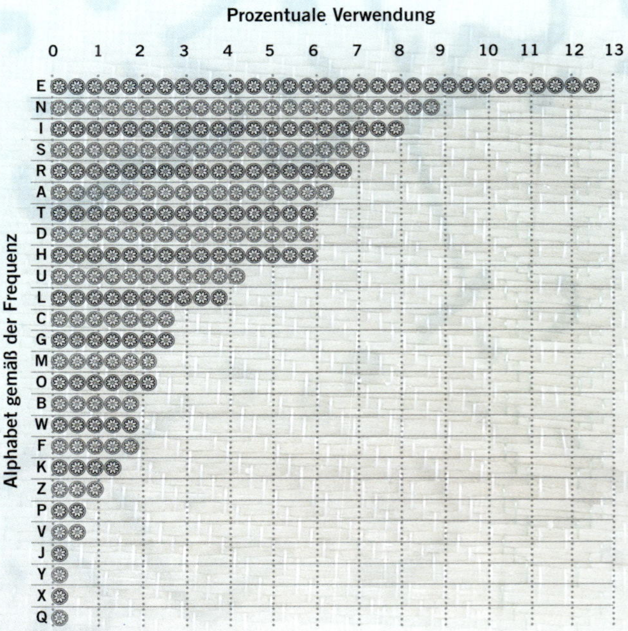

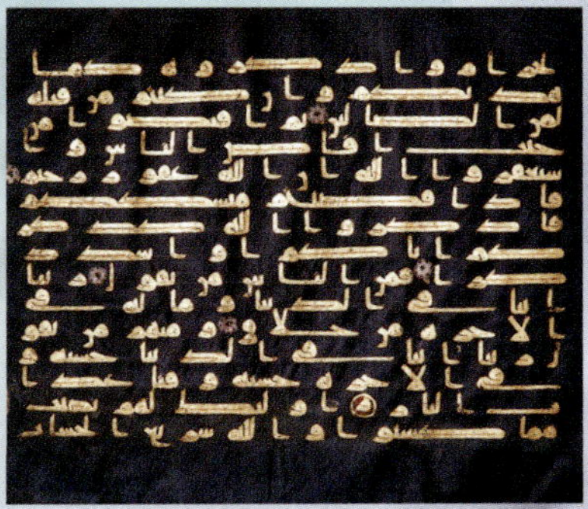

Die Frequenzanalyse stammt aus der arabischen Welt. Arabisch hat 28 Grundbuchstaben, doch jeder Buchstabe kann vier Erscheinungsformen haben (initial, medial, final und isoliert), plus Buchstabenkombinationen, das erschwert die Aufgabe des Kryptoanalytikers deutlich.

Schach ist eine weitere Erfindung der Araber. Das Spiel lässt sich durchaus mit der Kryptoanalyse vergleichen. Die einzelnen Schachzüge erfolgen nach einer bestimmten Regel, das bedeutet aber nicht, dass man die Taktik des Gegners vorhersehen kann, geschweige denn seine Gesamtstrategie.

Anwendung

Bei einem Geheimtext wie dem rechts abgebildeten erstellt der Kryptoanalytiker eine Tabelle, in die er die Häufigkeit jedes Zeichens einträgt. Dann vergleicht er das Ergebnis mit einer Standard-Tabelle (*gegenüber*), um Übereinstimmungen festzustellen. Die Tabelle rechts zeigt die Frequenz jedes Buchstabens im Text.

Diese Tabelle bildet die Basis seiner Arbeit. In diesem Fall ist „h" der häufigste Buchstabe, also möglicherweise ein „e". Dann folgt der nächsthäufigste Buchstabe; „w", der durch „t" ersetzt wird, und so fort. Hier wurde eine Caesar-Verschiebung des dritten Buchstabens verwendet, der Kryptoanalytiker erkennt rasch das Muster und kann den Text daher entschlüsseln. Bei komplexeren Codierungen müsste er die Buchstaben so lange abgleichen, bis klar würde, dass manche Buchstaben nicht nebeneinander stehen können. Dann müsste er die Technik zurückverfolgen, indem er hie und da einen Buchstaben ändert, bevor er fortfahren könnte.

Neben der buchstabengetreuen Rekonstruktion des Klartexts kann der Kryptoanalytiker auch nach den häufigsten Kombinationen zweier Buchstaben suchen (Digramme) oder dreier (Trigramme, *siehe rechts*). Das häufigste Trigramm im Geheimtext ist „WKH", man kann also annehmen, dass „w" dem „t" entspricht und „k" dem „h", das ergäbe das häufigste Trigramm im Englischen – „the".

DIWHU OXQFK, WKHLU ZDON WRRN WKHP GRZQ IURP WKH LQQ WR WKH ORFDO PDUNHWV. WKHB PDUYHOHG DW WKH VHOH-FWLRQ RI JRRGV RQ RIIHU, HLJKW RU QLQH VWDOOV MXVW VHOOLQJ IUXLW, WKH VDPH IRU YHJHWDEOHV, ILVK, DQG PHDW.

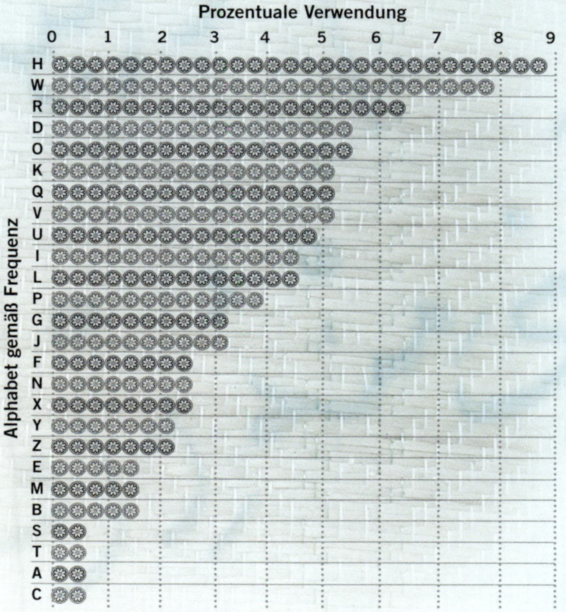

«After lunch, their walk took them down from the inn to the local markets. They marveled at the selection of goods on offer, eight or nine stalls just selling fruit, the same for vegetables, fish, and meat.»

Keine Garantie

Der Klartext unten zeigt, dass die Frequenzanalyse nicht immer von Erfolg gekrönt sein muss. Es hängt stark vom Ursprungstext ab, ob die Häufigkeit von Buchstaben tatsächlich den Schlüssel liefert. Sie kann auch zu verfälschten Ergebnissen führen (*rechts*):

«Sechsundsechzig Ex-Zoowärter aus Simbabwe und Sambia trafen sich in Sansibar, Tansania und besprachen den Umgang der Zulus mit Zebras.»

Die Buchstaben „e" und „a" kommen relativ häufig vor, doch die ungewöhnlich hohe Frequenz von „s" und „n" könnte dem Kryptoanalytiker Kopfzerbrechen bereiten.

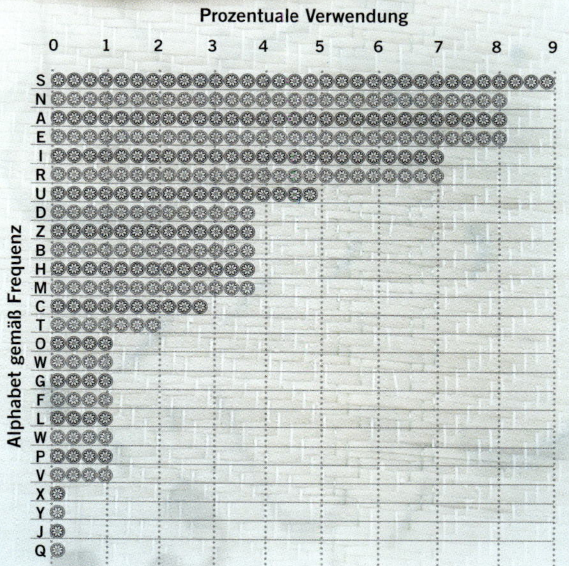

Buchstabenkombinationen

Neben der Analyse einzelner Buchstaben können Buchstabenpaare (Digramme) und Dreiergruppen von Buchstaben (Trigramme) wichtige Hinweise auf die Sprache des Klartexts liefern.

Der häufigste Buchstabe in der deutschen Sprache ist das „e", gefolgt vom Leerzeichen. Die Verteilung der Satzzeichen erlaubt Rückschlüsse auf die mittlere Wortlänge. Die Art der Texte (Lyrik, Prosa, Bedienungsanleitungen etc.) hat keinen Einfluss auf die Buchstabenverteilung. Im Deutschen sind die Digramme ER und EN am häufigsten vertreten, und zwar am Wortende, wie die Trigramm-Analyse zeigt. Ohne Leerzeichen sind es die Trigramme SCH und DER, die die Verteilungsliste anführen.

Die mittlere Wortlänge ist der Quotient aus der Gesamtzahl der Buchstaben und der Anzahl der Leerzeichen in einem Text. Die mittlere Satzlänge berechnet sich aus der Gesamtzahl der Buchstaben geteilt durch die Anzahl der Satzzeichen und durch die mittlere Wortlänge. Jede Sprache hat spezifische Digramme, Trigramme und mittlere Wortlängen. Der Kryptoanalytiker hat die Werte der gängigen Sprachen vorliegen und muss nun die mühsame Arbeit verrichten, den Geheimtext mit diesen Werten abzugleichen, um die Sprache des Klartexts identifizieren zu können.

Raffinierte Chiffren

Ab dem 15. Jahrhundert wurde an den europäischen Höfen nahezu jede Botschaft in Geheimschrift verfasst. Um die Schwäche der monoalphabetischen Chiffrierung auszugleichen, nutzte man die homophone Verschlüsselung. Dabei wird jeder Buchstabe durch mehrere Stellvertreter ersetzt, die Zahl der möglichen Stellvertreter richtet sich nach der Häufigkeit des Buchstabens. Im Deutschen macht der Buchstabe „r" zum Beispiel sieben Prozent in Texten aus, daher würde man ihm sieben Symbole als Stellvertreter zuordnen. Jedesmal, wenn ein „r" im Klartext auftaucht, wird er im Geheimtext durch eines der sieben Symbole ersetzt. Diese Methode kam bis ins 19. Jahrhundert zum Einsatz.

Nomenklatoren

Dieses Verschlüsselungssystem beruht auf einem Geheimtextalphabet, mit dem ein Großteil der Nachricht chiffriert wird, sowie einer begrenzten Zahl von Codewörtern. Nomenklator bedeutet wörtlich „Namennenner" und geht auf die Ausrufer bei Hofe zurück, die die vollen Titel von hohem Besuch ausriefen und dafür ein Namensverzeichnis mit leicht einzuprägenden Zeichen und Symbolen zur Hand hatten. Die Codewörterlisten konnten beliebig verändert werden, in Diplomatenkreisen wurden sie 400 Jahre lang verwendet. Einer der bekanntesten Nomenklatoren wurde von Maria Stuart benutzt. Der Code wurde von Francis Walsingham gebrochen und führte zur Hinrichtung Maria Stuarts (*siehe S. 74*).

Geheimsekretäre verwendeten Nomenklatoren, um die offiziellen, langen Titel der Besucher am Hof zu dokumentieren.

Zahlenspiele

Der Verzicht auf Zwischenräume und Satzzeichen sorgt bereits für eine verwirrende Zeichenabfolge. Nimmt man nun eine Transpositions-Tabelle mit Zahlen anstelle von Buchstaben, steht der Krypotanalytiker vor einer echten Herausforderung. Im Mittelalter teilte man einen Geheimtext gerne in Gruppen von fünf oder sechs Zeichen ein (oder „bits", eine Technik, die durch die Erfindung des Telegraphen im 19. Jahrhundert sehr verbreitet wurde, als man dazu überging, Nachrichten durch bestimmte Codes zu übertragen). Es war sehr schwer, einen derartigen Geheimtext zu entziffern.

Eine Caesar-Verschiebung bei jedem zwölften Buchstaben, die durch Zahlen ersetzt wird, sähe beispielsweise so aus:

Klartext	A	B	C	D	E	F	G	H	I	J	K	L	M	N	O	P	Q	R	S	T	U	V	W	X	Y	Z
Geheimtext	L	M	N	O	P	Q	R	S	T	U	V	W	X	Y	Z	A	B	C	D	E	F	G	H	I	J	K
Zahlen-Geheimtext	12	13	14	15	16	17	18	19	20	21	22	23	24	25	26	1	2	3	4	5	6	7	8	9	10	11

Entsprechend dieser Verschlüsselung würde die Botschaft so lauten:

Klartext	d	a	s	l	a	n	d	d	e	r	k	i	n	d	e	r
Verschlüsselung	15	12	4	23	12	25	15	15	16	3	22	20	25	15	16	3
5er-Gruppen	15124	23122	51515	16322	20251	5163x										

Füller
Das „x" am Ende dieser Chiffre nennt man „Füller". Es wurde eingesetzt, um die 5er-Gruppen zu vervollständigen.

Homophone Verschlüsselung

Buchstaben mit der größten Häufigkeit erhalten die meisten Stellvertreter, dadurch wird ihre Frequenz im Text erfolgreich verschleiert. Da man mehr Stellvertreter als die 26 Buchstaben des Alphabets benötigt, kann man auf phantasievolle Symbole und Zeichen zurückgreifen oder die Buchstaben durch Zahlen ersetzen. Alle zweistelligen Zahlen stehen für denselben Laut oder Klang im Geheimtext. Der Begriff „homophon“ kommt von griechisch *homos*, gleich, und *phon*, Klang. Diese gleichklingenden Worte müssen natürlich viele Stellvertreter haben, damit der Geheimtext nicht so leicht entschlüsselt werden konnte.

Diese Kunst der Verschlüsselung wurde von Ludwig XIV. bis zur Perfektion betrieben. Die „Große Chiffre“ des Königs (*siehe S. 106*) war derart ausgeklügelt, dass bis heute nicht herausgefunden werden konnte, wer der Mann mit der eisernen Maske war.

Klartext	ABCDEFGHIJKLMNOPQRSTUVWXYZ
Alphabet nach 12er-Caesar	LMNOPQRSTUVWXYZABCDEFGHIJK
Numerische Homophone für Buchstaben	3 1 5 6 4 2
	9 7 11 12 10 8
	15 13 17 17 16 14

Die Kombination aus einer 12er-Caesar-Verschiebung und Zahlen für die sechs häufigsten Buchstaben im Deutschen (a, e, i, n, r, s) erlaubt einen schwer zu knackenden Code.

Klartext	Dieser Plan wird nicht gelingen
Geheimtext	OTPDIC AWLY H54O 611NSE R4W176R712

Der Buchstabe „i“ kommt insgesamt viermal vor und wird folgendermaßen ersetzt: „T“, „5“, „11“ und „17“, käme er noch öfter vor, beginnt man wieder von vorn, also mit „T“, wobei man die Zahlenreihen beliebig fortsetzen könnte, damit das Ganze komplexer wird.

Schachbrett-Chiffre

Bei dieser raffinierten Methode verwandelt man den Klartext in Zahlen, die durch einen Schlüssel nochmals chiffriert werden.

1 Erstellen Sie ein Tabelle mit vier Reihen und elf Spalten. Schreiben Sie 0–9 in die erste Reihe, und lassen Sie die erste Spalte frei.

2 In die nächste Reihe schreiben Sie die acht häufigsten Buchstaben im Deutschen: e, n, i, s, r, a, t, d; in beliebiger Reihenfolge. Lassen Sie die erste und zwei weitere Spalten frei.

3 Verteilen Sie das restliche Alphabet auf Reihe drei und vier, in beliebiger Reihenfolge. Das Gitter hat 44 Kästchen, zwei davon bleiben in Reihe drei oder vier frei.

4 In die linke Spalte von Reihe drei und vier kommen die Zahlen, die mit den freien Kästchen in der zweiten Reihe korrespondieren. Sender und Empfänger müssen die gleiche Tabelle haben.

5 Als Zahlenreihe lautet der Geheimtext nun 4004313781519. Nun nimmt man einen Schlüssel wie z.B. 3455, schreibt ihn wiederholt unter die Chiffre und addiert die Zahlen. Beim Addieren von Chiffre und Schlüssel wird bei Zahlen über zehn der Einfachheit wegen die erste Ziffer weggelassen, also 9 + 3 = 2, 6 + 4 = 0 usw.

6 Auf diese Weise erhält man eine neue Chiffre, die in Zahlen umgewandelt wird. Drei und sechs werden durch Null bzw. die folgende Zahl ergänzt, da die Kästchen für drei und sechs in der zweiten Reihe ja leer sind.

Die häufigsten Buchstaben der Deutschen Sprache wurden erfolgreich verschlüsselt (e, a, n etc.).

	0	1	2	3	4	5	6	7	8	9
	T	E	D		A	R		S	I	N
3	B	C	O	F	G	H	J	K	L	M
6	P	Q		U	V	W	X		Y	Z

Schlüssel
Die Buchstaben in der zweiten Reihe werden durch die einstelligen Zahlen darüber ersetzt.

Zweistellige Zahlen
Die Buchstaben in Reihe drei und vier erhalten zweistellige Zahlen, die linke Reihennummer plus Spaltennummer: bei C = 31

Klartext	A T T A C K I E R E N
Chiffre	4 0 0 4 3137 8 1 5 1 9
Chiffre	4 0 0 4 3 1 3 7 8 1 5 1 9
+ Schlüssel	3 4 5 5 3 4 5 5 3 4 5 5 3
neue Chiffre	7 4 5 9 6 5 8 2 1 5 0 6 2
neue Chiffre	7 4 5 9 65 8 2 1 50 60 2
neuer Geheimtext	S A R N W I D E R T P D

Entschlüsseln
Der Prozess muss Schritt für Schritt zurückgeführt werden, um den Klartext zu erhalten.

CHIFFREN IM MITTELALTER

Roger Bacon

Der englische Franziskanermönch und Philosoph Roger Bacon (1214–1294), prangerte die theologische Ausbildung seiner Zeit an, die seines Erachtens einseitig und zu wenig wissenschaftlich war (was ihm später eine Anklage wegen Ketzerei einbrachte). In einer Abhandlung über geheime Künste brachte er sein Erstaunen darüber zum Ausdruck, dass die Mathematik nicht stärker Eingang in das Chiffrieren von Texten fand.

Seine Hauptwerke *Opus Maius* und *Opus Minus* bezeugen, dass Bacon einer der bedeutendsten Vertreter der mathematischen Naturwissenschaften des Mittelalters war. Das *Voynich-Manuskript* (*siehe S. 168*) wird ihm zugeschrieben. Der illustrierte Text ist in einer unbekannten Schrift verfasst, die bis dato nicht entziffert werden konnte.

Zwischen den sich formierenden Staaten Europas herrschte im Mittelalter permanent Krieg. Die Kreuzzüge, die das Christentum bewahren bzw. verbreiten sollten, standen in starkem Widerspruch zum aufkommenden Humanismus. Der Kontakt zur arabischen Welt war nicht immer von Gewalt geprägt; nach und nach fanden Schriften arabischer Gelehrter Eingang in die Bibliotheken Europas. Islamische Entdeckungen in Mathematik und Wissenschaft hatten großen Einfluss auf die Wiedergeburt europäischer Wissenschaften; auch auf dem Gebiet der Kryptoanalyse hatten die Araber den Europäern einiges voraus.

«Mathematik ist das Tor und der Schlüssel zu den Wissenschaften.»

ROGER BACON, *OPUS MAIUS*, 1266

Alberti und die polyalphabetische Substitution

Der Vorschlag, zur Verschlüsselung von Botschaften nicht ein, sondern zwei oder mehrere Geheimtextalphabete zu nehmen, stammt vom italienischen Humanisten, Baumeister und Mathematiker Leon Battista Alberti (1404–1472). In seiner Abhandlung *De Cifris* (1466) beschreibt er ein Chiffriergerät, das aus zwei gegeneinander verdrehbaren Scheiben besteht. Auf der äußeren Scheibe steht das Klartextalphabet plus den Zahlen eins bis vier, auf der inneren ein Geheimtextalphabet. Damit konnte jede gewünschte Verschiebechiffre eingestellt werden. Die Scheibe wurde später von Alberti um mehrere Alphabete erweitert. Damit entwickelte er ein erstes polyalphabetisches Verfahren zur Verschlüsselung von Texten.

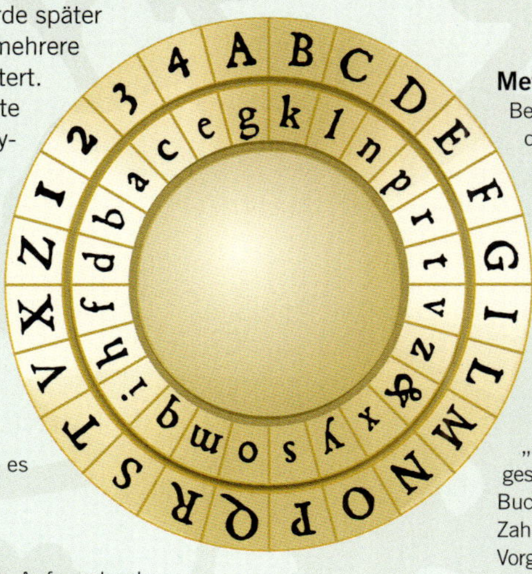

Chiffrierung

Jede Scheibe kann als Index dienen, dafür gibt es zwei Methoden:

1 Methode 1

Man legt einen Anfangsbuchstaben fest sowie zwei oder mehr Buchstaben, die einen veränderten Index auslösen. Lautet der Anfangsbuchstabe „g", wird das „g" auf der inneren Scheibe auf das „A" der äußeren eingestellt. Die eine Veränderung auslösenden Buchstaben (Anstoßbuchstaben) können in jedem Text vorkommen, denn sie führen dazu, dass die Verschlüsselung polyalphabetisch wird.

2 Bei der Verschlüsselung wird von außen nach innen gelesen, bis im Klartext ein Anstoßbuchstabe erreicht wird (bei unserem Beispiel das „T"). Nun wird das „g" der inneren Scheibe auf das „T" der äußeren gestellt. Man fährt mit dem neuen Geheimalphabet fort, bis der nächste Anstoßbuchstabe kommt, und der ganze Prozess wiederholt sich.

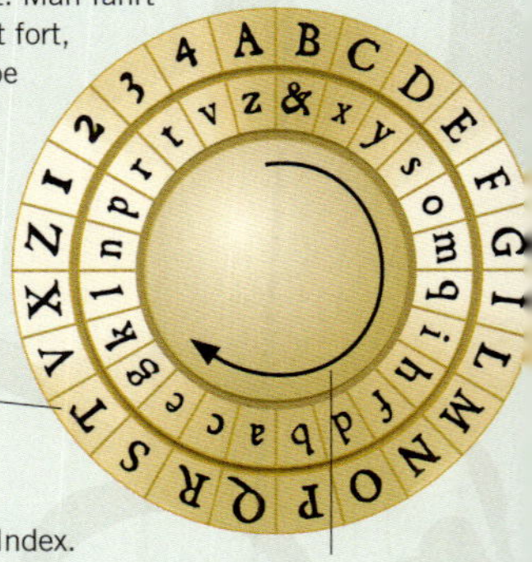

Anstoßbuchstabe
Sobald im Klartext ein „T" auftaucht, wird die Scheibe neu eingestellt.

Ausrichtung
Das „g" wird auf das äußere „T" gestellt.

Methode2

Bei der einfacheren Methode dient die äußere Scheibe als Index. Wieder wird das innere „g" auf das äußere „A" eingestellt. Man benötigt keine zuvor festgelegten Anstoßbuchstaben und verschlüsselt den Text, bis ein Buchstabe im Klartext auf eine der vier Zahlen der äußeren Scheibe fällt. Bei unserem Beispiel fällt „b" auf die 1 und wird auf das „A" der äußeren Scheibe gestellt. Sobald erneut ein Buchstabe im Klartext auf eine Zahl trifft, wiederholt sich der Vorgang. Auf diese Weise arbeitet man mit mehreren Geheimtextalphabeten.

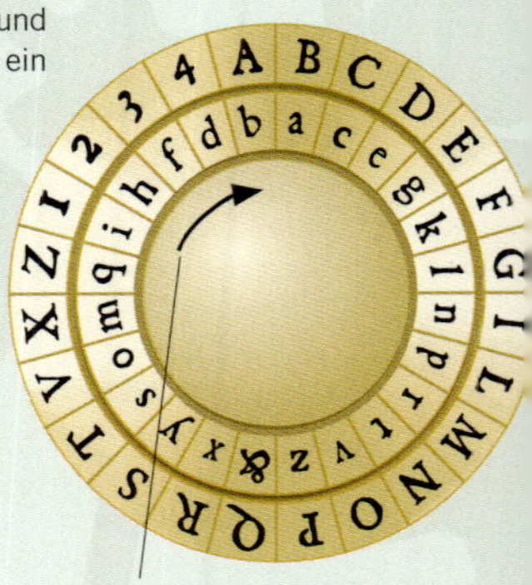

Anstoßbuchstaben
Tauchen im Klartext „b", „a", „c" oder „e" auf, werden sie jeweils auf das „A" gestellt.

Entschlüsseln

Den Klartext bei beiden Methoden erhält man, indem man die Verschlüsselung schrittweise zurückverfolgt.

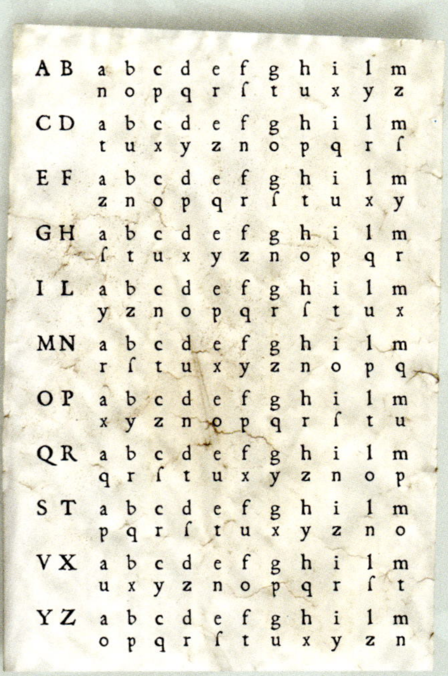

AB	a	b	c	d	e	f	g	h	i	l	m
	n	o	p	q	r	ſ	t	u	x	y	z
CD	a	b	c	d	e	f	g	h	i	l	m
	t	u	x	y	z	n	o	p	q	r	ſ
EF	a	b	c	d	e	f	g	h	i	l	m
	z	n	o	p	q	r	ſ	t	u	x	y
GH	a	b	c	d	e	f	g	h	i	l	m
	ſ	t	u	x	y	z	n	o	p	q	r
IL	a	b	c	d	e	f	g	h	i	l	m
	y	z	n	o	p	q	r	ſ	t	u	x
MN	a	b	c	d	e	f	g	h	i	l	m
	r	ſ	t	u	x	y	z	n	o	p	q
OP	a	b	c	d	e	f	g	h	i	l	m
	x	y	z	n	o	p	q	r	ſ	t	u
QR	a	b	c	d	e	f	g	h	i	l	m
	q	r	ſ	t	u	x	y	z	n	o	p
ST	a	b	c	d	e	f	g	h	i	l	m
	p	q	r	ſ	t	u	x	y	z	n	o
VX	a	b	c	d	e	f	g	h	i	l	m
	u	x	y	z	n	o	p	q	r	ſ	t
YZ	a	b	c	d	e	f	g	h	i	l	m
	o	p	q	r	ſ	t	u	x	y	z	n

Der italienische Beitrag

Im 15. Jahrhundert war Italien in zahlreiche Stadtstaaten und Herzogtümer zersplittert, Handelszentren wie Florenz, Venedig und Genua rivalisierten untereinander, deshalb wurde es zunehmend wichtig, Botschaften zu chiffrieren. Nach Alberti veröffentlichte Giovan Battista Bellaso (1505– ca. 1580) drei Abhandlungen über die Kryptologie, in denen er verschiedene polyalphabetische Verschlüsselungen untersuchte. In der ersten entwickelte er eine reziproke Tabelle mit einem Schlüssel. Er schrieb die Buchstaben a-m elfmal in der üblichen Reihenfolge nieder und die restlichen in willkürlicher Abfolge darunter. Neben diesen Buchstabenreihen listete er jeweils zwei aufeinander folgende Buchstaben. Diese Buchstabenpaare sind der erste Schlüssel zur Tabelle, denn sie bestimmen, welche Buchstabenreihen für die Verschlüsselung des Klartexts verwendet werden. Den zweiten Schlüssel bildet ein Code- oder Schlüsselwort, das so lange über die Nachricht geschrieben wird, bis jeder Buchstabe des Klartexts mit einem Buchstaben des Codeworts verbunden ist. Die Codebuchstaben verweisen auf die zu verwendende Buchstabereihe. Bei Verwendung der Tabelle (*links*) lautet die Nachricht „Truppenabzug nach Osten“ mit dem Schlüsselwort *Licht* verschlüsselt wie folgt:

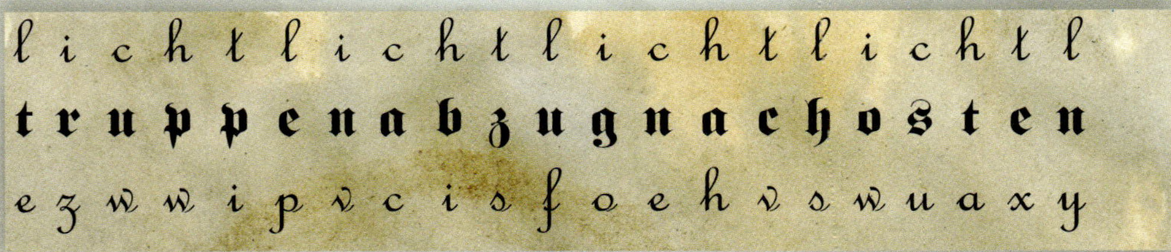

Schlüsselwort:	l	i	c	h	t	l	i	c	h	t	l	i	c	h	t	l	i	c	h	t	l
Klartext:	t	r	u	p	p	e	n	a	b	z	u	g	n	a	c	h	o	s	t	e	n
Geheimtext:	e	z	w	w	i	p	v	c	i	s	ſ	o	e	h	v	s	w	u	a	x	y

Giambattista della Porta (um 1535–1615), ein neapolitanischer Universalgelehrter, verfasste mit *Anmerkungen über versteckte Buchstaben* (1563) ein grundlegendes Werk über die Kryptologie. Seine darin enthaltenen Theorien über die polyalphabetische Verschlüsselung wurden von dem französischen Diplomaten Blaise de Vigenère zusammengefasst und 1586 veröffentlicht. Die Idee della Portas ging als Vigenère-Quadrat *(siehe S. 105)* in die Geschichte ein.

Johannes Trithemius scheint unabhäng von Alberti eine polyalphabetische Verschlüsselung entwickelt zu haben. Der Sprachstil des deutschen Abts rückt ihn in die Nähe der klerikalen Mystiker der damaligen Zeit, er schrieb auch über Alchemie und Magie. Deshalb geriet er unter Verdacht, mit Teufelswerk und schwarzer Magie in Verbindung zu stehen.

Steganographia

Der Benediktinerabt von Sponheim, Johannes Trithemius (1462–1516) schrieb um 1499 ein dreibändiges Werk, die *Steganographia*. Es wurde erst 1606 veröffentlicht und vom Vatikan sofort auf die Liste verbotener Werke gesetzt. Auf den ersten Blick behandelte es Geisterbeschwörung, man sollte mit Hilfe von Engeln und Geistern Botschaften über eine große Distanz vermitteln können. Doch in Wahrheit ist es ein komplexes Werk über die Krypotologie und schildert verschiedene Geheimschriften. Trithemius interessierte sich für das Okkulte, wie viele seiner klerikalen Zeitgenossen, obwohl deutlich wird, dass Engel und Geister tatsächlich unterschiedliche chiffrierende Algorithmen sind. Sie geben zwar vorrangig Substitutionen oder Transpositionen wieder, doch auch Trithemius scheint eine reziproke Tabelle entworfen zu haben, die von Bellaso vorgeschlagen, von de Vigenère aufgegriffen und durch ihn schließlich berühmt wurde. Trithemius nutzte eine einfache Caesar-Verschiebung: Der erste Buchstabe des Klartexts wurde durch die erste Reihe verschlüsselt („a“ wird „B“), der zweite Buchstabe durch die zweite Reihe („a“ wird „C“) und so weiter. Die etwas später veröffentlichte Schrift von Trithemius, *Polygraphiae* (1518), stellt das erste europäische Werk über die Kryptographie dar.

Magische Mathematik

Manche Werke, z. B. Oswald Crolls *Basilica Chymica* (1608, *oben*), verwiesen nicht nur auf die rein pragmatische Natur der Kryptographie, die auf Mathematik basierte, sie betonten auch den mystischen Hintergrund. Etwa 50 Jahre vor de Vigenère entwickelte Cornelius Agrippa (ein Schüler von Trithemius) ein ähnliches Quadrat, eine „Tabelle der Umwandlung“, die magische Alphabete entziffern sollte, damit man mit Engeln und Dämonen kommunizieren konnte. Dies liegt auch daran, wie Mathematik in jener Zeit aufgefasst wurde: Zahlen hatten etwas Magisches – durch sie konnte man angeblich Formeln erstellen, um mit „anderen Welten“ in Kontakt zu treten, oder sogar, um gewöhnliches Metall in Gold zu verwandeln.

Polygraphiae Das erste europäische Werk über Kryptographie.

Das Babington-Komplott

Religiöse Verfolgung
1547, nach dem Tod Heinrichs VIII. und seines Sohns Eduard VI., herrschte seine Tochter Maria I. von 1553 bis 1558 über England. Sie versuchte, den Katholizismus, von dem sich ihr Vater losgesagt hatte, wieder als Staatsreligion einzuführen. Während der religiösen Spannungen kam es zur Hinrichtung von fast 300 Protestanten. Als Elisabeth Maria auf den Thron folgte, wendete sich das Blatt. Es war gefährlich, sich offen zum Katholizismus zu bekennen. Manche katholischen Familien integrierten versteckte Botschaften in ihr Wappen oder in die Architektur ihrer Häuser. Berühmtes Beispiel ist die Rushton Triangular Lodge in Northamptonshire, die 1593 von dem überzeugten Katholiken Sir Thomas Tresham erbaut wurde. Sein Glaube an die Heilige Dreifaltigkeit spiegelt sich in jedem Detail des Anwesens wider: Es hat auf jeder Seite drei Zinnen und drei Fenster, die drei Mauern sind 33 Fuß lang, es gibt drei Stockwerke, die Fassaden sind mit drei, jeweils 33 Buchstaben umfassenden biblischen Texten geschmückt. Tresham hatte sich geweigert, Protestant zu werden, und saß dafür 15 Jahre im Gefängnis. Danach baute er das beeindruckende Haus.

England im Februar 1587: Königin Elisabeth I., Oberhaupt der protestantischen Kirche Englands, hat seit 29 Jahren den Thron inne, eine Herrschaft, die vom katholischen Rom und seinen mächtigen Verbündeten Spanien und Frankreich bedroht wird. Widerwillig unterzeichnet Elisabeth das Todesurteil für ihre Cousine, die katholische Thronanwärterin Maria, Königin von Schottland. Sie soll wegen Hochverrats hingerichtet werden. Elisabeth will ihre katholischen Untertanen nicht brüskieren, doch die Beweise, die Sicherheitsminister Francis Walsingham gegen Maria vorlegt, sind erdrückend. Er hat offenbar geheime Botschaften der in Gefangenschaft lebenden Maria entschlüsselt, aus denen hervorgeht, dass Marias Gefolgsleute die Ermordung von Königin Elisabeth geplant haben.

Maria Stuart (1542–1587) war Katholikin und daher eine Bedrohung für Elisabeth.

Elisabeth I. von England (1533–1603) bestieg 1558 den Thron. Ihre strikte Verteidigung des anglikanischen Glaubens führte zu Marias Exekution wegen Hochverrats.

Der Kurier Marias

Marias Post wurde in der Regel von den Gefängnisaufsehern abgefangen. Ihren katholischen Gefolgsmännern Anthony Babington und Thomas Gifford gelang es, Briefe von Marias Anhängern auf dem Kontinent im Spund eines Bierfasses an sie zu schmuggeln. Der katholische Priester Gifford wurde Marias Geheimkurier, er hatte Kontakte zur französischen Botschaft in London und zu anderen katholischen Kreisen in England. Gifford war jedoch ein Spion von Elisabeth.

Walsinghams Eingreifen

Francis Walsingham war Elisabeths Minister für Sicherheit, ein skrupelloser und fähiger Mann, der in ganz Europa über ein Netz aus Spionen verfügte. Gifford hatte ihm 1585 seine Dienste angeboten, die Walsingham nach dessen Rückkehr aus Rom annahm. Gifford legte ihm verschlüsselte Botschaften Babingtons an Maria vor. Sie bestanden aus einem Geheimtextalphabet und Codewörtern. Walsingham, dem die Bedeutung der Kryptoanalyse früh klar war, hatte einen der besten Kryptoanalytiker Europas, Thomas Phelippes, zu seinem Geheimdienstsekretär ernannt. Phelippes entschlüsselte die Texte, aus denen eindeutig hervorging, dass Elisabeth ermordet werden und Maria den englischen Thron besteigen sollte. Außerdem war eine militärische Invasion Englands durch Spanien geplant.

Elisabeths Geheimdienstchef Francis Walsingham (um 1532–1590) fing die sogenannten „Fass-Briefe" ab und gab Fälschungen in Auftrag, um Maria eine Falle zu stellen.

Maria auf dem Weg zur Exekution. Sie war würdevoll gelassen (*rechts*).

Phelippes Lösung

Phelippes (1556–1625) war ein Meister der Häufigkeitsanalyse. Er prüfte, wie oft jeder Geheimtextbuchstabe vorkam, und probierte dann den Klartext aus. Mit der Zeit entdeckte er die Füller, die er eliminierte. Am Ende blieben nur Codewörter übrig, die aus dem Zusammenhang erschlossen werden konnten.

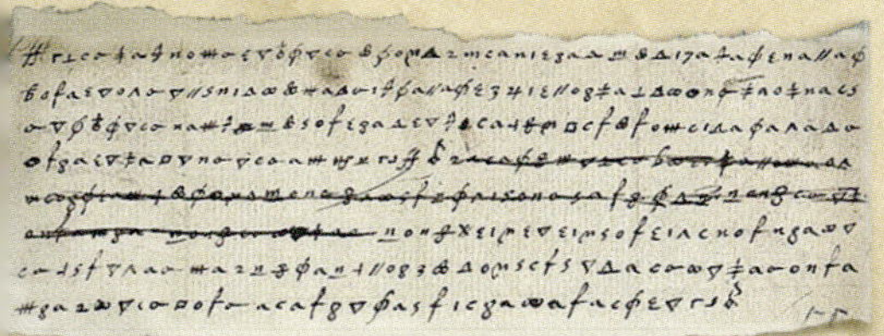

Das gefälschte Postskriptum, das Phelippes an Marias Brief anhängte. Es besiegelte ihr Schicksal.

Walsingham hielt nun Babingtons originale Beschreibung der Verschwörung in den Händen. Doch bevor er zuschlug, wollte er Marias Komplizenschaft nachweisen, außerdem wollte er alle Namen der Rebellen. Er benötigte also Marias Antwort auf Babingtons Botschaften. Gifford war weiterhin als Kurier tätig, während Phelippes, der auch ein exzellenter Fälscher war, den Auftrag bekam, einer Nachricht Marias ein Postskriptum zuzufügen, in dem sie die Namen der „sechs Gentlemen, die den Plan ausführen sollen" wissen wollte. Die List funktionierte, doch die eigentliche Vereitlung der Verschwörung bestand darin, dass Maria und Babington glaubten, ihre Verschlüsselung sei sicher, und sich in ihren Briefen freimütig äußerten.

Tragisches Ende

Babington und seine Mitverschwörer wurden bald darauf gefasst, gehängt, noch lebend vom Galgen geholt und gevierteilt. Elisabeth stimmte dem Prozess gegen Maria wegen Hochverrats im Oktober 1586 zu. Trotz standhafter Beteuerung ihrer Unschuld (was dazu führte, dass man Walsingham für den Drahtzieher des Szenarios hielt) wurde sie schuldig gesprochen und im Februar 1587 in Fotheringay Castle in Northamptonshire enthauptet.

Der Babington-Code

Der Code war ein Nomenklator aus 23 Symbolen, die für die Buchstaben des Alphabets (ohne j, v und w) standen, sowie 36 Symbolen für Wörter oder Sätze. Zusätzlich gab es vier Füller oder „Nullen", die keine Bedeutung hatten, sondern nur der Verschleierung dienten, und ein Zeichen, das anzeigte, dass das folgende Symbol ein Doppelbuchstabe („dowbleth") war.

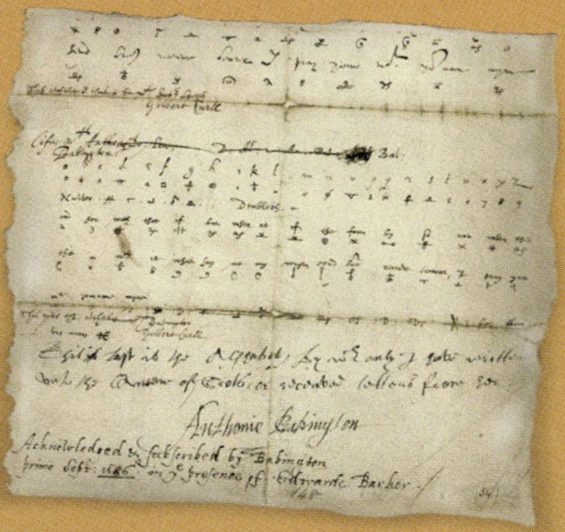

Nomenklatoren standen für Buchstaben und für wiederkehrende kurze Sätze.

DA VINCI CODE?

Die Notizbücher des Universalgenies Leonardo da Vinci (1452–1519) befinden sich in verschiedenen Sammlungen. Sie bieten einen faszinierenden Einblick in das Schaffen des vielseitigen Künstlers und Naturforschers. Anatomische Studien, Entwürfe für Fluggeräte und Maschinen zeugen von seiner ungewöhnlichen Geistesschärfe und Beobachtungsgabe. Manche Skizzen erläuterte er in Spiegelschrift, wohl, um seine Erfindungen zu schützen, so etwas wie ein Urheberrecht gab es in der Renaissance noch nicht.

Geheimschrift

Die Spiegelschrift, mit der er zahlreiche Entwürfe versah, wurde zunächst für eine Geheimschrift gehalten. Vielleicht war es für den Linkshänder da Vinci schlicht einfacher, diese Schrift zu verwenden. Ein Ausnahmekünstler wie er erregte natürlich Argwohn. Nicht zuletzt durch den Bestseller „Das Sakrileg“ von Dan Brown ranken sich bis heute viele Legenden um das Genie. Da Vinci war nachweislich nie Großmeister des (fiktiven) Ordens „Prioré de Sion“ oder Mitglied eines Geheimbundes.

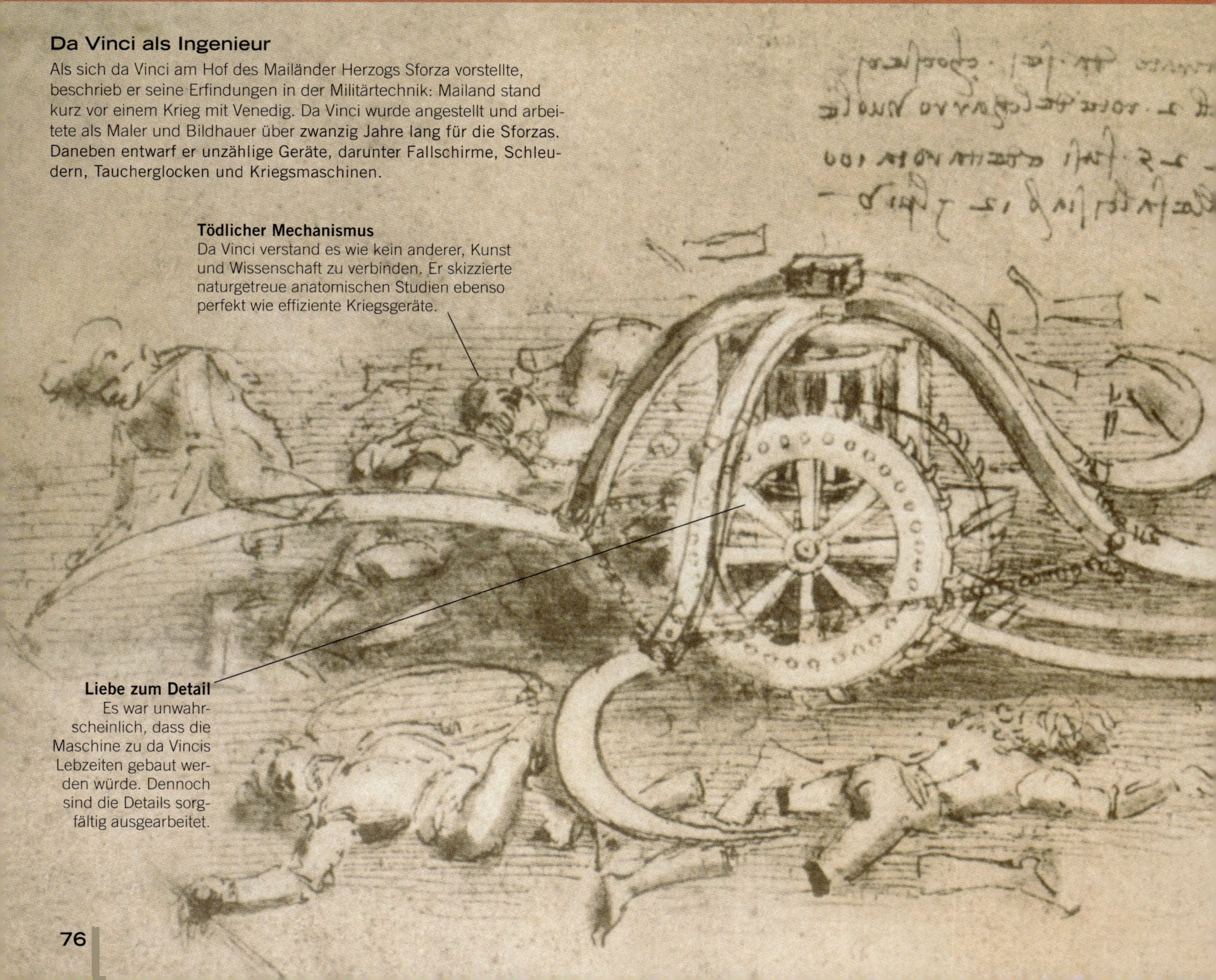

Da Vinci als Ingenieur

Als sich da Vinci am Hof des Mailänder Herzogs Sforza vorstellte, beschrieb er seine Erfindungen in der Militärtechnik: Mailand stand kurz vor einem Krieg mit Venedig. Da Vinci wurde angestellt und arbeitete als Maler und Bildhauer über zwanzig Jahre lang für die Sforzas. Daneben entwarf er unzählige Geräte, darunter Fallschirme, Schleudern, Taucherglocken und Kriegsmaschinen.

Tödlicher Mechanismus
Da Vinci verstand es wie kein anderer, Kunst und Wissenschaft zu verbinden. Er skizzierte naturgetreue anatomischen Studien ebenso perfekt wie effiziente Kriegsgeräte.

Liebe zum Detail
Es war unwahrscheinlich, dass die Maschine zu da Vincis Lebzeiten gebaut werden würde. Dennoch sind die Details sorgfältig ausgearbeitet.

Anatomie des Menschen

Da Vinci wollte das Innere des Menschen begreifen und sezierte Leichen, eine „Forschungsmethode“, die durch päpstliche Anordnungen verboten worden war. Seine Studien blieben bis zum Ende des 18. Jahrhunderts unerreicht. Manche Mediziner verwenden heute noch da Vincis Skizzen als Anschauungsmaterial.

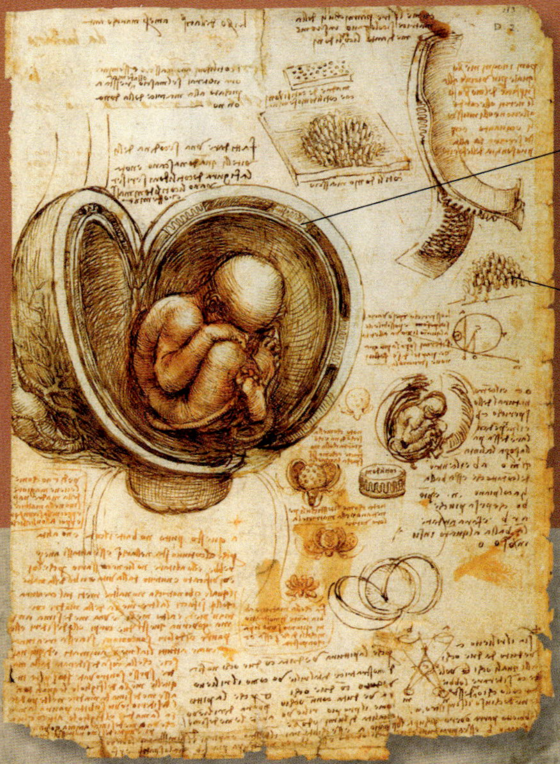

Wunder der Schöpfung
Diese beeindruckende Skizze zeigt einen Embryo im aufgeschnittenen Uterus. Die wissenschaftlich genaue Darstellung war nur durch da Vincis Sektion von Leichen möglich.

Ursprünge
Rund um die Zeichnung notierte und skizzierte da Vinci seine Vorstellung über den Fortpflanzungszyklus, vom befruchteten Ei bis zum Fötus.

Wie funktioniert es?
Hier liefert da Vinci eine exakte Konstruktionsanweisung für den Mechanismus, der die tödlichen Sensen aktivieren soll.

Pferdestärke
Da Vinci interessierte sich für mechanische Kräfte und Gesetzmäßigkeiten. Pferde waren für ihn eine Antriebskraft, die diese Maschine in Bewegung setzen würde.

Spiegelschrift

Da Vincis elegante Handschrift wirkt auch spiegelverkehrt klar (*links*). Wird sie fotografisch transponiert (*rechts*), kann man den italienischen Text mühelos lesen. Die Spiegelschrift sollte vermutlich verhindern, dass seine Aufzeichnungen kopiert wurden. Er baute auch absichtlich Fehler in seine Konstruktionen ein, um sich vor unliebsamen Nachahmern zu schützen. Der Freidenker konnte die Haltung seiner Zeitgenossen gegenüber Neuerungen offensichtlich gut einschätzen.

GEHEIMTEXTE UND SCHLÜSSEL

Das Polybiosquadrat
Es wurde nach dem griechischen Geschichtsschreiber Polybios benannt, der im 2. Jahrhundert v. Chr. lebte. Die Buchstaben des Alphabets werden in einer Matrix von 5 x 5 Feldern angeordnet und in Zahlenpaaren ausgedrückt: Die erste Zahl ergibt sich durch die linke Zahlenspalte, die zweite durch die obere. Polybios beschrieb ein Verfahren zur optischen Vermittlung von Nachrichten durch Fackeln nach dem Prinzip dieses Quadrats.

	1	2	3	4	5
1	A	B	C	D	E
2	F	G	H	I/J	K
3	L	M	N	O	P
4	Q	R	S	T	U
5	V	W	X	Y	Z

Bei Anwendung des Polybiosquadrats lautet der Klartext CODE 13 34 14 15.

Die Polybios-Chiffre soll angeblich von Häftlingen im zaristischen Russland als Kommunikationsmittel von Zelle zu Zelle benutzt worden sein. Die Anzahl der Klopfzeichen ergab jeweils einen Buchstaben, so ähnlich funktioniert auch das Morse-Alphabet. Dabei geht es aber nicht um Verschlüsselung, sondern um Kommunikation.

Ab dem 16. Jahrhundert entwickelte sich eine Reihe von Geheimschriften, darunter eine, die auf klassischem Griechisch basierte. Im Lauf der nächsten 400 Jahre wurden sie immer ausgeklügelter, und zu Beginn des 20. Jahrhunderts ersann man neue für den Einsatz im Ersten Weltkrieg. Trotz aller Raffinesse hingen diese Geheimschriften von einem Schlüssel ab, den nur Sender und Empfänger kannten, und das Problem bestand in erster Linier darin, diesen Schlüssel geheim zu halten.

Entwicklung der *Tabula recta*

Viele Kryptographen wünschten sich eine weniger zeitraubende und einfachere Methoder als das Vigenère-Quadrat (*siehe S. 105*). Vorausgegangen war die *Tabula recta* von Trithemius, die quadratische Darstellung der Buchstaben des Alphabets, bei der in jeder Zeile die Buchstaben um einen Platz weiter links verschoben werden.

Die Bifid-Chiffre

Diese Codierung wurde 1901 von Félix Delastelle publiziert. Sie besteht aus drei Schritten und kombiniert das Polybiosquadrat mit Transposition und Fraktionierung – die Umwandlung des Geheimtexts in Zahlen.

1 Polybiosquadrat mit einem Kennwort erstellen, z. B. TEST.

	1	2	3	4	5
1	T	E	S	A	B
2	C	D	F	G	H
3	I	J	K	L	M
4	N	O	P	Q	R
5	U	V/W	X	Y	Z

2 Jetzt wird die Nachricht HALLO FREUNDE verschlüsselt, nach dem Prinzip des Polybiosquadrats.

H	A	L	L	O	F	R	E	U	N	D	E
2	1	3	3	4	2	4	1	5	4	2	1
5	4	4	4	2	3	5	2	1	1	2	2

3 Die zwei Zahlenreihen werden hintereinander gelegt.

213342415421544423521122

4 Aus der neuen Reihe werden nun Zahlenpaare gebildet.

21 33 42 41 54 21 54 44 23 52 11 22

5 Nach dem Prinzip des Polybiosquadrats werden die Zahlenpaare in Geheimtext verwandelt.

21	33	42	41	54	21	54	44	23	52	11	22
C	K	O	N	Y	C	Y	Q	F	V	T	D

6 Für die Decodierung sollte das Kennwort bekannt sein, das die Ausrichtung des Polybiosquadrats festlegt. Danach wird in umgekehrter Reihenfolge der Codierung entschlüsselt.

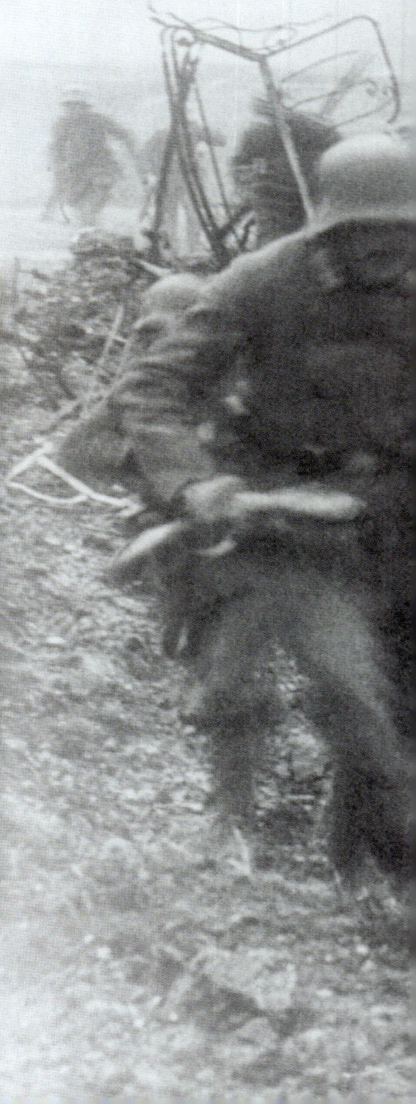

Als die deutsche Armee im Ersten Weltkrieg zu ihrem letzten entscheidenen Schlag ausholte, der Ludendorff-Offensive, legte man großen Wert auf Geheimhaltung. Das berühmte ADFGX-System kam zum Einsatz.

Die ADFGX-Chiffre

Sie wurde 1918 an der deutschen Westfront eingesetzt und ist eine Codierung mittels Doppelbuchstaben, gefolgt von einer Transposition, bei der die Doppelbuchstaben wieder getrennt werden.

1 Die Nachricht, z. B. NACHSCHUB, wird zunächst mit einer Code-Tabelle verschlüsselt. Die Buchstaben ADFGX sind beim Morse-Alphabet am klarsten unterscheidbar, daher rührt der Name der Chiffre.

	a	d	f	g	x
a	Z	W	E	R	G
d	D	L	P	H	I
f	N	A	S	C	B
g	F	K	M	O	Q
x	T	U	V	X	Y

N	A	C	H	S	C	H	U	B
FA	FD	FG	DG	FF	FG	DG	XF	FX

2 Gemäß der Code-Tabelle ergeben sich die oben stehenden Doppelbuchstaben.

3 Der Text wird unter einen frei wählbaren Passwort, wir nehmen TASCHE, zeilenweise, Zeichen für Zeichen eingereiht.

4 Dann werden die Buchstaben des Passworts alphabetisch sortiert und damit der Text neu geordnet.

T	A	S	C	H	E
F	A	F	D	F	G
D	G	F	F	F	G
D	G	X	F	F	X

A	C	E	H	S	T
A	D	G	F	F	F
G	F	G	F	F	D
G	F	X	F	X	D

AD GF FF GF GF
FD GF XF XD

5 Diese Nachricht kann nun übermittelt werden, damals mit Morse-Code. Normalerweise waren die Botschaften länger, und die Passwörter für die Transposition umfassten bis zu 24 Buchstaben. Die Passwörter wurden täglich geändert, ebenso wie die Code-Tabelle.

Die ADFGVX-Chiffre

Im Juni 1918, kurz vor der letzten militärischen Offensive an der Westfront, wurde die Chiffre um ein Zeichen, den Buchstaben „V", erweitert. Dadurch ergab sich eine Matrix von 6 x 6 Feldern, die alle 26 Buchstaben des Alphabets umfassen konnte, plus den Zahlen 1–10. Dies verkürzte die Nachrichten, da man die Zahlen nicht ausschreiben musste.

Der französische Kryptoanalytiker Georges Painvin konnte die Chiffre knacken und vereitelte dadurch einen Überraschungsangriff der Deutschen. Painvin brauchte nur vier Wochen, um ADFGX zu entschlüsseln.

Buch-Chiffren lassen sich nur bei kanonischen, also autorisierten Texten der Heiligen Schrift erkennen.

Passwörter

Kenn- oder Passwörter haben den Nachteil, dass sowohl Sender als auch Empfänger Zugang zu dem Wort haben müssen. Es ist schwierig, das Passwort vor einem Dritten zu verbergen, auch die Übermittlung des Kennworts an den Empfänger ist nicht einfach. Dieses Problem hat modernen digitalen Kryptographen am meisten Kopfzerbrechen bereitet.

Eine mögliche Lösung ist ein „running key" der aus wahllos zusammengestellten Zahlen besteht (oder Primzahlen, *siehe S. 274*). Eine weitere ist ein Codebuch, doch das könnte gestohlen werden. Als am sichersten gilt das One-Time-Pad, bei dem jede einzelne Nachricht einen individuellen Schlüssel hat, der nach erfolgreichem Senden und Empfangen der Botschaft vernichtet wird. Jeder Schlüssel wird nur einmal verwendet, deshalb heißt das System One-Time-Pad.

In früheren Zeiten nutzte man „Buch-Chiffren", die zuvor vereinbarten Passagen wurden aus der Bibel oder aus einem Wörterbuch entnommen. Dadurch konnte man den Schlüssel relativ sicher an den Empfänger übermitteln, der dann wiederum auf eine *tabula recta* übertragen wurde. Je länger der Text war, umso schwieriger und aufwendiger war natürlich die Entschlüsselung – unter Umständen hatte jeder Buchstabe des Geheimtextes seinen eigenen Schlüssel.

SCHABLONEN

Girolamo Cardano

Geheimschriften faszinierten viele italienische Gelehrte in der Renaissance, darunter auch Girolamo Cardano (1501–1576). In seinem Werk *Ars Magna* (1545) präsentierte er Methoden zur Lösung von Gleichungen dritten und vierten Grades. Seinen permanenten Geldmangel glich Cardano durch Glücksspiel aus, was dazu führte, dass er ein Buch darüber schrieb, das bereits die Grundlagen der mathematischen Wahrscheinlichkeitsrechnung enthielt. Das Cardan-Gitter trug zu ausgefeilten Verschlüsselungsmethoden bei.

Der italienische Mathematiker Girolamo Cardano (1501–1576) erfand das nach ihm benannte Cardan-Gitter – eine Schablone, um Texte zu verschlüsseln. Das Grundprinzip ist relativ einfach, es kann jedoch beträchtlich erweitert werden. Diese Methode wurde jahrhundertelang zur Codierung von privaten, politischen und militärischen Botschaften verwendet und wird noch heute in der Steganographie genutzt.

Das Cardan-Gitter

Man schreibt einen harmlos klingenden Text nieder, in dem eine Geheimbotschaft verborgen ist. Die Botschaft wird lesbar, sobald man ein Cardan-Gitter darüberlegt. Hierfür zeichnet man ein Gitter auf ein Blatt Papier und schneidet einige Felder aus, dadurch entsteht eine Lochschablone. Der Text, der durch die Löcher sichtbar ist, ist der geheime, hier: BEWARE (Vorsicht). Das Gitter kann auch so angelegt sein, dass Buchstabengruppen oder Wörter sichtbar werden. Allerdings müssen Sender und Empfänger das gleiche individuelle Cardan-Gitter haben, damit diese Methode funktioniert.

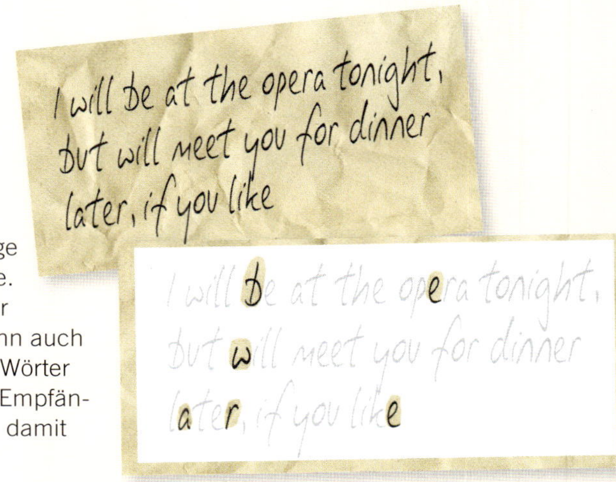

Schachbrett-Schablone

Bei dieser Transpositionsmethode nimmt man als Cardan-Gitter ein Schachbrett mit 32 dunklen und 32 hellen Feldern. Die Botschaft sollte also aus 64 Buchstaben bestehen, daher wird der Klartext I WILL BE AT THE OPERA TONIGHT, BUT WILL MEET YOU FOR DINNER LATER, IF YOU LIKE um drei Füller oder „Nullen" („X") erweitert. Hat die Nachricht mehr als 64 Buchstaben, dreht man das Schachbrett erneut um und füllt es, bis 128 Buchstaben erreicht sind. Der Klartext sollte mindestens 64, 128 oder mehr Buchstaben haben, wobei man natürlich ebenso zwischen Sender und Empfänger zuvor vereinbarte Nullzeichen nutzen kann, um das Schachbrett zu „füllen". Es gibt auch Varianten mit 6 x 6 Feldern anstatt mit den klassischen 8 x 8 wie beim Schachbrett.

1

	L		O		I		I
I		T		A		B	
	B		P		G		L
W		T		T		U	
	E		E		H		L
I		H		O		T	
	A		R		T		M
L		E		N		W	

Ausgangspunkt ist ein Schachbrett mit einem schwarzen Feld oben links. Die Nachricht wird in die senkrechten weißen Felder geschrieben.

2

E	L	R	O	A	I	U	I
I	O	T	N	A	I	B	E
E	B	D	P	T	G	L	L
W	U	T	E	T	F	U	X
T	E	I	E	E	H	I	L
I	F	H	R	O	Y	T	X
Y	A	N	R	R	T	K	M
L	O	E	L	N	O	W	X

Nach 32 Buchstaben wird das Schachbrett um 90 Grad gedreht. Wie in Schritt 1 wird die Botschaft in die senkrechten weißen Felder geschrieben. Die „X" am Ende sind Füller.

3

E	L	R	O	A	I	U	I
I	O	T	N	A	I	B	E
E	B	D	P	T	G	L	L
W	U	T	E	T	F	U	X
T	E	I	E	E	H	I	L
I	F	H	R	O	Y	T	X
Y	A	N	R	R	T	K	M
L	O	E	L	N	O	W	X

Die waagrechten Reihen werden nun abwechselnd von rechts nach links gelesen: ELROAIUIIOTNAIBEEBDPTGLLWUTETFUXTE IEEHILIFHROYTXYANRRTKMLOELNOWX

Das drehbare Gitter

Der österreichische Oberst Eduard Fleißner von Wostrowitz entwickelte 1880 eine Methode, die „Fleißnersche Schablone" genannt wird. Ein quadratisches Gitter wird in vier Quadrate mit jeweils vier „Löchern" eingeteilt, insgesamt also 16 ausgeschnittene Quadrate, in die der Klartext eingetragen wird. Dann wird die Schablone um 90 Grad gedreht, und die folgenden Buchstaben werden in die Lücken eingetragen. Das Ganze erfolgt viermal, so dass ein Quadrat mit verwürfelten Buchstaben entsteht. Ist die Nachricht länger, wird ein neues Quadrat begonnen. Ist sie kürzer, werden die übriggebliebenen Lücken mit willkürlich gewählten Buchstaben aufgefüllt.

1

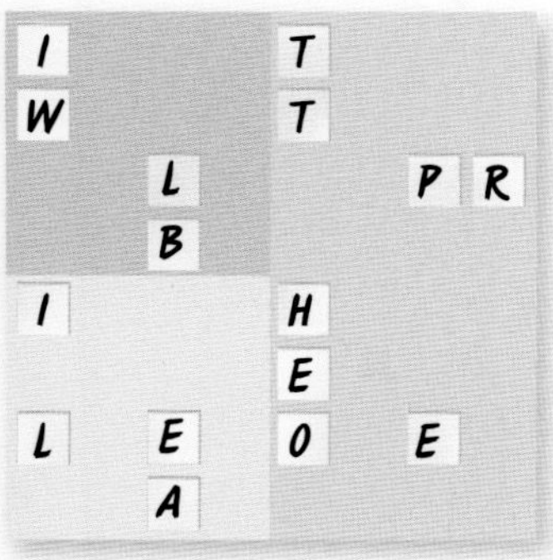

Die ersten 16 Buchstaben des Klartexts von Seite 80 werden in die Lücken der Schablone eingetragen.

2

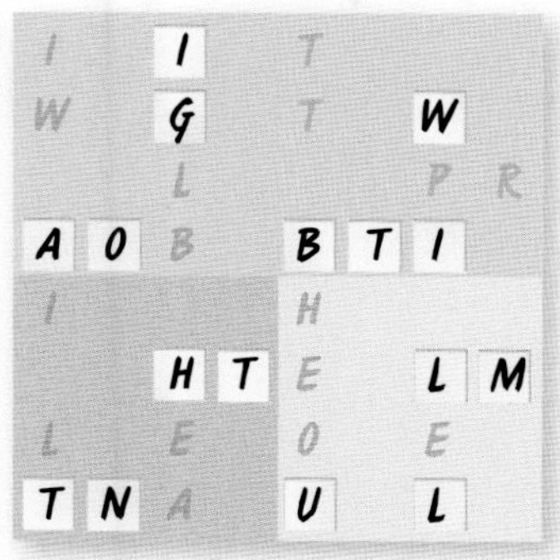

Die Schablone wird gegen den Uhrzeigersinn um 90 Grad gedreht, und die folgenden Buchstaben des Texts werden notiert.

3

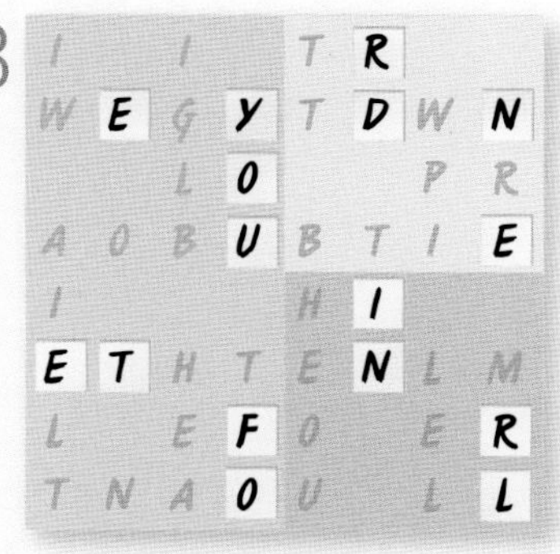

Dieser Vorgang wird durch erneutes Drehen wiederholt.

4

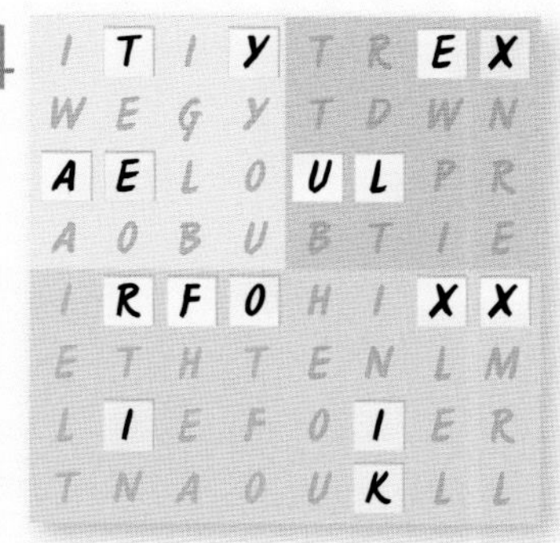

Durch letztmaliges Drehen der Schablone ergibt sich das unten links stehende Geheimtextgitter, das sich aus Reihen oder Spalten zusammensetzen kann.

5

I	T	I	Y	T	R	E	X
W	E	G	Y	T	D	W	N
A	E	L	O	U	L	P	R
A	O	B	U	B	T	I	E
I	R	F	O	H	I	X	X
E	T	H	T	E	N	L	M
L	I	E	F	O	I	E	R
T	N	A	O	U	K	L	L

Die deutsche Armee nutzte die Fleißnersche Schablone im Ersten Weltkrieg, um Nachrichten per Telegraphen oder Feldtelefon zu verschlüsseln.

Variationen

Die Fleißnersche Schablone kann auch aus 5 x 5 oder 6 x 6 eingeteilten Quadraten bestehen, die Lücken in der Schablone müssen nicht zwingend auf die vier Quadranten verteilt sein. Die Ausgangsschablone und die Reihenfolge, in der sie gedreht wird, kann variieren. Die deutsche Armee verwendete dieses System 1916 für kurze Zeit, um Frontmeldungen zu verschlüsseln, und versah verschiedene Schablonen jeweils mit einem Codewort. Die Methode wurde jedoch als zu unsicher empfunden und nach einigen Monaten wieder aufgegeben.

DIE SCHWARZEN KAMMERN

Alle Herrschaftssysteme hängen letztlich von erfolgreicher Informationsbeschaffung ab. Der römische Kaiser Julius Caesar etwa arbeitete bei der Eroberung Galliens mit einem Netzwerk von Spionen und chiffrierte wichtige Nachrichten. Ab dem späten 16. Jahrhundert hatten sämtliche europäische Mächte ihre eigenen Kryptoanalytiker und sogenannte Schwarze Kammern, Zentren, in denen Botschaften fremder Staaten entschlüsselt und die eigene Korrespondenz verschlüsselt wurde. Eine der ersten Schwarzen Kammern (*cabinet noir*) wurde 1590 von Heinrich IV. in Frankreich eingerichtet.

Die Bacon-Chiffre

Im 16. Jahrhundert war der Gebrauch von Geheimschriften weitverbreitet, vor allem für die erfolgreiche Spionage. Der englische Staatsmann Sir Francis Bacon (1561–1626) entwickelte einen binären Code auf der Basis von 24 Buchstaben des Alphabets (i & j und u & v galten zusammen), die jeweils fünfstellige Vertreter hatten:

A	aaaaa	**N**	abbaa
B	aaaab	**O**	abbab
C	aaaba	**P**	abbba
D	aaabb	**Q**	abbbb
E	aabaa	**R**	baaaa
F	aabab	**S**	baaab
G	aabba	**T**	baaba
H	aabbb	**U/V**	baabb
I/J	abaaa	**W**	babaa
K	abaab	**X**	babab
L	ababa	**Y**	babba
M	ababb	**Z**	babbb

Zunächst muss man den Klartext mit Hilfe des Alphabets in fünfstellige Einheiten umwandeln:

G	aabba
E	aabaa
F	aabab
A	aaaaa
H	aabbb
R	baaaa

Dann muss man einen Tarntext schreiben, der 30 Buchstaben umfasst; Bacon empfahl Groß- und Kleinbuchstaben, um zu verdeutlichen, welcher Buchstabe für „a", und welcher für „b" steht. Diese Methode ist aber nicht besonders sicher, da sie sofort Verdacht erregen könnte. Besser ist es, die Buchstaben A-M des Alphabets als Stellvertreter für „a" und N-Z für „b" zu nehmen. Die unverfängliche Botschaft, z.B.: „Hastig hole den Golfball für Stella" gibt die „as" und „bs" des ursprünglichen Klartexts wieder; das „h" von „hastig" steht für das erste „a" usw. Der Empfänger muss den Text dann in ein Geheimalphabet umwandeln, in 5er-Gruppen einteilen und erhält dadurch „Gefahr".

Spionage im Italien der Renaissance

Anfang des 15. Jahrhunderts hatten sich drei italienische Stadtstaaten zu bedeutenden Handelszentren entwickelt: Florenz mit seinem Bankwesen und Genua sowie Venedig, die den gesamten Handel im Mittelmeerraum beherrschten. Venedig war geographisch äußerst günstig gelegen, dort wurden wirtschaftliche und politische Informationen zusammengetragen. Marco Polo war nur einer von vielen Boten, die der Doge aussandte, um ferne Länder zu erkunden. Nahezu täglich trafen verschlüsselte Berichte ein, die venezianische Diplomaten von den Höfen Europas nach Venedig schickten. In den Archiven des Vatikans befinden sich Tausende codierter Nachrichten, die die Päpste über die Jahre sammelten. Meist verwendte man die monoalphabetische Verschlüsselung durch Nomenklatoren (*siehe S. 70*).

Schwarze Kammern

Im 17. Jahrhundert beschäfigten die europäischen Mächte ganze Heerscharen an Codeknackern, die ihre Arbeit in den Schwarzen Kammern verrichteten. Die schlagkräftigste war die Geheime Kabinettskanzlei in Wien, sie verlief nach einem strengen Terminplan. Täglich wurden etwa 100 Briefe für die Wiener Botschaften in die Schwarze Kammer umgeleitet. Dort wurden die Siegel gebrochen und der Inhalt der Briefe sorgfältig kopiert. Dann versiegelte man die Briefe wieder und lieferte sie innerhalb von drei Stunden zurück ins Hauptpostamt. Dieser Vorgang wiederholte sich mehrmals täglich. Die Abschriften wurden zur Entschlüsselung an die Kryptoanalytiker weitergereicht. Die Wiener Schwarze Kammer verkaufte die gesammelten Informationen auch an fremde Mächte weiter, das brachte den Habsburgern ein hübsches Zubrot ein.

«Gentlemen lesen keine fremde Post.»

US-AUSSENMINISTER HENRY L. STIMSON, 1929

In Venedig gab es 1542 im Dogenpalast drei Geheimsekretäre, die den ganzen Tag damit beschäftigt waren, Codes zu knacken und neue zu ersinnen. Sie waren hoch angesehen. Auf das Preisgeben der Codes stand allerdings die Todestrafe.

Spezialisten

Die Dienste von Kryptographen wie John Dee oder Thomas Phelippes wurden von den europäischen Höfen hoch geschätzt; beide arbeiteten für viele gekrönte Häupter in ganz Europa. Die kryptographischen Verfahren wurden mit der Zeit immer raffinierter und technisch ausgefeilter. Gegen Ende des 19. Jahrhunderts waren die einstigen Schwarzen Kammern große Spezialabteilungen der Abwehr- und Geheimdienste der jeweiligen Staaten.

Großbritannien

Room 40 (NID25) wurde 1914 von der Admiralität eingerichtet. Bis 1919 wurden dort über 15 000 deutsche Nachrichten abgefangen und interpretiert. Die Institution bildete gemeinsam mit dem britischen Geheimdienst der Armee (MI1b) die Government Code and Cypher School (GCCS), also eine staatliche Einrichtung für das Studium von Codes und Chiffren. 1946 wurde sie in Government Communications Headquarters (GCHQ) umbenannt und befindet sich heute in Cheltenham.

USA

Nach dem Ersten Weltkrieg gründete Herbert O. Yardley in New York das US Cipher Bureau (MI-8, auch Amerikanische Schwarze Kammer genannt). Das Büro war als Wirtschaftsunternehmen getarnt und entwickelte Geschäftscodes. Tatsächlich sollte es diplomatische Botschaften entschlüsseln, vor allem japanische. 1929 wurde dem Büro die staatliche Unterstützung entzogen. William Friedman sorgte 1931 für die Errichtung eines militärischen Geheimdienstes, dem Army Signals Intelligence Service (später SIGINT), der darauf abzielte, feindliche Codes zu knacken, etwa den „Purple Code" der Japaner im Zweiten Weltkrieg. Der amerikanische Geheimdienst (NSA) wurde 1952 gegründet. FBI und CIA behielten ihre eigenen kryptographischen Abteilungen bei.

One-Time-Pad

Dieses Verfahren der Einmalverschlüsselung wurde nach dem Ersten Weltkrieg entwickelt und gilt als nahezu unknackbar. Das Prinzip ist denkbar einfach: für jede verschlüsselte Botschaft gibt es nur einen einzigen Schlüssel. Erfinder dieses Systems ist der amerikanische Generalmajor Joseph Mauborgne, der seinerzeit die militärische Abteilung für Kryptographie leitete. Kennzeichen dieser Methode ist die einmalige Verwendung eines zufällig gewählten Schlüssels für ein Vigenère-Quadrat (*siehe S. 105*). Sofern der Schlüssel nicht gestohlen, ausgespäht oder auf Grund von Nachlässigkeit mehr als einmal verwendet wird, kann diese kryptographische Methode nicht gebrochen werden. Berühmtes Beispiel für einen solchen Lapsus ist das Venona-Projekt im Zweiten Weltkrieg (*siehe S. 124*), bei dem viele russische Spione enttarnt wurden, weil die Sowjets Schlüssel mehrfach verwendeten.

MECHANISCHE CHIFFRIERUNG

Vertrackte Systeme wie die Vigenère-Verschlüsselung (*siehe S. 104*) erforderten beträchtliche Berechnungen. Dem britischen Mathematiker Charles Babbage gelang es 1854, das Vigenère-Quadrat zu entziffern. Er entwarf eine „Differenzmaschine", die Tabellenwerte fehlerlos berechnen könnte. Diese wurde zwar zu seinen Lebzeiten nicht gebaut, entsprach vom Modell her jedoch bereits einem Computer. Die technischen Neuerungen, die mit der Industriellen Revolution einhergingen, ebneten den Weg für den Fortschritt des 20. Jahrhunderts und damit für Apparate wie das Telefon oder den Taschenrechner.

Rechenmaschinen

Der deutsche Universalgelehrte Gottfried Leibniz (1646–1716) stellte der Royal Society in London 1673 eine von ihm entwickelte Staffelwalzenmaschine vor. Wie Isaac Newton hatte er erkannt, welchen Wert eine Maschine hätte, die in der Lage wäre, mathematisch bedingte Chiffren zu berechnen. Doch erst der Entwurf von Charles Babbages „Differenzmaschine" 1822 zur Berechnung von Tabellenwerten leitete hier einen Vorstoß ein, der etwa ein Jahrhundert später umgesetzt wurde.

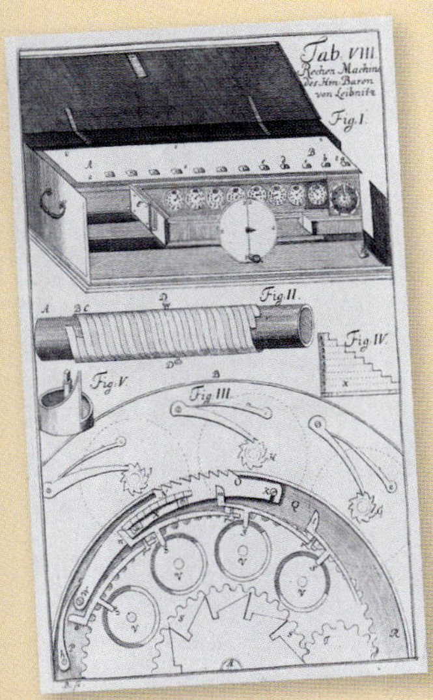

Die Skizze von Leibniz' Rechenmaschine für die vier Grundrechenarten.

Chiffrierscheiben

Im Amerikanischen Bürgerkrieg (1861–1865) wurden Chiffrierscheiben nach dem Prinzip Albertis massenweise gefertigt. Anhand eines festgelegten Tagescodes oder eines polyalphabetischen Algorithmus wurden sie genutzt, um wichtige Informationen von der Front oder von den Kommandozentralen rasch zu verschlüsseln. Der Geheimtext wurde dann mit Morsecode durch den soeben erfundenen Telegraphen übermittelt. Offenbar konnten die Nordstaaten die meisten Botschaften der Südstaaten entziffern, unklar ist, ob das auch umgekehrt der Fall war.

Dieses Chiffriergerät wurde von den Konföderierten genutzt. Es besteht aus einer Walze mit Buchstaben und Zahlen sowie beweglichen Riegeln, mit denen die Verschlüsselung eingestellt wird.

Die Alberti-Chiffrier-Scheibe, die die Nordstaaten verwendeten, war etwas ausgeklügelter als das Original von Alberti (*siehe S. 72*). Die Scheibe hatte nicht nur mehr Ziffern, sondern enthielt auch Satzzeichen.

Schreibmaschinen

Die erste funktionsfähige Schreibmaschine, die sogenannte Skrivekugle oder Schreibkugel, erfand der Direktor eines dänischen Taubstummeninstitutes, Pastor Malling Hansen (1870, *links*). Bald darauf kamen die amerikanischen Modelle der Firmen Remington und Underwood auf den Markt, deren Tasten alphabetisch angeordnet waren und die nur Großbuchstaben produzierten. 1874 wurde die QWERTY-Tastatur eingeführt, die englische Tastaturbelegung der ersten sechs Buchstaben der obersten Reihe, mittels derer man etwa 100 Wörter pro Minute tippen konnte. In Deutschland setzte sich die QWERTZ-, in Frankreich die AZERTY- und in Italien die QZERTY-Tastaturbelegung durch. Schreibmaschinen veränderten das gesamte Verwaltungs- und Wirtschaftsleben, außerdem schufen sie Millionen von Arbeitsplätzen für Frauen, der Beruf des Schreibers war seit jeher Männern vorbehalten gewesen.

Burroughs-Rechenmaschine

Der Amerikaner William S. Burrough ließ 1888 eine Rechenmaschine patentieren, die über ein Tastenfeld verfügte. Somit war diese Erfindung eine Kombination aus Rechen- und Schreibmaschine, mit der man auch drucken konnte. Sie wurde 1900 auf der Pariser Weltaustellung präsentiert. Frühe Modelle von Burroughs Maschine konnten nur Summen addieren, doch er entwickelte Versionen, die sowohl die zu zahlende Summe als auch das Rückgeld registrieren und das Ganze auf einen Bon drucken konnten: Vorläufer der modernen Supermarktkassen. Die Registrierung von Waren und Summen erfolgt heutzutage meist über den Barcode (*siehe S. 204*).

Vom Telegraphen zum Telefon

Die Erfindung der elektromagnetischen Telegraphie und des binären Morsecodes (*siehe S. 94–97*) rief neue Verschlüsselungsmethoden auf den Plan und begünstigte die Entwicklung von kommerziellen telegraphischen Codes (*siehe S. 204*). Gegen Ende des 19. Jahrhunderts gelang schließlich die Sprachübertragung mittels elektrischer Signale – eine Weiterentwicklung des Morsetelegraphen: das Telefon. Frühe Telefone hatten keine Wählscheibe, sondern einen Kurbelinduktor, mit dem man sich mit dem „Fräulein vom Amt“ – man hatte festgestellt, dass die höheren Frauenstimmen bei einer schlechten Leitung besser zu verstehen waren als die tiefen Männerstimmen – in Verbindung setzte, das dann per Hand eine Verbindung zum gewünschten Gesprächspartner herstellte. Ab 1913 gab es in Telefonen dann Nummernschalter, die nach dem Impulsverfahren arbeiteten, erst Mitte der 1950er Jahre wurde das Mehrfrequenzwahlverfahren entwickelt. Dieses erlaubte allerdings auch, dass sich Dritte auf die Frequenz schalteten und Gespräche abhörten.

Bei alten Telefonen musste man beim Wählen der Nummer nach jeder Ziffer eine Pause einlegen, damit der elektrische Impuls auch wirklich am gewünschten Bestimmungsort ankam.

Der Amerikanische Sezessionskrieg galt als „moderner“ Krieg, da das Eisenbahnnetz und der Telegraph dabei eine wichtige Rolle spielten. Sobald eine Kommandozentrale entstanden war, wurde ein Feldtelefon eingerichtet, dabei zapfte man die Verbindungen an, die entlang der Gleise verliefen.

Schlüsselmaschinen

Durch die Existenz von Fernschreibern und Schreibmaschinen kamen zu Beginn des 20. Jahrhunderts mehrere Erfinder voneinander unabhängig auf die Idee, ein Rotor-Prinzip für die Verschlüsselung von Texten zu nutzen. Berühmtestes Beispiel ist die Enigma (*siehe S. 116*), die während des Zweiten Weltkriegs für den Nachrichtenverkehr des deutschen Militärs verwendet wurde.

Für aller Augen sichtbar

Rätselspaß

1913 erschien in einer Zeitung zum ersten Mal ein Kreuzworträtsel, und zwar in der Weihnachtsbeilage der *New York World*. In Europa kamen Zeitungskreuzworträtsel ab den 1920er Jahren in Mode. Sie trugen erheblich zur Auflagenstärke der Blätter bei. Es gibt viele verschiedene Arten: Kreuzworträtsel ohne Blindfelder (amerikanisches Kreuzworträtsel), Kreuzgitter, Zahlenrätsel und Silbenrätsel. Manche Zeitungen sind für ihre besonders anspruchsvollen Kreuzworträtsel berühmt, z. B. die Londoner *Times*, der *Daily Telegraph*, in Deutschland ist es *Die Zeit*. Angeblich sollen manche dieser Rästel Botschaften für Agenten enthalten haben.

Die Entwicklung des Zeitungswesens im ausgehenden 18. Jahrhundert schuf ein frühes Massenmedium, das kluge Köpfe auch für die Übermittlung versteckter Botschaften nutzen konnten. Sie wurden als unverfängliche Texte getarnt und manchmal sogar über die Landesgrenzen hinaus verbreitet. Frischverliebte sandten sich über Kontaktanzeigen heimlich leidenschaftliche Liebesbeteuerungen und umgingen auf diese Weise die ständig präsente Anstandsdame. Die Idee, einander verschlüsselte Mitteilungen über die Presse zu schicken, wurde rasch populär, sei es für Agenten oder Spione im Ausland oder einfach für den unbekannten Leser.

> «Haltloser Schnee. Vorgeschobenes Basislager verlassen. Warten auf Besserung.»
>
> JAMES MORRIS VERKÜNDET DER *TIMES* DIE ERSTBESTEIGUNG DES EVEREST, 195

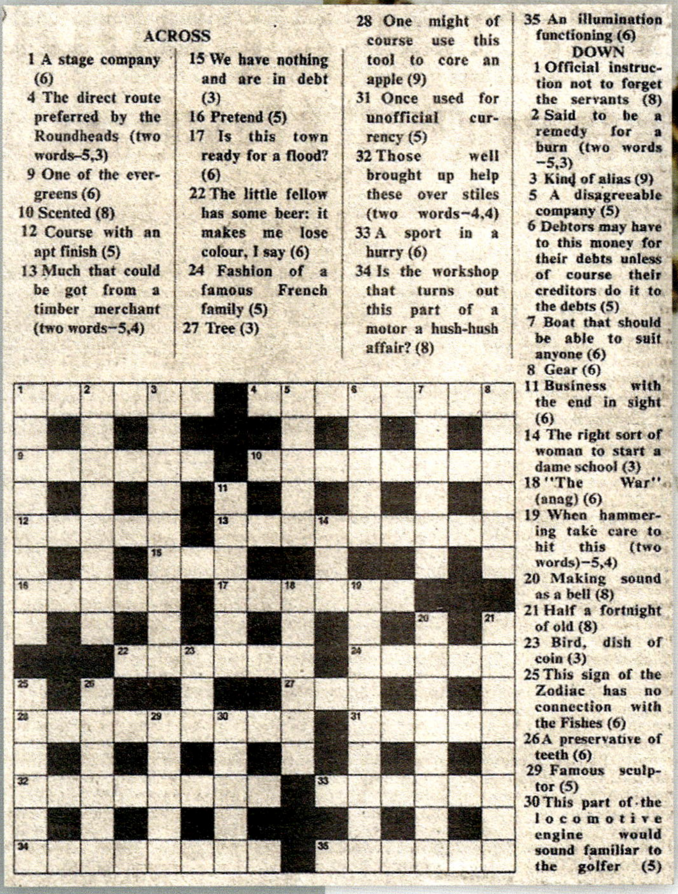

ACROSS

1 A stage company (6)
4 The direct route preferred by the Roundheads (two words–5,3)
9 One of the evergreens (6)
10 Scented (8)
12 Course with an apt finish (5)
13 Much that could be got from a timber merchant (two words–5,4)
15 We have nothing and are in debt (3)
16 Pretend (5)
17 Is this town ready for a flood? (6)
22 The little fellow has some beer: it makes me lose colour, I say (6)
24 Fashion of a famous French family (5)
27 Tree (3)
28 One might of course use this tool to core an apple (9)
31 Once used for unofficial currency (5)
32 Those well brought up help these over stiles (two words–4,4)
33 A sport in a hurry (6)
34 Is the workshop that turns out this part of a motor a hush-hush affair? (8)
35 An illumination functioning (6)

DOWN

1 Official instruction not to forget the servants (8)
2 Said to be a remedy for a burn (two words –5,3)
3 Kind of alias (9)
5 A disagreeable company (5)
6 Debtors may have to this money for their debts unless of course their creditors do it to the debts (5)
7 Boat that should be able to suit anyone (6)
8 Gear (6)
11 Business with the end in sight (6)
14 The right sort of woman to start a dame school (3)
18 "The War" (anag) (6)
19 When hammering take care to hit this (two words)–5,4)
20 Making sound as a bell (8)
21 Half a fortnight of old (8)
23 Bird, dish of coin (3)
25 This sign of the Zodiac has no connection with the Fishes (6)
26 A preservative of teeth (6)
29 Famous sculptor (5)
30 This part of the locomotive engine would sound familiar to the golfer (5)

Ein Kreuzworträtsel im *Daily Telegraph* sollte helfen, in Kriegszeiten potenzielle Codeknacker zu rekrutieren. Es wurde 1940 als Wettbewerb veröffentlicht. Wem es gelang, es in weniger als zwölf Minuten zu lösen, der könnte das Spezialistenteam in Bletchley Park verstärken, dem Sitz der Government Code and Cipher School. Davon stand natürlich nichts in der Zeitung, die Leser nahmen ahnungslos am Wettbewerb teil.

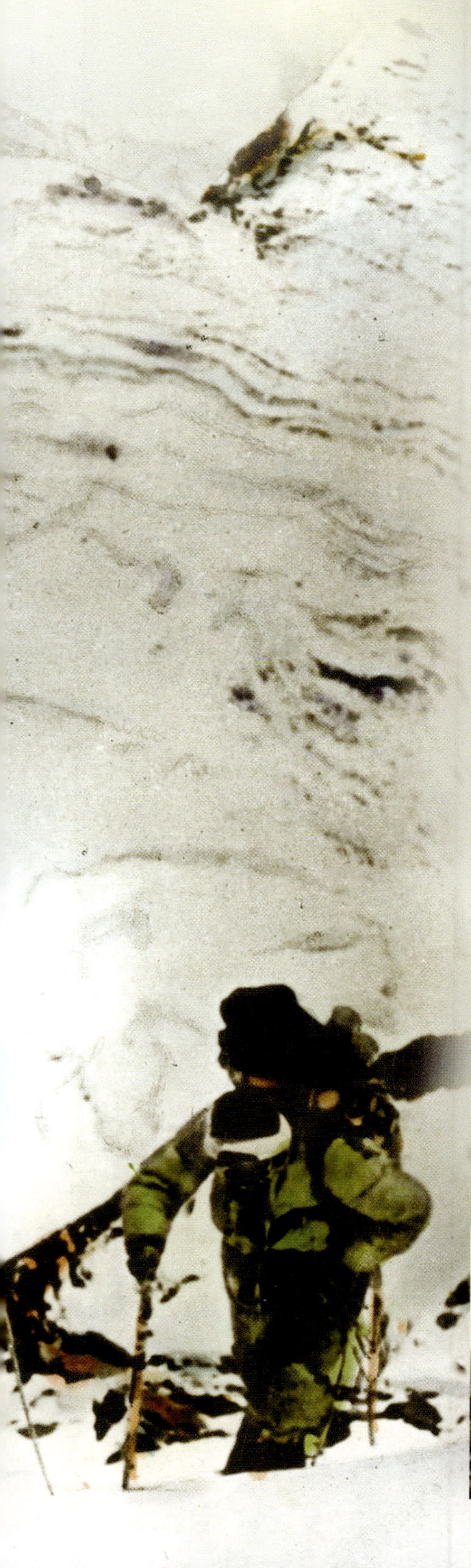

Versteckte Botschaften

Im Ersten Weltkrieg wurden in französischen und britischen Zeitungen häufig heimliche Botschaften oder verschlüsselte Nachrichten abgedruckt. Viele Kontaktanzeigen enthielten rätselhafte Verlautbarungen, Anagramme oder Chiffren, die auf einem vereinbarten Schlüssel basierten. Einmal wurde sogar eine Modezeichnung genommen: Die Anordnung der Punkte auf dem Kleid der Dame verkündete die Stellung der feindlichen Truppen. Der Name, mit dem die Zeichnung signiert war, Mary Helen Shaw, verriet ihre Position – die Stadt Arras an der Westfront.

Auf dem Dach der Welt

Es ist oft schwierig, exklusive Nachrichten geheimzuhalten. Der Reporter James Morris begleitete 1953 die britische Expedition auf den Mount Everest, und zwar für die Londoner *Times*, mit der er zuvor Codes vereinbart hatte. Die Codes sollten andere Journalisten daran hindern, an die exklusiven Nachrichten heranzukommen. Es gab zwei Schlüsselsätze für Erfolg oder Misserfolg des Unterfangens und Codenamen für die einzelnen Expeditionsteilnehmer, um mitzuteilen, wer es auf den Gipfel geschafft hatte.

Codephrasen	Bedeutung
Haltloser Schnee	Everest bestiegen
Starker Wind hält an	Versuch abgebrochen
Südsattel unhaltbar	Band
Lhotse Flanke unbezwingbar	Bourdillon
Gratlager unhaltbar	Evans
Rückzug zur Westsenke	Gregory
Vorgeschobenes Basislager verlassen	Hillary
Lager 5 verlassen	Hunt
Lager 6 verlassen	Lowe
Lager 7 verlassen	Noyce
Warten auf Besserung	Tenzing
Näheres folgt	Ward

Triumphale Meldung
Morris schickte die Codes „Vorgeschobenes Basislager verlassen" und „warten auf Besserung" an die *Times*. Damit war klar, dass Edmund Hillary und Sherpa Tenzing den höchsten Berg der Welt am 29. Mai 1953 bezwungen hatten. Die Nachricht traf am Krönungstag von Elisabeth II. in London ein. Ganz England jubelte.

Einsame Herzen

Kontaktanzeigen erfreuen sich großer Beliebtheit und sichern mancher Zeitung das Überleben. Im Lauf der Zeit haben sich hier Abkürzungen und Codes eingebürgert – teils aus finanziellen Gründen, da die Anzeigen pro Buchstaben abgerechnet werden, teils handelt es sich auch um Codes innerhalb einer bestimmten Zielgruppe.

24/7	Rund um die Uhr Beziehung
AG	Antwort garantiert
BBB	Bauch, Brille, Bart
BMB	Bitte mit Bild
BI	Bisexuell
DWB	Dumm wie Brot
DWT	Damenwäscheträger
GS	Gruppensex
ILD	Ich liebe Dich
KF	Konfektionsgröße
KFI	Keine finanziellen Interessen
M	Männlich
MDM	Meld dich mal
NEZ	Nur ernsthafte Zuschriften
NR	Nichtraucher
NT	Nichttrinker
ONS	One-Night-Stand
PT	Partnertausch
S	Single
VERH	Verheiratet
VERW	Verwitwet
W	Weiblich

04

Eine Botschaft übermitteln zu können, die eine größere Reichweite als die menschliche Stimme hat, war stets notwendig, sei es auf der Jagd oder bei kriegerischen Auseinandersetzungen. Hierfür benötigte man eine akustische oder visuelle Codesprache.

Fernkommunikation

Im Zuge der Industriellen Revolution entstand eine Kommunikationstechnik, die es erlaubte, Botschaften mit unvorstellbarer Schnelligkeit und über enorme Entfernungen zu senden. Diese Errungenschaft wurde oft als zweite Industrielle Revolution bezeichnet, und letztlich führte sie zu unserer heutigen globalen Vernetzung. Diese basiert auf binären und elektronischen Verfahren, für deren Schutz völlig neuartige Codes entwickelt werden mussten.

FERNSIGNALE

Die Fähigkeit, sich über größere Entfernungen verständigen zu können, entwickelte sich bereits bei primitiven Stammeskulturen. Meist wurde dadurch Gefahr oder der Ruf zu den Waffen signalisiert. Feuer spielte dabei stets eine wichtige Rolle, ob in Form von Rauchzeichen oder Leuchtfeuern. Lautsignale erfolgten einst durch Trommeln, später durch Kirchenglocken, heute auch durch Sirenen.

Die Indianer Nordamerikas verwendeten Rauchzeichen, um Botschaften über große Entfernungen zu senden.

Rauchzeichen

Nicht nur die Indianerstämme Nordamerikas kannten Rauchzeichen, sie wurden auch in der Antike des Abendlands und in China zu militärischen Zwecken genutzt. Meist wurde offenem Feuer nasses Gras zugesetzt, der dadurch entstandene Qualm wurde mit Stoff abgedeckt und in bestimmten Abständen freigesetzt, ähnlich wie beim Morsen. Solche Rauchzeichen waren bis zu einer Entfernung von 16 Kilometern erkennbar. Die Technik der Indianer war recht ausgefeilt, und jeder Stamm hatte seine speziellen Zeichen. Die Pfadfinder verwenden diese Art der Kommunikation heute noch: Ein Zeichen bedeutet „Achtung", zwei bedeuten „alles in Ordnung" und drei „Alarm!" – so wie drei Gewehrschüsse oder drei Pfiffe.

Lautsignale

Durch Trommeln, Glocken oder Hörner und andere Blasinstrumente kann man unabhängig vom Wetter und selbst Nachts Signale aussenden. Bei manchen Stämmen Afrikas und Nordamerikas waren Trommelzeichen mit bestimmten Ritualen verbunden. Sie dienten nicht nur dazu, Gefahr anzuzeigen, Trommeln wurden auch zu Ehren einer Gottheit oder bei einem Fest geschlagen. Der Lärm, den Trommeln und andere Instrumente verursachten, sollte einst den Feind in der Schlacht verschrecken, später wurde mit Trompetensignalen zum Angriff oder Rückzug geblasen.

Leuchtfeuer und Kirchenglocken sind effektive Kommunikationsmittel, um Signale rasch in die Ferne zu senden.

Feueralarm

Das Entzünden von Feuern in Türmen und lichterloh brennende Holzstöße auf Berggipfeln waren lange Zeit ein probates Mittel, um Alarm zu schlagen, etwa wenn der Feind nahte. In der christlichen Welt läutete man die Kirchenglocken, wenn ein Feuer ausgebrochen war, um die Einheimischen und Menschen umliegender Dörfer zu Hilfe zu rufen.

Lichtsignale

Das Verfahren, Sonnenstrahlen durch Spiegel oder Metallflächen zu reflektieren und damit Signale auszusenden, ist sehr alt. Es setzt allerdings eine Kodifizierung und natürlich Sonnenschein voraus. Schon im antiken Griechenland wurden polierte Schilde benutzt, um Signale in Schlachten zu übermitteln. Zu Beginn des 19. Jahrhunderts wurde – ursprünglich zu Vermessungszwecken – der Heliograph entwickelt, ein Gerät mit Spiegeln zur gerichteten Übertragung eines Lichtsignals über große Entfernungen. Das französische, englische und amerikanische Militär nutzte den Heliographen bis etwa 1960 als Feldtelegraphen, um Informationen mittels eines Morsecodes zu übertragen. Sorgfältig gesetzte Lichtsignale sind bis zu einer Entfernung von 80 km erkennbar und gelten als relativ „abhörsicher". Moderne Lichtsignale erfolgen mit elektrischen Lampen.

Heliographen wurden ab dem 19. Jahrhundert von vielen Armeen als Feldtelefon genutzt, besonders in wenig erschlossenen Gebieten.

FLAGGENSIGNAL

Flaggen wurden bereits vor etwa 2000 Jahren in China eingesetzt, um die unterschiedliche Heeresabteilungen bei der Schlacht zu kennzeichnen. Die römische Kavallerie führte ein Banner mit sich. Im Mittelalter waren die Fahnen der kämpfenden Soldaten mit dem Wappen des jeweiligen Königs oder Herzogs versehen. Heutzutage sind Uniformen und sämtliche Militärgeräte jedes Landes mit Nationalflaggen versehen. Die Tradition, Schiffe mit Landes- und Signalflaggen auszustatten, geht ebenfalls auf das Mittelalter zurück, doch die Briten führten erst während der Napoleonischen Kriege (1799–1815) einen Flaggencode ein, um sich von Schiff zu Schiff verständigen zu können. Seit 1932 gibt es einen internationalen Flaggencode der Marine.

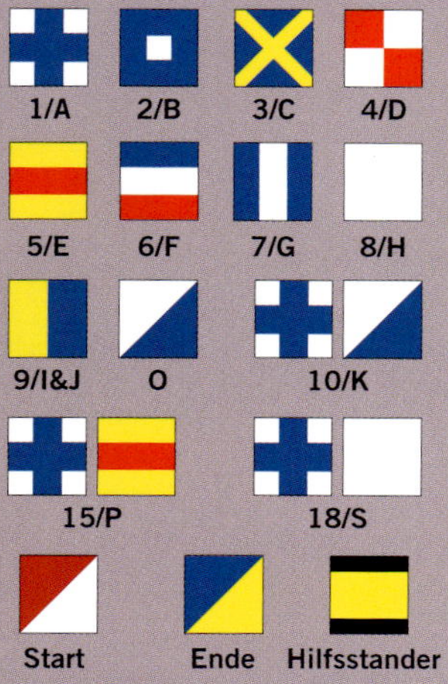

Erster Flaggencode

Der britische Flottenadmiral Lord Howe führte 1790 einen ersten Flaggencode ein. Er bestand aus zehn Zahlenwimpeln, die auch als Buchstabenwimpel fungieren konnten. Die Buchstaben K–Z wurden durch Zahlenwimpelkombinationen ausgedrückt. Außerdem gab es einen Hilfsstander und zwei Flaggen, die Anfang und Ende eines Signals kennzeichneten. Die Kodifizierungsanleitung wurde in einem geheimen Buch festgehalten, das mit Bleiplatten beschwert war, damit man es rasch versenken konnte, wenn das Schiff in feindliche Hände fiel oder havarierte.

Eindeutiges Flaggensignal

Das wohl berühmteste Flaggensignal ist jenes, das Admiral Horatio Nelson vor der Schlacht zu Trafalgar im Oktober 1805 an seine eigenen Schiffe sendete: «England erwartet, dass jeder Mann seine Pflicht tun wird.» Das Signal erfolgte durch Wimpelkombinationen, die von oben nach unten gelesen wurden. Nur das letzte Wort, „duty“, musste durch Einzelbuchstaben signalisiert werden. Anstelle von „erwartet“ hatte Nelson eigentlich „vertraut“ sagen wollen, diese Buchstabenkombination war in dem Codebuch, das der Admiral nutzte, jedoch nicht vorhanden. Nelson wurde bei der Schlacht auf seinem Flaggschiff „Victory“ tödlich verwundet, blieb aber noch lange genug bei Bewusstsein, um die Meldung über den überwältigenden Sieg der Briten zu empfangen.

«England expects that every man will do his duty.»

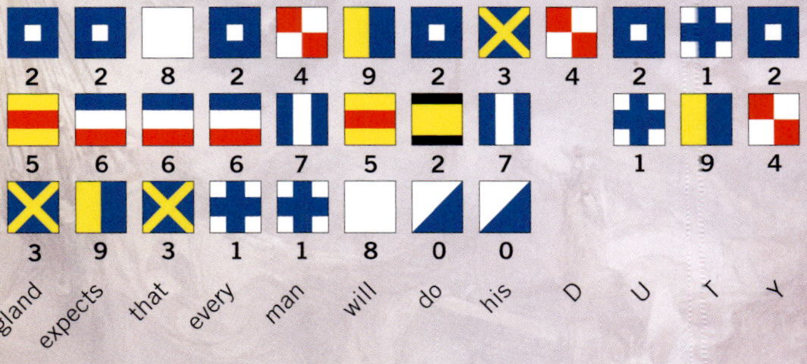

Nahkampf

Nelsons letztes Signal lautete: «Engage the Enemy More Closely» – «Näher heran an den Feind», also ein Nahkampf Schiff gegen Schiff. Dazu benötigte man nur zwei Wimpel, die 1 und die 6, ergibt die 16, seinerzeit ein Standardbefehl bei Schlachten zur See.

Das internationale Flaggenalphabet

Es wurde allgemeingültig erstmals 1901 eingeführt. Seither wurde es mehrmals überarbeitet. Heute gibt es 26 Buchstabenwimpel und zehn Zahlenwimpel, einen Signalwimpel und vier Hilfsstander sowie inzwischen zwei Bahn- und einen Zielwimpel. Generell werden bis zu vier Buchstaben gleichzeitig eingesetzt, die von oben nach unten gelesen werden. Echtes Alphabetisieren ist aber nur in Ausnahmefällen zulässig, etwa um den Namen eines Besatzungsmitglieds zu übermitteln. Dafür gibt es ein „Ich beginne zu Buchstabieren“-Signal.

SEMAPHOR UND TELEGRAPH

Die Übermittlung von Texten über weite Entfernungen war für viele Forscher am Ende des 18. Jahrhunderts eine echte Herausforderung. Einem Franzosen gelangen schließlich erste Versuche zur optischen Telegraphie, die auf Signalflügeln (Semaphoren) basierte. Er errichtete eine 70 km lange Linie aus Flügeltelegraphen.

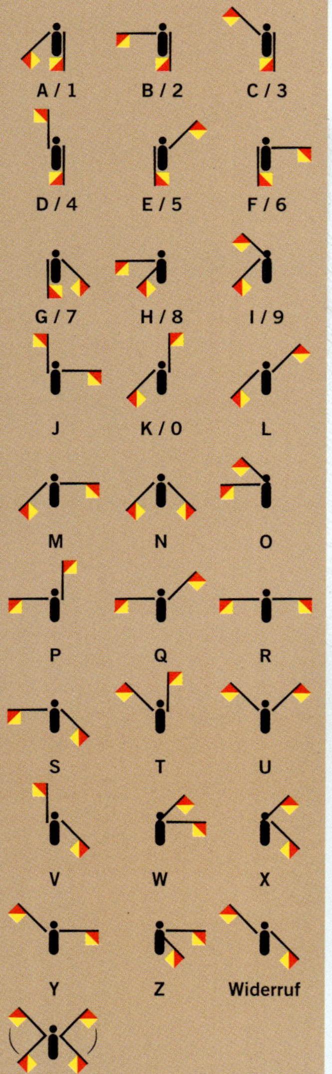

Signalflügel mit Flaggen

Im frühen 19. Jahrhundert nutzte man Flaggen, um Nachrichten über kurze Entfernungen rasch senden zu können, sowohl an Land als auch zur See. Das Aussehen der Flaggen war weniger wichtig als ihre jeweilige Position.

Flügeltelegraphen

Der französische Techniker Claude Chappe entwickelte 1792 gemeinsam mit seinen Brüdern ein Nachrichtenübermittlungssystem, das aus Türmen mit windmühlenartigen Armen bestand. Die Arme ließen sich auf 196 Zeichen mit Wort- und Satzbedeutungen einstellen. Nach mehreren Versuchen wurde schließlich über 15 Türme in 32 Minuten eine Botschaft von Paris nach Lille (230 km) gesandt. Zur Ausstattung jeder Station gehörten Fernrohre, um die eingestellten Zeichen der Nachbartürme erkennen zu können. Anfangs schickte man Geburtstagsgrüße und wirtschaftliche Informationen. Doch das Militär Europas begriff rasch, dass hier ein effizientes Kommunikationsmittel vorlag, und die Briten nutzen Telegraphenflügel, um die Admiralität in Whitehall mit den Stützpunkten der Marine im ganzen Land zu verbinden. Die Schweden verwendeten sie bis in die 1880er Jahre zur Verteidigung ihrer Küsten. In Deutschland wurde das System dann erfolgreich weiterentwickelt und funktionierte noch schneller.

Optischer Telegraph nach dem Modell von Claude Chappe, Nachbau auf dem Litermont im Saarland. Die Türme waren im Abstand von 11 km zueinander aufgestellt. Mit Hilfe von Lampen telegraphierte man auch nachts.

HELP! Der Fotograf Robert Freeman ließ die Beatles für das Cover der Langspielplatte eine Körperhaltung einnehmen, die das Wort optisch wiedergeben sollte. Leider hat das nicht funktioniert, und selbst wenn man das Foto auf den Kopf stellt, ergibt die Formation keinen Sinn. Bei der amerikanischen Version sind die „Buchstaben“ noch wilder durcheinandergeworfen.

Elektrische Telegraphie

Kurz nach der Entwicklung der Telegraphenflügel unternahm man erste Versuche mit einem elektromagentischen Telegraphen. Es gelang zwar, elektrische Impulse zu senden, doch noch konnte man die Dauer und Intensität der Impulse nicht kontrollieren. Der Anatom Samuel Thomas von Sömmerring konstruierte 1809 in München einen elektrischen Telegraphen, bei dem jedes Zeichen durch einen eigenen Leiter übertragen und durch elektrochemische Zersetzung des Wassers signalisiert wurde. 1835 entwickelte Baron Schilling in St. Petersburg einen Nadeltelegraphen, der durch Nadelausschläge die Ziffern 1 bis 10 angab. Dieses Modell wurde in England für die erste betriebssichere Signalleitung für eine Eisenbahnstrecke verwendet. Der entscheidende Durchbruch kam 1837 mit dem von Samuel Morse konstruierten und 1844 verbesserten Schreibtelegraphen. Am 1. Januar 1847 wurde zwischen Bremen und Bremerhaven die erste längere Telegraphenstrecke innerhalb Europas in Betrieb genommen.

Der Nadeltelegraph funktionierte im Prinzip wie ein moderner Tacho. Jeder empfangene elektrische Impuls sandte wiederum einen Impuls an die Nadel, die dann bei einem bestimmten Buchstaben ausschlug.

> «Wieso schreibt Ihr Schlingel nicht?»
>
> DIE ERSTE US-TELEGRAPHENNACHRICHT, EMPFANGEN AM 8. JANUAR 1846

Das Bändigen der Dampflokomotive

Die Geschichte der Eisenbahn ist eng mit der Telegraphie verbunden. Als das Eisenbahnnetz in den 1830er Jahren ausgebaut wurde, benötigte man ein schnelles und sicheres Kommunikationsmittel, um Zusammenstöße zu vermeiden oder eine etwaige Fahrplanänderung durchzugeben. Sir William Fothergill Cooke installierte zwischen der Londoner Paddington Station und West Drayton (21 km) die erste Telegraphenleitung. Der Bahntelegraph setzte sich rasch durch, und um 1900 säumten unzählige Telegraphenmasten die Gleisstrecken Europas und Nordamerikas.

Später wurde die Verbindung von Telegraphie mit elektrischen Streckensignalen entwickelt. Diese mechanischen Formsignale lieferten dem Zugführer alle nötigen Informationen, ob und wie schnell er fahren durfte. Sie wurden vom Bahnwärter per Hand eingestellt. Heutzutage werden Zugsignale von einer Computerzentrale aus elektronisch gesteuert.

Eisenbahnsignale hingen von drei Faktoren ab: elektrischer Telegraphie – manchmal wurden die Signale automatisch ausgelöst, sobald ein Zug einen Knotenpunkt passierte; dem Empfang von Signalen im Signalhäuschen (*oben*); und der Vermittlung dieser Signale an den Zugführer durch den Bahnwärter, der Stellwerke und Lichtsignale bediente.

DER MORSECODE

Das 19. Jahrhundert war von technischen Erneuerungen und Expansion geprägt. Das brachte auch die Notwendigkeit mit sich, Nachrichten über große Entfernungen rasch übermitteln zu können. Ein einfacher Brief vom kolonialen Indien nach London brauchte bis zu acht Wochen, und wenn es um wichtige Entscheidungen ging, konnte die Korrespondenz darüber bis zu vier Monate beanspruchen. Der Erfinder Samuel F. B. Morse entwickelte den inzwischen international gebräuchlichen Morsecode, bei dem jeder Buchstabe in eine Reihe von Punkten und Strichen übersetzt wird. Der Code war ursprünglich nur für den Telegraphen gedacht, kann aber als akustisches Signal auch für Nebelhörner verwendet werden sowie als Lichtsignal für Taschenlampen und andere Formen der optischen Telegraphie.

Eine neue Methode
Samuel Finley Breese Morse (1791–1872) wurde in Charlestown, Massachusetts geboren. Er war eigentlich Kunstmaler, interessierte sich jedoch früh für elektrische Experimente. Von 1832–1844 arbeitete er gemeinsam mit Leonard Gale, Alfred Vail und Joseph Henry an einer Verbesserung der Telegraphie. Dabei ging es auch um die Umwandlung von Buchstaben und Zahlen in elektrische Impulse. Er entwarf einen Morseapparat, den er später patentieren ließ. Sein Morsealphabet wurde zunächst vom amerikanischen Kongress und später weltweit anerkannt. Bis ins 21. Jahrhundert war Morses binäre Codierung Standard, dann wurde sie von anderen Verfahren abgelöst. Der Morsecode kommt heute nur noch in der Luft- und Schifffahrt sowie beim Amateurfunk zum Einsatz.

Frühe Telegraphenempfänger waren aus Messing, damit sie nicht rosteten.

Reminiszenz an den Morsecode Dieses Alphabet wurde so gestaltet, dass man die Punkte und Striche des Morsealphabets deutlich erkennen kann.

Save our souls Ist das internationale Notrufzeichen. Es ist sehr einprägsam und leicht aus anderen Signalen herauszuhören. Die angebliche Bedeutung „Save our Souls" wurde erst später hineininterpretiert. Beim Sprechfunk gilt „Mayday" als allgemeines Notrufzeichen, es geht auf das französische *„m'aidez!"*, *„Helfen Sie mir!"*, zurück.

Die Anwendung des Morsecodes

Erstmals wurde der Morsecode im Krimkrieg (1853–1856) genutzt. Der Korrespondent der Londoner *Times*, William Russell, schickte damit Nachrichten von der Front. Im Amerikanischen Bürgerkrieg (1860–1865) wurden wichtige Operationen per Morsealphabet übermittelt. Doch auch bei der Verbrecherjagd war der Morsecode hilfreich:

Der Mordfall Crippen

Der Arzt Hawley Harvey Crippen hatte 1910 in England seine Frau ermordet und im Keller seines Hauses verscharrt. Dann war er mit seiner Geliebten auf dem kanadischen Dampfer *Montrose* in Richtung Quebec geflüchtet. Inspector Dew von Scotland Yard entdeckte die Leiche von Crippens Frau und ließ den Arzt landesweit suchen. Die *Montrose* war mit einem Funkgerät ausgestattet, und der Kapitän funkte an Dew: «Habe starken Verdacht, dass sich Crippen und Komplizin unter den Passagieren befinden.» Der Inspektor jagte der *Montrose* auf einem schnelleren Schiff hinterher und nahm Crippen vor der Küste Kanadas fest. Crippen wurde später zum Tode verurteilt und gehängt.

Eisberg-Warnung

Der Untergang der *Titanic* hätte vielleicht verhindert werden können, wenn der Funker auf dem nur 16 km entfernten nächsten Schiff in dieser Nacht nicht dienstfrei gehabt hätte. Der Kapitän der *Titanic* war zuvor über Funk vor Eisbergen gewarnt worden, wollte mit seinem „unsinkbaren" Schiff aber den Rekord der Atlantiküberquerung brechen und ignorierte die Warnungen. Als die Katastrophe eintrat, funkte man SOS, doch erst am nächsten Tag trafen Schiffe ein, die nur noch 700 der 2200 Passagiere an Bord retten konnten.

Morsen

Das Morsealphabet besteht aus drei Symbolen: Punkt, Strich und Pause. Ein Punkt dauert eine Einheit, ein Strich drei Einheiten, die Pause zwischen Punkten und Strichen eines Zeichens eine Einheit, die Pause zwischen zwei Zeichen drei Einheiten und die Pause zwischen zwei Wörtern dauert sieben Einheiten.

Das Standard-Morsealphabet ist international gültig. Die nordamerikanische Verson zeigt leichte Abweichungen, die weiter unten aufgeführt sind.

A	.–	N	–.	1	.––––
B	–...	O	–––	2	..–––
C	–.–.	P	.––.	3	...––
D	–..	Q	––.–	4	....–
E	.	R	.–.	5	.....
F	..–.	S	...	6	–....
G	––.	T	–	7	––...
H	....	U	..–	8	–––..
I	..	V	...–	9	––––.
J	.–––	W	.––	0	–––––
K	–.–	X	–..–		
L	.–..	Y	–.––		
M	––	Z	––..		

Der amerikanische Morsecode lautet bei folgenden Buchstaben und Zahlen anders:

C	.. .	1	.––.
F	.–.	2	..–..
J	–.–.	3	...–.
L	——	4	....–
O	. .	5	–––
P	.....	6	......
Q	..–.	7	––..
R	. ..	8	–....
X	.–..	9	–..–
Y	.. ..	0	——
Z	... .		

MODERNE VERBINDUNGEN

Die Erfindung des Telefons im 19. Jahrhundert schuf eine neuartige Kommunikationsform, die in den Zeiten des Internets nahezu antiquiert erscheint. In den letzten zwei Jahrzehnten hat auf dem Gebiet der Kommunikation eine rasante Entwicklung stattgefunden. Es geht heute schneller und leichter, jemandem im Büro gegenüber eine Botschaft per E-Mail zu schicken, als aufzustehen und mit der Person zu sprechen. Außerdem kann man dieselbe Nachricht gleichzeitig an jemanden senden, der auf der anderen Seite des Erdballs sitzt. Unser weltweites Kommunikationsnetz ist nahezu lückenlos und so effizient wie niemals zuvor in der Menschheitsgeschichte.

Telefonnummern und -bücher

Die Vergabe von individuellen Telefonnummern, die direkt angewählt werden können, stellte anfangs ein Problem dar, das einzelne Telefongesellschaften in Angriff nahmen. Vor der Einführung der Ortsvorwahl nutzte man noch Buchstaben auf der Wählscheibe, um in riesigen Städten wie London oder New York auch wirklich den gewünschten Teilnehmer zu erreichen. So stand beispielsweise KEN 162 für eine Nummer im Londoner Stadtteil Kensington. Wenn man einen Anruf entgegennahm, war es auch üblich, diesen Bestandteil der Nummer zu nennen, in diesem Fall „Kensington 162", damit der Anrufer wusste, ob er den richtigen Anschluss gewählt hatte. Heute gibt es auf der ganzen Welt Länder-, Städte- und Ortsvorwahlnummern. Telefonbücher von größeren Städten sind mittlerweile digitalisiert, so dass man jede Nummer problemlos im Internet suchen kann.

Die mobile Revolution

Der Melonenfarmer Nathan B. Stubblefield (1860–1928) aus Kentucky ließ 1908 das erste drahtlose Telefon patentieren und gilt daher als Erfinder des Handys. Es dauerte noch 70 Jahre, bis seine visionären Ideen Wirklichkeit wurden, die sich dann allerdings mit rasanter Geschwindigkeit durchsetzten. Die ersten drahtlosen Telefone waren wegen der für die Funktechnik nötigen Vakuumröhren recht groß, moderne Handys dagegen passen auch in die Hosentasche. Die Gebühren für Gespräche waren anfangs nahezu unerschwinglich. Ende der 1980er Jahre wurden digitale Mobilfunknetze eingeführt. Sie beeinflussten nicht nur die Größe der Handys erheblich, sondern auch die Gesprächskosten. Heutzutage ist das Mobiletelefon der weltweit am meisten verkaufte elektronische Artikel. Schätzungen zufolge gibt es insgesamt über drei Milliarden Handybesitzer. Mit Geräten wie BlackBerry oder iPhone kann man nicht nur in das weltweite Netz telefonieren, sondern auch im Internet surfen, E-Mails senden und empfangen, Film- und Musikvideos ansehen, Daten herunterladen und vieles mehr.

Seit 2007 gibt es das iPhone. Es setzte neue Maßstäbe bei modernen Kommunikationsgeräten.

Bildschirm
Er wird durch Berührung (Touchscreen) bedient, um das Internetsurfen und die E-Mail-Verwaltung zu erleichtern.

Perfektes Design
Trotz seiner Multifunktionalität ist das iPhone schmal und klein – ein Meisterwerk an Minimalisierung.

Das Internet

Der Vorläufer des Internets entstand während des Kalten Krieges, als das US-Verteidigungsministerium 1958 die Forschungsbehörde ARPA (Advanced Research Projects Agency) gründete. Es sollte eine Netzwerk-Technologie entwickelt werden, die sicherstellte, dass das Kommunikationssystem des amerikanischen Militärs im Fall eines atomaren Angriffs vor Zerstörung geschützt ist. Deshalb wurden Daten nicht mehr in einem zentralen Computer gesammelt, sondern in ein Computernetz eingespeist. Die Daten gelangten über verschiedenste Verknüpfungen vom Start- zum Zielrechner, somit war ein Totalausfall der Kommunikation praktisch unmöglich. Der erste Verbindungsrechner des sogenannten ARPANET wurde 1969 an der Universität von Kalifornien in Betrieb genommen.

Es entstanden immer mehr Netze, die zunächst nur von Universitäten und behördlichen Einrichtungen genutzt wurden. 1991 führte Tim Berners-Lee vom europäischen Kernforschungszentrum CERN im Internet ein Hypertextsystem ein. An diese Entwicklung anschließend wurde der erste graphische Browser namens Mosaic entwickelt, der eine äußerst einfach zu bedienende Benutzeroberfläche hatte. Damit wurden die digitalen Netzwerk-Dokumente nun unkompliziert zugänglich. Mosaic ist deshalb – einfach ausgedrückt – der Vater der Browser. Mit der Einführung des HTTP (Hypertext Transfer Protocol) waren die grundlegenden Entwicklungen abgeschlossen, und das World Wide Web war geboren. Dank der Einführung von leicht bedienbaren Browsern wurde das Internet ab 1993 massentauglich. Die Technik entwickelte sich ständig weiter, und heutzutage kann man selbst große Datenmengen in relativ kurzer Zeit rund um den Globus schicken. Für viele Berufe ist der Arbeitsalltag ohne Internet nicht mehr denkbar.

Ab Mitte der 1990er Jahre wurde das Internet dann auch kommerziell genutzt: Zeitungen stellten einen Teil ihrer Ausgabe ins Netz, die ersten Onlineshops entstanden, z. B. der Online-Buchhändler Amazon. Damit kam auch die Frage der Sicherheit im Netz auf und welche Verschlüsselungstechniken hier greifen könnten. Letztlich muss jeder Internetnutzer seinen Computer durch Passwörter und Virensoftware (Firewalls) selbst schützen.

URLs und das Internet-Adressbuch

Eine URL (Uniform Resource Locator) gibt eine Adresse im Internet an. Sie besteht aus dem Protokoll (meist http://), dem Rechnernamen (z. B. www.amazon.de) und gegebenenfalls auch aus der Angabe des Ports (z. B. :80) sowie der Pfadangabe:

http://www.google.de ist die URL für die deutsche Google-Website. „http" steht für den Zugang über Hypertext Transfer Protocol, das bedeutet, dass es sich um eine HTML-Website handelt. HTML ist eine Beschreibungssprache für www-Seiten, die mit Hilfe eines Browsers dargestellt werden können. HTML-Seiten können untereinander verlinkt sein und verschiedene Multimedia-Elemente enthalten.

ftp://name:password@www.downloads.com Über File Transfer Protocol (FTP) können größere Datenmengen auf einem Server abgelegt und dort von einer Person, die das Passwort kennen muss, heruntergeladen werden. Viele Firmen vermitteln auf diese Weise Daten von einem Rechner zum anderen, entweder innerhalb oder außerhalb des Unternehmens.

URLs enthalten in der Regel eine Adresse, etwa www.xy.de, doch wie funktioniert die Navigation zur Website? Wenn Sie in Ihren Browser eine Adresse eingeben, sendet der Browser diese an den DNS-Server (Domain Name System). Der DNS-Server ist das Internettelefonbuch: Jeder Name hat eine Nummer, meist drei- bis vierstellige Zahlen, die durch Punkte voneinander getrennt sind, z. B. 206.34.2.100. Durch diese „Internet-Telefonnummer" werden Sie direkt an die gewünschte Adresse weitergeleitet. Mit Hilfe eines Web-Browsers können Sie Daten aus dem weltweiten Netz abrufen, auf Ihrem PC anzeigen und verarbeiten. Die bekanntesten Browser sind Microsoft Internet Explorer, Firefox/Mozilla, Safari, Netscape und Opera.

05

Geheimhaltung, Informationsbeschaffung und ein Nachrichtenwesen, das vom Feind nicht entschlüsselt werden konnte, waren bei militärischen Konflikten stets äußerst wichtig. Spione wurden bereits von dem antiken Geschichtsschreiber Herodot und im Alten Testament erwähnt.

Berühmte Codes

In modernen Zeiten wurde eine abhörsichere Kommunikation noch bedeutender, im Zweiten Weltkrieg wurden beispielsweise sämtliche Funksprüche sorgsam verschlüsselt. Die verfeindeten Mächte scheuten keine Mühen und Kosten, um perfekte Ver- und Entschlüsselungsverfahren zu entwickeln. Ein ständiges Problem dabei war jedoch, die erbeutete Information sinnvoll zu nutzen, ohne dass der Feind etwas vom Verlust seiner geheimen Botschaften ahnte.

CODES IM ALTERTUM

Die Priester im Alten Ägypten verschlüsselten mythologisch-religiöse Texte, um ihr Geheimwissen zu wahren. Die Griechen entwickelten die Skytale, um während einer Schlacht wichtige Botschaften zu übermitteln. Die Geschichte der Kryptographie ist eng mit der Mathematik verbunden, da Buchstaben und Zeichen um einem festgelegten Wert verschoben werden. Das gilt auch für die Caesar-Verschiebung, die letztlich 2000 Jahre lang die Basis der Kryptographie bildete.

Sparta im Krieg

Die Spartaner waren für ihre geschickte Kriegsführung und Tapferkeit berühmt. Die Krieger wurden bereits in früher Jugend harten Entbehrungen ausgesetzt, um sie für den Kampf zu rüsten. Die Waffen der Spartaner galten zu ihrer Zeit als hochmodern. Es ist daher nicht verwunderlich, dass die früheste bekannte Verschlüsselung im Stadtstaat Sparta entwickelt wurde.

Die Skytale von Sparta

Sie ist die älteste bekannte militärische Verschlüsselung und wurde im 7. Jahrhundert v. Chr. von den Spartanern genutzt. Sie beruht auf einer einfachen Transposition. Die Skytale war ein Holzstab mit einem bestimmten Durchmesser. Um eine Nachricht zu verfassen, wickelte der Absender einen Pergament- oder Lederstreifen um die Skytale, schrieb die Botschaft längs des Stabs auf den Streifen und wickelte ihn dann ab. Der Bote trug den Streifen als Gürtel, um die Buchstaben zu verbergen. Fiel der Streifen in falsche Hände, so konnte der Feind mit dem scheinbaren Buchstabengewirr nichts anfangen. Der Empfänger wickelte den Streifen anschließend um eine Skytale mit dem gleichen Durchmesser, um die Nachricht zu entschlüsseln.

Verschlüsselung

Bei diesem Beispiel hat der Absender vier Spalten à fünf Buchstaben zur Verfügung, um den Klartext SENDET TRUPPEN ZU HILFE zu verschlüsseln:

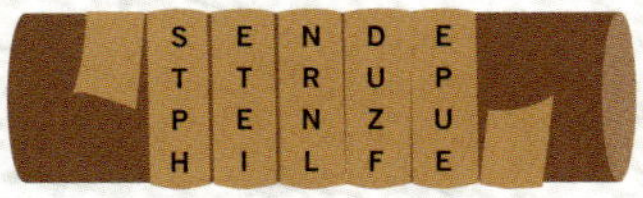

Klartext auf der Skytale

Der abgewickelte Streifen ergibt folgenden Geheimtext:

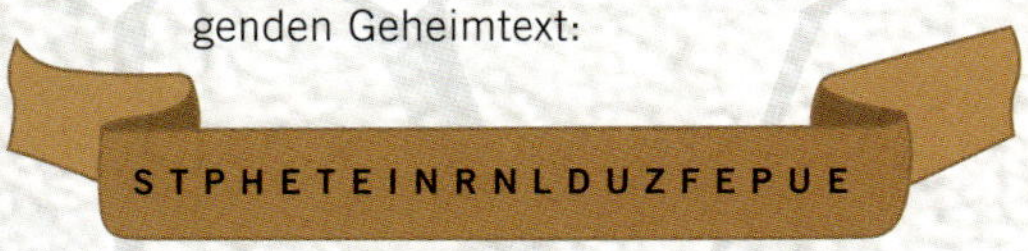

Entzifferung

Der Streifen wird um eine Skytale mit dem gleichen Durchmesser gewickelt und gibt somit den ursprünglichen Text frei.

Gaius Julius Caesar

Der römische Feldherr und Imperator Julius Caesar (100–44 v. Chr.) verfasste historische Werke und unzählige Briefe in Griechisch und Latein. Er benutzte derart häufig Geheimschriften, dass Marcus Valerius Probus eine ganze Abhandlung darüber schrieb, die leider nicht erhalten geblieben ist. Caesar war ein äußerst geschickter Intrigant und verfügte über ein großes Netz von Spionen. In seinem *Gallischen Krieg* schildert er, wie er eine Nachricht an den belagerten Quintus Cicero verschlüsselte, indem er römische durch griechische Buchstaben ersetzte. Die Botschaft wurde mit einem Wurfspieß in Ciceros Lager geschleudert, blieb jedoch zwei Tage lang unbemerkt. Als die Nachricht über Caesars baldige Unterstützung gefunden wurde, war die Freude im Lager groß.

Die Caesar-Verschiebung

Diese Form der Verschlüsselung zählt zu den ältesten bekannten Geheimschriftverfahren. Der römische Biograph Sueton beschreibt die Caesar-Chiffre in seinem berühmten Werk *Die römischen Kaiser*, das etwa 150 Jahre nach Caesars Tod erschien. Der Imperator entwickelte ein Geheimtextalphabet, bei dem jeder Buchstabe des Klartextalphabets verschoben wird, laut Sueton um drei Stellen: „A" wird zu „D", „B" zu „E" usw. Die Verschiebung kann jedoch beliebig festgelegt werden, zwischen einer und 25 Stellen, insofern kann man mit diesem Code 25 Geheimschriften erzeugen. Die einfache Caesar-Verschiebung gilt jedoch nicht als besonders sicher, da Krypotoanalytiker lediglich 25 potenzielle Schlüssel ausprobieren müssen, um den Text schließlich entziffern zu können.

Klartext

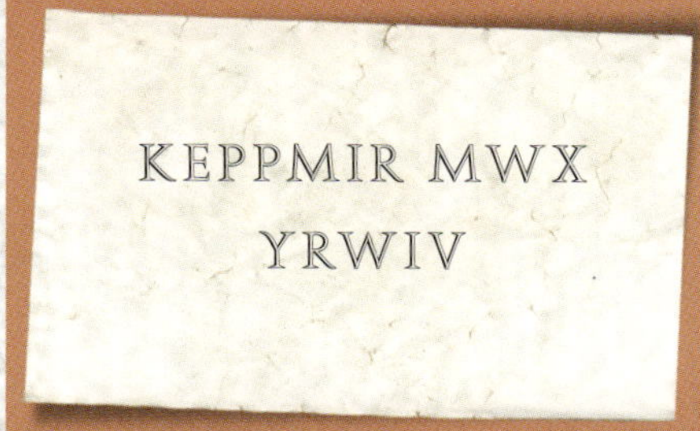

Geheimtext

Wie jedes Verfahren, das mit dem Austauschen von Buchstaben arbeitet, kann natürlich auch dieses ausgefeilt werden. Etwa, indem man die Wortzwischenräume weglässt oder bestimmte Zeichen und Buchstaben durch Symbole ersetzt. Oder man nimmt keine festgelegte Stellenverschiebung, sondern ordnet das Geheimtextaphabet in beliebiger Reihenfolge an.

Caesar-Chiffre mit vier Stellen

Klartext	Geheimtext
A	E
B	F
C	G
D	H
E	I
F	J
G	K
H	L
I	M
J	N
K	O
L	P
M	Q
N	R
O	S
P	T
Q	U
R	V
S	W
T	X
U	Y
V	Z
W	A
X	B
Y	C
Z	D

DER UNENTZIFFERBARE CODE

Blaise de Vigenère
Starkes Interesse für Kryptographie entwickelte der französische Diplomat Blaise de Vigenère (1523–1596) während seiner Dienstzeit in Rom. Italien war damals Zentrum der europäischen Kryptographie, und nach seinem Ausscheiden aus der aktiven Diplomatie widmete sich de Vigenère fast ausschließlich dieser Thematik. 1586 veröffentlichte er sein Werk *Traicté des chiffres*, eine Abhandlung über Geheimschriften, die auch die *Tabula recta* von Trithemius enthielt, die von Porta weiterentwickelt worden war. Die Vigenère-Verschlüsselung benutzt 26 verschiedende Geheimtextalphabete. Interessanterweise wurde dieses raffinierte System von den Geheimsekretären der europäischen Höfe zwei Jahrhunderte lang kaum eingesetzt.

Der Florentiner Mathematiker Leon Battista Alberti entwickelte um 1466 die polyalphabetische Verschlüsselung, die bei der Caesar-Verschiebung zwei unterschiedliche Geheimalphabete verwendet. Damit trug er zwar erheblich zur Weiterentwicklung der Kryptographie bei, doch den bedeutendsten Durchbruch nach mehr als einem Jahrtausend bildete das Vigenère-Quadrat, das 1586 von Blaise de Vigenère veröffentlicht wurde. Diese Verschlüsselung wurde zu militärischen Zwecken bis zum Ende des 19. Jahrhunderts genutzt und galt als so sicher, dass sie *le chiffre indéchiffrable* – der unentzifferbare Code – genannt wurde. Der Code konnte erst 300 Jahre nach seiner Veröffentlichung geknackt werden.

Der Dreißigjährige Krieg (1618–1648) löste zwisch
den europäischen Mächt
einen jahrhundertlangen
blutigen Konflikt aus, bei
effektive Geheimhaltung
verschlüsselte Botschafte
zunehmend wichtiger wu

Das Vigenère-Quadrat

Das Prinzip der Vigenère-Chiffre ist eigentlich relativ einfach, doch das Ergebnis ist äußerst kompliziert.

1 Zunächst zeichnet man ein 26x26-Quadrat, das sogenannte Vigenère-Quadrat. Unter einem Klartextalphabet sind 26 Geheimtextalphabete aufgelistet, in der linken äußeren Spalte stehen die Ziffern 1 bis 26.

2 Jedes der 26 Geheimtextalphabete ist gegenüber dem vorhergehenden um einen Buchstaben verschoben. Der Klartext lässt sich mit jeder der 26 Reihen chiffrieren. Wird etwa Reihe 5 zum Verschlüsseln verwendet, wird der Klartext „a" zu „f", bei Reihe 22 wird „a" zu „w".

3 Nun nimmt man einen Schlüssel, der aus Buchstaben oder einer Zahlenreihe bestehen kann, der angibt, auf welche Weise das Vigenère-Quadrat genutzt werden soll. Dieser Schlüssel muss Sender und Empfänger natürlich bekannt sein.

4 Das Schlüsselwort sei AKEY, der Klartext GEHEIMNIS. Nun sucht man die Reihe des Schlüssel-Buchstabens (hier die A-Reihe) und die Spalte des zu verschlüsselnden Buchstabens (hier die G-Spalte), man erhält „G". Beim zweiten Buchstaben des Texts, dem E, sucht man die K-Reihe (Schlüssel) und die E-Spalte (Text) auf und erhält ein „O" und so fort.

Das Vigenère-Quadrat beginnt mit einer einfachen Caesar-Verschiebung.

Reihe 5 „f" wird zu „k".

Reihe 13 „f" wird zu „s".

Reihe 14 „f" wird zu „t".

Reihe 25 „f" wird zu „e".

	a	b	c	d	e	f	g	h	i	j	k	l	m	n	o	p	q	r	s	t	u	v	w	x	y	z
1	B	C	D	E	F	G	H	I	J	K	L	M	N	O	P	Q	R	S	T	U	V	W	X	Y	Z	A
2	C	D	E	F	G	H	I	J	K	L	M	N	O	P	Q	R	S	T	U	V	W	X	Y	Z	A	B
3	D	E	F	G	H	I	J	K	L	M	N	O	P	Q	R	S	T	U	V	W	X	Y	Z	A	B	C
4	E	F	G	H	I	J	K	L	M	N	O	P	Q	R	S	T	U	V	W	X	Y	Z	A	B	C	D
5	F	G	H	I	J	K	L	M	N	O	P	Q	R	S	T	U	V	W	X	Y	Z	A	B	C	D	E
6	G	H	I	J	K	L	M	N	O	P	Q	R	S	T	U	V	W	X	Y	Z	A	B	C	D	E	F
7	H	I	J	K	L	M	N	O	P	Q	R	S	T	U	V	W	X	Y	Z	A	B	C	D	E	F	G
8	I	J	K	L	M	N	O	P	Q	R	S	T	U	V	W	X	Y	Z	A	B	C	D	E	F	G	H
9	J	K	L	M	N	O	P	Q	R	S	T	U	V	W	X	Y	Z	A	B	C	D	E	F	G	H	I
10	K	L	M	N	O	P	Q	R	S	T	U	V	W	X	Y	Z	A	B	C	D	E	F	G	H	I	J
11	L	M	N	O	P	Q	R	S	T	U	V	W	X	Y	Z	A	B	C	D	E	F	G	H	I	J	K
12	M	N	O	P	Q	R	S	T	U	V	W	X	Y	Z	A	B	C	D	E	F	G	H	I	J	K	L
13	N	O	P	Q	R	S	T	U	V	W	X	Y	Z	A	B	C	D	E	F	G	H	I	J	K	L	M
14	O	P	Q	R	S	T	U	V	W	X	Y	Z	A	B	C	D	E	F	G	H	I	J	K	L	M	N
15	P	Q	R	S	T	U	V	W	X	Y	Z	A	B	C	D	E	F	G	H	I	J	K	L	M	N	O
16	Q	R	S	T	U	V	W	X	Y	Z	A	B	C	D	E	F	G	H	I	J	K	L	M	N	O	P
17	R	S	T	U	V	W	X	Y	Z	A	B	C	D	E	F	G	H	I	J	K	L	M	N	O	P	Q
18	S	T	U	V	W	X	Y	Z	A	B	C	D	E	F	G	H	I	J	K	L	M	N	O	P	Q	R
19	T	U	V	W	X	Y	Z	A	B	C	D	E	F	G	H	I	J	K	L	M	N	O	P	Q	R	S
20	U	V	W	X	Y	Z	A	B	C	D	E	F	G	H	I	J	K	L	M	N	O	P	Q	R	S	T
21	V	W	X	Y	Z	A	B	C	D	E	F	G	H	I	J	K	L	M	N	O	P	Q	R	S	T	U
22	W	X	Y	Z	A	B	C	D	E	F	G	H	I	J	K	L	M	N	O	P	Q	R	S	T	U	V
23	X	Y	Z	A	B	C	D	E	F	G	H	I	J	K	L	M	N	O	P	Q	R	S	T	U	V	W
24	Y	Z	A	B	C	D	E	F	G	H	I	J	K	L	M	N	O	P	Q	R	S	T	U	V	W	X
25	Z	A	B	C	D	E	F	G	H	I	J	K	L	M	N	O	P	Q	R	S	T	U	V	W	X	Y
26	A	B	C	D	E	F	G	H	I	J	K	L	M	N	O	P	Q	R	S	T	U	V	W	X	Y	Z

5 Das Schlüsselwort AKEY wird so lange wiederholt unter den Klartext GEHEIMNIS geschrieben, bis alle Textbuchstaben mit einem Schlüssel verbunden sind:

Klartext:	G	E	H	E	I	M	N	I	S
Schlüssel:	A	K	E	Y	A	K	E	Y	A
Geheimtext:	G	O	L	C	I	W	R	G	S

6 Mit Hilfe des Quadrats lässt sich der Text relativ einfach verschlüsseln.

Auf den Schlüssel kommt es an

Ein längeres Schlüsselwort oder gar ein Schlüsselsatz würde noch mehr Zeilen in den Chiffriervorgang einbeziehen und die Komplexität der Verschlüsselung steigern. Vigenère-Verschlüsselungen lassen sich mit herkömmlichen Methoden wie der Häufigkeitsanalyse (*siehe S. 68*) nicht knacken. Voraussetzung für die erfolgreiche Entzifferung ist die Kenntnis, welchen Schlüssel der Sender verwendet hat. Bei der sogenannten Autokey-Vigenère-Verschlüsselung wird der Klartext an den Schlüssel angehängt, bei unserem Beispiel lautet der Schlüssel dann AKEYGEHEI und der Geheimtext GOLCOQUMA.

Analytischer Scharfsinn

Der preußische Offizier Friedrich Kasiski publizierte 1863 ein Verfahren, um das Vigenère-Quadrat zu entschlüsseln, und gilt seither als „Bezwinger" dieser Chiffrierung. Eine Ehre, die eigentlich dem genialen Mathematiker Charles Babbage zuteil werden müsste, dem es bereits ein Jahrzehnt zuvor gelungen war, den Code systematisch zu entschlüsseln. Aus unerfindlichen Gründen ging Babbage mit seiner bahnbrechenden Erkenntnis nie an die Öffentlichkeit, seine Leistung kam erst im 20. Jahrhundert ans Licht, als man seinen umfangreichen Nachlass sichtete. Zunächst ging Babbage daran, nach Buchstabenfolgen zu suchen, die mehr als einmal im Geheimtext vorkommen.

Dies ist nur bei einem längeren Geheimtext möglich – ab etwa 30 Buchstaben. Durch die Wiederholungen konnte Babbage die Länge des Schlüsselworts herausfinden. Besteht es z. B. aus fünf Buchstaben, dann wird der Geheimtext in fünf Teile aufgelöst. Jeder Teil wurde durch eine monoalphabetische Substitution verschlüsselt, die durch einen bestimmten Buchstaben des Schlüssels festgelegt wurde. Durch systematisches Ausprobieren von Buchstaben mit den Einzelteilen des Geheimtexts kommt man schließlich auf das Schlüsselwort.

Für dieses aufwendige Analyseverfahren entwarf Babbage 1823 eine Differenzmaschine. Diese wurde zu seinen Lebzeiten zwar nie gebaut, gilt aber als Vorläufer des modernen Computers. Die Maschine war tatsächlich programmierbar und konnte nicht nur Tabellenwerte berechnen, sondern auch eine Reihe anderer mathematischer Berechnungen ausführen. Die Differenzmaschine Nr. 1 von Charles Babbage wurde nach seinen Plänen nachgebaut und steht heute im Londoner Science Museum. Sie funktioniert einwandfrei.

DIE GROSSE CHIFFRE

Ludwig XIV. (1638–1715) bestieg 1661 den Thron Frankreichs und regierte das Land mehr als 50 Jahre lang. Unter seiner Herrschaft konnte sich Frankreich an der Spitze der aufstrebenden europäischen Staaten etablieren, die einen erbitterten Kampf um die Vorherrschaft führten. Hinter der diplomatischen Fassade lauerten Feindseligkeit, Intrigen und Ränke. Unter dem Sonnenkönig erfuhren nicht nur Künste, Architektur und Wissenschaften eine Blütezeit, er investierte auch in ausgeklügelte Geheimschriften, um seine Macht zu festigen. Andere Nationen Europas versuchten vergeblich, einen ähnlich sicheren Geheimcode zu entwickeln.

Ehrgeiziger Ludwig
Der Sonnenkönig stellte sich gerne als martialischer Held dar. Seine äußerst aggressive Außenpolitik verlieh Frankreich eine Vormachtstellung in Europa. Er verteidigte nicht nur erfolgreich die Grenzen seines Landes, er sorgte auch für die zentrale Macht der Krone im Innern. Ludwig machte sich zum Alleinherrscher und reformierte die staatliche Bürokratie tiefgreifend. Es liegt nahe, dass er die Große Chiffre verwendete, um seine wichtigsten Botschaften über zivile und militärische Dinge zu verschlüsseln. Der Bau des Schlosses von Versailles (*rechts und unten*) war Teil von Ludwigs Strategie zur Zentralisierung seiner Macht. Die prunkvollen Räume sollten in- und ausländische Besucher beeindrucken.

Die Rossignols

Der oberste Kryptograph von Ludwig XIV. war Antoine Rossignol (1600–1682), der gemeinsam mit seinem Sohn Bonaventure die Große Chiffre erfand. Später setzte sein Enkel Antoine Bonaventure seine Arbeit fort. Antoine war 1626 unter Ludwig XIII., dem Vater des Sonnenkönigs, zu Berühmtheit gelangt, als er eine verschlüsselte Botschaft entzifferte, die enthüllte, dass das Hugenottenheer, das die Stadt Réalmont verteidigte, kurz vor dem Zusammenbruch stand. Durch dieses Wissen errangen die Franzosen mühelos den Sieg. Der König und Kardinal Richelieu erkannten, welche Vorteile gute Codeknacker boten. Die Rossignols bekamen hohe Ämter am Hof verliehen und erhielten den Auftrag, eine unentzifferbare Chiffre zu entwickeln. Der raffinierte Code konnte zwei Jahrhunderte lang nicht entschlüsselt werden. Die Rossignols genossen als Kryptographen ein derart hohes Ansehen, dass ihr Name im Französischen angeblich für den Begriff Dietrich (zum Öffnen von Türschlössern) verwendet wird – vermutlich gab es den Begriff jedoch schon früher.

Die Entzifferung der Großen Chiffre

Dem französischen Militär-Kryptoanalytiker Étienne Bazeries (1846–1931) gelang es schließlich, bis dato unentdeckte Briefe Ludwigs XIV. zu entziffern, die der Militärhistoriker Victor Gendron 1890 ausfindig gemacht hatte.

Die Lösung des Rätsels

Die verschlüsselten Seiten enthielten Unmengen von Zahlen, doch nur 587 verschiedene. Bazeries vermutete zunächst, dass die überschüssigen Zahlen für Homophone (*siehe S. 70*) standen und dass viele Zahlen denselben Buchstaben darstellten. Monatelang kam er zu keinem Ergebnis. Dann dachte er, jede Zahl könne ein Bigramm, ein Buchstabenpaar repräsentieren. Er wendete die Häufigkeitsanalyse an und stellte fest, dass 22, 42, 124, 125 und 341 die häufigsten Zahlen waren, die er mit den häufigsten französischen Bigrammen verglich: -es, -en, -ou, -de, -nt. Leider trug auch diese Mühe keine brauchbaren Früchte. Schließlich setzte er bei der Bigrammidee erneut an. Vielleicht stellten die Zahlen keine Buchstabenpaare, sondern ganze Silben dar. Er probierte verschiedene Kombinationen und isolierte häufige Zahlengruppen (124, 22, 125, 46, 345). Bazeries nahm an, sie könnten für les-en-ne-mi-s, die Feinde, stehen. Diese Theorie erwies sich als der entscheidende Durchbruch.

Bazeries erstellte eine Tabelle, um die Wörter in Silben aufzulösen:

les	en	ne	mi	s
124	22	125	46	345

Nun nahm sich Bazeries andere Teile des Geheimtextes vor, in denen diese Zahlen in verschiedenen Wörtern auftauchten. Er fügte die Silbenwerte von „les ennemis" ein, und ganze Wortteile erschienen. So ergänzte er viele Wörter. Die Rossignols hatten Fallen in die Geheimschrift eingebaut, etwa, dass eine Zahl die vorhergehende Zahl löschte. Bazeries ließ sich jedoch nicht beirren, umging die Fallen und nach dreijähriger Schwerstarbeit hatte er das Meisterstück der Rossignols entschlüsselt.

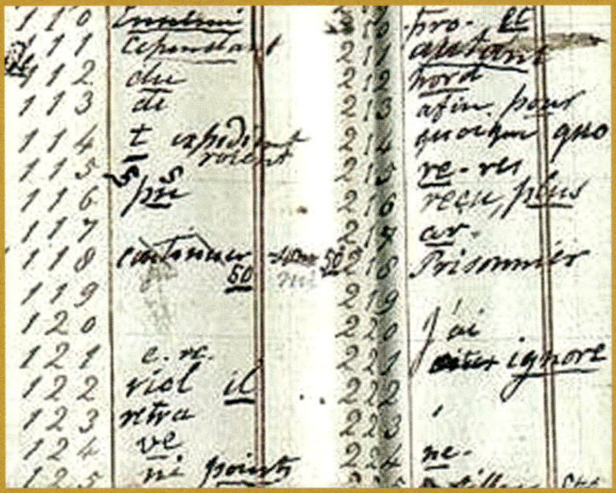

Bazeries' Schmierblock zeigt, wie sorgfältig er Silben und Wörter mit den codierten Zahlen der Großen Chiffre abglich.

Das Ringen um Geheimhaltung

Die Große Chiffre von Ludwig XIV. blieb bis zum Ende des 19. Jahrhunderts unentschlüsselt, doch die Kryptographiker suchten stets nach noch vertrackteren Codes. Die Vigenère-Chiffre galt lange Zeit als unentzifferbar, es war jedoch mühsam, sie einzusetzen, wenn Botschaften rasch ver- und entschlüsselt werden mussten. Das aus der griechischen Antike stammende Polybios-Quadrat (*siehe S. 78*) schien ein guter Ansatz für neue Verschlüsselungen zu sein: Es beeinflusste die Entwicklung der Playfair-Chiffre (*siehe S. 109*).

Neuheiten im 19. Jahrhundert

Neue Technik

Die Einführung des Telegraphen und des Morsecodes war letztlich die technische Lösung eines praktischen Problems, stellte Kryptographen aber vor neue Aufgaben. Besonders der Morsecode, der aus Punkten und Strichen besteht, brachte viele auf die Idee, Botschaften schlicht binär zu verschlüsseln. Gleichzeitig wurden massenweise Chiffrierscheiben hergestellt, die auf einer einfachen polyalphabetischen Chiffrierung beruhten. Sie wurden unter anderem im Amerikanischen Bürgerkrieg verwendet.

Lange Zeit, vom 17. bis zum 19. Jahrhundert, hatte man die polyalphabetische Substitution für relativ sicher gehalten. Doch die Leistungen von Charles Babbage, Friedrich Kasiski und Étienne Bazeries zeigten, dass selbst komplexe Codes wie das Vigenère-Quadrat und die Große Chiffre knackbar sind. Bahnbrechende Erfindungen wie der Telegraph brachten erneut zu Bewusstsein, dass private, geschäftliche und militärische Nachrichten geschützt werden müssen. Die Industrielle Revolution brachte auf vielen Gebieten technische Fortschritte mit sich, und auch die Kryptographen ersannen neue Mittel und Wege für die zuverlässige Textverschlüsselung.

Die Playfair-Chiffre

Sie wurde von Sir Charles Wheatstone erfunden, einem der Pioniere des elektrischen Telegraphen. Ihr Name geht auf Baron Lyon Playfair zurück, einen engen Freund Wheatstones. Bei dieser Chiffre wird jedes Buchstabenpaar im Klartext durch ein anderes Buchstabenpaar ersetzt.

1 Zunächst wird ein Schlüsselwort vereinbart, z. B. ORCHIDEE. Die Buchstaben des Alphabets werden in einem 5x5-Quadrat notiert, wobei man mit dem Schlüsselwort beginnt und bereits vorhandene Buchstaben weglässt. Die Buchstaben **I** und **J** werden zusammengefasst.

O	R	C	H	I/J
D	E	A	B	F
G	K	L	M	N
P	Q	S	T	U
V	W	X	Y	Z

2 Dann wird der Klartext in Buchstabenpaare, sogenannte Digramme eingeteilt. Die Digramme sollten unterschiedliche Buchstaben haben, bei Doppelungen wird ein Buchstabe durch ein x ersetzt. Bei ungerader Anzahl von Buchstaben wird das Digramm durch x ergänzt. Der Klartext: **Ich komme am Mittwoch** wird zu: **ic hk om me am mi tx tw oc hx**. Nun gibt es drei Wege, um die Digramme mit der Playfair-Tabelle zu verschlüsseln.

3 Wenn beide Buchstaben in derselben Zeile liegen, werden sie durch den unmittelbar rechten Buchstaben ersetzt. Liegt ein Buchstabe am Ende einer Zeile, nimmt man den Buchstaben am Anfang: Aus **ic** wird **OH**.

4 Liegen beide Buchstaben in derselben Spalte, werden sie durch den jeweils darunterliegenden ersetzt. Befindet sich darunter kein Buchstabe, nimmt man den ersten Buchstaben der Spalte: aus **GV** wird **PO**.

5 Liegen die Buchstaben des Digramms weder in derselben Zeile noch in derselben Spalte, wie bei **HK**, greift eine andere Regel. Um den Verschlüsselungsbuchstaben für das **H** zu finden, sucht man den Eintrag, der in derselben Zeile wie **H** und in derselben Spalte wie **K** liegt. Das ist der Buchstabe **R**. Um den Verschlüsselungsbuchstaben für das **K** zu finden, sucht man den Eintrag, der in derselben Zeile wie **K** und in derselben Spalte wie **H** liegt. Hier ist das der Buchstabe **M**. Das verschlüsselte Digramm für **HK** ist also **RM**.

6 Die gesamte Verschlüsselung sieht wie folgt aus:

Klartext in Digrammen:
ic hk om me am mi tx tw oc hx

Geheimtext in Digrammen:
OH RM HG KB BL NH SY QY RH RQ

7 Der Empfänger kennt das Schlüsselwort und kann den Geheimtext durch Umkehrung des Vorgangs mühelos entziffern. Playfair war eine bekannte Persönlichkeit, und er konnte das britische Kriegsministerium schließlich dazu bewegen, sein Verfahren zu übernehmen. Es wurde wahrscheinlich erstmals im Burenkrieg eingesetzt, später im Ersten Weltkrieg.

Zeichencodes

Sie entstanden in der zweiten Hälfte des 19. Jahrhunderts, als man nach Möglichkeiten suchte, bei der elektrischen Telegraphie Nachrichten direkt zu übertragen, ohne dass man sie vorher in Codes umwandeln musste. Dem Ingenieur Émile Baudot gelang es 1870, ein Gerät zu entwickeln, das unter Verwendung eines 5-Bit-Codes nicht nur in der Lage war, auf der Empfängerseite den Telegrammtext direkt auf einen Papierstreifen zu drucken, sondern auch mehrere Telegramme in einem Multiplexsystem gleichzeitig über eine einzige Telegraphenleitung übertragen konnte. Der nach ihm benannte Baudot-Code arbeitet mit 5-Bit-Einheiten, also einem mehrschichtigen Zeichencode. Er ist ein Vorläufer moderner Computercodes.

Klartext	ANGRIFF HEUTE UM EIN UHR
Geheimtext	CPITKHH JGWVG WO GKP WJT
in 5-Bit-Einheiten	CPITK HHJGW VGWOG KPWJT
in Morsecode umgewandelt	-.-. .--. .. - -.- ....--- --. .-- ...- --. .-- --- --. -.- .--. .-- .--- -

Ein mehrschichtiger Code wäre zum Beispiel die Verschlüsselung eines Klartexts durch eine 2er-Caesar-Verschiebung, der Geheimtext wird in 5-Bit-Einheiten umgewandelt und dann per Morsecode über eine herkömmliche Telegraphenleitung übermittelt (*siehe oben*).

Natürlich könnte man die Verschlüsselung durch ein zusätzliches Passwort noch komplexer machen. Dann würde die Entzifferung aber noch mehr Zeit kosten, und das wäre in der Hitze des Gefechts oder bei kommerzieller Nutzung der Chiffrierung nicht sinnvoll.

Die Babbage-Connection

Der Mathematiker Charles Babbage hat nicht nur einen Vorläufer des modernen Computers entworfen, er hat auch die Vigenère-Chiffre geknackt (*siehe S. 104*). Es ist rätselhaft, warum er seine Lösung nie veröffentlichte, es könnte aber sein, dass er explizit dazu aufgefordert wurde. Babbage stand mit der britischen Regierung in Verbindung, weil er öfter Mittel für seine Forschungen beantragte. Er hat seine Erkenntnisse sicherlich einer höheren Stelle mitgeteilt und wurde eventuell ermuntert, sie „unter Verschluss zu halten". Babbage machte seine Entdeckung kurz nach dem Ausbruch des Krimkrieges. Er argumentierte wahrscheinlich, dass die Anwendung der Vigenère-Chiffre den Briten einen klaren Vorteil gegenüber den Russen oder anderen potenziellen Feinden bringen würde. Es könnte durchaus sein, dass der britische Geheimdienst von Babbage verlangte, seine Lösung geheimzuhalten, um sich dadurch einen Vorsprung gegenüber der restlichen Welt zu sichern. Babbage war ein angesehener Wissenschaftler; bis 1839 hatte er einen Lehrstuhl für Mathematik an der Universität von Cambridge inne, 1824 wurde er mit der Goldmedaille der Royal Astronomical Society ausgezeichnet.

MILITÄRISCHE SYMBOLE

Lehrmaterial
Der niederländische Kupferstecher Jacob de Gheyn veröffentlichte 1607 die *Waffenhandlung von den Rören.* Darin werden nacheinander die verschiedenen Fuß- und Armstellungen dargestellt, die ein Musketier, Schütze bzw. Pikenier einnehmen muss, um seine Waffe in Gefechtsbereitschaft zu bringen. Dieses militärische Anschauungsmaterial konnten auch Analphabeten studieren.

Schon die Herrscher der Antike wussten, dass ein schlagkräftiges Heer Ordnung, Disziplin und Hierachien erforderte. Die Armeen der Römer etwa trugen Uniformen und waren in Einheiten (Divisionen, Kohorten oder Regimenter) aufgeteilt, die jeweils eine bestimmte Funktion erfüllten: Infanterie, Kavallerie und so fort. Jede Einheit trug in der Schlacht ihre eigene Fahne. Im Mittelalter unterstanden die Truppen einem bestimmten Adligen, daher gab es keine Uniformen, sondern Banner, um die Zugehörigkeit zu einer Einheit kundzutun. Ab dem 16. Jahrhundert entwickelte das Militär eigene Symbole und Codes, da Heere nicht nur in Kriegszeiten versammelt wurden; die Regenten verfügten über stehende Streitkräfte.

Identifizierung

Da die Armeen im Lauf der Zeit immer größer und komplexer wurden, führte man Abzeichen und Symbole ein, um Rang, Einheit oder Regiment eines Soldaten zu kennzeichnen. Außerdem hatte häufig jeder Dienstgrad eine bestimmte Uniform und Kopfbedeckung. Auf den Schulterklappen der Uniformen bezeichnen Kreuze und andere Symbole die Zugehörigkeit zu einem Truppenteil.

Taktische Zeichen für Großverbände (mehr als 3000 Soldaten) und Verbände

xxxxx	xxxx	xxx	xx	x	III	II
Name/Nummer	Name/Nummer	Name/Nummer	Typ	Typ	Typ	Typ
Oberkommando (General)	**Armee** (Führungskommando/General)	**Korps** (Generalleutnant)	**Division** (Generalmajor)	**Brigade** (Brigadegeneral/ Oberst)	**Regiment**	**Bataillon**

Truppenteile

Infanterie	Kavallerie	Artillerie	Panzerzug	Schützenpanzer	Luftlandedivision	Luftwaffe	Marine

Militärkarten

Je mehr Armeen in militärische Konflikte verwickelt waren, umso wichtiger wurde es, über akkurates Kartenmaterial zu verfügen, in das der aktuelle Gefechtsstand eingetragen werden konnte. Bei der Schlacht von Waterloo im Jahr 1815 kämpften deutsch-niederländisch-britische Truppen unter General Wellington gegen die Armee Napoleons, die eine vernichtende Niederlage erfuhr. Auf der Karte rechts sind verschiedende Einheiten, Frontlinien sowie die Positionen der Truppen und ihre Bewegungen eingezeichnet. Die Truppen Napoleons sind in blau gekennzeichnet, die gegnerischen Allierten in rot.

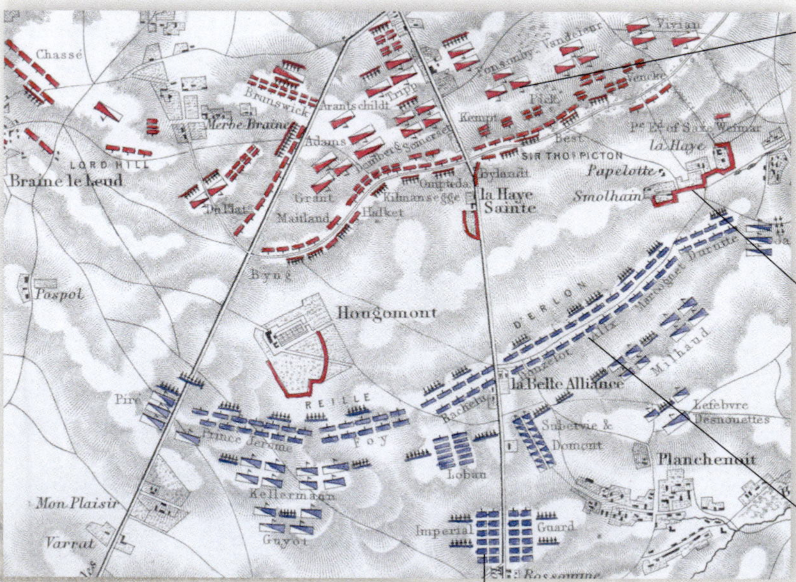

Kavallerie
Hinter der Infanterie der Alliierten standen unzählige Kavallerieeinheiten, bereit loszuschlagen. Die englische Reiterei, so schrieben damals die Zeitungen, brachte die Wendung.

Verteidigungslinien
Die Dörfer rund um Hougomont, La Haye Sainte und Papellotte wurden für die Alliierten zu entscheidenden Schauplätzen der Schlacht.

Die französische Front
Napoleon verfügte über eine riesige Infanterie, erkannte aber den Ernst der Lage zu spät und verfolgte die falsche Taktik.

Nachschub
Die französischen Kaiserlichen Garden der Infanterie nähern sich von Süden auf der Hauptstraße, flankiert von der Kavallerie.

Beispiele für Abzeichen

XXXX ACHTE **MONTGOMERY**
Montgomery kommandiert die Achte Armee.

XXX AFRIKA **ROMMEL**
Rommel kommandiert das Afrikakorps.

III fr
Französisches Artillerie-Regiment

XX 3 mar
3. Marine-Division

Truppenbewegungen/ Symbole

- Truppenvorstoß
- vorherige Truppenbewegung
- Truppenrückzug
- Truppenposition
- vorherige Truppenposition
- Schanze/Schützengraben
- unbemannte Schanze
- starke Verteidigungslinie
- unbemannte Verteidigungslinie
- unter Angriff stehende Truppe
- –XXX– Abgrenzung zu anderen Einheiten mit genauen taktischen Zeichen
- Fort oder Redoute
- befestigte Stellung
- Kraftstoffleitung
- Minenfeld
- Landeplatz für Luftwaffe
- Flottenbasis

SIGNALE IM FELD

Durch die Einführung der Eisenbahn und des Telegraphen ändert sich ab Mitte des 19. Jahrhunderts auch das Kriegswesen, weil Material sowie Nachrichten schneller hin- und hergeschickt werden konnten. Eine Reihe neuer Kommunikationsmittel entstand, sowohl für kurze als auch für lange Entfernungen. Gleichzeitig musste dafür gesorgt werden, dass militärische Botschaften ausreichend geschützt waren. Dieses Anliegen wurde im Ersten Weltkrieg noch dringlicher, denn zu jener Zeit gab es bereits Feldtelefone und stationäre Funkgeräte.

Trommeln und Trompeten

Trommeln und Blasinstrumente wurden seit jeher auf dem Schlachtfeld eingesetzt: nicht nur, um den Feind einzuschüchtern, sondern auch, um Signale zu geben. Die Trommler gaben den Marschtakt vor oder leiteten bestimmte Manöver mit Trommelwirbeln ein. Die Trompeter bliesen zum Angriff, Rückzug oder zur Versammlung der Truppen.

Als die deutsche Armee 1914 gegen die Niederlande und Nordfrankreich vorrückte, musste sie feststellen, dass die Franzosen beim Rückzug alle Telefonkabel, Telegraphenleitungen und Eisenbahnschienen zerstört hatten. Die Angreifer mussten sich mit Lichtsignalen verständigen, als sie an der Westfront Schützengräben aushoben *(unten)*. Die meisten Signale wurden von den Franzosen und ihren Verbündeten abgefangen und interpretiert.

> «Wachsam fürs Vaterland.»
>
> **MOTTO DES US-SIGNAL-KORPS**

Der Wig-Wag-Code

Hierbei handelt es sich um Winksignale, die entweder mit Flaggen oder Lichtquellen ausgeführt werden. Der Wig-Wag-Code wurde in den USA erstmals 1860 unter Major Albert J. Myer eingeführt, kurz vor Ausbruch des amerikanischen Sezessionskrieges. Es gab zwar bereits den Telegraphen, doch der war im Feld unhandlich, daher nutzte Myer ein Winkalphabet, das tagsüber mit Flaggen und nachts mit Fackeln oder Taschenlampen angewandt wurde. Das Alphabet ähnelte dem Morsecode.

Der Wig-Wag-Code wurde im Amerikanischen Bürgerkrieg von beiden Seiten genutzt. Dafür gab es eigens Signaloffiziere. Die quadratischen Flaggen waren relativ groß, mit einem Durchmesser von 0,6 bis 1,8 Metern. Sie waren meist weiß mit einem schwarzen Quadrat in der Mitte. Die Marine hatte ein rotes Quadrat auf weißem Grund.

Winkalphabet des Signal-Korps

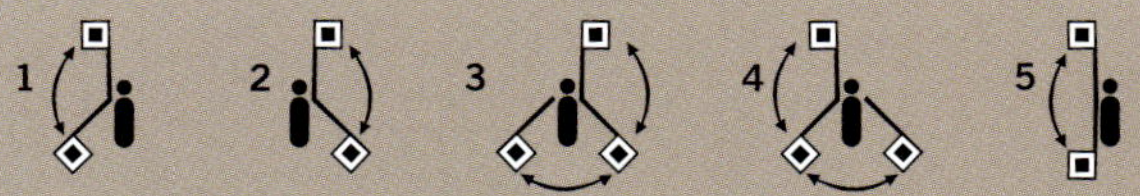

Eine Flagge, die über dem Kopf kontinuierlich von links nach rechts geschwenkt wurde, sollte Aufmerksamkeit erregen und bezeichnete den Beginn der Signalübermittlung.

Alphabet				Zahlen	
A	11	**Q**	2342	**1**	14223
B	1423	**R**	142	**2**	23114
C	234	**S**	143	**3**	11431
D	111	**T**	1	**4**	11143
E	23	**U**	223	**5**	11114
F	1114	**V**	2311	**6**	23111
G	1142	**W**	2234	**7**	22311
H	231	**X**	1431	**8**	22223
I	2	**Y**	222	**9**	22342
J	2231	**Z**	1111	**0**	11111
K	1434				
L	114				
M	2314				
N	22				
O	14				
P	2343				

Spezielle Zahlenkombinationen:

5
Wortende

55
Satzende

555
Ende der Nachricht

11, 11, 11, 5
verstanden

11, 11, 11, 555
Signal stoppen

234, 234, 234, 5
wiederholen

143434, 5
Fehler

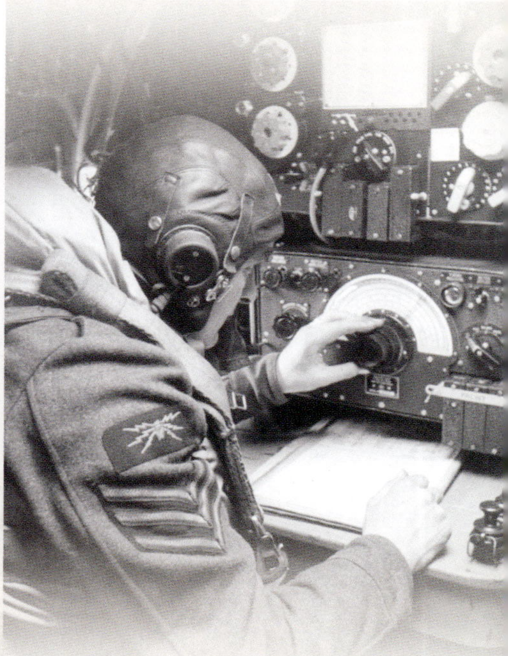

Gegen Ende des Ersten Weltkriegs gründete die britische Armee eine Spezialeinheit für die Nachrichtenübermittlung: das Royal Corps of Signals. Bis dahin hatte jedes Regiment seine eigenen Signaloffiziere, Trompeter und Boten gehabt. Der Erste Weltkrieg hatte jedoch gezeigt, dass ein Signaloffizier den Morsecode, Lichtsignale, Funkverkehr und das Feldtelefon beherrschen und notfalls sogar eine Nachricht persönlich im Schützengraben abliefern musste. Diese mannigfachen Fähigkeiten wurden nun von speziell ausgebildeten Fachkräften abgedeckt. Diese Spezialeinheit existiert noch heute und versieht ihren Dienst bei Einsätzen der britischen Armee.

„Roger, over and out“

Der Funkverkehr mit Schiffen und Flugzeugen wurde oft durch atmosphärische Störungen beeinträchtigt. Man benötigte einen klaren Bestätigungscode für jeden einzelnen Buchstaben, um eine einwandfreie Kommunikation gewährleisten zu können. Wieder waren es die Briten, die einen derartigen Code einführten, er wird noch heute im internationalen zivilen Flugverkehr eingesetzt. Die Buchstaben des phonetischen Alphabets bestehen meist aus zwei leicht einprägsamen Silben:

A	Alpha	**J**	Juliet	**S**	Sierra
B	Bravo	**K**	Kilo	**T**	Tango
C	Charlie	**L**	Lima	**U**	Uniform
D	Delta	**M**	Mike	**V**	Victor
E	Echo	**N**	November	**W**	Whisky
F	Foxtrot	**O**	Oscar	**X**	X-ray
G	Golf	**P**	Papa	**Y**	Yankee
H	Hotel	**Q**	Quebec	**Z**	Zebra
I	India	**R**	Romeo		

Das System beinhaltet auch bestimmte Schlüsselwörter einer Botschaft:

Roger	Information erhalten
Copy	Habe verstanden
Wilco	Will comply (wird gemacht)
Over	Ende meiner Botschaft, warte auf Antwort
Out oder **Clear**	Ende meiner Botschaft, erwarte keine Antwort

„Roger, over and out“ als Abmeldung wird nur in Spielfilmen gebraucht, im offiziellen Funkverkehr ergibt es keinen Sinn.

Das Zimmermann-Telegramm

Am 19. Januar 1917, mitten im Ersten Weltkrieg, schickte Arthur Zimmermann, der deutsche Staatssekretär des Auswärtigen Amts, über die deutsche Botschaft in Washington D.C. ein verschlüsseltes Telegramm an den deutschen Gesandten in Mexiko. Darin stellte er die Rückgewinnung des Territoriums in Aussicht, das Mexiko an die USA verloren hatte, sofern die USA ihre Neutralität aufgeben und Mexiko sich auf die deutsche Seite schlagen würde. Besagte Depesche wurde vom britischen Geheimdienst abgefangen und entziffert, sie führte letztlich zum Kriegseintritt der Vereinigten Staaten. Die Deutschen planten den uneingeschränkten U-Boot-Krieg gegen England und Frankreich, wussten aber, dass die USA dies nicht ohne Weiteres hinnehmen würde.

Der große Plan
Arthur Zimmermann wollte Mexiko dazu bewegen, das Territorium, das es im amerikanisch-mexikanischen Krieg 1846–1848 verloren hatte, zurückzuerobern. Sein verschlüsseltes Telegramm kam einer Aufforderung an Mexiko gleich, die Vereinigten Staaten anzugreifen.

Deutsche U-Boote versenkten 1915 den englischen Passagierdampfer *Lusitania*, der zwischen Liverpool und New York fuhr.

Erbeutetes Material liefert Schlüssel

Zu Beginn des Krieges hatten die Briten die transatlantischen Kabel der Deutschen zerstört; Zimmermann war daher gewungen, seine Depesche über Schweden und England nach Washington zu senden. Sie landete im Room 40, der britischen kryptologischen Abteilung der Marine unter der Leitung von Admiral William Reginald Hall. Dort machte man sich sofort an die Entzifferung. Die Deutschen nutzten Codebücher zum Verschlüsseln, jedem Begriff wurde eine Zahl zugewiesen. Das Signalbuch der kaiserlichen Marine befand sich auf jedem Kriegsschiff. 1914 lief der deutsche Kreuzer „Magdeburg" im Finnischen Meerbusen auf Grund. Die Russen untersuchten das Wrack gründlich und fanden zwei Codebücher, die versehentlich nicht vernichtet worden waren. Sie reichten die Bücher an Room 40 weiter. Außerdem war 1915 der deutsche Agent Wilhelm Wassmuss vorübergehend verhaftet worden. Wassmuss sollte die türkischen Stämme in Persien gegen die Briten aufbringen, seine Aufzeichnungen wurden nach London geschickt. Room 40 besaß also die Signalbücher der „Magdeburg" sowie das diplomatische Codebuch von Wassmuss, einen Vorläufer der Chiffre, die Zimmermann in seinem Telegramm verwendete. Deshalb konnten die Codeknacker den Inhalt der Depesche ohne Wissen der Deutschen fast vollständig entziffern.

Wilhelm Wassmuss diente John Buchan in seinem Spionageroman *Grünmantel* (1916) als Vorbild.

Entzifferung des Telegramms

Arthur Zimmermanns Depesche war mit einem Zahlencode verschlüsselt worden. Der Empfänger musste nur die aktuellen Codes vorliegen haben. Room 40 griff auf die erbeuteten Codebücher zurück, um den Text stückweise zu entschlüsseln.

Beim Knacken des Codes konzentrierte sich Halls Team auf bestimmte Zahlenfolgen, die im Telegramm auftauchten (*rechts*).

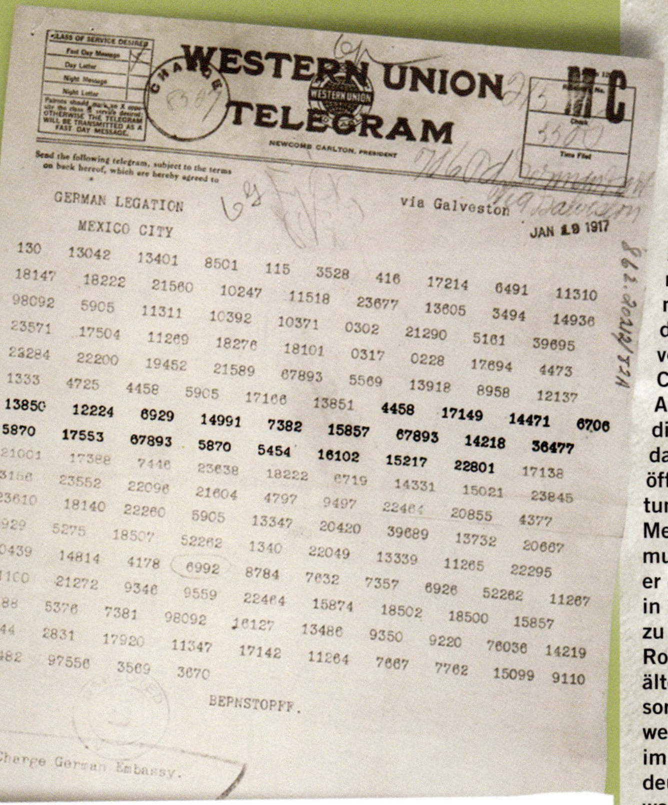
WESTERN UNION TELEGRAM
NEWCOMB CARLTON, PRESIDENT
Send the following telegram, subject to the terms on back hereof, which are hereby agreed to

GERMAN LEGATION via Galveston
MEXICO CITY JAN 19 1917

130 13042 13401 8501 115 3528 416 17214 6491 11310
18147 18222 21560 10247 11518 23677 13605 3494 14936
98092 5905 11311 10392 10371 0302 21290 5161 39695
23571 17504 11269 18276 18101 0317 0228 17694 4473
22284 22200 19452 21589 67893 5569 13918 8958 12137
1333 4725 4458 5905 17166 13851 4458 17149 14471 6706
13850 12224 6929 14991 7382 15857 67893 14218 36477
5870 17553 67893 5870 5454 16102 15217 22801 17138
21001 17388 7446 23638 18222 6719 14331 15021 23845
3156 23552 22096 21604 4797 9497 22464 20855 4377
23610 18140 22260 5905 13347 20420 39689 13732 20667
6929 5275 18507 52262 1340 22049 13339 11265 22295
10439 14814 4178 6992 8784 7632 7357 6926 52262 11267
21100 21272 9346 9559 22464 15874 18502 18500 15857
2188 5376 7381 98092 16127 13486 9350 9220 76036 14219
5144 2831 17920 11347 17142 11264 7667 7762 15099 9110
10482 97556 3569 3670

BERNSTORFF.

Charge German Embassy.

Code	Entzifferung	Klartext
4458	gemeinsam	gemeinsam
17149	Friedenschluß	Friedensschluß
14471	⊙	. (Zeitraum)
6706	reichlich	reichlich
13850	finanziell	finanziell
12224	unterstützung	Unterstützung
6929	und	und
14991	einverständnis	Einverständnis
7382	unsererseits	unsererseits
158(5)7	Pra/3	Präsident?
67893	Mexico	Mexiko
14218	in	in
36477	Texas	Texas
5870	⊙	, (Komma)
17553	neu	Neu
67893	Mexico	Mexiko
5870	⊙	, (Komma)
5454	AR	Ar
16102	IZ	iz
15217	ON	on
22801	A	a

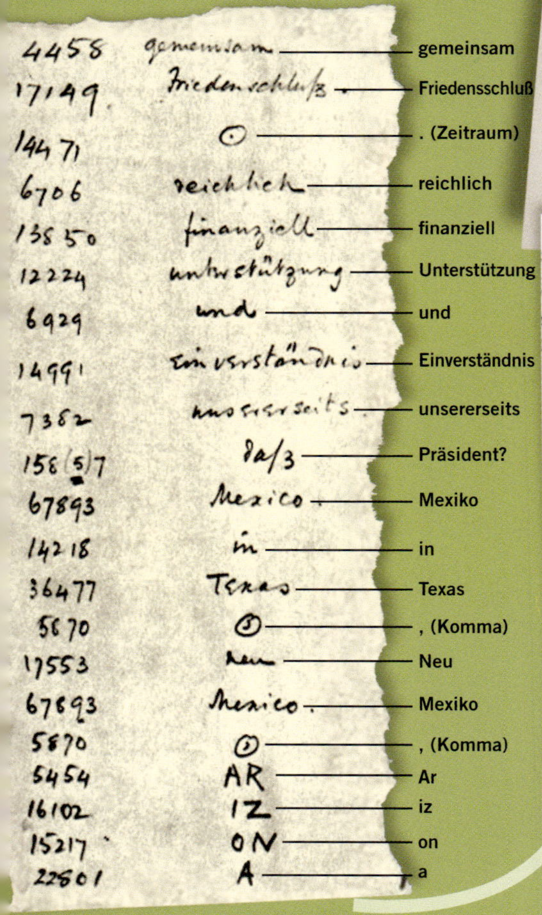

Die Entzifferungsliste der Codeknacker basierte teils auf Hinweisen aus den Codebüchern der „Magdeburg" und von Wassmuss. Zu diesem Zeitpunkt wusste man zum Beispiel, dass 67893 Mexiko bedeutete. Auch wenn der Text noch nicht vollständig entschlüsselt war, wurde deutlich, dass hier ein äußerst brisantes Schreiben vorlag.

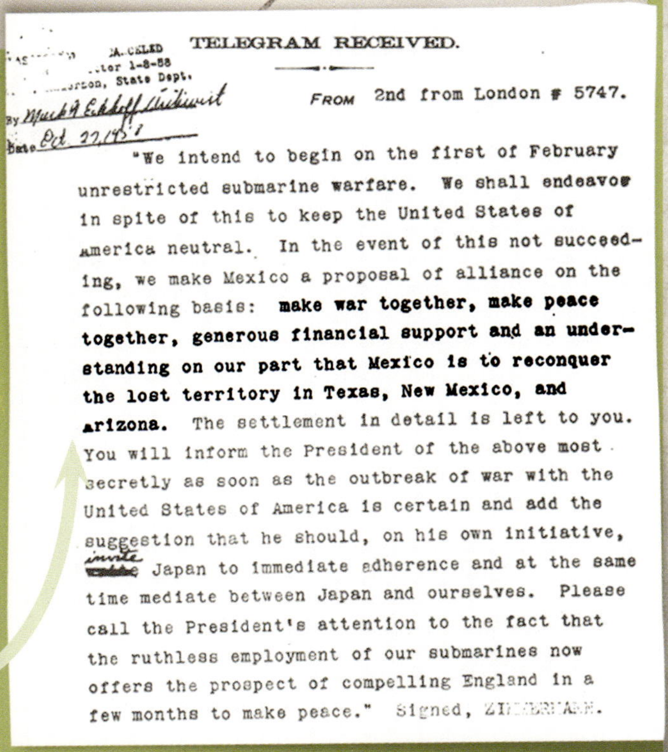
TELEGRAM RECEIVED.

..CELED ...tor 1-8-58 ...rton, State Dept.
By Mark A Eckhoff Archivist
Date Oct 22, 1957

FROM 2nd from London # 5747.

"We intend to begin on the first of February unrestricted submarine warfare. We shall endeavor in spite of this to keep the United States of America neutral. In the event of this not succeeding, we make Mexico a proposal of alliance on the following basis: **make war together, make peace together, generous financial support and an understanding on our part that Mexico is to reconquer the lost territory in Texas, New Mexico, and Arizona.** The settlement in detail is left to you. You will inform the President of the above most secretly as soon as the outbreak of war with the United States of America is certain and add the suggestion that he should, on his own initiative, invite Japan to immediate adherence and at the same time mediate between Japan and ourselves. Please call the President's attention to the fact that the ruthless employment of our submarines now offers the prospect of compelling England in a few months to make peace." Signed, ZIMMERMANN.

Der entzifferte und ins Englische übersetzte Klartext Zimmermanns ließ keinerlei Zweifel an seiner Botschaft und an seinem Vorhaben. Die Leistung der Kryptoanalytiker sollte den Verlauf des Ersten Weltkriegs entscheidend beeinflussen und trug außerdem zum exzellenten Ruf des britischen Nachrichtendients bei.

Dilemma der Codeknacker

Die Briten hielten den Inhalt des Telegramms über einen Monat zurück, sie wussten nicht, wie sie ihn publik machen sollten, ohne damit den Deutschen zu vermitteln, dass sie ihren Code geknackt hatten. Admiral Hall ahnte, dass die deutsche Botschaft das Telegramm über eine öffentliche Telegraphenleitung von Washington nach Mexiko geschickt haben musste, daher beauftragte er einen britischen Agenten in Mexiko, eine Abschrift zu stehlen. Zur Freude von Room 40 war es mit einem älteren Code verschlüsselt, somit konnte verheimlicht werden, dass die Briten im Besitz von neueren deutschen Codebüchern waren: Das Telegramm war eben nur in falsche Hände geraten. Nun konnten die Briten den Amerikanern das Telegramm zukommen lassen. Am 25. Februar erhielt US-Präsident Woodrow Wilson den entzifferten Text. Er wurde am 1. März veröffentlicht, und am 6. April 1917 erklärten die USA Deutschland den Krieg.

Die satirische Zeitschrift *Punch* ließ John Bull zu Wilson sagen: «Bravo Sir! Schön, dass Sie auf unserer Seite sind!»

DIE ENIGMA

Erfindung der Enigma
Die Enigma wurde 1918 von dem deutschen Ingenieur Arthur Scherbius (1878–1929) patentiert. Sie war als ziviles Chiffriersystem konzipiert, erregte jedoch bald die Aufmerksamkeit militärischer Kreise. In der Folge wurde die Maschine noch perfektioniert.

Kurz nach dem Ersten Weltkrieg suchten die deutschen Militärs nach einem sicheren Verschlüsselungsverfahren, da sie feststellen mussten, dass viele ihrer Botschaften entziffert worden waren. Die neue Geheimwaffe hieß Enigma, eine Rotor-Schlüsselmaschine, die im Zweiten Weltkrieg von Wehrmacht, Luftwaffe, Marine, Reichspost und anderen staatlichen Einrichtungen des Dritten Reichs eingesetzt wurde. Diese Maschine war nicht nur schnell, sie schloss auch menschliches Versagen nahezu aus – der Klartext wurde in die Tastatur getippt, durch ein elektrisches Signal verschlüsselt an den Empfänger gesendet, der lediglich einen Code in seine Maschine tippen musste, um automatisch den Klartext zu erhalten. Ohne Zugang zum jeweiligen Tagescode galt die Enigma als unknackbar.

Reflektor
Er dreht sich nicht und sorgt dafür, dass der verschlüsselte Buchstabe automatisch durch den gesamten Walzensatz geschickt und somit polyalphabetisch ersetzt wird.

Walzensatz
Jede der drei Walzen enthält die 26 Buchstaben des Alphabets, deren Position A–Z sich täglich ändert. Ab 1938 hatte die Enigma fünf Umkehrwalzen.

Lampenfeld
Drückt man eine Taste, fließt Strom durch den Walzensatz und lässt eine Lampe aufleuchten.

Steckerbrett
Anfangs gab es nur sechs Steckerbuchsen. 1939 wurden sie auf zehn erweitert. Der Strom der Buchstabentaste wird über das Steckerbrett geführt, bevor er die Eintrittswalze erreicht.

Tastatur
Zum Eintippen von Klartext oder empfangenem Geheimtext.

Die Enigma hatte den entscheidenden Vorteil, dass sie tragbar war. Unten links sieht man ein Gerät im Kommandofahrzeug von General Heinz Guderian.

Jede Walze hat auf jeder Seite 26 Kontakte, die den 26 Buchstaben des Alphabets entsprechen. Sie sind paarweise mit der Gegenseite verbunden. Jede der fünf Walzen ist unterschiedlich verdrahtet.

Der Tagesschlüssel

Das deutsche Militär erstellte stets für einen kompletten Monat die jeweils gültigen Tagesschlüssel für die Enigma, die um Mitternacht gewechselt wurden. Die Anfangseinstellung für den Tag war bei allen Einheiten identisch, damit die erste Botschaft von allen Beteiligten verstanden wurde.

Einstellen der Enigma

Gemäß dem Tagesschlüssel stellten die Nachrichtenoffiziere jeden Morgen die Maschine neu ein: Die Walzen erhielten eine neue Grundeinstellung, die nicht bei allen Wehrmachtsstellen gleich war, und das Steckerbrett wurde neu ausgerichtet. Diese Methode führte dazu, dass 10 000 000 000 000 000 Schlüssel nötig waren, um die Codifizierung erfolgreich zu knacken.

Rückstellung

Um die Sicherheit der Verschlüsselung im Zweiten Weltkrieg zu erhöhen, schickte der Bediener einer Enigma eine erste Nachricht, bei der der Tagesschlüssel verwendet wurde. Dieser Vorgang wurde wiederholt, um zu prüfen, ob der Empfänger über den gleichen Tagesschlüssel verfügte. Wenn der Tagesschlüssel beispielsweise aus der Abfolge dreier Buchstaben, B–M–Q, bestand, basierte die zweite Nachricht auf einer zufällig gewählten Kombination aus drei Buchstaben wie S–T–P–S–T–P, das veranlasste den Empfänger, seine Walzen dementsprechend einzustellen, damit er die Nachricht entschlüsseln konnte.

Wie die Enigma arbeitet

Die Klartextbuchstaben werden über eine Tastatur eingegeben, durch eine Verschlüsselungseinheit in Geheimtextbuchstaben verwandelt und vom Lampenfeld als Geheimbuchstaben angezeigt.

Verschlüsselung

Diese Darstellung zeigt, wie der Buchstabe U zu einem S verschlüsselt wird. Um den Vorgang zu verdeutlichen, werden beim Steckerbrett nur vier mögliche Verbindungen schematisiert.

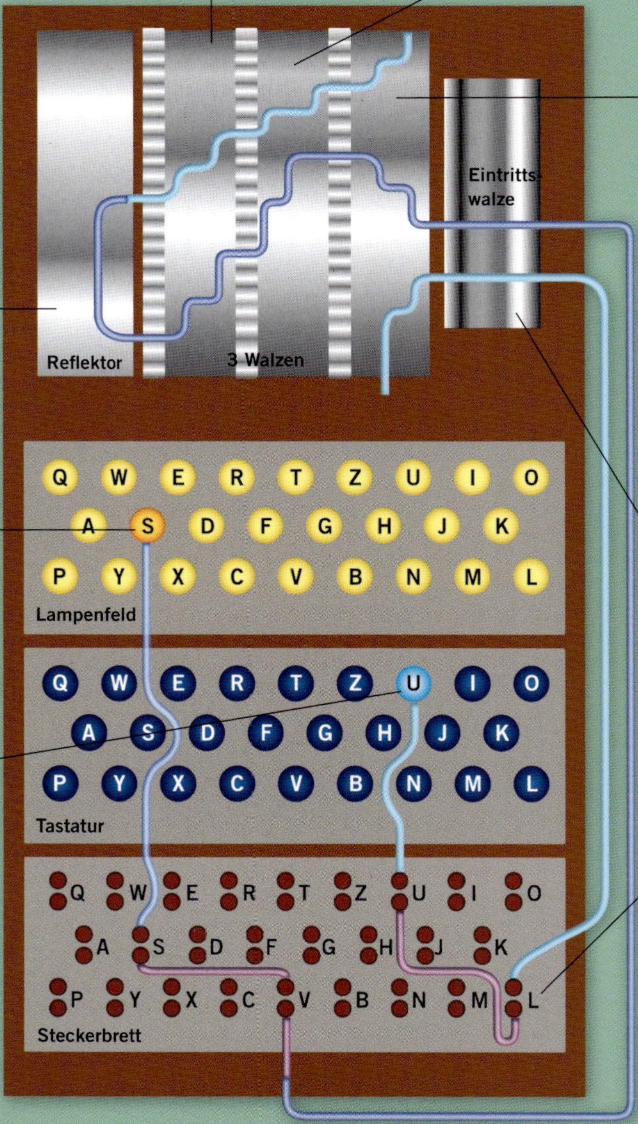

1 Der Chiffreur gibt den Klartextbuchstaben ein, der durch ein elektrisches Signal verschlüsselt wird.

2 Buchstaben, die auf dem Steckerbrett miteinander verbunden sind, werden vertauscht, bevor ihr Signal in die Walzen eintritt. Andere Buchstaben senden ihr Signal direkt an die Walze.

3 Über die Einstellung des Steckerbretts sendet der Buchstabe ein Signal an die erste Walze.

4 Das eintreffende Signal tritt an einer anderen Stelle wieder aus und aktiviert somit bei der nächsten Walze einen anderen Buchstaben. Zudem dreht sich die erste Walze nach jedem Buchstaben um eine Stelle weiter.

5 Bei der zweiten Walze wiederholt sich der Vorgang. Sie rotiert um eine Stelle weiter, wenn die erste Walze eine vollständige Umdrehung gemacht hat.

6 Das Signal passiert die dritte Walze. Auch sie dreht sich um eine Stelle weiter, sobald die zweite Walze alle 26 Buchstaben umdreht hat.

7 Das Signal landet beim Reflektor, der es durch die drei Walzen wieder zurückschickt, doch auf einem anderen Weg.

8 Das Signal wird durch das Steckerbrett gesendet und erreicht das Lampenfeld, wo der Geheimbuchstabe aufleuchtet.

Entschlüsselung

Der Empfänger hat bei seiner Enigma die Anfangseinstellung der Walzen für den jeweiligen Tag eingestellt. Er tippt den Geheimtext Buchstabe für Buchstabe ein, und auf dem Lampenfeld erscheint kurz darauf der jeweilige Klartextbuchstabe. Die Entschlüsselung erfolgt nach einem spiegelverkehrten Prozess.

Codes im Zweiten Weltkrieg

Decknamen für militärische Operationen

Die meisten Mächte, die am Zweiten Weltkrieg beteiligt waren, versahen wichtige militärische Operationen mit Decknamen.

Adlertag Angriff der deutschen Luftwaffe auf Großbritannien, 1940.

Attila Die Besetzung Vichy-Frankreichs durch die deutsche Armee, 1940.

August-Sturm Einmarsch der Sowjets in die Mandschurai, 1945.

Avalanche Landung der Allierten in Salerno, 1943.

Avonmouth Französisch-britischer Vorstoß in Narvik, 1940.

Bagration Offensive der Roten Armee gegen die Deutschen, 1944.

Barbarossa Russlandfeldzug der Deutschen, 1941–1945.

Cartwheel Operationen Alliierter im Südwestpazifik, 1943.

Gomorrah Luftangriffe der Royal Air Force auf Hamburg, 1943.

Ichi-Go Japanische Offensive in China, 1944.

I-Go Japanische Gegenoffensive im Südwestpazifik, 1943.

Lightfoot Zweite Schlacht von El Alamein, 1942.

Market-Garden Luft-Boden-Operation der Allierten in Arnheim, 1944.

Overlord Landung der Allierten in der Normandie, 1944.

Steinbock Letzter Angriff der deutschen Luftwaffe auf Großbritannien, 1944.

Torch Anglo-amerikanische Invasion nach Französisch-Nordafrika, 1942.

Weiß Deutscher Angriff auf Polen, 1939.

Die deutsche Enigma war die berühmteste und gefürchteste Chiffriermaschine, die im Zweiten Weltkrieg zum Einsatz kam. Die Briten hatten eine ähnliche Maschine namens TypeX, während die Amerikaner mit einem ausgeklügelteren Modell, der SIGABA, arbeiteten. Die Verschlüsselungsmaschine der Japaner erzeugte einen Code, der PURPLE genannt wurde, dieser wurde im Juni 1942 geknackt. Auf Grund der unendlichen Verschlüsselungsmöglichkeiten, die all diese Maschinen boten, galten ihre Geheimtexte als unentzifferbar, sofern man nicht über den Schlüssel verfügte, der täglich, stündlich, manchmal sogar minütlich geändert wurde. Doch genau dort lag die Schwachstelle: Menschliches Versagen oder Nachlässigkeit erwiesen sich als Angriffspunkt. Auf den folgenden Seiten wird geschildert, wie die Enigma entschlüsselt wurde, und wie so häufig bei moderner Kriegsführung, spielten Schlüsselwörter dabei eine entscheidene Rolle. Die Informationen, die man durch die erfolgreiche Entzifferung der Enigma-Geheimtexte erhielt, trugen den Decknamen ULTRA. Ähnlich wie beim Zimmermann-Telegramm bestand das Problem von ULTRA darin, wie man reagieren konnte, ohne den Deutschen preiszugeben, dass man ihre verschlüsselten Nachrichten kontinuierlich dechiffrierte.

Die Typex Mark III war für den Einsatz im Feld konzipiert und wurde von Hand gedreht.

Die SIGABA War ausgeklügelter als die Typex. Mit der SIGABA verschlüsselte Funksprüche konnten nicht entziffert werden.

Bletchley Park

Das Herrenhaus Bletchley Park in der englischen Grafschaft Buckinghamshire (*links*) war bei der Entzifferung der Enigma ein wichtiger Schauplatz. 1939 wurde es Sitz der neugegründeten Government Code and Cypher School (Staatliche Code- und Chiffrenschule), die Room 40 als britische Dechiffrierorganisation ablöste. Nach Ausbruch des Krieges tummelten sich hier Kryptoanalytiker, Mathematiker, Wissenschaftler, Historiker, Linguisten und große Schachspieler, die von einem sorgfältig ausgewählten Heer an Militärangestellten, Sekretären und Signaloffizieren unterstützt wurden. Um den Teamgeist zu fördern, wurden Sportfeste und Tennisturniere veranstaltet. Die Enigma war nicht der einzige Code, den es zu knacken galt, man arbeitete auch an italienischen und japanischen verschlüsselten Nachrichten sowie am Handcode der deutschen Marine.

Auf dem Gelände des Anwesens wurden zahlreiche Baracken (*oben links*), errichtet, die jeweils eine Spezialabteilung beherbergten. Jede Abteilung unterstand der Leitung eines Spezialisten, und nur diese wussten, welches Material entziffert worden war. Churchill nannte die für ihre Geheimhaltung gerühmten Codeknacker: «Meine Gänse, die goldene Eier legten und niemals schnatterten.»

Das Manhattan-Projekt

So lautete der Deckname für das Projekt, unter dem alle Tätigkeiten der USA während des Zweiten Weltkriegs ab 1942 zur Entwicklung und zum Bau einer Atombombe unter der militärischen Leitung von General Leslie R. Groves ausgeführt wurden. Die Forschungsarbeiten im Rahmen des Manhattan-Projekts wurden von dem amerikanischen Physiker J. Robert Oppenheimer geleitet. Der Codename „Manhattan“ leitete sich vom New Yorker Hauptquartier der technischen Abteilung der US-Armee, dem Manhattan Engineer District (MED), ab, unter deren Schirmherrschaft das streng geheime Unterfangen stand. In der Wüste Neumexikos, nahe Los Alamos, entstanden unter größter Geheimhaltung weitläufige Laboranlagen.

509th Composite Group Teil der amerikanischen Luftwaffe, die Boeings B-29 flog; spezielle Flugzeuge für schwere Bombenlasten.
Alberta Das Team des Fliegerstützpunkts Tinian Island im Pazifik.
ALSOS Geheimmissionen der Alliierten in Europa, um Nuklearwissenschaftler zu entführen und Uran an sich zu bringen. Es gab insgesamt drei Missionen.
Bockscar Name des Flugzeugs, das am 9. August 1945 eine Atombombe über Nagasaki abwarf.
Box 1663 Postleitzahl von Santa Fe, nutzten alle Projektteilnehmer.
Enola Gay Name des Flugzeugs, das am 6. August 1945 eine Atombombe über Hiroshima abwarf.
Fat Man Atombombe, die am 9. August 1945 über Nagasaki gezündet wurde.
Little Boy Atombombe, die am 6. August 1945 über Hiroshima gezündet wurde.
Site-Y Die Forschungsanlage des Manhattan-Projekts bei Los Alamos. Einheimische nannten sie „den Hügel“.
Trinity Testort der weltweit ersten erfolgreichen Kernwaffenexplosion am 16. Juli 1945. Ein schwarzer Obelisk markiert heute den genauen Punkt der Kernwaffenzündung.

Die Entzifferung der Enigma

Ab 1926 nutzte das deutsche Militär die Enigma, die als unknackbar galt. Die einstigen Kriegsgegner besaßen zwar eine kommerzielle Version, doch diese unterschied sich deutlich vom militärischen Modell. Außerdem hatte man keine Codebücher. 1931 erwarb der französische Geheimdienst von dem Deutschen Hans-Thilo Schmidt eine Gebrauchs- und Schlüsselanleitung für die Enigma. Schmidt arbeitete in der Berliner Chiffrierstelle und verkaufte geheime Informationen ins Ausland. Die Franzosen bauten die Maschine nach, aber der eigentliche Durchbruch bei der Entschlüsselung gelang Polen.

Mühevolle Aufgabe

Bei Ausbruch des Zweiten Weltkriegs standen die Codebrecher vor einer großen Herausforderung. Die Deutschen hatten die Funktionsweise der Enigma verkompliziert, und es war nun zehnmal schwerer, sie zu knacken, als zuvor. Täglich um Mitternacht wurde der Tagesschlüssel geändert und machte die Tagesarbeit der britischen Kryptoanalytiker auf einen Schlag zunichte. Außerdem gab es bei den Deutschen von Einheit zu Einheit unterschiedliche Modelle und Codebücher: Kriegsmarine und Afrikakorps hatten ihr eigenes Fernmeldenetz. Die Funksprüche der deutschen Kriegsmarine bereiteten den Codeknackern in Bletchley Park am meisten Kopfzerbrechen, da die deutschen U-Boote in der Atlantikschlacht bedrohlich die Oberhand gewannen.

1938 änderten die Deutschen die Verfahrenstechnik der Enigma, ihr Einmarsch in Polen im September 1939 kam daher unerwartet.

Marian Rejewski (1905–1980) bezwang die Enigma.

Polen schlägt zurück

Deutschland war erpicht darauf, die Gebiete, die es nach dem Krieg an Polen abtreten musste, wiederzugewinnen. Die Polen richteten deshalb einen neuen Dechiffrierdienst ein, das schlagkräftige Biuro Szyfrów. Die Franzosen hatten mit den Polen ein militärisches Abkommen unterzeichnet und überließen es ihren Verbündeten, die Enigma zu knacken. Rasch wurde deutlich, dass der Enigma am besten mit mathematischen Fähigkeiten beizukommen war. Der junge Mathematiker Marian Rejewski hatte in Göttingen studiert, beherrschte also die deutsche Sprache. 1932 wurde er vom Biuro Szyfrów angeworben und der für Deutschland zuständigen Abteilung zugeteilt.

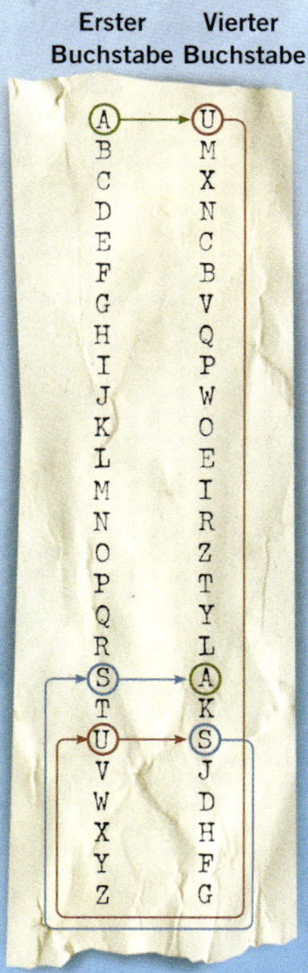

1 Der Spruchschlüssel

Rejewski konzentrierte sich auf den dreibuchstabigen Spruchschlüssel, der vor jedem Funkspruch zweimal gesendet wurde. Er wusste, dass bei drei Walzen jeder vierte Buchstabe eine unterschiedliche Chiffrierung des ersten Buchstabens darstellte. Er kannte zwar den Tagesschlüssel nicht, erstellte aber unermüdlich Tabellen anhand der abgehörten Meldungen, die er täglich auf den Tisch bekam. So konnte er schließlich eine Verbindung zwischen den ersten und vierten, zweiten und fünften sowie zwischen den dritten und sechsten Buchstaben der Funksprüche herstellen.

2 Verknüpfungen

Die genauere Analyse ergab Verknüpfungen, die Ketten bildeten, A–U, U–S und S–A bestanden z. B. aus drei Verknüpfungen (*links*). Rejewski erkannte, dass die Steckerbrettverbindungen sich zwar auf die Zusammensetzung der Ketten auswirkten, doch dass die Eigenschaft der Ketten nur von der Walzeneinstellung abhing. Ein Jahr lang prüften Rejewski und seine Kollegen 105 456 der möglichen Walzenkonfigurationen. Schließlich entwickelte er ein elektromagnetisches Dechiffriergerät, die Bomba, um unzählige Walzenstellungen ausprobieren zu lassen. Diese Maschine sollte den Durchbruch bringen.

3 Steckerbrett

Nun konnte man die Walzenstellungen herausfinden, nicht aber die Steckerbrettverbindungen. Doch durch die Kenntnis der Walzenkonfiguration ergaben sich lesbare Botschaften wie:

SONVOIK AUF SURK

Offenbar wurden S und K auf dem Steckerbrett vertauscht, der Klartext lautet daher:

KONVOIS AUF KURS

Erfolg

Durch Rejewskis Leistung konnten die Polen alle deutschen Funksprüche bis 1938 entziffern. Danach führten die Deutschen zwei weitere Walzen und ein erweitertes Steckerbrett ein – die Enigma war erneut sicher. Kurz vor dem Einmarsch der Deutschen in Polen, im Juli 1939, wurden den Briten zwei Nachbauten der Enigma und die Baupläne von Rejewskis Bomba übergeben.

Alan Turing in Bletchley Park

Unter den vielen Spezialisten, die sich im Dechiffrierzentrum Bletchley Park (*siehe S. 118*) versammelten, befand sich der junge Mathematiker Alan Turing (1912–1954). Er hatte am King's College in Cambridge studiert und sich intensiv mit Informationstechnologie befasst. Er konzipierte die sogenannte Turing-Bombe, die auf der polnischen Bomba basierte, um die Enigma zu knacken. Turings Maschine war noch ausgefeilter als Rejewskis Modell, und der erste Prototyp wurde im Mai 1940 in Bletchley Park in Betrieb genommen. Die Zeit drängte, jedermann wusste, dass entzifferte Nachrichten der Deutschen den Kriegsverlauf entscheidend beeinflussen konnten. Nach eineinhalb Jahren waren weitere fünfzehn Turing-Bomben in Betrieb.

Alan Turing trug entscheidend zur Entzifferung der Enigma bei.

„Cillies" – Nannte man voraussagbare Spruchschlüssel in Bletchley Park. Sie beruhten auf menschlichem Versagen beim Gebrauch der Enigma, etwa wiederholte Anwendungen desselben Spruchschlüssels. Einmal identifiziert, gaben sie den Kryptoanalytikern wertvolle Hinweise.

Chiffriercodes – Die Deutschen achteten darauf, dass die gleiche Walzenstellung nicht an Folgetagen genutzt wurde. Doch dadurch wurde die Enigma nicht sicherer, sondern angreifbarer. Hatte man ein oder zwei Walzenstellungen erst einmal ausgemacht, verringerte sich automatisch die Anzahl der möglichen Kombinationen, auch die des folgenden Tages.

„Cribs" – Sind wahrscheinliche Wörter oder Anhaltspunkte in einem Geheimtext. Manchmal erschlossen sie sich bereits durch die Einheit, bei einer Wetterstation war es beispielsweise wahrscheinlich, dass irgendwo das Wort „Wetter" vorkam. Militärische Meldungen sind häufig stereotyp abgefasst, Begriffe wie Oberwehrmachtskommando waren sehr hilfreich, um die restliche geheime Botschaft entziffern zu können.

„Pinches" – Das Chiffrierverfahren der deutschen Marine war besonders hartnäckig, daher setzten die Alliierten alles daran, um in den Besitz der Codebücher zu kommen. Die erfolgreiche Erbeutung nannten die Briten „pinches", deutsch „Kniffe", weil sie dadurch eine Schwachstelle in der deutschen Verschlüsselung schufen.

Schleifen – Turing beschäftigte sich auch mit dem Problem, was passieren würde, wenn die Deutschen ihre Spruchschlüssel nicht mehr wiederholen würden. Er untersuchte alte dechiffrierte Meldungen und stellte fest, dass sie eine strenge Ordnung aufwiesen, auf Grund derer man unentschlüsselte Meldungen teils erraten konnte. Er verband innerhalb eines Cribs Klartext- und Geheimbuchstaben zu Schleifen. Diese Schleifen wurden durch die Verbindung von drei Turing-Bomben nachgebildet und führten zu großen Entzifferungserfolgen.

Viele Maschinen – Für jede der 60 verschiedenen Walzenlagen gab es 17 576 Grundstellungen. Turing schlug vor, für jede Walzenlage eine Bombe einzusetzen, um die Dechiffrierung zu beschleunigen, was auch geschah.

Steckerbrett-Problem – Durch akkurate Cribs und Schleifen konnte man Geheimtexte so gut entziffern, dass sich die jeweilige Steckerbrettverbindung dann von selbst ergab

Jumbo und Colossus

1 000 000 Pfund wurden investiert, um Turings Vorhaben, viele „Bomben" zu verkoppeln, um damit Schleifen zu rekonstruieren, zu verwirklichen. Jede Bombe bestand aus zwölf Gruppen elektrisch gekoppelter Enigma-Walzen. Bis Kriegsende waren mehr als 200 Bomben in Betrieb. Unter dem Decknamen „Ultra" wurden unzählige Funksprüche der deutschen Luftwaffe und des deutschen Heers entschlüsselt. Im Februar 1942 wurde die Enigma mit drei Walzen bei der deutschen Marine von einem Modell mit vier Walzen abgelöst. Das war für die Briten ein herber Rückschlag: Das Schlüsselverfahren konnte über zehn Monate lang nicht gebrochen werden.

Die untereinander verkoppelten Bomben stellten den ersten programmierbaren Computer in der Weltgeschichte dar. Sein Deckname lautete „Jumbo", in Bletchley Park nannte man ihn „Heath Robinson". Ab 1942 entwickelten die Briten ein noch stärkeres Dechiffriergerät als Turings Bomben, um die deutsche Lorenz-Chiffre zu knacken. Die Lorenz-Chiffre war ein Schlüsselzusatz, der für den Nachrichtenverkehr zwischen Hitler und seinen Generälen genutzt wurde. Die Maschine, die auf die Lorenz-Chiffre angesetzt wurde, hieß Colossus und war ein echter Vorläufer eines modernen digitalen Computers.

Im Juli 1942 reiste Alan Turing in die USA, um sich mit amerikanischen Kryptoanalytikern auszutauschen. Obwohl die Briten ihren westlichen Verbündeten keine Informationen vorenthielten und Bletchley Park auch italienische und japanische Codes knackte, blieb die Geschichte der Enigma sowie ihre Entzifferung bis in die 1970er Jahre streng geheim.

Colossus in Bletchley Park.

DER NAVAJO-CODE

Als die Japaner am 7. Dezember 1941 die amerikanische Pazifikflotte in Pearl Harbor angriffen, löste das den Kriegseintritt der USA aus. Die Attacke galt als überraschend, doch die Amerikaner hatten jahrelang japanische Funksprüche abgehört und entschlüsselt, sie ahnten, dass da etwas im Busch war. Auch die Japaner entzifferten den Funkverkehr der Amerikaner und hatten ihren Feldzug deshalb mit der Präzision eines Uhrwerks geplant. Innerhalb von zwei Monaten gewannen die Japaner im Pazifikkrieg die Oberhand, sie marschierten in Thailand ein und landeten auf den Philippinen. Da das Verschlüsselungsverfahren der Amerikaner nicht sicher war, gerieten viele wertvolle Informationen über Strategie und Taktik der Gegenoffensive in die Hände des Feindes.

Sprachencodes

Die Idee, unbekannte Sprachen zum Verschlüsseln von Botschaften zu nutzen, war nicht neu. Julius Caesar hatte Nachrichten in Griechisch chiffriert, weil diese Sprache zwar den gebildeten Römern, aber nicht deren Feinden geläufig war. Im Ersten Weltkrieg fungierten in Frankreich acht Indianer des Choctaw-Stammes als Codesprecher für das Feldtelefon der US-Armee. Zu Beginn des Zweiten Weltkriegs nutzte die US-Armee Basken als Codesprecher, obgleich bekannt war, dass es in den von den Japanern eroberten Gebieten baskische Missionare gegeben hatte. Außerdem gab es zu wenige Basken. Die Briten hatten versuchsweise kurzzeitig Waliser in ihren Fernmeldestellen. Die Sprachen der amerikanischen Ureinwohner waren als Code bereits in Betracht gezogen worden, doch die meisten Stämme waren von deutschen Anthropologen erforscht worden. Das galt jedoch nicht für die Navajo, deren Sprache für Außenstehende undurchdringlich war. Der Navajo-Code konnte von den japanischen Kryptologen niemals geknackt werden und trug erheblich zum Erfolg der Amerikaner im Westpazifik bei.

Sicherheitsproblem

Ein Nachteil der amerikanischen Chiffriermaschine SIGABA bestand darin, dass ihre Bedienung, ähnlich wie die der deutschen Enigma, relativ aufwendig war. Der Klartext musste unter Verwendung eines Tagesschlüssels Buchstabe für Buchstabe eingegeben werden, und der Empfänger benötigte ebenso lange, bis er die Botschaft entziffert hatte. Im Eifer des Gefechts erwies sich diese Verschlüsselung als ungeeignet, weil sie schwerfällig war. Für die rasche Koordination von Land-, See- und Luftstreitkräften benötigte man ein praktischeres Chiffrierverfahren, das trotzdem ausreichend Sicherheit bot.

Die Entstehung des Codes

Anfang 1942 schlug der amerikanische Ingenieur Philip Johnston vor, Navajos als Codesprecher im Funkverkehr zu nutzen. Der Sohn eines christlichen Missionars war in einem Navajo-Reservat aufgewachsen und mit der Sprache der Indianer vertraut. Johnston präsentierte einigen Marineoffizieren einen Versuch. Seine Idee bot einige Vor-, doch auch ein paar Nachteile: Viele Navajos konnten weder lesen noch schreiben, wegen der spärlichen staatlichen Mittel gab es viele Analphabeten. Es war schwierig, Navajos zu finden, die man für den Nachrichtendienst ausbilden konnte. Andererseits wurde die Tradition der Navajo mündlich überliefert, und ihre Sprache wies Besonderheiten auf, die für Außenstehende unverständlich waren; die Betonung konnte die gesamte Bedeutung eines Wortes verändern: „doo“ in hohem Tonfall etwa heißt „und“, wird es tief betont, bedeutet es „nicht“. Navajo ist zudem eine bildreiche Sprache, viele militärische Ausdrücke wurden durch Wörter der Natur ersetzt.

Etwa 420 Navajos wurden während des Krieges zu Codesprechern ausgebildet. Navajos wurden auch im Koreakrieg (1950–1953) sowie im Vietnamkrieg eingesetzt. Bei den Navajos hießen die Codesprecher „die, die mit dem Wind sprechen“. Ihr Dienst in der US-Armee wurde bis 1968 geheim gehalten.

Der Navajo-Code

Die Sprache der Navajo ist reich an Redewendungen, sie sind es gewohnt, in Bildern zu sprechen und sich diese einzuprägen. In aller Eile wurde ein Lexikon mit 274 Sprachbildern der Navajo erstellt, die als militärische Ausdrücke dienten. Außerdem gab es ein phonetisches Alphabet für die Aussprache schwieriger Begriffe oder von Orten. Lexikon und Alphabet wurden auswendig gelernt, somit erübrigten sich Codebücher.

Navajo-Codewörter

Jagdflugzeug	Kolibri
Aufklärerflugzeug	Eule
Torpedoflugzeug	Schwalbe
Bomber	Bussard
Stukar	Hühnerhabicht
Bomben	Eier
Amphibienfahrzeug	Frosch
Schlachtschiff	Wal
Zerstörer	Hai
U-Boot	eiserner Fisch
Granate	Kartoffel
Panzer	Schildkröte
Flachhut	Australien
Von Wasser umgeben	Großbritannien
Geflochtenes Haar	China
Eisenhut	Deutschland
Treibendes Land	Die Philippinen

Navajo-Alphabetcode

A	Ant	*Wol-la-chee*
B	Bear	*Shush*
C	Cat	*Moasi*
D	Deer	*Be*
E	Elk	*Dzeh*
F	Fox	*Ma-e*
G	Goat	*Klizzie*
H	Horse	*Lin*
I	Ice	*Tkin*
J	Jackass	*Tkele-cho-gi*
K	Kid	*Klizzie-yazzi*
L	Lamb	*Dibeh-yazzi*
M	Mouse	*Na-astso-si*
N	Nut	*Nesh-chee*
O	Owl	*Ne-as-jah*
P	Pig	*Bi-sodh*
Q	Quiver	*Ca-yeilth*
R	Rabbit	*Gah*
S	Sheep	*Dibeh*
T	Turkey	*Than-zie*
U	Ute	*No-ad-ih*
V	Victor	*A-keh-di-glini*
W	Weasel	*Gloe-ih*
X	Cross	*Al-an-as-dzoh*
Y	Yucca	*Tsah-as-zih*
Z	Zinc	*Besah-do-gliz*

Der Navajo-Alphabetcode für das Englische hätte durch Häufigkeitsanalyse geknackt werden können, also wurden zusätzliche Wörter für die häufigsten Buchstaben (e, t, a, o, i, n) eingeführt sowie jeweils ein weiteres für die sechs nächsthäufigsten (s, h, r, d, l, u). So konnte zum Beispiel der Buchstabe „a“ mit drei unterschiedlichen Homophonen ersetzt werden.

CODES IM KALTEN KRIEG

Nach dem Zweiten Weltkrieg bildeten sich zwei Supermächte heraus, die einander feindselig gegenüberstanden: die USA und die Sowjetunion. Die Spannungen des Kalten Krieges führten zu einem Übermaß an Verdächtigungen und Geheimhaltungen. Das tiefe Misstrauen auf beiden Seiten kostete viele Geheimagenten das Leben. Zugleich inspirierte es Schriftsteller wie Graham Greene, Ian Fleming und John le Carré zu fesselnden Spionageromanen. Darin wimmelte es von tatsächlichen und erfundenen Abkürzungen: CIA, FBI, MI6, KGB und 007. Doch das Akronym, das bei allen das Blut in den Adern gefrieren ließ, war MAD, „Mutually Assured Destruction", die „wechselseitig zugesicherte Zerstörung", es ging um den rigorosen Einsatz von Nuklearwaffen, gleichgültig, wer zuerst auf den „roten Knopf" drückte.

Keine Atomwaffen

Das weltweit bekannteste Friedenszeichen entstand bei einer britischen Kampagne zur nuklearen Abrüstung. Es wurde im Februar 1958 von dem Künstler Gerald Holtom entworfen und erstmals beim Ostermarsch gegen das Atomwaffenforschungszentrum Aldermaston eingesetzt. Holtom gab an, von der Pose in Goyas *Erschießung der Aufständischen* (1814, *oben*) inspiriert worden zu sein, und machte daraus eine Kombination der Zeichen N (für nuklear) sowie D (für *disarmament*, „Abrüstung") des Winkalphabets (*siehe S. 112*). Das Logo ging von dort um die ganze Welt.

Sicherheitscodes

Die Codes, die in verschiedenen Bereichen genutzt wurden, sei es von Spionen, von Militär oder für die Kommunikation zwischen dem US-Präsidenten und seinen Verbündeten, sind bis heute streng geheim. Manche davon sind noch in Gebrauch oder stellen eine Weiterentwicklung alter Chiffren dar. Durch den Einsatz von moderner Computertechnologie stammen nun viele aus der kommerziellen Begriffswelt. Flugzeuge wie die Boeing B-52 werden beispielsweise mit Codes des IBM-Konzerns gesteuert, wenn auf Autopilot geschaltet wird.

Das Venona-Projekt

Das Projekt entstand 1946 durch die Zusammenarbeit der Geheimdienste Amerikas und des britischen Auslandsgeheimdienstes MI6 zur Entschlüsselung von sowjetischen Geheimbotschaften, die zwischen 1938 und 1945 abgefangen worden waren. Die Nachrichten waren durch Einmalschlüssel (One-Time-Pad, *siehe S. 83*) chiffriert worden, deren Codes unbekannt waren. Schließlich kam das FBI in den Besitz eines russischen Codebuches und anderer Unterlagen, die die Entzifferung der Botschaften ermöglichten. Wertvolle Informationen über das sowjetische Militär, den Geheimdienst sowie über Spione, die im Westen für die Sowjets arbeiteten, kamen ans Tageslicht. Die Informationen waren so heikel, dass das FBI der CIA und dem Weißen Haus nur einen Bruchteil davon enthüllte. Etwa 349 Amerikaner wurden als Agenten der Sowjetunion enttarnt, darunter Alger Hiss, Harry Dexter White sowie Julius und Ethel Rosenberg. Es wurde deutlich, dass das Manhattan-Projekt (*siehe S. 119*) ausspioniert worden war. Die britischen Doppelagenten Donald Maclean und Guy Burgess wurden enttarnt, konnten jedoch in letzter Minute abtauchen. Das Venona-Projekt wurde erst 1980 abgeschlossen.

Die Rosenbergs wurden 1953 trotz internationaler Proteste wegen Atomspionage hingerichtet.

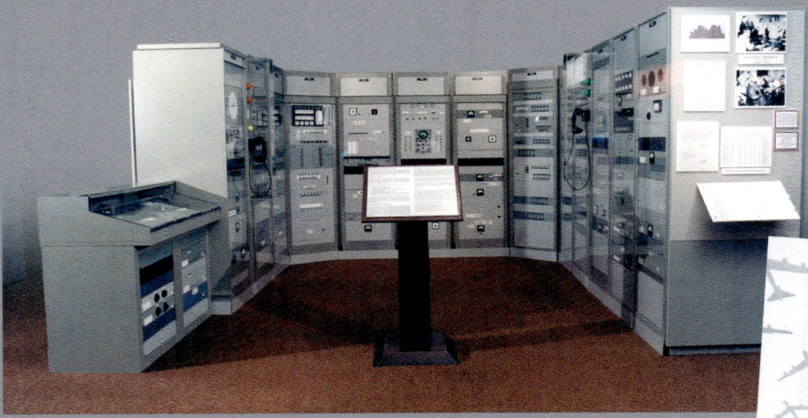

Das rote Telefon
Der „heiße Draht" zwischen dem Weißen Haus und dem Kremel war sprachverschlüsselt. Das rote Telefon kommt auch in Kubricks satirischem Film *Dr. Seltsam* vor.

Verschlüsselte Telefonate

Anfang der 1940er Jahre entwickelten US-Spezialisten eine Maschine zur Sprachverschlüsselung, die SIGSALY (*oben*). Sie wurde im Zweiten Weltkrieg eingesetzt und übertrug erstmals Sprache in digitalisierter Form. Churchill und Roosevelt nutzten die Maschine, um miteinander zu telefonieren, und General Douglas MacArthur setzte sie im Pazifikkrieg ein. Insgesamt wurden 3000 Telefongespräche mit der SIGSALY erfolgreich verschlüsselt.

Körpersignale

Die Überwachung von potenziellen Spionen wurde im Kalten Krieg fast zu einer Obsession. Bei der verdeckten Ermittlung wurden Telefone angezapft, heimlich Fotos geschossen oder der Betroffene wurde auf der Straße verfolgt. Bei der Beschattung von Personen nutzten die Verfolger Gesten, um sich untereinander zu verständigen. Diese Körpersignale waren bei der Polizei, dem FBI und der CIA verbreitet und sollten möglichst nicht versehentlich ausgeführt werden.

Achtung! Subjekt nähert sich Sich mit der Hand oder einem Taschentuch an die Nase fassen.
Subjekt bewegt sich fort oder überholt Sich kurz über das Haar streichen.
Subjekt bleibt stehen Eine Hand auf Rücken oder Bauch legen.
Beschatter muss Observierung einstellen, sonst wird er entdeckt Sich die Schnürsenkel zubinden.
Subjekt kommt zurück Beide Hände auf Rücken oder Bauch legen.
Beschatter muss Rücksprache halten Aktentasche öffnen und Inhalt untersuchen.

Der Atomkoffer

Ein schwarzer, speziell ausgestatter Aktenkoffer aus Metall, den der militärische Adjudant des US-Präsidenten stets bei sich trägt, kann über das Schicksal der Welt entscheiden. Im Englischen wird der Koffer als „Nuclear Football" bezeichnet. Der genaue Inhalt des Koffers ist streng geheim, doch er soll Angriffspläne, Kriegsszenarien und Berichte über mögliche Schäden für einen nuklearen Ernstfall enthalten. Durch diesen Atomkoffer kann der amerikanische Präsident jederzeit und überall den Befehl für einen Kernwaffenangriff erteilen. Sobald sich der Präsident außerhalb des Weißen Hauses bewegt, wird er stets von einem Adjutanten begleitet, der den Koffer trägt. Im Fall eines Angriffs würden Adjutant und Präsident den Koffer öffnen, über den gezielten Einsatz von Kernwaffen entscheiden und den Befehl mittels eines im Koffer befindlichen Kommunikationssystems an das Lagezentrum weitergeben. Die Russen haben ein ähnliches mobiles Verteidigungszentrum.

Der US-Präsident wird ständig von einem militärischen Adjutanten begleitet, der den „Nuclear Football" trägt.

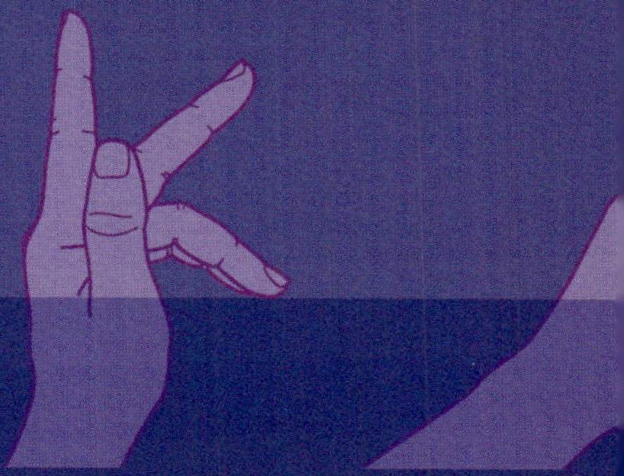

06

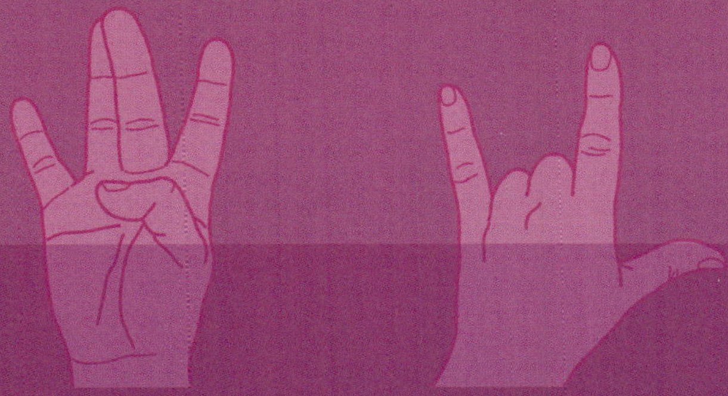

Menschen, die am Rand einer Gesellschaft stehen, entwickeln häufig Codes oder eine Geheimsprache, um sich untereinander unbehelligt verständigen zu können.

Milieu-Codes

Bestimmte Berufsgruppen und Ethnien, aber auch kriminelle Vereinigungen verwenden oft rätselhafte Symbole, Jargons und Codewörter. Viele Begriffe dieser geheimen Sprachen fanden Eingang in die jeweilige Alltagssprache eines Landes. Manche werden allerdings bis heute nur von Eingeweihten verstanden. Beinahe täglich kommen neue verwirrende Zeichen und Worte hinzu, die von Anhängern eines Kultes eingeführt wurden, der gerade „in“ ist.

STRASSEN-SLANG

Slang bezeichnet einen nicht standardisierten Wortschatz einer Sprache, der von Menschengruppen, die sich gesellschaftlich oder kulturell abgegrenzt haben, oder von einer Subkultur verwendet wird. Diese „Geheimsprachen" können eine Umgangssprache oder ein Fachjargon sein und werden meist nur innerhalb der Gruppe verstanden. Zu Zeiten, als Analphabetismus noch weitverbreitet war und man in erster Linie mündlich kommunizierte, waren diese Geheimsprachen von größerer Bedeutung als heute. Durch den Jargon stärkte man nicht nur den Zusammenhalt der Gruppe, man konnte sich auch unterhalten, ohne dass die Umwelt den Inhalt des Gesprächs verfolgen konnte.

Die Sprache der Nomaden

Shelta (auch als „Sheldru", „Gammen" oder „Cant" bekannt) ist eine Mischsprache irisch-gälischen und englischen Ursprungs, die vermutlich im 13. Jahrhundert entstand. Sie enthält auch Sprachelemente von Roma und Sinti, den Zigeunern, und wird noch heute von „Fahrenden" genutzt. Weltweit sollen 86 000 Menschen Shelta sprechen, die einen nichtsesshaften Lebensstil pflegen *(oben)*. Der Begriff „Cant" bezeichnet eigentlich die englische Gaunersprache.

Dorahoag	Dämmerung
Greetchyath	Krankheit
Kawb	Kohl
Myena	Gestern
Sragaasta	Frühstück
Sreedug	Königreich
Swurkin	Melodie

Cant: Die Sprache der Diebe

Die Bettelarmen waren im Europa des 16. und 17. Jahrhunderts ein weitverbreitetes gesellschaftliches Phänomen. Viele wurden kriminelle Vagabunden, die ihre eigene Sprache entwickelten, um ihre illegalen Machenschaften besser verbergen zu können. In England sollen 10000 Menschen der damals vier Millionen starken Bevölkerung Cant, die Sprache des Gaunermilieus, gesprochen haben. Sie wurde auch die Sprache der Diebe genannt. Shakespeare lässt seine Narren und Taugenichtse in *Wie es euch gefällt* und im *Wintermärchen* Cant sprechen. Einige Wörter aus dieser elisabethanischen Zeit haben sich bis heute erhalten und werden von modernen kriminellen Vereinigungen verwendet (*siehe S. 134*).

Straßenräuberei und andere Schandtaten *(links)* wurden im zwischen 1750 und 1850 erschienenen *Newgate Calendar* anschaulich geschildert.

Slang der Vagabunden

Die alte deutsche Gaunersprache wird Rotwelsch genannt. Hier einige Beispiele:

baldowern	auskundschaften
Bock	Hunger, Gier, heute: „Bock haben“
Kober	Wirt, Schlafkammer
Krauter	Handwerksmeister
platt	vertraut, sicher, gaunerisch; „die Platte machen“ hieß: auf der Straße, im Freien leben
schinageln	arbeiten, schuften,
Schmuh	unredlicher Gewinn
Sore	Hehlerware, Diebesgut, Beute
stapeln	betteln
Stenz	Stock, Prügel, auch Zuhälter

Jargon der Straßenräuber

Die Wegelagerer hatten ein eigenes Vokabular.

Brotbeutel	Ein Komplize, der das Auflauern koordiniert
Eiche	Ein Komplize, der Wache hält
Hochadvokat	Ein Straßenräuber
Martin	Opfer des Straßenräubers

Sprache der Klezmer

Klezmer ist ein jiddisches Wort für Musiker, Klezmerisch bezeichnete die Sprache der Musiker. Es wurde von den umherziehenden jüdischen Musikern (*oben*) in Zentral- und Osteuropa gesprochen. Es galt als Geheimsprache einer bestimmten Berufsgruppe aus dem aschkenasischen Judentum. Die Klezmer-Musik geht auf das 15. Jahrhundert zurück.

geshvin	rasch	**Shtetl**	Dorf
Katerukhe	Kappe	**Tirn**	Plauderei
klive	schön	**Yold**	Ehemann
Shekhte	Frau	**Zikres**	Augen

Samurai und Yakuza

Der *Bushido*-Codex: die sieben Tugenden

気 Mut

義 Aufrichtigkeit

仁 Güte

忠 Treue

譽 Ehre

礼 Respekt

信 Wahrhaftigkeit

Diese sieben Tugenden bildeten das Kernstück des Samurai-Ehrencodex. Seine Popularität verdankt *Bushido* dem 1899 in englischer Sprache erschienenen Werk *Bushido – Die Seele Japans* von Inanzo Nitobe, der selbst einem Samurai-Clan entstammte. Danach ist *Bushido* ein ungeschriebener Codex, der vom Krieger absolute Loyalität gegenüber seinem Lehnsherrn abverlangt. Die Scham über einen Verstoß gegen den *Bushido* führte oft zum rituellen Selbstmord. Neben dem Kriegshandwerk musste der Samurai auch Literatur, Wissenschaften und Philosophie beherrschen. Samurai genossen eine exzellente Ausbildung.

Die Tradition der japanischen Samurai ist über 1000 Jahre alt, sie basiert auf dem Ideengut von Konfuzius und stellte den Schwertadel der feudalen Gesellschaft dar. *Bushido* – der Weg des Kriegers – bildete den Verhaltenscodex, nach dem die Samurai lebten und starben. Die Samurai formten jahrhundertelang eine machtvolle Dynastie in Japan. Während des Tokugawa-Shogunats ab dem 17. Jahrhundert wurden Samurai vermehrt Höflinge und Administraten anstatt Kämpfer. Frieden und Wohlstand machten Kriege überflüssig und stärkten den Stand der Kaufleute. Die Meiji-Restauration von 1867 ersetzte den Samurai-Status durch eine moderne, westlich orientierte Armee. Dies wurde von den Samurai als Verrat am wahren Japan empfunden. Sie blieben bis heute für viele japanischen Oranisationen ein Vorbild, nicht zuletzt für die berühmt-berüchtigten Yakuza, eine kriminelle Vereinigung, die im 17. Jahrhundert entstand.

Die Samurai waren eine militärische Elite und dienten einem Lehnsherrn (*Daimyo*).

Mon-Wappen

Ab dem 12. Jahrhundert wurden im feudalen Japan *Mon* oder *Kamon* – Wappen – verwendet, die Waffen, Fahnen und persönliche Gegenstände der Krieger zierten. Im Vergleich zur komplizierten Heraldik des Westens war ein *Mon* relativ einfach gestaltet; es bestand aus einem aussagekräftigen Symbol innerhalb eines Kreises, die Farbe spielte keine Rolle. Das Symbol konnte militärisch sein, z. B. Pfeile oder auch ein Tier, wie der Schmetterling des Taira-Clans, doch das häufigste Motiv waren Pflanzen. Meist erbte der älteste Sohn das *Mon* seines Vaters, die jüngeren Söhne trugen eine abgewandelte Version. Man schätzt, dass es rund 10 000 *Mons* gab. Lediglich der Kaiser und sein engster Berater hatten ein Wappen, das sonst niemand tragen durfte. Nach der Muromachi-Periode (um 1336–1573) übernahm der Stand der Kaufleute die *Mon*-Tradition und nutzte sie zu Werbezwecken für ihre Unternehmen, sozusagen als modernes Firmenlogo.

Ein Samurai-Helm mit dem *Mon* des jeweiligen Clans.

Traditionelle *Mon*-Wappen Manche waren den Mächtigen des Landes vorbehalten.

Firmenlogos Viele moderne japanische Konzerne haben ein Logo nach *Mon*-Tradition.

Wappen des Kaisers – Wappen des Ersten Ministers – Wappen der Tokugawa-Shogune – Wappen des Taira-Clans – Yamaha – Mitsubishi – Toyota – Benihana

Das Vermächtnis der Samurai

Nach den Reformen der 1860er Jahre ließen mehrere Organisationen den Geist der Samurai wieder aufleben (*unten*), darunter die Genyosha, die 1881 gegründet wurde, mit dem Ziel, Hunderte von Geheimbünden zu vereinen, die jeweils ihr eigenes Erkennungszeichen hatten. Sie war enorm einflussreich und gewalttätig, und sie verwandelte die erste Wahl Japans zu einer konstitutionellen Monarchie 1892 in ein Blutbad. 1895 ermordeten Mitglieder der Genyosha die Königin Koreas und leiteten damit die Invasion Japans in Korea ein, die 50 Jahre dauern sollte. Nachfolger der Genyosha war die Kokuryu-kai, die 1901 gegründet wurde. Sie

Anhänger der Erzkonservativen in historischen Rüstungen der Samurai.

unterstützte die Expansion Japans im asiatischen Raum und war für Gewaltakte gegen Studentenvereinigungen und Gewerkschaften verantwortlich. Die Kokuryu-kai unterwanderte generell jeglichen demokratischen Prozess. Zuweilen arbeitete sie mit den Spielern und Gangstern der Yakuza zusammen, die sich mit der Zeit zu einer der weltweit führenden Mafiaorganisationen entwickelte. Die Yakuza war nicht politisch motiviert, verehrte aber ebenfalls die Samurai-Tradition, die ihren Machenschaften wie Drogen- und Menschenhandel, Schutzgelderpressung, Prostitution usw. Glanz verleihen sollte.

Die Yakuza

Die Yakuza hat einen ausgeprägten Ehrencodex, ähnlich wie die italienische Mafia. Sie ist streng hierarisch aufgebaut, und ein zukünftiges Mitglied muss seinem *Oyabun* (Vater, entspricht dem italienischen Paten) Treue bis in den Tod schwören. Es ist in Japan zwar verboten, sich öffentlich zur Yakuza zu bekennen, doch die oft als Geschäftsmänner getarnten Yakuza beherrschen große Teile des japanischen Banken- und Immobiliengeschäftes, nicht selten findet man ihr Abzeichen auf Firmenschildern. Neben den üblichen Gangster-Attributen wie teurer Kleidung und exklusiven Autos haben die Yakuza seit Jahrhunderten großflächige Tätowierungen als Ausdruck der Gruppenzugehörigkeit, auch um sich als ranghöheres Individuum zu kennzeichnen.

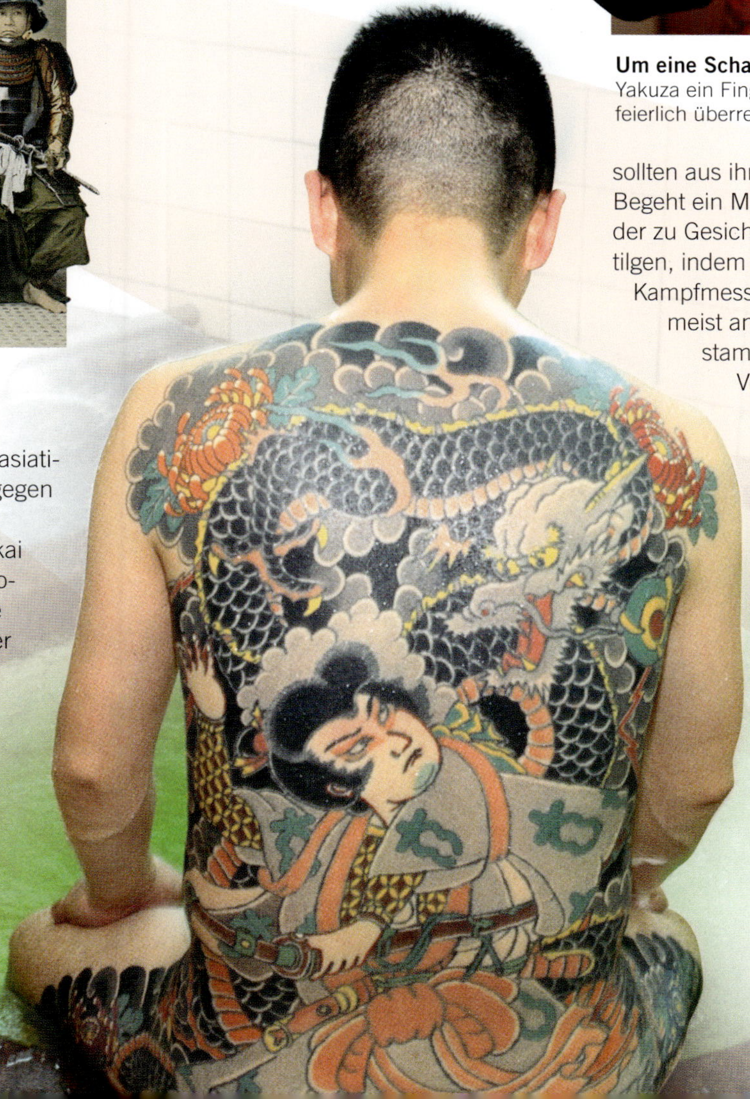

Yakuza-Traditionen

Yakuza sind für ihre Ganzkörper-Tätowierung berühmt – *Horimono*. Die frühen Yakuza waren fast alles Menschen aus der Unterschicht, Glücksspieler, erfolglose Kaufleute u. Ä., die martialischen Tätowierungen

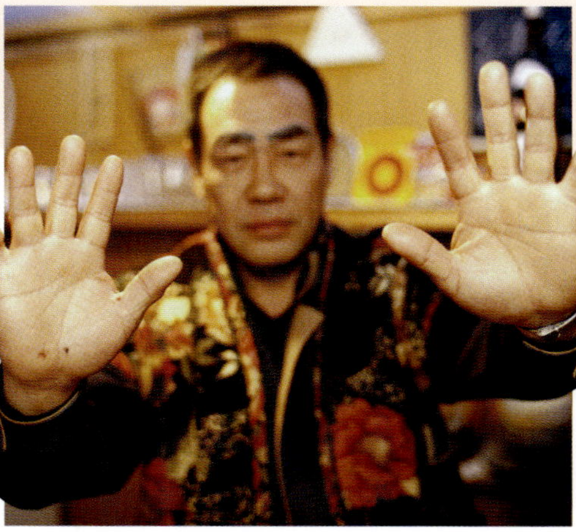

Um eine Schande zu tilgen, trennt sich der Yakuza ein Fingerglied ab, das dem *Oyabun* dann feierlich überreicht wird.

sollten aus ihnen tapfere Krieger machen. Begeht ein Mitglied der Yazuka einen Fehler, der zu Gesichtsverlust führt, kann er diesen tilgen, indem er sich mit einem speziellen Kampfmesser ein Fingerglied abtrennt, meist an der linken Hand. Dieser Brauch stammt aus der Zeit der Samurai: Bei Verlust des kleinen Fingers kann man das Schwert nicht mehr führen. Yakuza pflegen ein aufwendiges Aufnahmeritual, bei dem traditionelle Kleidung getragen und Sake konsumiert wird – zu Ehren der Shinto-Götter. Auf Rituale der Blutsbrüderschaft verzichtet die Yakuza mittlerweile auf Grund der Aidsgefahr.

Jede Tätowierung ist individuell und kennzeichnet die Gang-Zugehörigkeit des Trägers. Es dauert Tage, bis ein solches Kunstwerk vollendet ist. Manche Badehäuser haben ein Tätowierungs-Verbotsschild am Eingang.

Cockney-Reim-Slang

Ein echter Cockney, so heißt es, muss in London in Hörweite der Kirchglocken von Saint-Marie-le-Bow (*links*) geboren worden sein. Die Bevölkerung des Londoner East Ends versorgte die geschäftige Metropole seit jeher mit allem Lebensnotwendigen und hielt den Handel aufrecht. Zur Verwirrung vieler ausländischer Besucher ist die englische Sprache reich an Redensarten, lokalen Dialekten, Slang, ungewöhnlichen Konstruktionen und einem komplizierten Verhältnis zwischen Schreibweise und Aussprache. Ein gutes Beispiel hierfür ist der Cockney-Reim-Slang, der sich im Herzen Londons entwickelte. Dabei wird ein Wort, das man ausdrücken will, durch einen mehrteiligen Ausdruck ersetzt, der sich auf das besagte Wort reimt. Uneingeweihte haben kaum eine Chance, etwas zu verstehen. Heutzutage ist es eine beliebte Wortspielerei, die im gesamten englischen Sprachraum verbreitet ist.

Die Ursprünge des Reim-Slangs

London hatte einst drei riesige Märkte: Billingsgate (Fisch), Covent Garden (*unten*, Gemüse, Früchte und Blumen) und Smithfield (Fleisch). Diese gruppierten sich um die großen Gefängnisse Londons; Newgate und Bridewell in der City, Borough und Clink am Südufer der Themse. Der Cockney-Reim-Slang wurde vermutlich an diesen Orten gesprochen, außerdem in der aufstrebenden Hafengegend Londons. Ursprünglich war er wohl eine Art Gaunersprache, die in den Kneipen, Spelunken und Kaffeehäusern des Londoner East Ends gesprochen wurde, um sich vor neugierigen Polizisten zu schützen. Doch es gibt auch eine harmlosere Erklärung: Gemüsehändler, Fleischer, Fischverkäuferinnen, Hafenarbeiter sowie Träger – ganz zu schweigen von den Gefangenen – wollten schlicht nicht, dass ihre Bosse verstanden, was sie sagten.

Die Träger der Londoner Märkte waren berühmt dafür, Lasten auf ihrem Kopf zu balancieren.

So funktioniert Cockney-Reim-Slang

Statt *head* (Kopf) – reimt sich auf *loaf of bread* (ein Laib Brot) – sagt man *loaf*, z.B.: «Use yer loaf!» (etwa: «Hirn einschalten!»). Statt *lies* (Lügen) – reimt sich auf *pork pies* (Schweinefleischpastete) – sagt man: «Don't tell porkies!» (gemeint: «Spinn nicht rum!»). Statt *years* (im Sinne von lange Zeit) – reimt sich auf *donkey ears* (Eselsohren) – sagt man: «I haven't seen you for donkeys.» (gemeint: «Ich habe dich eine Ewigkeit nicht mehr gesehen.») Statt *look* (Blick) – reimt sich auf *butcher's hook* (Fleischerhaken) – sagt man z. B.: «Have a butcher's!» (gemeint: «Schau mal her!»). Statt *tramp* (im Sinne von Penner) – reimt sich auf *paraffin lamp* (Paraffin-Lampe) – sagt man: «Look at that old paraffin!» (gemeint: «Schau dir den Penner an!»). Es wird also meist nur ein Teil des Reimbegriffs verwendet, um das Wort zu ersetzen, das ausgedrückt werden soll.

Beispiele für Reime und ihre Bedeutung

Adam and Eve	believe (glauben)
All Time Loser	Boozer (Schluckspecht)
Apples (& Pears)	Stairs (Stufen)
Barnet (Fair)	Hair (Haare)
Boat (Race)	Face (Gesicht)
Bottle of Sauce	Horse (Pferd)
Bread (& Honey)	Money (Geld)
Butcher's (Hook)	Look (Blick)
Chew the Fat	Chat (plaudern)
China (Plate)	Mate (Freund)
Dog (& Bone)	Telephone (Telefon)
Duchess (of Fife)	Wife (Ehefrau)
Duke (of Kent)	Rent (Miete)
Frog (and Toad)	Road (Straße)
Frying Pan	Old man (Ehemann)
Garden Gate	Date (Verabredung)
Ham and Eggs	Legs (Beine)
Hampsteads (Heath)	Teeth (Zähne)
Iron (Tank)	Bank (Bank)
Jack-and-Jill	Bill (Rechnung)
Jack (Tar)	Bar
Jam (Jar)	Car (Auto)
Linen (Draper)	Newspaper (Zeitung)
Loaf (of Bread)	Head (Kopf)
Loop (the Loop)	Soup (Suppe)
Mickey (Mouse)	House (Haus)
Mince Pies	Eyes (Augen)
Mother (Hubbard)	Cupboard (Schrank)
Mother's Ruin	Gin
Mutt and Jeff	deaf (taub)
North and South	Mouth (Mund)
Ones and Twos	Shoes (Schuhe)
Oxford (Scholar)	Dollar (US-Währung)
Peas in the Pot	hot (heiß)
Pig (Pig's Ear)	Beer (Bier)
Plates (of Meat)	Feet (Füße)
Porkies (Pies)	Lies (Lügen)
Pork Pies	Eyes (Augen)
Potatoes (Taters, in the Mold)	cold (kalt)
Rabbit (& Pork)	Talk (Gerede)
Scotch Eggs	Legs (Beine)
Sighs and Tears	Ears (Ohren)
Skin (& Blister)	Sister (Schwester)
Tea Leaf	Thief (Dieb)
Teapot (Lid)	Kid (Kind)
Tit for Tat (Titfer)	Hat (Hut)
Tommy (Tucker)	Supper (Abendessen)
Trouble (& Strife)	Wife (Ehefrau)
Whistle (& Flute)	Suit (Anzug)

DIE MAFIA

Verbrecherorganisationen stellen seit jeher die Schattenseite der jeweiligen Gesellschaft dar. Sie haben ihren eigenen Verhaltens- und Kommunikationscodex. Die ersten „organisierten" Gesetzlosen waren sicherlich Banden von Räubern, die am Wegesrand lauerten, und Piraten, die die Weltmeere unsicher machten. Vagabunden, die im losen Verband lebten, gab es bereits im Mittelalter (*siehe S. 128*), doch erst die zunehmende Stadtentwicklung im 19. Jahrhundert führte zum Aufkommen von perfekt organisierten kriminellen Vereinigungen, die weltweit operieren.

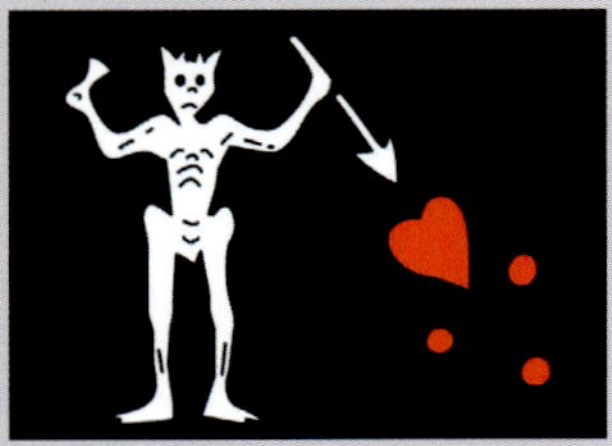

Blackbeards Flagge war eine Abwandlung des weitverbreiteten Totenkopfsymbols.

Piraten

Die Piraten und Freibeuter, die Schiffe auf wichtigen Handelsrouten überfielen, waren hauptsächlich entflohene Sklaven, Leibeigene oder Sträflinge, die häufig im Dienst einer europäischen Macht standen. Trotz ihres zweifelhaften Rufs herrschte unter Piraten ein Ehrencodex, absolute Loyalität gegenüber dem Anführer war selbstverständlich, und auch die Beute wurde in der Regel gerecht aufgeteilt. Blackbeard war ein berühmter englischer Pirat, der in der Karibik sein Unwesen trieb.

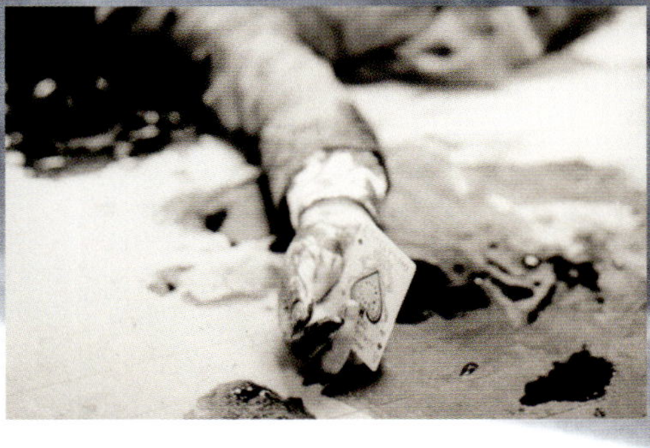

Wie ein Kanarienvogel singen Die Morde der Mafia wurden oft in der Öffentlichkeit begangen und sollten eine Warnung für andere sein. Die Opfer hatten eine Regel verletzt, z.B. jemanden verraten, oder sie waren in „fremdem" Revier aktiv. Das Zurücklassen eines toten Kanarienvogels oder einer Spielkarte bei der Leiche wies auf das jeweilige Vergehen des Ermordeten hin, das gerächt worden war.

Ehrencodex

Unter den vielen Iren, Polen, Russen und Italienern, die Anfang des 20. Jahrhunderts in die USA einwanderten, gab es manche, die jede Gelegenheit ergriffen, um auf illegale Weise an Geld zu kommen. Am erfolgreichsten auf diesem Gebiet waren die Männer aus Süditalien und Sizilien. Vieles aus dem Vokabular der italienischen Mafia ist in den täglichen Sprachgebrauch des modernen Amerika übergegangen. In den 1930er und 1940er Jahren beherrschte *La Cosa Nostra* zahlreiche Großstädte der Vereinigten Staaten.

Big House „Kittchen", damit wurde ursprünglich das Sing-Sing-Gefängnis im Bundesstaat New York bezeichnet.
Consigliere Mittelsmann oder Berater eines Bosses/einer „Familie".
Contract Auftragsmord, „contract" bedeutet eigentlich „Vertrag".
Cosa nostra Wörtlich: „unsere Sache", wurde in der Öffentlichkeit gerne genutzt, um die kriminellen Machenschaften der Mitglieder der Organisation zu verschleiern.
Ding drehen Sich auf kriminelle Weise Geld beschaffen.
Don Oberhaupt einer „Familie", Boss.
Familie Bestimmter Clan der Mafia, die Mitglieder sind nicht zwingend blutsverwandt.
G-man Das „G" steht für *government*, also Regierung, gemeint sind FBI-Beamte. Den Begriff prägte der Gangster George „Machine-Gun" Kelly 1937 bei seiner Festnahme durch FBI-Männer: «Nicht schießen, G-men.»
Hit Deutsch: „Hieb, Schlag", bei der Mafia ein Auftragsmord.
Kanarienvogel Jemand, der bei der Polizei „singt".
Made To be „made", „gemacht zu werden" bedeutet, formal in eine Familie, also einen Mafiaclan, aufgenommen zu werden.
Masche Trick, Schwindel.
Omertà Mit diesem Begriff bezeichnen Mafiosi die Pflicht, über die Mitglieder und die Aktivitäten der Organisation zu schweigen. Ein Verstoß dagegen wurde mit dem Tod bestraft. Ab den 1960er Jahren kam es bei Strafverfahren zu Verständigungen mit Polizei und Justiz, um das Schweigeprinzip zu umgehen: Zeugenschutzprogramme sorgten dafür, dass Mafiosi aussagen konnten. Berühmte Mafia-Kronzeugen in Prozessen waren unter anderen Joe Valachi und Henry King.
Onore Ehre, Mafiosi begreifen sich als „Ehrenmänner", die Ehrverletzung eines Mafioso oder seiner Familienangehörigen hat sofortige Konsequenzen zur Folge.
Stoolie pigeon „Spitzeltaube", jemand, der bei der Polizei „alles ausplaudert".
Turf Eigentlich „Rasen", bei der Mafia ein von einer Gang kontrolliertes Gebiet.
Uomini d'onore „Ehrenmänner", in Sizilien nannten sich alle Mafiamitglieder Ehrenmänner.
to whack Eigentlich jemanden verprügeln, bei der Mafia töten.
Wiseguy Slang für einen Mafioso.

Organisiertes Verbrechen in England

Die Zwillinge Ronnie und Reggie Kray (*oben*) aus dem Londoner East End waren genauso berühmt wie die Königinmutter. In den 1950er Jahren herrschten die beiden Profiboxer über ein eindrucksvolles Schutzgeldimperium. Sie wurden später wegen Körperverletzung, Nötigung, Erpressung, Betrug und zwei Morden zu 30 Jahren Gefängnis verurteilt. Ronnie starb 1995, Reggie 2000, an ihren Begräbnissen nahmen jeweils Tausende Londoner teil. Die moderne britische Gaunersprache enthält Elemente des „Cockney-Reim-Slang" ***(siehe S. 132).***

Grand	£1000
Monkey	£500
Ton	£100
Pony	£25
Cock-and-hen (ten, zehn)	£10
Beehive (five, fünf)	£5
Blag	Bluff
Boiler	Dampfkessel (ältere Frau)
Carpet	Jahr im Gefängnis
Dot-and-dash	Cash
Drum	Zimmer
Flash/front	Gesicht
Form	Strafregister
Have it away	stehlen/ Geschlechtsverkehr
John (Bull)	Zugriff, Festnahme
Kettle	Handschelle
Kick	Tasche
Kite	Wechsel
Knock	Kredit
To lamp	ausspähen
Lifters	Hände
Manor	Viertel
Minted	reich
Mob-handed	Gang von drei Leuten
To moisher	wandern
Morrie	OK-Person
Nishte	nichts
Nosh	Essen
The old	Schulden
Old Bill/ Uncle Bill	Polizei
Punter	Spieler oder Person mit Geld
Rabbit	plaudern
Readies	Bargeld
Screw	Gefängnisaufseher
Shickered	pleite
Six-and-eight	ehrlich, direkt
Skint	pleite
Slush	Fälschung
Snout	Tabak
Spieler	illegale Spielhöhle
Stay shtum	schweigen
Stubs	Zähne
Sus/suss	argwöhnen/ verstehen
Tealeaf	Dieb
Tomfoolery	Schmuck
To top	töten
Twirl	Schlüssel, eigentlich: Schnörkel, Wirbel

ZEICHENSPRACHE DER TRAMPS

Sowie die Eisenbahnlinien den amerikanischen Westen erschlossen hatten, boten die in die Ferne weisenden Gleise Hoffnung und Perspektiven für Gelegenheitsarbeiter. Gegen Ende des 19. Jahrhunderts strömten nicht nur zahllose Immigranten aus Europa und Asien in die USA (viele wirkten an der Errichtung von Straßen und Bahnlinien mit), sondern es gab auch unzählige einheimische Saisonarbeiter, die ständig kreuz und quer durchs Land reisten, um einen Essenscoupon zu ergattern oder um für ihre Schufterei am Gewinn einer Goldmine beteiligt zu werden.

In wirtschaftlich schwierigen Zeiten, besonders während der Großen Depression, blieb immer noch der Ausweg, auf einen Zug zu springen und in eine ferne und unbekannte Zukunft zu reisen – sei es, um sich an Ölbohrstellen zu verdingen oder ein gottverlassenes Nest hinter sich zu lassen, um endlich die Lichter einer Großstadt zu genießen. Im Zuge des „New Deal" von Roosevelt wurden in den 1930er Jahren die Straßen besser ausgebaut, was dazu führte, dass sich noch mehr Menschen auf den Weg machten. Unter diesen Wanderarbeitern entwickelte sich ein ganz eigene Subkultur, die unter anderem von Künstlern wie Woodie Guthrie besungen wurde.

> «Also, ich war hier un' dort, bin fast überall rumgewandert.»
>
> **WOODY GUTHRIE, *BOUND FOR GLORY* (1943)**

Hobo-Sprache

Mit „Hobo" wurden die US-Wanderarbeiter bezeichnet. Der Begriff leitet sich von „Hoe boy" ab. „Hoe" bedeutet „Hacke" – viele Wanderarbeiter arbeiteten auf Farmen und trugen eine Hacke bei sich. Die Hobos entwickelten eine eigene Codesprache, um sich vor Verfolgungen durch Gesetzeshüter zu schützen.

Accommodation car (Komfortwagen) Begleitwagen eines Güterzuges
Angelina Jugendlicher, der noch grün hinter den Ohren ist
Banjo Kleine Reise-Bratpfanne
Barnacle (Klette) Person, die bei einem Job bleibt
Big house (großes Haus) Gefängnis
Bone polisher (Knochenpolierer) Bissiger Hund
Buck Katholischer Priester, der einen Dollar (Buck: Slang für Dollar) wert ist
Bull (Bulle) Bahnbeamter
Cannonball (Kanonenkugel) Schneller Zug
Catch the westbound (Zug nach Westen erwischen) sterben
Chuck a dummy (den Ölgötzen spielen) Eine Ohnmacht vortäuschen
Cover with the moon (sich mit dem Mond zudecken) Im Freien schlafen
Cow crate (Kuhbox) Eisenbahnwagon
Crumbs (Krümel) Läuse
Doggin' it (auf den Fersen bleiben) Mit dem Greyhound-Bus reisen
Easy mark (leichtes Opfer) Person oder Ort, wo es Essen und Obdach gibt
Honey dipping (Honig schöpfen) In einem Abwasserkanal arbeiten
Hot (Heiß) Hobo auf der Flucht
Hot shot (Teufelskerl) Expressgüterzug
Jungle (Dschungel) Treffpunkt oder Lager von Hobos
Knowledge bus (Schlaumeierbus) Schulbus, den man zum Übernachten nutzt
On the fly (im Flug) Auf einen fahrenden Zug aufspringen
Spear biscuits (Spieß-Kekse) In Abfalltonnen nach Essen suchen
Yegg (Landstreicher) Berufsdieb, der durch die Gegend fährt

Kreidezeichen der Hobos

Hobos hinterließen einander mit Kreide gemalte Zeichen auf Waggons, Wegweisern, Zaunpfählen, Ortsschildern und Briefkästen. Damit lieferten sie sich wertvolle Hinweise, die über Leben oder Tod – oder Gefängnis – entscheiden konnten.

1 Hauptstraße gut zum Betteln.
2 Bei zu viel Geld droht Gefängnis.
3 In der Stadt gibt es Saloons.
4 Prohibition: trockene Stadt
5 Polizei mag keine Tramps.
6 Straße, nicht dem Gleis folgen.
7 Bahnpolizei freundlich
8 Bahnpolizei feindselig
9 Feindselige Stadt. Schnell weg.
10 Kirche oder religiöse Leute
11 Hier wohnen gute Menschen.
12 Zänkische Frau/bissiger Hund
13 Hier ist es OK, viele Schwarze.
14 Im Knast gibt es Läuse.
15 Sauberer, ordentlicher Knast
16 Knast OK, aber nichts zu essen.
17 Knast verdreckt.
18 Warte auf benannte Person.
19 Stadt umgehen.
20 Knast gut für Übernachtung.
21 Polizei streng. Achtung!
22 Polizei freundlich zu Tramps.
23 Leute sind geizig.
24 Hier wohnt ein übler Kerl.
25 Stadtpolizei trägt zivil.
26 Hier wohnt eine Polizistin.
27 Gefahr!
28 Alleinstehende Frau
29 Zwei Frauen. Gute Story erzählen.
30 Gefahr! Brutaler Kerl.
31 Hier Fahrgeld besorgen.
32 Hier ist ein Verbrechen passiert.
33 Hier wohnt ein Hehler.
34 Hund im Garten
35 Man darf im Heuboden schlafen.
36 Hier kriegt man vielleicht Geld.
37 Hier ist nichts zu holen.
38 OK hier. Man kriegt Essen.
39 Arme Leute
40 Übernachtungsmöglichkeit

Polizei-Codes

Bei polizeilichen Ermittlungen werden viele Spuren gesammelt und verfolgt. Längst greift man dabei auch auf umfangreiche Datenbanken zurück. Die erfolgreiche Auswertung der Daten gleicht der Arbeit eines Codebrechers: Das Zusammensetzen der verfügbaren Indizien kann zur genauen Rekonstruktion des Verbrechens und zur Überführung des Täters führen. Genauso wichtig sind jedoch wissenschaftliche Methoden, mit denen sich selbst ein einziges Haar zuordnen lässt. Heutzutage arbeiten Polizisten und Gerichtsmediziner Hand in Hand, vor allem DNA-Tests liefern eindeutige Beweismittel, um zu bestimmen, wer ein Verbrechen begangen hat.

Die Schwarze Hand

***La Mano Nera* war eine italienisch-amerikanische Verbrechergang zu Beginn des 20. Jahrhunderts, ein Vorläufer der *Cosa Nostra.* Diese Gang schickte ihren Opfern Drohbriefe: Entweder sie zahlten Geld, oder sie mussten sterben. Die Briefe waren mit dem schwarzen Tintenabdruck einer Hand unterzeichnet. 1908 gab es allein in New York 424 Fälle. In Chicago starben zwischen 1910 und 1914 über 100 Menschen durch die Schwarze Hand, außerdem gab es 55 Bombenanschläge. Als 1920 die Prohibition eingeführt wurde, wandte sich die Schwarze Hand dem Alkoholschmuggel zu. Da inzwischen die Fingerabdruckanalyse relativ weit gediehen war, unterzeichnete die Gang ihre Schreiben mit einer ungelenk gezeichneten schwarzen Hand.**

Ignazio Saietta (1877–1947), auch „Lupo der Wolf" genannt, war einer der Anführer der Schwarzen Hand. Er galt als Folterspezialist und quälte seine Opfer in einem Haus in Brooklyn in New York. Dort fand man 60 Leichen, konnte aber Saietta nichts nachweisen, er landete lediglich zweimal im Gefängnis, einmal wegen Verbreitung von Falschgeld und einmal wegen Schutzgelderpressung.

Physionomie eines Verbrechers

Gegen Ende des 19. Jahrhunderts versuchte man, einen „Verbrechertypus" festzulegen. Äußere Form und Umfang des Schädels sollten Rückschlüsse über Persönlichkeit, Intelligenz und Moral einer Person zulassen. Diese zweifelhafte Methode wurde von dem französischen Kriminalist Alphonse Bertillon (1853–1914) entwickelt, der unzählige Gefängnisinsassen sorgfältig vermaß und fotografierte. Immerhin fand Bertillion heraus, dass es keine zwei Menschen mit dem gleichen Körpermaß gab, und lieferte damit einen wichtigen Beitrag zur Personenidentifizierung. Außerdem beschäftigte er sich mit der Analyse von Handschriften und hielt diese für ein unverwechselbares Kennzeichen. Leider können Handschriften gefälscht, imitiert oder fehlinterpretiert werden. Das erfuhr Bertillion 1894 am eigenen Leib, als er in der Dreyfus-Affäre ein falsches Schriftgutachten erstellte, das letztlich zur Verurteilung des Unschuldigen führte. Das Urteil gegen Alfred Dreyfus wurde 1899 wieder aufgehoben.

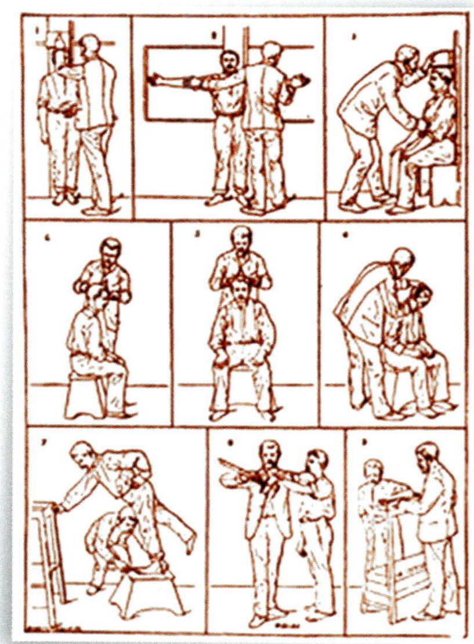

Auszug aus Bertillons Werk über anthropometrische Identifikation von Kriminellen durch Vermessung.

Untersuchung von Fingerabdrücken

1892 wurde die polizeiliche Aufklärungsarbeit revolutioniert: der argentinische Polizist Juan Vucetich (1858–1925) konnte einen Doppelmord mit Hilfe eines blutigen Fingerabdrucks am Tatort aufklären. Das erste Büro für Erkennungswesen wurde 1897 in Kalkutta, Indien, eröffnet. Dessen Leiter Sir Edward Richard Henry (1850–1931) sowie seine Assistenten Azizul Haque und Hemchandra Bose klassifizierten Muster von Fingerabdrücken und erfassten sie im sogenannten „Henry-System". Das Henry-System wurde 1901 von Scotland Yard und vom New Yorker Berufsbeamtenausschuss übernommen. Innerhalb eines Jahrzehnts wurde es ein international anerkanntes Verfahren für die Erfassung und Identifizierung von Straftätern.

Heute erstellen Computer eine geometrische und topographische Analyse des Fingerabdrucks, den die Polizei am Tatort gefunden hat, und vergleichen das Ergebnis mit den im Archiv gespeicherten Fingerabdrücken.

«Es würde mich nicht wundern, wenn das die komplexeste Chiffre war, die das FBI seit Kriegsende gesehen hat.»

BRUCE SCHNEIER, KRYPTOGRAPHIE-EXPERTE

Der Unabomber

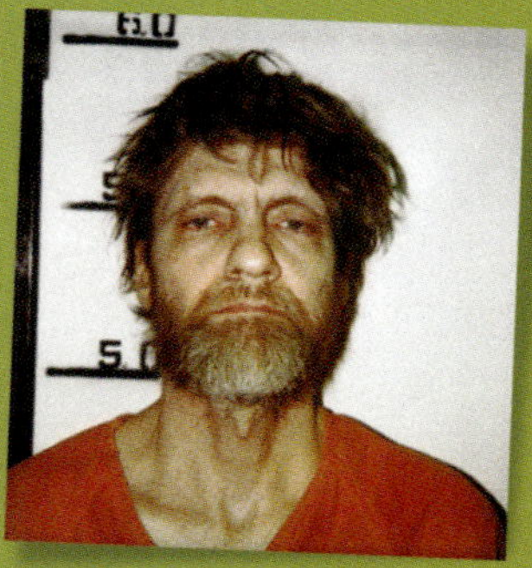

Einen aufsehenerregenden Fall lieferte ein mutmaßlicher Bombenleger, der zwischen 1978 und 1995 16 Briefbomben an verschiedene Personen in den USA verschickte. Theodore Kaczynski (geb.1942) wurde 1996 vom FBI in einer Hütte in den Bergen von Montana verhaftet und später zu lebenslanger Freiheitsstrafe ohne Möglichkeit auf Bewährung verurteilt.

Bevor seine Identität festgestellt werden konnte, bezeichnete man den Täter als „Unabomber" (*university and airline bomber*), da die Bomben in erster Linie an Universitätsprofessoren und Vorstandsmitglieder von Fluggesellschaften geschickt wurden. Durch die Briefbomben wurden drei Menschen getötet und 23 verletzt. 1995 verschickte Kaczynski ein anonymes Manifest mit dem Titel *Die industrielle Gesellschaft und ihre Zukunft*. Darin bot er an, die Bombenattentate einzustellen, falls sein Werk in einer bekannten Zeitung veröffentlicht werden würde. Sein jüngerer Bruder David erkannte seinen Schreibstil und verständigte die Polizei.

Bevor er sich aufs Land zurückzog, hatte Kaczynski an der Universität von Harvard Mathematik studiert und dieses Fach in Berkeley gelehrt. Das FBI fand in seiner Hütte unzählige Blätter, die eng mit Zahlen und Kommata beschrieben waren. FBI und Kryptoanalytiker standen vor einem Rätsel, bis ein Notizbuch entdeckt wurde, das zwei Schlüssel zur Chiffre enthielt (*links und unten*). Die Behörden gaben erst 2006 bekannt, dass der Code geknackt wurde.

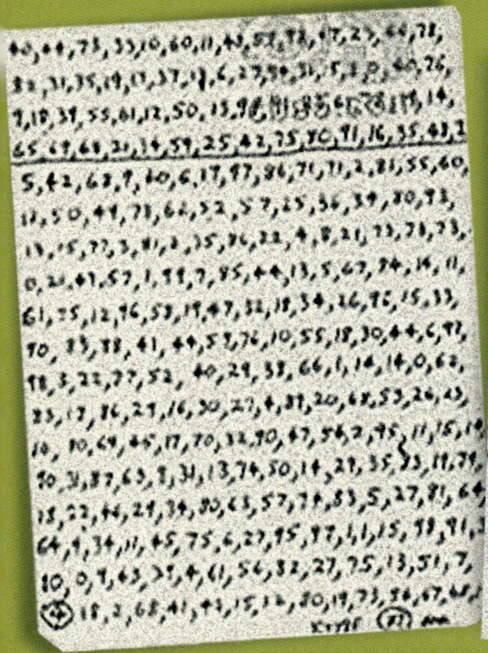

Kaczynskis Chiffre bestand aus Zahlenreihen, die er auf unzähligen Blättern notiert hatte. Bis sein Notizbuch entdeckt wurde, konnten die Ermittler damit nichts anfangen. Das Buch enthielt einen kunstvollen Schlüssel.

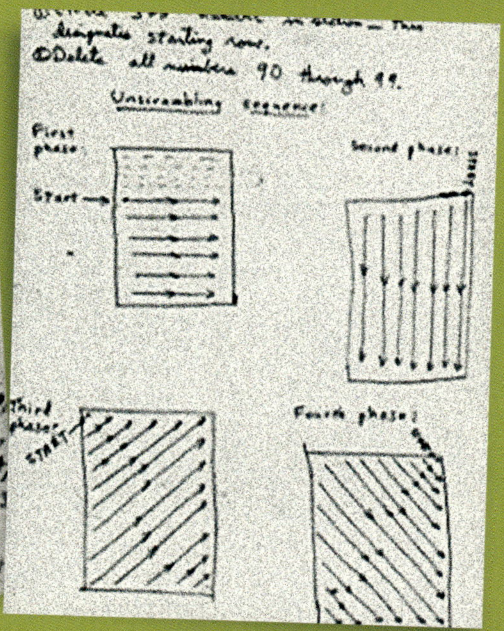

Diese Skizze zeigt, in welchen Schritten die Zahlen gelesen, addiert, subtrahiert oder mulitpliziert werden müssen, um anschließend paarweise zu neuen Zahlenreihen formiert zu werden.

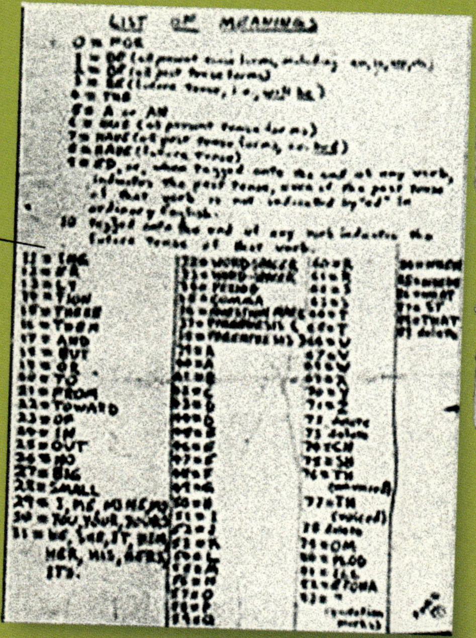

Genaue Bedeutung Der Schlüssel war wie ein Lexikon aufgebaut; jede Zahl, die durch die Ausführung der Schritte entstand, die Kaczynski vorgegeben hatte, sollte eine spezielle Bedeutung haben.

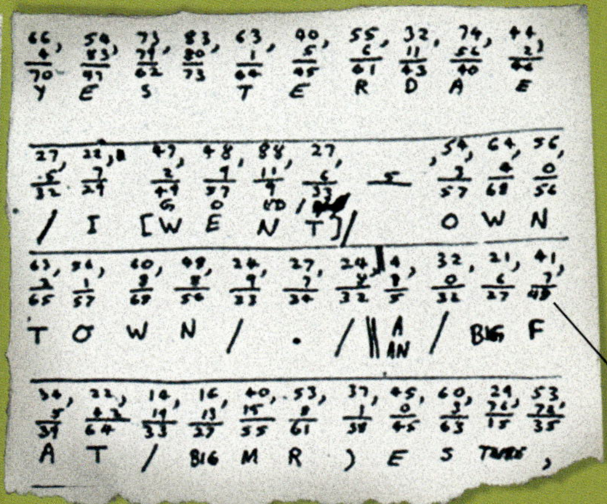

Das Notizbuch lieferte ein Verzeichnis mit Bedeutungen (*links*), das die Zahlen mit Buchstaben des Alphabets verband, mit bekannten Buchstabenkombinationen und kurzen Worten. Mit Hilfe dieses Verzeichnisses konnte man die Entzifferung in Angriff nehmen (*oben*).

Entschlüsselung Nachdem man die Berechnungen dechiffriert hatte, traten allmählich die Aktivitäten des Bombenlegers zutage.

Der Zodiac-Mörder

In Kinofilmen spielen Serienkiller gerne Katz und Maus mit der Polizei, doch im wahren Leben stehen die ermittelnden Beamten unter enormem Druck, der weit davon entfernt ist, ein Spiel zu sein. Schließlich gilt es, weitere Opfer zu vermeiden, und die Täter liefern selten Hinweise, die zu ihrer Festnahme führen. Jack the Ripper wurde nie gefasst, obwohl jemand der Polizei Beschreibungen der Opfer und der Taten zukommen ließ. Ein Serienmörder, der sich selbst das Pseudonym „Zodiac" verlieh, hielt die Polizei im Raum San Francisco Ende der 1960er Jahre jahrelang in Atem.

Die Überfälle

Am 27. September 1969 wurden Cecilia Shepard und Bryan Hartnell in einem Park am Lake Berryessa überfallen. Der Täter stach auf die am Boden liegende Shepard ein und verletzte Hartnell mit sechs Messerstichen schwer. Dank Hartnells Beschreibung konnte ein Phantombild (*oben*) erstellt werden. Der Täter trug einen schwarzen Mantel mit Henkerskapuze und einem Zodiac-Symbol auf der Brust. Auf die Tür von Hartnells Wagen schrieb er mit einem Filzstift Datum und Methode des Mordes, außerdem hinterließ er sein Zeichen, Kreuz und Kreis.

Entgegen der Behauptungen des Zodiac gab es offiziell nur fünf Morde, die auf sein Konto gehen. Zu seinen ersten Opfern zählten David Arthur Faraday und Betty Lou Jensen, die am 20. Dezember 1968 in Lake Herman Road, nördlich von San Francisco, erschossen wurden.

Am 4. Juli 1969 wurde in Blue Rock Springs ein weiteres Liebespaar angegriffen: Darlene Elizabeth Ferrin starb, ihr Begleiter Michael Renault Mageau überlebte schwer verletzt.

Am 11. Oktober 1969 wurde der Taxifahrer Paul Lee Stine vom Zodiac-Killer erschossen.

«Lieber Herausgeber, ich bin der Mörder»

Der Zodiac-Killer lauerte in den Parks der San Francisco Bay jungen Liebespaaren und Frauen auf. Er ermordete zwischen Dezember 1968 und Oktober 1969 fünf Menschen, zwei weitere überlebten verletzt. Manche gehen davon aus, dass er bereits 1966 zuschlug und bis 1974 weiter mordete. Wenn man seinen eigenen Angaben Glauben schenken darf, handelte es sich um insgesamt etwa 40 Opfer. Der Täter sandte jahrelang bizarre Briefe an Lokalzeitungen, einige waren mit Symbolen und mittelalterlichen Zeichen codiert (*siehe S. 142*). Der erste und längste Brief wurde am 31. Juli 1969 in drei Teilen an den *Vallejo Times-Herald*, den *San Francisco Chronicle* und den *San Francisco Examiner* geschickt. Jede codierte Botschaft war mit einem hingekritzelten Anschreiben versehen, das Details enthüllte, die nur der Polizei bekannt waren. Zodiac verlangte die Veröffentlichung zweier Botschaften neben den Anschreiben (in denen er sich unter anderem zu den Taten in Lake Herman Road und Blue Rock Springs bekannte). Der Fall erregte großes Aufsehen. Die Polizei gab forensische Tests sowie Handschriftengutachten in Auftrag und übergab die codierten Texte an Kryptoanalytiker. Das Lehrerehepaar Donald und Bettye Harden konnte einen Großteil der Texte nach wenigen Tagen entschlüsseln. Trotzdem konnte die Identität des Zodiac niemals restlos geklärt werden.

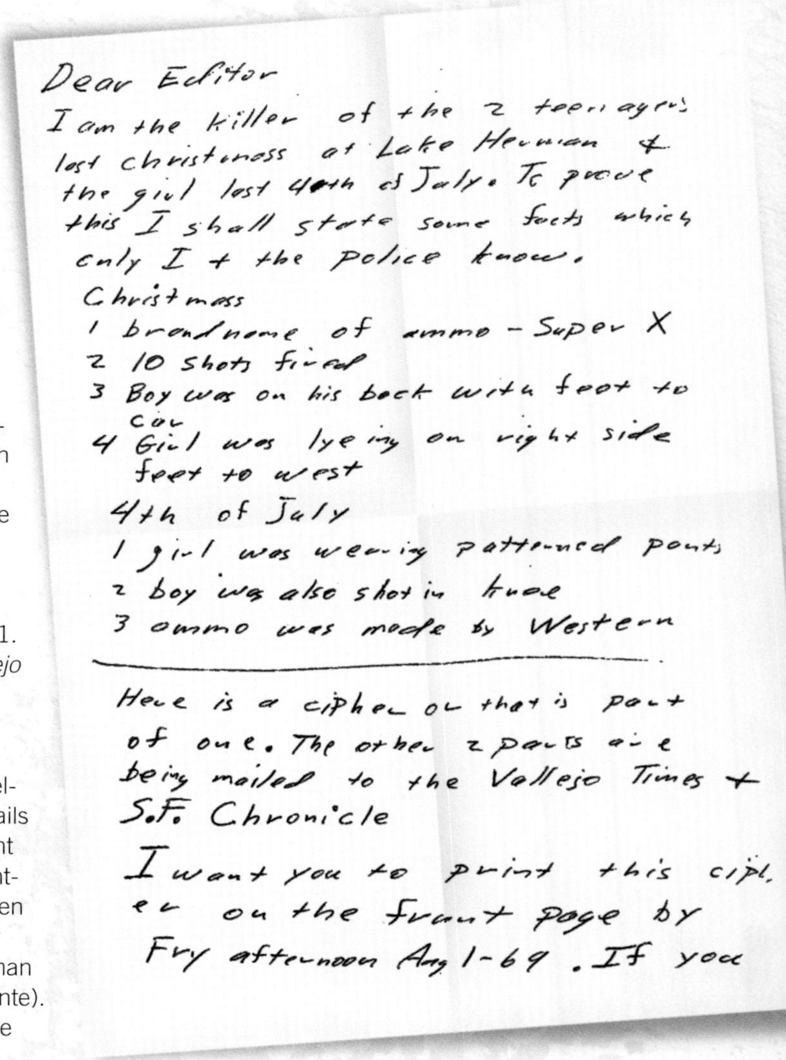

Dear Editor
I am the killer of the 2 teenagers last christmass at Lake Herman & the girl last 4th of July. To prove this I shall state some facts which only I & the police know.
Christmass
1 brand name of ammo - Super X
2 10 shots fired
3 Boy was on his back with feet to car
4 Girl was lyeing on right side feet to west
4th of July
1 girl was wearing patterned pants
2 boy was also shot in knee
3 ammo was made by Western

Here is a cipher or that is part of one. The other 2 parts are being mailed to the Vallejo Times & S.F. Chronicle
I want you to print this cipher on the front page by Fry afternoon Aug 1-69. If you

Das Anschreiben an den *San Francisco Examiner*, das dem ersten Teil der codierten Botschaft beilag. Die Anschreiben enthielten Details über die Morde, die nur der Polizei bekannt waren.

Die Entschlüsselung

Die erste codierte Botschaft des Zodiac bestand aus 408 Zeichen, die in 24 Reihen à 17 Symbolen oder Buchstaben angelegt waren. Sie war auf ein Blatt Papier geschrieben worden, das anschließend in drei Teile geschnitten wurde. Der Text war homophon verschlüsselt worden, jedoch nicht einheitlich, und er enthielt Rechtschreibfehler, die vielleicht absichtlich gemacht wurden. Die Hardens suchten nach typischen Kombinationen wie „töten" und „ich", schließlich hatten sie es mit einem Egomanen zu tun, der vom Morden sprach. Die Häufigkeitsanalyse gab ihnen Recht: Zodiac hatte bestimmte Buchstaben durch zwei oder mehr Zeichen oder durch Symbole ersetzt.

Die Schlüsselwörter sind hier rot gekennzeichnet. Nachdem die Hardens diese herausgefunden hatten, konnten sie sich an die Entzifferung machen. Einige Symbole, die in die Irre führen sollten, sind blau unterlegt. Der Buchstabe „I" (englisch: „Ich") wurde interessanterweise abwechselnd durch ein Dreieck, durch „P", „U" und ein verkehrt herum geschriebenes „K" ersetzt.

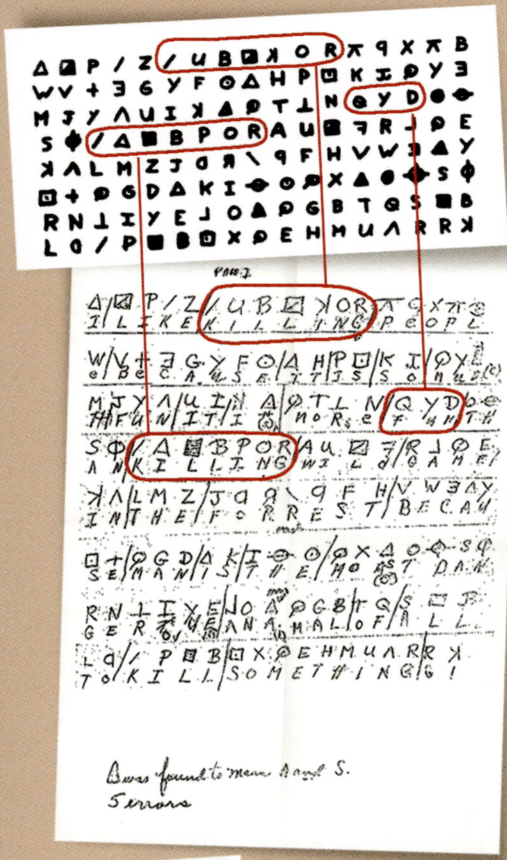

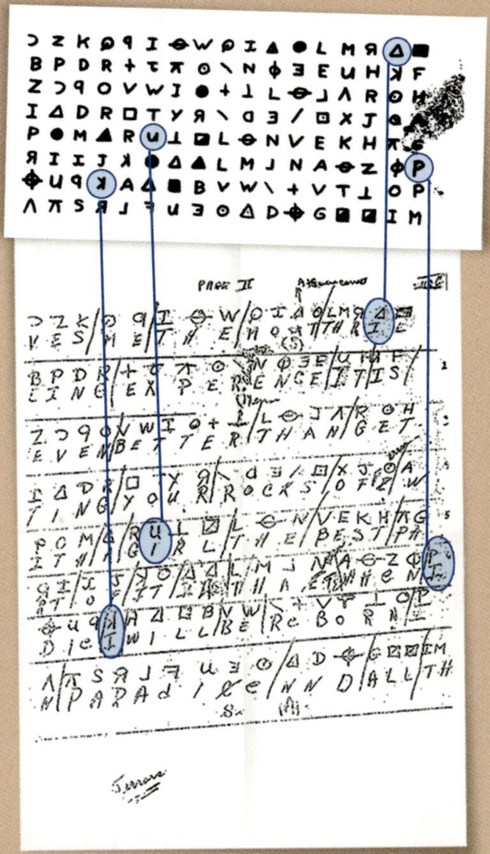

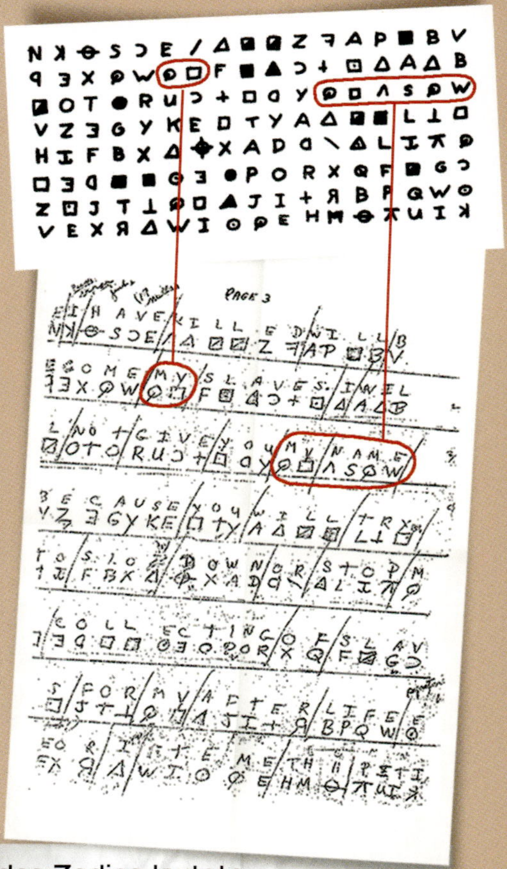

Donald Harden und seine Frau Bettye suchten nach Schlüsselworten des Codes.

Die letzten 18 Buchstaben der Botschaft konnten die Hardens nicht entziffern. Die Anschreiben vermittelten den Eindruck, dass der Täter ungebildet sei. Vielleicht war das beabsichtigt. Der Zodiac scheint einen kranken, verwirrten Geist gehabt zu haben. Das Ehepaar Harden gewann einen erschütternden Einblick in seine Psyche. Teile des Codes konnten bis heute nicht entschlüsselt werden und geben Kryptoanalytikern noch immer Rätsel auf. Dieser ungelöste Kriminalfall wurde mehrfach verfilmt und lieferte den Stoff für unterschiedlichste Verschwörungstheorien.

Die Botschaft des Zodiac lautete:

«ICH TÖTE GERNE MENSCHEN, WEIL ES SO VIEL SPASS MACHT. ES MACHT MEHR SPASS, ALS WILD IM WALD ZU TÖTEN, DENN DER MENSCH IST DAS GEFÄHRLICHSTE WILD. TÖTEN IST DAS AUFREGENDSTE, BESSER NOCH, ALS EIN MÄDCHEN ZU VÖGELN. DAS BESTE IST, WENN ICH GESTORBEN BIN UND IM PARADIES WIEDERGEBOREN WERDE, SIND ALLE, DIE ICH GETÖTET HABE, MEINE SKLAVEN. ICH WERDE EUCH MEINEN NAMEN NICHT NENNEN, IHR WERDET VERSUCHEN, MEIN SAMMELN VON SKLAVEN FÜR DAS JENSEITS ZU VERHINDERN ODER ZU VERLANGSAMEN.»

Schreckgespenst Zodiac

Das Tierkreis-Symbol, das der Mörder durchgehend als Signatur nutzte. Es stammt aus dem Mittelalter und erinnert zudem an das Fadenkreuz eines Präzisionsgewehrs.

Es war den Hardens zwar gelungen, Zodiacs erste Botschaft zu entziffern, doch das Morden ging weiter. Auch trafen weiterhin Briefe beim *San Francisco Chronicle* ein. Die letzte, dem Zodiac-Mörder zugeschriebene Botschaft stammt aus dem Jahr 1974. Die Schreiben enthüllten einen geltungssüchtigen Mörder, der sich mit seinen Gräueltaten brüstete und weitere ankündigte. Seine zweite Briefsendung an die Lokalzeitung konnte bis heute nicht entschlüsselt werden. Man hat niemals herausgefunden, wer sich hinter dem Pseudonym Zodiac verbarg.

Die späteren Briefe

Sie enthielten eine Wertungsliste, die die Zahl seiner angeblichen Opfer (insgesamt 37) mit der Aufklärungsrate der Polizei von San Francisco (0) verglich. Die Verbrechen konnten tatsächlich auch nach über 30 Jahren nicht geklärt werden. Es gab zwar mehrere Verdächtige, doch keiner konnte überführt werden. Offenbar war der Zodiac-Mörder zwei Jahre lang aktiv. Seine Akte musste mit dem Vermerk „ungelöst“ geschlossen werden.

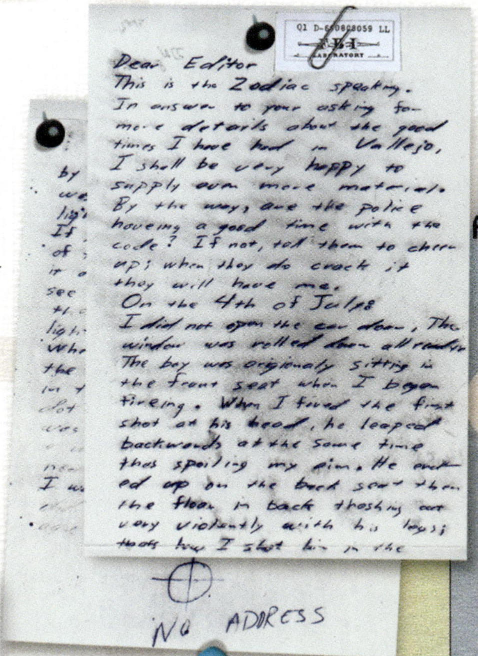
Dear Editor
This is the Zodiac speaking.
In answer to your asking for more details about the good times I have had in Vallejo, I shall be very happy to supply even more material. By the way, are the police haveing a good time with the code? If not, tell them to cheer up; when they do crack it they will have me.
On the 4th of July
I did not open the car door, The window was rolled down all ready. The boy was origionaly sitting in the front seat when I began fireing. When I fired the first shot at his head, he leaped backwards at the same time thus spoiling my aim. He ended up on the back seat then the floor in back thashing out very violently with his legs; thats how I shot him in the

NO ADDRESS

«Hier spricht der Zodiac» So leitete der Killer einen Brief an den *Vallejo Times-Herald* ein, der den Posteingangsstempel 4. August 1969 trägt. Es war der erste Brief, der mit dem Tierkreis-Symbol unterzeichnet war.

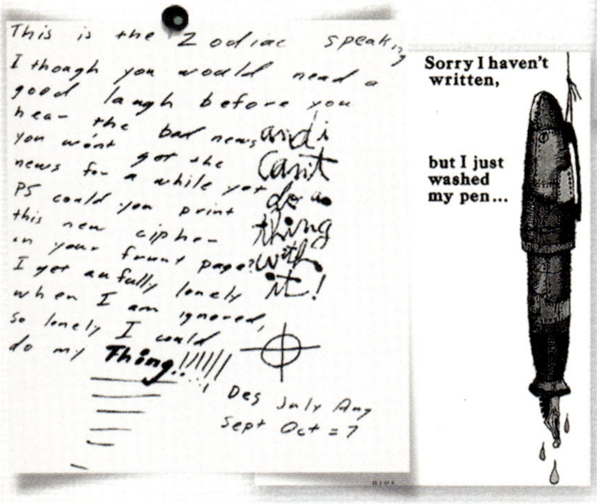
This is the Zodiac speaking
I though you would need a good laugh before you hear the bad news you won't get the news for a while yet
PS could you print this new cipher in your front page? I get awfully lonely when I am ignored, so lonely I could do my Thing!!!!!!
Des July Aug Sept Oct = 7

«Tut mir Leid, dass ich nicht geschrieben habe» Diese einfache Karte wurde am 8. November 1969 an den *San Francisco Chronicle* geschickt, zusammen mit einer zweiten codierten Botschaft, deren Inhalt die Hardens trotz intensiver Bemühungen nicht entziffern konnten.

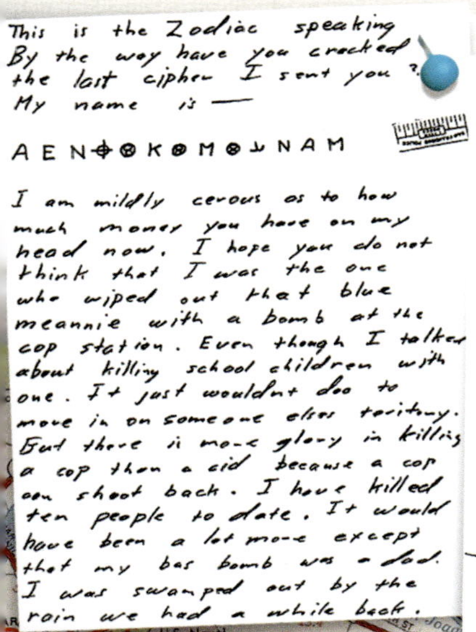
This is the Zodiac speaking
By the way have you cracked the last cipher I sent you?
My name is —

I am mildly cerous as to how much money you have on my head now. I hope you do not think that I was the one who wiped out that blue meannie with a bomb at the cop station. Even though I talked about killing school children with one. It just wouldn't doo to move in on someone elses teritory. But there is more glory in killing a cop than a cid because a cop can shoot back. I have killed ten people to date. It would have been a lot more except that my bus bomb was a dud. I was swamped out by the rain we had a while back.

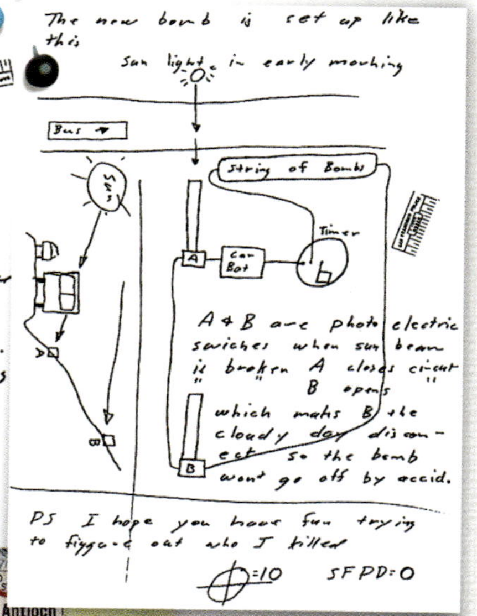
The new bomb is set up like this

A & B are photo electric swiches when sun beam is broken A closes circut " " B opens which makes B the cloudy day dis-con-ect so the bomb won't go off by accid.

PS I hope you have fun trying to figgure out who I killed

=10 SFPD=0

„Mein Name ist …“

Der *San Francisco Chronicle* hatte einen Brief erhalten, der am 9. November 1969 aufgegeben worden war. Darin drohte Zodiac, einen Schulbus mit einer Bombe zu sprengen. Dieser Plan wurde nie ausgeführt, aber gute fünf Monate später, am 20. April 1970, traf eine weitere Ankündigung eines Bombenanschlags bei der Zeitung ein, der zum ersten Mal eine Wertungsliste beigefügt war: Zodiac = 10; Polizei = 0 . Noch brisanter für die Ermittler war, dass er seinen wahren Namen als Code nannte, der jedoch niemals entziffert werden konnte Die Figur des Scorpio-Killers in dem Film *Dirty Harry* wurde durch den Zodiac-Killer inspiriert.

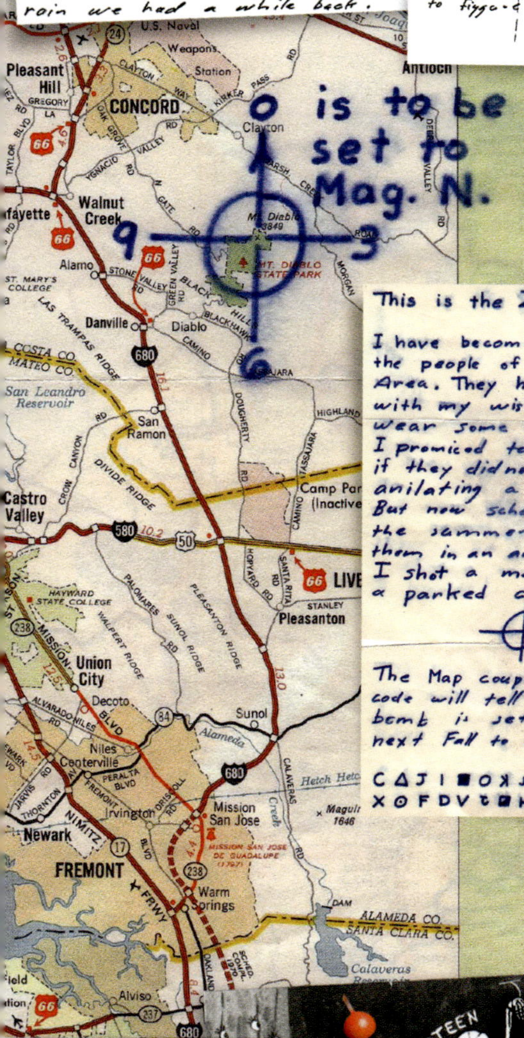

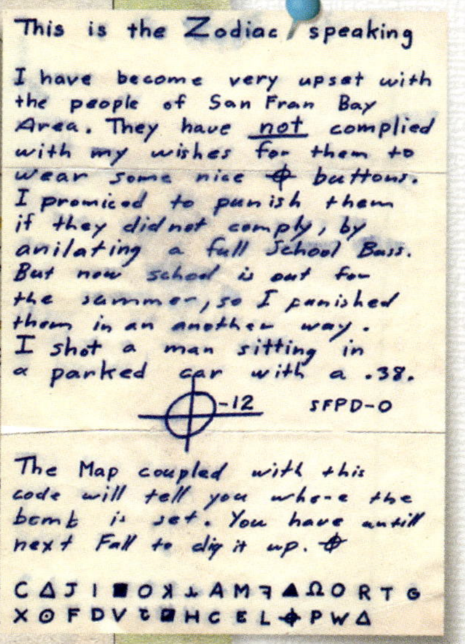
This is the Zodiac speaking

I have become very upset with the people of San Fran Bay Area. They have not complied with my wishes for them to wear some nice buttons. I promiced to punish them if they did not comply, by anilating a full School Buss. But now school is out for the summer, so I punished them in an another way. I shot a man sitting in a parked car with a .38.

-12 SFPD-0

The Map coupled with this code will tell you where the bomb is set. You have untill next Fall to dig it up.

Im Rampenlicht

In jener Zeit war es Mode geworden, das Friedenszeichen oder einen Smiley als Button zu tragen. Der Killer hatte inzwischen realisiert, dass er eine schreckliche Berühmtheit erlangt hatte, und schlug dem *Chronicle* am 26. Juni 1970 in einem Schreiben vor, Buttons mit seinem Symbol fertigen zu lassen. Dem Brief lag auch eine Karte von San Francisco und Umgebung bei, die rätselhaft markiert war, eventuell sollte damit der Schauplatz eines geplanten Bombenanschlags bezeichnet werden. Der codierte Text dieses Briefs wurde ebenfalls nie entziffert.

Der Zodiac-Mörder verschwindet

Am 24. und 26. Juli trafen beim *Chronicle* nochmals Botschaften ein, die erneut von Gräueltaten sprachen. Es gab jedoch keine weiteren codierten Texte. Am 27. Oktober 1970 nahm der *Chronicle*-Reporter Paul Avery eine ominöse Halloween-Karte in Empfang, und im Januar 1974 kam der letzte Brief in der Zeitungsredaktion an, der mit dem Zodiac-Symbol unterzeichnet war und wahrscheinlich von Zodiac stammte. Irgendwann scheint der Mörder seine Aktivitäten eingestellt zu haben, doch der berühmt-berüchtigte Kriminalfall führte zu sogenannten „Trittbrettfahrern“. 1990 begann in New York eine Mordserie, die nach ähnlichem Muster erfolgte wie die des Zodiac. Jener Serienkiller wurde jedoch identifiziert und zu lebenslanger Haftstrafe verurteilt.

Arthur Leigh Allen 1969; er war einer der Hauptverdächtigen im Zodiac-Fall.

Unter Verdacht

Beim Zodiac-Fall gingen Hunderte von Hinweisen aus der Bevölkerung ein, doch letztlich kristallierte sich ein einziger Hauptverdächtiger heraus. Arthur Leigh Allen (1933–1992) war ein Einzelgänger, der noch bei seinen Eltern lebte und unter anderem bei verschiedenen Volksschulen arbeitete. Die Polizei kam 1971 durch eine Bekannte Allens auf seine Spur, Allen selbst hatte seltsame Andeutungen gemacht. Er wurde mehrmals verhört, und man versuchte, Indizien gegen zu ihn zu sammeln. Die forensischen Möglichkeiten waren damals noch begrenzt. Trotz einiger auffälliger Parallelen schloss ein Vergleich zwischen Allens und Zodiacs Handschrift Allen als Täter aus. Doch er geriet niemals vollständig aus dem Visier der Polizei: Allen war schwerer Trinker, benahm sich auffällig, schrieb zum Spaß Worte falsch, besaß Waffen und in seinem Wagen fand man blutverschmierte Messer, die er laut eigener Angabe zum Hühnerschlachten nutzte. 1974 wurde er wegen sexueller Belästigung von Kindern zu einer Haftstrafe verurteilt. Fast zwei Jahrzehnte nach seinem Tod waren die Ermittlungen zu diesem Fall immer noch nicht abgeschlossen. 2002 wurde nachträglich ein DNA-Test durchgeführt, der Allens Täterschaft bei den Zodiac-Morden eindeutig ausschloss. Auch die Fingerabdrücke lieferten keinen haltbaren Beweis gegen ihn.

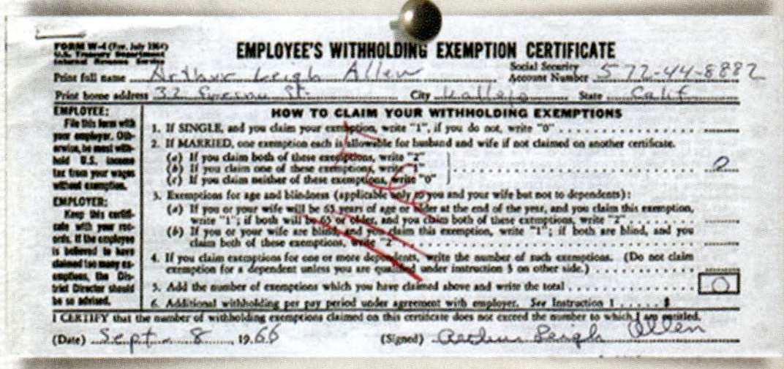

Das Muster mit Allens Handschrift. Es stimmte nicht mit Zodiacs Schrift überein.

Graffiti

Als Mittel zur Kommunikation anonymer politischer und sozialer Botschaften haben Graffiti seit der Antike einen schlechten Ruf. Mit der Erfindung von Farbsprühdosen und der Erschaffung einladend leerer Flächen auf Gebäuden kam es gegen Ende des 20. Jahrhunderts zu einer Wiederbelebung der umstrittenen Kunstform. Die modernen Graffiti entstanden in New York in Verbindung mit dem Aufkommen der Hip-Hop-Kultur und wurden zu einem globalen Phänomen mit unterschiedlichen nationalen Schulen. Verschiedene Jugendbewegungen benutzen Graffiti, um ihr Revier zu kennzeichnen – was wie hässliches Geschmiere aussehen mag, übermittelt eine Menge an Informationen.

Kunst in der Identität

Die Graffiti-Malerei spielt sich meist am Rande der Legalität ab, weshalb Graffitisprayer oft Pseudonyme annehmen. Das Grundmerkmal der modernen Graffitikunst sind kunstvoll verkleidete überlappende Schriftzüge, die in riesengroßem Maßstab mit bunten kontrastierenden Farben ausgeführt werden. Die verschleierten Schriftzüge erinnern an die psychedelischen Plakate und Plattenhüllen der 1960er Jahre, aber sie beziehen auch den Rap- und Hip-Hop-Jargon mit ein und bilden einen doppelstufigen Code.

Die kunstvollen und arbeitsintensiven „Pieces" werden häufig von mehreren Mitgliedern einer Graffiti-Crew angefertigt. Die komplexen Kompositionen, die Schriftzüge („Dubs") mit abstrakten und figurativen Elementen verbinden, werden oft auch signiert.

Dubs
Die kunstvolle Ausschmückung und Verzerrung von Buchstaben und Wörtern bis zur reinen Abstraktion stellt den faszinierendsten Aspekt der Graffitikunst dar.

Tags
Die allgegenwärtigen Schnörkel werden zur Kennzeichnung des Hoheitsgebiets einer Graffiti-Crew verwendet. Tags werden meist in Form eines kurzen Akronyms rasch aufgesprüht.

Schreibweise
Der für Dubs und Tags verwendete Schreibstil stammt aus den 1970er Jahren und beeinflusste die heute üblichen Abkürzungen beim Versenden von Textnachrichten übers Handy.

Moderne Graffiti haben nichts von ihrer ursprünglichen politischen Bedeutung verloren. Berühmte Künstler wie der unter dem Pseudonym „Banksy" auftretende Sprayer erschaffen aussagekräftige Anti-Establishment-Bilder, die auf dem Kunstmarkt hohe Preise erzielen. Banksys Werke sind sorgfältig komponiert, werden rasch ausgeführt und zielgerichtet platziert. Das Beispiel zeigt einen mit Schablone gesprühten Gardisten, der gerade das Anarchie-Logo malt.

JUGENDCODES

Es gab schon immer Codes zur Bildung einer Gruppenidentität unter jungen Menschen. Nach dem Zweiten Weltkrieg tauchten viele Jugendmoden auf, von den „Bobby-Soxern" der 1940er Jahre über die „Beatniks" der 1950er, die Hippies der 1960er, die Punks der 1970er bis zu den Anhängern der Grunge-, Goth- und Hip-Hop-Clans der letzten zwei Jahrzehnte. Junge Menschen benutzen Codes in Form von Kleidervorschriften, Sprachen und Symbolen, um ihre Zugehörigkeit zu verschiedenen Gruppen, Jugendbewegungen und kriminellen Banden zu demonstrieren.

Punk

Die Bands „The Sex Pistols" und „The Ramones", die Modedesignerin Vivienne Westwood und Autoren wie Richard Hell spielten in den 1970er Jahren eine tragende Rolle bei der Definition dieser einflussreichen kulturellen Gegenbewegung. Punks verkörpern Chaos und Anarchie und drücken dies durch extreme Haartracht, Kleidung, Tattoos und Piercings aus.

Goth Die schwarze Kleidung und das weiße Make-Up des Goth(ic) verbergen eine komplexere und kultiviertere Antwort auf die Anarchie und den Nihilismus des Punk. Zu den verschiedenen Sekten zählen die romantischen oder aristokratischen Goths, die Kleider im viktorianischen Stil tragen, ebenso wie die Cybergoths, die von Manga und Cyberpunk inspirierte futuristische Sportbekleidung tragen.

Emo Die junge Bewegung entwickelte sich aus der Goth-Kultur. Sie übernahm einen Großteil von deren Musik und Literatur, weist sich aber durch weniger entfremdende Formen in der Kleidung und im Verhalten aus.

Backslang, Pig Latin, und Double Dutch

Neben der plötzlichen Beliebtheit verschiedener Varianten des Freimaurer-Alphabets (*siehe S. 60*) verbreitete sich im 19. Jahrhundert einer neuer verbaler Code unter jungen Menschen. Beim „Backslang" wurden Wörter einfach von hinten nach vorn gelesen. Backslang entwickelte sich in britischen Lebensmittel- und Fleischerläden, als Mittel zur Verschleierung der Kundenwünsche: z. B. „yob" für „boy" (ein Ausdruck, der in die englische Sprache eingegangen ist). In Frankreich entstand ein ähnliches System, der sogenannte *Verlan*.

Eine andere verschleierte Sprechweise im englischen Sprachraum ist „Pig Latin", bei dem die Anfangssilben ans Wortende gestellt und mit der Silbe „ay" versehen werden, wobei „Pig Latin" zu „Igpay Atinlay" wird.

Durch Einschaltung eines bedeutungslosen Klanges vor jedem Vokal wurde die Sprache weiter verschleiert und die Umkehrung der Wörter überflüssig. Sobald man versucht, vor jedem Vokal ein „ayg" einzufügen, kann man rasch einen Satz wie «Zwei Pfund Reis, bitte!» zu «Aygei Paygfund Raygeis, baygtte» verschlüsseln, was die meisten Mesnchen nicht gleich verstehen werden, sofern sie den Schlüssel nicht kennen.

Das Sprachspiel „Double Dutch" (oder „Tutnese") ist ein weiterer verbaler Code, bei dem Konsonanten mit einem Silbenwert versehen werden (B=Bub, C=Cash, D=Dud, F=Fuf usw.): „Double Dutch" wird zu „Dudbububful Dudtutcashlul", wobei viel Zeit gebraucht wird, um einen einfachen Satz zu sagen. Es gibt auch eine amerikanische Version, die „Yuckish" oder „Yukkish" genannt wird.

HIP-HOP

Hip-Hop

Der Hip-Hop ist ein Musikstil, der sich in den 1970er Jahren in den USA aus jamaikanischen Slangreimen und verschiedenen anderen Einflüssen entwickelte, jedoch bald zu einem eigenständigen Lebensstil wurde, vor allem in den „Projekten" und Bandenkulturen unzufriedener schwarzer Jugendlicher. Hip-Hop ist mittlerweile über den ganzen Globus verbreitet. Spanischer Hip-Hop bindet die Flamencomusik ein, während der japanische Hip-Hop-Visionär DJ Krush in seine Alben regelmäßig traditionelle japanische Gesänge und Musik mixt. Graffiti-Crews (*siehe S. 144*) sind nur eine Facette der Hip-Hop-Bewegung, in die noch verschiedene andere Kunstformen eingebunden sind: Rapmusik, „Turntablism"-Musik, Breakdance und ein eigener Kleider- und Sprechcode. Der Slang der Rapper ist für jeden, der nicht mit der Subkultur vertraut ist, beinahe ebenso unverständlich wie ihre Handzeichen.

HOODIE

Hoodies Die Bekleidung von Jugendlichen spiegelt nicht bloß Modebewusstsein wider. Die Wahl der Turnschuhe kann beim Erlangen der „Glaubwürdigkeit" ausschlaggebend sein, ebenso wie Kapuzen („Hoodies"), die in Großbritannien (neben dem Burberrymuster) mit Bagatelldelikten assoziiert werden.

Hip-Hop-Codes

Rappen ist der Kern des Hip-Hop und führte zur Entwicklung eines breitgefächerten Straßenjargons mit vielen fäkalsprachlichen, sexuellen oder mit Drogen verbundenen Begriffen.

187	Mord (nach dem kalifornischen Strafgesetzbuch)
850	Gefängnis (850 Bryant ist die Adresse des Gefängnisses von San Francisco)
All gravity/ gravy	Alles gut
Base	Schwach
Bing	Gefängnis
Biter	Rapper, der die Texte eines anderen stiehlt
Blood	Freund, Verwandter, Bandenmitglied
Boo	Liebhaber(in)
Boofer/duck	Hässliche Frau
Cabbage	Geld
Faded	Betrunken
Ghost	Verlassen
Grill	Gesicht
Hood	Nachbarschaft
Jawzin'	Lügen
Out the pockets	Überhand nehmen
Piece/ heater/gat	Schusswaffe
Pulling licks	Raub
Snake	Sich dämlich finden
Whip	Auto
Wolfin'	Lügen

Gangsta-Handsignale

Handzeichen sind ein wichtiges Kommunikationsmittel unter Straßengangs. Sie entwickelten sich vermutlich aus Zeichen, die von chinesischen Einwanderern an der Westküste benutzt wurden. Versteckte Zahlen sind ebenso charakteristisch wie Zeichen, die die Loyalität zu einer bestimmten Gang oder „Crip" bekunden.

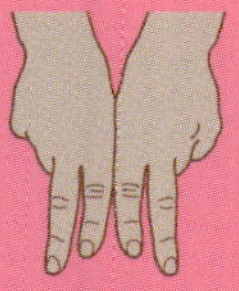

Mafia-Crips

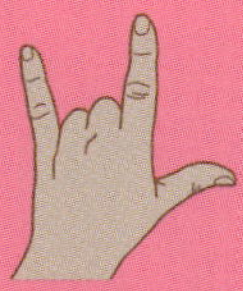

Latin Kingz

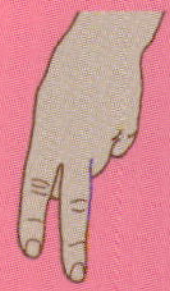

Hoover-Crip

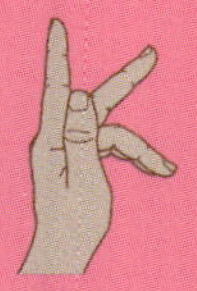

Killers

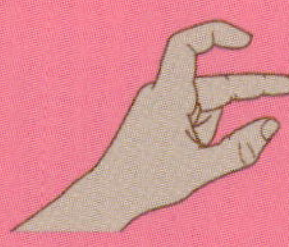

East Side

West Side

Jugendkulte in Japan

In den 1980er Jahren schlug die Bosozoku-Bewegung mit ihren kleinen Motorrädern (man musste mit ausgestreckten Beinen fahren) in der japanischen Szene ein. Die Bosozoku geben ihren Gangs häufig exotische Namen wie „Don Quixote" oder „Tarantula". Sie benutzen rechtsstehende Schlagwörter und Symbole wie das Hakenkreuz, aber eher um zu schockieren, als eine politische Zugehörigkeit anzuzeigen. Der Name der jüngeren „Yankees" geht zurück auf die frechen US-Besatzungssoldaten in Japan. Sie sind meist Gymnasiasten oder Schulabbrecher, die gegen die disziplinierte Gesellschaft revoltieren. Yankees sind an ihren langen, oft blond gefärbten und dauergewellten Haaren zu erkennen und an ihrer Vorliebe für Schwarz, Weiß und Grundfarben, für Hawaii-Hemden, Seide und Glitter. Auch Männer tragen hohe Absätze. Die meisten Yankees passen sich vor ihrem 20. Lebensjahr an den Mainstream an, aber einige schließen sich den Bosozoku oder gar den Yakuza an.

Lolitas Die Anhänger der von den romantischen Goths beeinflussten Bewegung tragen Kleidung, die an viktorianische Kinderkleider und den Rokoko-Stil erinnert. Die komplexen Verhaltenscodes zeichnen sich durch extremen Ästhetizismus aus.

Digitale Subversion

Durch die rasante Entwicklung der Kommunikationstechnologien hat sich auch die Vorgehensweise von Terroristen und Kriminellen im Verlauf der vergangenen drei Jahrzehnte verändert. Das stellte die zuständigen Behörden vor neue Herausforderungen, denn die digitale Technologie eröffnete neue Möglichkeiten, die von Datensammlung und Überwachung bis zu Identitätsdiebstahl, Betrug oder sogar der Detonation einer Bombe reichen. Die Telekommunikation überwindet mühelos politische und geographische Grenzen. Zwar kann man Telefon- und Internetverbindungen zurückverfolgen und überwachen, aber allein die Menge an Funkverkehr ist von den Sicherheitsdiensten kaum zu bewältigen.

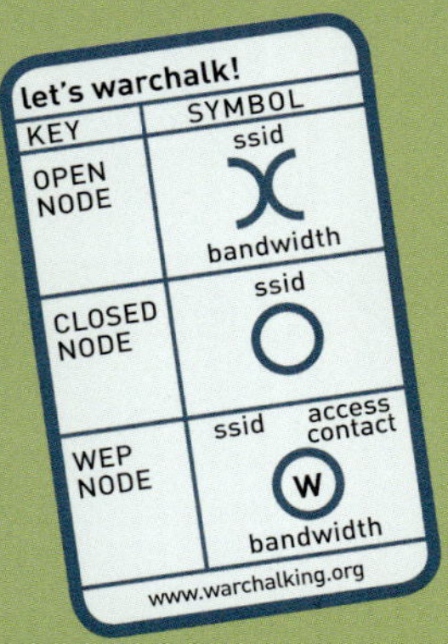

WarChalking
In einigen Städten weisen seltsame, mit Kreide (engl. *chalk*) oder Farbe gemalte Kreise und Bögen auf Wänden und Gehsteigen darauf hin, dass man sich an diesen Orten in drahtlose Netzwerke von Firmen einloggen kann und so freien Internetzugang erhält. Meist ist diese „WarChalking" („War" steht für *Wireless Access Revolution*) genannte Praxis harmlos. Die weitverbreitete Nutzung drahtloser Terminals durch Restaurants und große Einkaufsketten bei Zahlungstransaktionen führte jedoch 2008 zu der Enthüllung, dass potenziell kriminelle Elemente, die sich in drahtlose Systeme eingehackt hatten, Zugang zu Detaildaten von schätzungsweise 100 Millionen Kreditkarteninhabern (die Daten auf Track 2 des Magnetstreifens) erhalten hatten. Die Kartendetails wurden im Internet versteigert und als Bezahlung für die Verwendung der Cyberwährung „E-Gold" benutzt.

Planung von Terrorakten
Terroristen mussten schon immer alles daran setzen, ihre Kommunikation geheim zu halten. Im 19. Jahrhundert benutzten russische Anarchisten (*links*) eine Version des Polybiosquadrats (*siehe S. 78*), um ihre Botschaften zu verschlüsseln. In der jüngeren Vergangenheit verwendeten Terrorgruppen wie die IRA und ETA Telefone und Handys, um Sicherheitskräfte (oder Zeitungen und Rundfunksender) anzurufen und durch vereinbarte Losungswörter vor ihren nächsten Bombenanschlägen zu warnen. Zu den beunruhigenden Erkenntnissen nach den Anschlägen vom 11. September 2001 zählte die Tatsache, dass die Attentäter bei der Organisation, Koordination und Durchführung ihrer Angriffe Handys ohne Vertragsbindung benutzt hatten. Die SIM-Karten können ständig gewechselt und Anrufe meist nicht nachverfolgt werden. Deshalb werden sie von vielen kriminellen Banden benutzt (wie auch im Vorfeld der Bombenanschläge von Madrid und London). Durch einen Anruf zu einem Handy kann ein Sprengsatz ferngezündet werden. Seit der Entwicklung von Verschlüsselungs-Software wie PGP (*siehe S. 274*), die auch von Sicherheitsdiensten kaum durchbrochen werden kann, dienen E-Mails und Internet als Schlüsselmedium für die Kommunikation von Kriminellen.

Ein Zusammenbruch des vereinbarten Passwortsystems und Fehler bei der Überwachung der Telefongespräche führten dazu, dass die Bombenanschläge im nordirischen Omagh 1998 zahlreiche Todesopfer forderten.

Überwachung

Die Digitaltechnologie hat die Kapazitäten zur Beobachtung und Überwachung verändert. Zusätzlich zur allgegenwärtigen Videoüberwachung können unsere Bewegungen über Handys, und unsere Online-Aktivitäten über Internetanbieter sowie über „Cookies“, die von den Servern an die Webbrowser übermittelt werden, nachverfolgt werden. In begrenzten Netzwerken am Arbeitsplatz werden wir wahrscheinlich überwacht: 45 Prozent aller US-Firmen verfolgen Computerinhalte, E-Mails und die Zeit, die ihre Angestellten an der Tastatur verbringen. Fernerkundungssatelliten können die Schatten von Menschen auf der Erdoberfläche analysieren und vielleicht bald einen „Fingerabdruck“ der Bewegung eines Menschen erstellen. Aus verschiedenen Quellen wie Betriebskostenabrechnungen, Treuekarten, RFID-Etiketten auf Artikeln (*Radio Frequency Identification*), Kreditkartenbenutzung, medizinischen Befunden usw. werden Datenbanken angelegt, die uns zu kleinen, aber evaluierbaren Punkten in einer gewaltigen, codierten Datenmatrix machen.

Im Verhältnis zur Einwohnerzahl hat England die höchste Dichte an Überwachungskameras weltweit. Der 2007 eröffnete „Special Operations Room“ der Londoner Metropolitan Police (*oben*) bietet die Möglichkeit zur ständigen Überwachung größerer öffentlicher Veranstaltungen und aller Vorfälle, die in der Stadt passieren.

Angriff auf die Sprache

Als es möglich wurde, über das Handy Texte zu versenden (*siehe S. 98*), tauchte ein neuer digitaler „Slang“ auf. Bei den ersten Textnachrichtensystemen konnte nur eine begrenzte Anzahl von Zeichen gesendet werden (höchstens 160). Deshalb wurden immer häufiger Abkürzungen verwendet, die oft den phonetischen Klang von Zahlensymbolen verkörperten.

bmvl Biege mich vor Lachen.
4u for you (für dich)
l8r later (später)
bd Bis dann!

In Internet-Foren wird seit Jahren eine einzigartige Sprache mit der Bezeichnung „Leetspeak“ (oder l33t bzw. 1337) benutzt. Sie besitzt den großen Vorteil, dass es keine fixen Regeln gibt. Die Texte klingen beinahe absichtlich stumpfsinnig und können meist nur von Personen entschlüsselt werden, die diese Sprache gut kennen. Durch Online-Spiele wurde „Leet“ beträchtlich erweitert: Beim Spielen der „schnellen Games“ muss ein Teilnehmer so schnell wie möglich mit der Gruppe kommunizieren, denn solange er tippt, kann er nicht spielen.

sry m8 Sorry, mate (Entschuldige, Kumpel)
np No problem (Kein Problem).
gs, gg all Good shot, good game everyone! (Guter Schuss, gutes Spiel von allen!)
noob Neuling: Jemand, der neu in ein Spiel einsteigt.

Bedenken über den Einfluss dieser neuen Form der Kurzschrift auf die Lese- und Schreibfähigkeit der Jugend lösten 2008 eine öffentliche Debatte unter britischen Akademikern aus, bei der auch Stimmen aus Oxford und Cambridge eine entspanntere Einstellung zur „korrekten“ oder „traditionellen“ Schreibweise und Zeichensetzung forderten.

07

Die Notwendigkeit, die unbegreiflichen Funktionen der Natur zu beschreiben, führte zur Erfindung zahlreicher Methoden, um das scheinbar Undefinierbare zu erklären.

Codieren der Welt

Seit der Antike lieferten Mathematiker und Naturwissenschaftler die Schlüssel für diese Probleme. Dabei schufen sie den Rahmen für die Beschreibung abstrakter Vorgänge und Konzepte wie Zeit, Physik, Mechanik, Chemie, Biologie, Kartographie und Klang.

BESCHREIBUNG DER ZEIT

Lange vor der Erfindung der Schrift konnte der Mensch die Zeit anhand der Bewegungen der Himmelskörper festlegen. Die Grundeinheit jedes Kalenders ist der Tag, der aber nicht immer zur selben Zeit beginnt. Heutige Kalender beruhen meist auf der siebentägigen Woche, in der Vergangenheit wurden auch andere Zeitintervalle gewählt. Monate werden an den Mondphasen gemessen. Mondkalender beginnen den Monat meist mit der ersten Sichtung der Mondsichel, im Chinesischen Kalender und im Hindu-Kalender beginnt der Monat mit dem Vollmond. Die Festlegung des Jahresbeginns reicht von Tagundnachtgleichen oder Sonnenwenden bis zum nördlichsten oder südlichsten Auf- oder Untergang der Sonne oder eines anderen Himmelskörpers.

Zeitrechnung

Vor der Erfindung der mechanischen Uhr gab es verschiedene Mittel zur Feststellung der Tageszeit wie die Sonnenuhr (*oben*) und die Wasseruhr (*siehe China, rechts*). Frühe Chronometer wurden von einem mechanischen Uhrwerk und Spiralfedern oder von aufeinander abgestimmten Gewichten und einem Pendel angetrieben.

Viele Kulturen haben ihre Monats- und Jahreskalender nach dem Mondzyklus, dem Sonnenzyklus oder nach einem lunisolaren System berechnet, in dem die Monate zwar mit dem Mondzyklus gekoppelt, aber ins Sonnenjahr eingebettet sind. Bei jedem System mussten in regelmäßigen Zeitabständen zusätzliche Tage oder Monate eingeschoben werden, um Mondkalender und Sonnenjahr in Einklang zu bringen.

2500 v. Chr Ägypten
Solar. Zwölf Monate mit 30 Tagen, fünf zusätzliche Tage. Tagesbeginn bei Sonnenaufgang. Epoche: 18. Februar 746 v. Chr. Tierkreis-Kalender auf Pergament *(oben)* .

Modell einer chinesischen Wasseruhr.

1300 v. Chr. China
Lunisolar. Auf astronomischen Beobachtungen basierend. Tagesbeginn um Mitternacht. Der Monat beginnt mit dem Neumond in Peking. Jahre bestehen aus zwölf oder 13 Monaten mit 29 oder 30 Tagen und sind in einen 60-jährigen Zyklus eingebunden. Epoche: 8. März 2637 v. Chr.

500 v. Chr. Indien Solar. Zwölf Monate mit 29–32 Tagen. Der Tag beginnt bei Sonnenaufgang und ist in 30 *Muhurtas* aus 48 Minuten unterteilt. Epochen sind durch Regierungsjahre festgelegt, aber auch durch den Tod Buddhas (um 544 v. Chr.) oder Mahaviras, des Begründers des Jainismus (um 538 v. Chr.).

3000 v. Chr. | **1000 v. Chr.** | **500 v. Ch**

3000 v. Chr. Europa
Solar. Erste Steinkreise wie Stonehenge *(oben)*, die nach dem Sonnenstand beim Auf- und Untergang sowie zu den Sonnenwenden ausgerichtet waren.

1500 v. Chr. Babylonien
Lunar. Zwölf Monate mit abwechselnd 29 und 30 Tagen. Tagesbeginn bei Abenddämmerung. Ein dreizehnter Monat wurde eingeschoben, um wieder mit den Jahreszeiten auf eine Linie zu kommen. Unter den Achämeniden wurden in bestimmten Intervallen eines 19-jährigen Zyklus (Meton-Zyklus, dem der Hebräische Kalender noch heute folgt) Monate eingeschaltet. Die Sieben-Tage-Woche war unbekannt, aber babylonische Monatsnamen werden in der arabischen und hebräischen Sprache bis heute verwendet.

713 v. Chr. Rom
Lunisolar. 713 wurden die Monate Januar und Februar zum zehnmonatigen Mondkalender hinzugefügt. 355 Tage; periodisch wurde ein Monat eingeschaltet, um den Kalender mit dem Sonnenjahr in Übereinstimmung zu bringen. Unter der Republik wurden Epochen nach den Konsulaten berechnet; später wurde das Gründungsjahr 753 als Epoche verwendet.

500 v. Chr. Griechenland
Lunisolar. In Griechenland gab es zahlreiche regionale Kalender. Athen verwendete einen lunisolaren Kalender, einen solaren Kalender mit zehn Monaten und einen auf Sternbildern basierenden Kalender für die Landwirtschaft. Der Lunisolarkalender hatte zwölf Monate mit 29 oder 30 Tagen. Alle drei Jahre wurde ein Monat eingeschaltet. Die Monate waren in drei zehntägige Phasen unterteilt. Der offizielle Kalender hatte 365 oder 366 Tage und zehn Monate, sechs mit 37 Tagen und vier mit 36.

Um 250 v. Chr. Maya Die Epoche der „Langen Zählung" entspricht dem 8. September 3114 v. Chr. Am Ende jedes Zyklus der „Langen Zählung" wird die Erde zerstört und wiedererschaffen. Der gegenwärtige Zyklus endet am 21. Dezember 2012. Das *Haab* ist ein 365-tägiges Jahr mit 18 Monaten zu je 20 Tagen und fünf zusätzlichen Tagen am Ende des letzten Monats. Der *Tzolkin*-Kalender (oder die „Kalenderrunde") ist ein Zyklus von 52 Sonnenjahren mit 365 Tagen und wurde vermutlich in ganz Mittelamerika verwendet. Der Codex Madrid enthält 250 Almanache mit Angaben über den Zeitpunkt für die Regenzeremonien, die Aussaatzeit, die Opferung von Gefangenen, die Jagd und die Bienenhaltung.

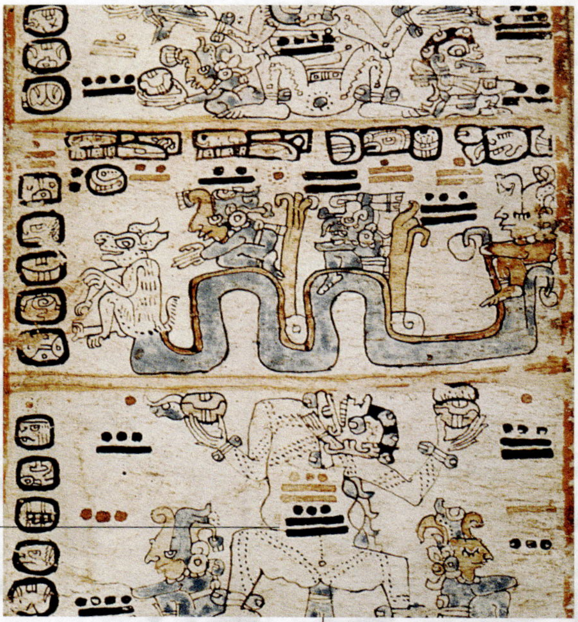

Leben und Tod
Der Gott des Todes mit zurückgeworfenem Kopf und Maiskörnern in den Händen. Die Samen werden vom Regengott Chaac wieder ins Leben zurückgebracht.

Codex Madrid
Die Seite (29 von 56) zeigt zwei Kalender für die Landwirtschaft.

250 v. Chr. Maya
Drei ineinandergreifende Kalender: die „Lange Zählung", das *Haab*, und der *Tzolkin*-Kalender (*siehe oben*).

532 n. Chr. Rom Die Zeitrechnung beginnt mit der Geburt Christi (*Anno Domini*).

1789 n. Chr. Frankreich
Revolutionskalender (*siehe S. 197*).

Jahr 0 — 1000 n. Chr.

45 v. Chr. Rom
Solar. Julius Cäsar reformierte den römischen Kalender. Ein Jahr hatte 365 Tage, und jedes vierte Jahr war ein Schaltjahr. Der Tag begann um Mitternacht. Die zwölf Monate des alten Kalenders wurden beibehaten. Die durchschnittliche Länge des Sonnenjahres liegt bei 365,25 Tagen, so dass die julianischen Daten allmählich hinter den Jahreszeiten zurückblieben.

359 n. Chr. Hebräer
Lunisolar. Epoche: 7. September 3760 v. Chr.

1753 n. Chr. Harrison-Chronometer
Der erste genaue Zeitmesser *(rechts)* wurde über einen Zeitraum von 40 Jahren vom Engländer John Harrison entwickelt, im Rahmen eines von der Admiralität und der Regierung ausgerufenen Wettbewerbs. Die präzise Messung der geographischen Länge konnte nur mit einem verlässlichen, wetterfesten Zeitmesser durchgeführt werden. Die Erfindung rettete Tausende Schiffe und Seeleute.

250 v. Chr. Kelten
Lunisolar. Zwölf Monate mit 29–30 Tagen. Alle 2,5 Jahre wurde ein Monat eingeschaltet; Monate waren in zwei 14- oder 15-tägige Perioden unterteilt.

Epochen und moderne Kalender

Jeder Kalender hat einen Ausgangspunkt, einen bestimmten Tag oder ein bestimmtes Jahr (die sogenannte „Epoche"). Das Datum kann auf ein historisches oder legendäres Ereignis hinweisen oder einfach willkürlich gewählt sein, aber es fällt so gut wie nie mit dem Datum zusammen, an dem der Kalender übernommen wurde. In zyklischen Systemen wie der chinesischen Zeitrechnung kann man den ersten Tag eines Zyklus als Ausgangspunkt wählen und für längere Zählungen die Epoche verwenden.

Das mit dem 1. Januar beginnende Jahr 2008 n. Chr. entspricht:

Moslemisch	1428, das neue Jahr begann am 10. Januar 2008.
Julianisch	2007 n. Chr., das neue Jahr begann am 14. Januar 2008.
Chinesisch	4644 oder 4704, oder Jahr 24 (Ding Hai) des 78. oder 77. Zyklus, Neujahr am 7. Februar 2008.
Hindu	1929 (Saka,standardisiert von der indischen Regierung), das neue Jahr begann am 21. März 2008.
Iranisch	1386, das neue Jahr begann am 21. März 2008.
Äthiopisch	2000, das neue Jahr begann am 11. September 2008.
Koptisch	1724, das neue Jahr begann am 9. September 2008.
Jüdisch	5768, das neue Jahr begann am Abend des 29. September 2008.
Japanisch	2668 oder Heisei 20, das neue Jahr begann am 1. Januar 2009.
Buddhistisch	2552, das neue Jahr begann am 1. Januar 2009.

Der Gregorianische Kalender

Da der Julianische Kalender nicht mehr mit den Jahreszeiten übereinstimmte, gab Papst Gregor XIII. im Jahr 1582 die erste Kalenderreform seit der Antike in Auftrag. Der Gregorianische Kalender wird heute am häufigsten verwendet.

Ermittlung des Osterfestes

Zu den Rätseln des täglichen Lebens zählt die Frage, wie das Datum für das christliche Osterfest ermittelt wird. Die Formel ist recht einfach und wurzelt in vorchristlichen astronomischen Berechnungen. Zur Festlegung des Osterfestes stellt man das Datum des ersten Vollmondes nach der Frühjahrstagundnachtgleiche fest. Der darauffolgende Sonntag ist Ostersonntag.

BESCHREIBUNG DER FORM

Die Geometrie ist das Studium und die Codifizierung von Formen, Flächen, Rauminhalten und Winkeln, um die physische Welt zu definieren. Die Mathematik entwickelte sich ab 3000 v. Chr. aus der Geometrie, die Wege zur Beschreibung der Längen und Größe von Dingen zu finden sucht. Die alten Griechen waren von der Geometrie fasziniert und glaubten, dass bestimmte Formen, Zahlenverhältnisse wie der „Goldene Schnitt" oder Zahlen wie „pi" (π) ätherische Qualitäten hätten. Im 17. Jahrhundert revolutierte der französische Universalgelehrte René Descartes die Geometrie durch sein „Kartesisches Koordinatensystem", wodurch es möglich wurde, die Position eines Punktes durch sein Verhältnis zu Geraden oder Flächen zu bestimmen. Die moderne Geometrie ist auf den Gebieten der Relativität, der Symmetrie und Asymmetrie sowie der Quantenmechanik wichtig und eng mit der Entwicklung auf dem Gebiet der Algebra verbunden (*siehe S. 158*).

Euklid

Obwohl er mittellos war, verfasste der alexandrinische Grieche Euklid, der „Vater der Geometrie" (um 300 v. Chr.), das einflussreichste Buch über Geometrie und Mathematik in der Geschichte. In seinem Werk *Elemente* fasste er die Erkenntnisse seiner Vorgänger zusammen und ergänzte diese durch Untersuchungen über Teiler, Perspektive und Optik. Erst im 19. Jahrhundert überwanden die Mathematiker die Grenzen der euklidischen Ideen.

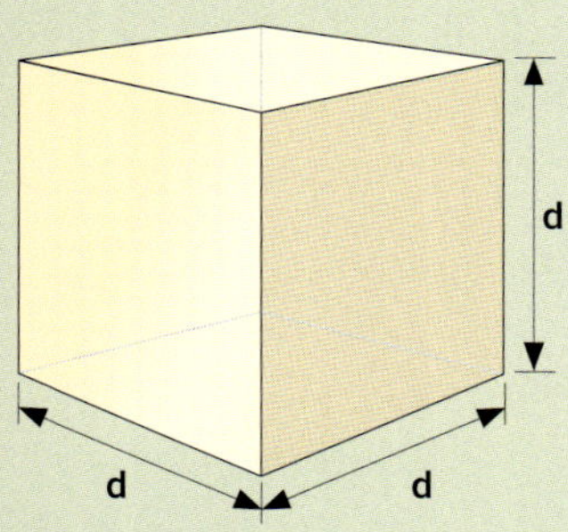

Quadrat und Würfel

Quadrat: Einfache geometrische Form mit vier gleich langen Seiten, die im rechten Winkel aufeinander stehen. Zur Berechnung der Fläche muss man die Längen zweier Seiten multiplizieren:
Fläche = d x d

Würfel: Dreidimensionale geometrische Form. Man kann einige einfache Beziehungen formulieren:
Oberfläche = 6 x d^2
Volumen = d x d x d oder d^3

Geometrie

Die Bestimmung der Eigenschaften zwei- und dreidimensionaler Formen durch die Griechen der Antike schuf mehrere fundamentale Prinzipien von dauerhafter Gültigkeit, die noch heute viele Aspekte des mathematischen Denkens prägen. Pythagoras und seine Schüler ermittelten zahlreiche bedeutende Formeln (*siehe S. 158*). Die elegantesten geometrischen Beweise der Griechen veranschaulichen Eigenschaften von Quadraten, Würfeln, Dreiecken und Kreisen und erklären, wie man sie mit Hilfe der Algebra ausdrücken kann.

Der Goldene Schnitt

Die Entdeckung des Goldenen Schnittes durch die Pythagoräer lieferte ein grundlegendes harmonisches Verhältnis, das nicht nur die diatonische Skala der Musikharmonie widerspiegelt, sondern auch in der Architektur und Malerei als ästhetische Proportion übernommen wurde. Der Goldene Schnitt gründet auf dem Verhältnis zwischen Quadrat, Kreis und Rechteck:

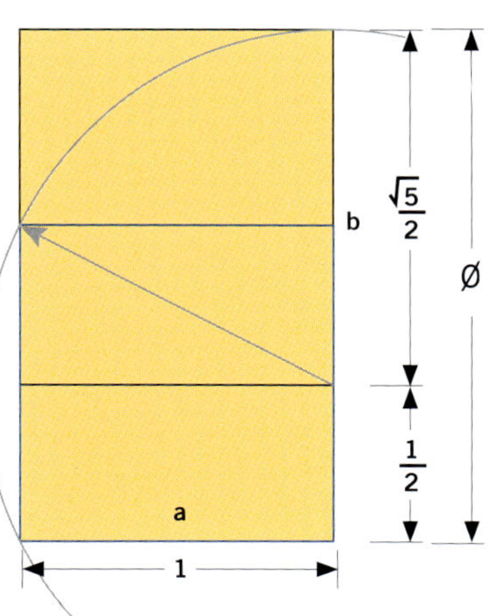

Zeichnen Sie ein Quadrat, ziehen Sie eine Linie vom Mittelpunkt einer Seite zu einer gegenüberliegenden Ecke, und verwenden Sie sie als Radius eines Kreises, um ein Rechteck zu konstruieren. Das Verhältnis wird durch den griechischen Buchstaben phi (Ø) definiert:

a + b verhält sich zu a wie a zu b oder

$$\frac{a+b}{a} = \frac{a}{b} = Ø$$

Der Gehry-Pavillon bei der Serpentine Gallery im Londoner Hyde Park wurde im Juli 2008 eröffnet. Er demonstriert auf faszinierende Weise die Architektonik der Geometrie.

Der Satz von Pythagoras

Das entscheidende Prinzip, das die Ideen über Quadrate und Dreiecke miteinander verbindet, ebnete den Weg für über 300 weitere Beweise zu bestimmten Eigenschaften von Dreiecken und war direkt mit der Trigonometrie verbunden – der Berechnung verschiedener unbekannter Zahlen durch Funktionen, die aus Funktionen zweier bekannter Messwerte hergeleitet werden.

> «Das Quadrat der Hypotenuse eines rechtwinkeligen Dreiecks ist gleich groß wie die Summe der Quadrate der anderen Seiten.»

PYTHAGORAS, ZITIERT VON EUKLID, um 300 v. Chr.

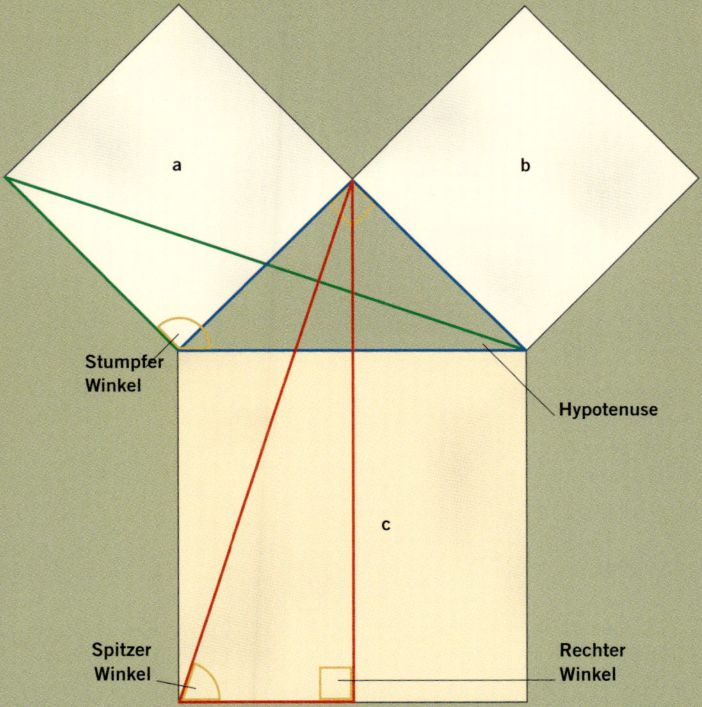

Dreiecke Der Satz untersucht die Eigenschaften von Dreiecken, die in der Geometrie und deren Verhältnis zur Algebra äußerst wichtig sind. Die Griechen waren von Dreiecken fasziniert und definierten vier Hauptformen:

Rechtwinkeliges Dreieck
Ein Winkel des Dreiecks bildet einen rechten Winkel aus 90 Grad. Die Trigonometrie basiert auf den Eigenschaften des rechtwinkeligen Dreiecks.

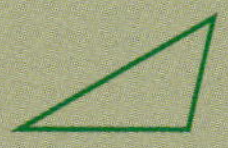

Ungleichseitiges Dreieck
Alle Seiten sind unterschiedlich lang, und die Winkel sind verschieden groß, wodurch das Dreieck keine Symmetrie aufweist.

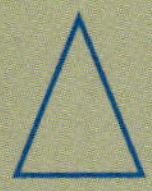

Gleichschenkeliges Dreieck
In einem gleichschenkeligen Dreieck sind zwei Seiten gleich lang. Dadurch sind auch zwei Winkel gleich groß.

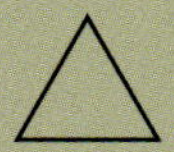

Gleichseitiges Dreieck
Alle Seiten des Dreiecks sind gleich lang und alle Winkel gleich groß. Das gleichseitige Dreieck ist das symmetrischste aller Dreiecke.

Pythagoras zeigte, dass die dritte Seite eines rechtwinkeligen Dreiecks berechnet werden kann, wenn man die Längen der beiden anderen Seiten kennt.

Die transzendentalen Eigenschaften von pi (π)

Ein gutes Beispiel für die Faszination der alten Griechen für die mystischen Eigenschaften von Zahlen ist pi. Was ist pi? Eine transzendentale Zahl (sie ist unendlich und kann niemals vollständig aufgeschrieben werden), die eng mit Kreisen verbunden ist. Wahrscheinlich wurde sie von Archimedes von Syrakus (287–212 v. Chr.) erstmals genauer untersucht. Pi ist eine Funktion der beiden direkt messbaren Kreiseigenschaften Durchmesser und Radius. Die Zahl kann auf unterschiedliche Weise definiert werden, wie zum Beispiel in Form dieser geometrischen Darstellung in einem Kornkreis (*oben*).

Der tatsächliche Wert von pi kann niemals zur Gänze festgelegt werden. Die ersten 50 Dezimalstellen sind:

= 3,14159265358979323 846264338327950288419 716939937510 …

Die neuesten Supercomputer haben pi bis auf 1,24 Billionen Dezimalstellen berechnet!

Die Funktionen von pi in der Geometrie und Algebra des Kreises können durch folgende Formeln demonstriert werden:

Kreisumfang = π x d (Durchmesser)
Kreisfläche = π x $(d \div 2)^2$

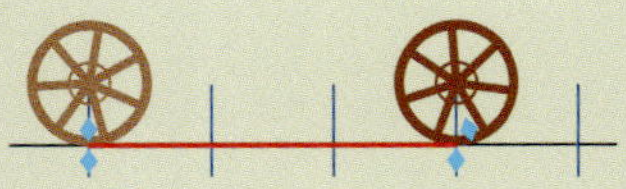

Definition von pi Ein Kreis mit dem Durchmesser 1 hat einen Umfang von rund 3,14 (pi).

KRAFT UND BEWEGUNG

Wie lang ist ein Meter? Wie schwer ist ein Kilogramm? Wie schnell fällt eine Kugel zu Boden? All diese Fragestellungen sind eng mit Kräften, Bewegungen und Messungen verbunden. Wie können wir die Messungen standardisieren? Welche Beziehungen gibt es zwischen Geschwindigkeit, Entfernung und Zeit? Die Mechanik, ein Teilgebiet der Physik, beschäftigt sich mit Kräften, Bewegungen, Messungen und mit der Formulierung der dahinterstehenden mathematischen Prinzipien. Um diese Geheimnisse zu decodieren und zu erklären, wurde eine präzise Sprache eingeführt, die sich ständig weiterentwickelt.

Heureka!

Die Grundsteine unseres Wissens über das Universum und die darin wirkenden Kräfte wurden von den Griechen der Antike gelegt. Während die Pythagoräer über Harmonie, Proportion und Astronomie nachdachten, konzentrierte sich Archimedes von Syrakus (um 287–212 v. Chr.) auf praktische Probleme. Er erfand Belagerungsmaschinen, Hebel, eine Strahlenkanone (vermutlich benutzte er Parabolspiegel, um die Sonnenstrahlen gebündelt auf ein Ziel zu richten) und die Archimedische Schraube, in der Wasser über eine Spirale aufwärts geleitet werden kann. Archimedes erkannte, dass man das Volumen eines unregelmäßigen Körpers mit Hilfe der Wasserverdrängung ermitteln kann. Angeblich machte er diese Entdeckung in der Badewanne. Die alten Griechen bestimmten Konzepte wie die Masse (Dichte), die man ermittelt, indem man das Gewicht durch das Volumen dividiert.

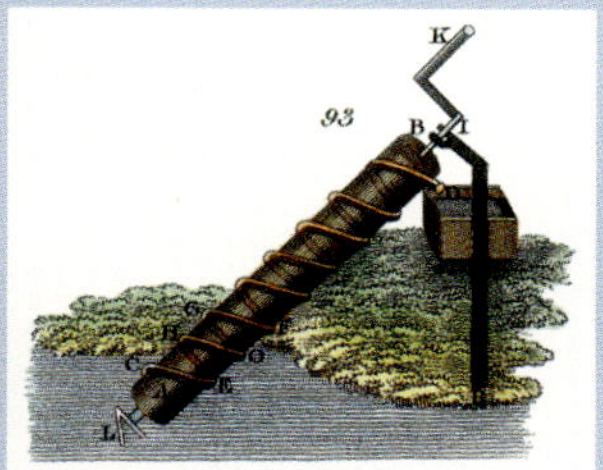

Die Archimedische Schraube, die auf dem Prinzip der Spirale beruht, wird nach wie vor bei der Bewässerung verwendet.

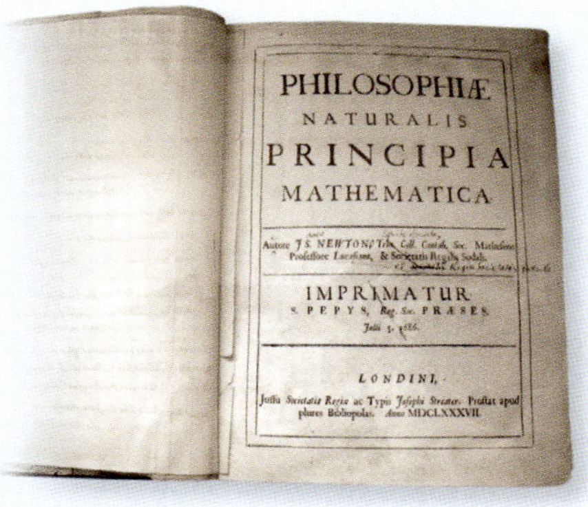

Newtons berühmte Arbeit stützte sich auf Konzepte, die von früheren Wissenschaftlern wie Galilei und Kepler untersucht worden waren.

Newton und die *Principia Mathematica*

Der Pionier der wissenschaftlichen Beschreibung der Schwerkraft, der Optik und des Lichts war Isaac Newton. 1687 veröffentlichte er die *Philosophiae Naturalis Principia Mathematica* („Mathematische Prinzipien der Naturphilosophie"), das berühmteste und wichtigste Werk über Kräfte und Bewegung. Darin formulierte er die Bewegungsgesetze und Gleichungen, die die Wirkung der Schwerkraft auf Massen beschreiben.

Erstes Gesetz – Trägheitsprinzip

Ein Körper verweilt im Zustand der Ruhe oder gleichförmigen Bewegung, solange keine äußere Kraft auf ihn wirkt. Das bedeutet, dass ein Tennisball unendlich weiterfliegen würde – sofern keine äußere Kraft auf ihn wirkt. Wirft man den Tennisball auf die Erde, wird er durch den Luftwiderstand gebremst und von der Schwerkraft zu Boden gezogen. Im Weltraum würde der Ball ewig in die Richtung weiterfliegen, in die er geworfen wurde, ohne abgebremst oder abgelenkt zu werden.

Zweites Gesetz – Aktionsprinzip, $F = ma$

Die Kraft eines Objekts entspricht dem Produkt aus Masse und Beschleunigung. Einfacher ausgedrückt besagt das Gesetz, dass ein Objekt, auf das eine Kraft ausgeübt wird, beschleunigt wird. Je größer die Masse des Objekts, desto geringer ist die Beschleunigung. Ein Fußball wird durch einen Tritt stark beschleunigt. Tritt man mit derselben Kraft gegen eine Kanonenkugel, die eine weitaus größere Masse besitzt als der Ball, wird sie weitaus weniger beschleunigt.

Drittes Gesetz – Reaktionsprinzip

«Jede Aktion löst eine gleiche, gegengerichtete Reaktion aus.» Das berühmteste und am meisten zitierte Newtonsche Gesetz hat eine subtilere Bedeutung. Übt man auf einen Gegenstand eine Kraft aus, übt der Gegenstand dieselbe Kraft auf einen selbst aus. Drückt man gegen eine Ziegelwand, drückt die Wand mir derselben Kraft zurück. Wäre dem nicht so, würde man ein Loch durch die Wand drücken.

Diese drei Gesetze stellen neben den Gravitationsgleichungen in den *Principia* die Grundlagen der Newtonschen Mechanik und der ersten Systeme zur Beschreibung der Mechanik und Bewegung dar. Erst viele Jahre später wurden andere Bewegungsgesetze entwickelt (wie die Gesetze Einsteins, die die Relativistische Mechanik hervorbrachten).

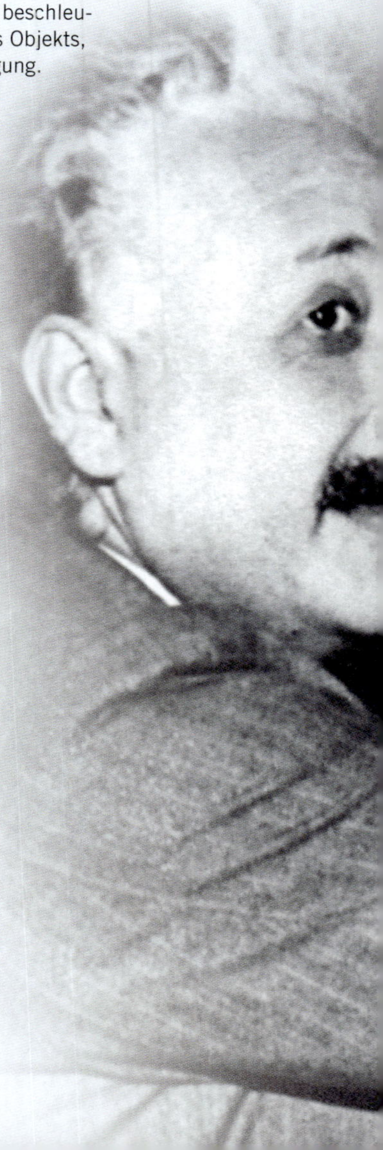

Im Bereich des Mystischen

Albert Einstein (1879–1955) wurde durch die Formulierung der Allgemeinen Relativitätstheorie zum berühmtesten Wissenschaftler der Neuzeit. In dem bahnbrechenden Werk legt er die Lichtgeschwindigkeit bezüglich eines Beobachters als einzige Konstante im Universum fest. Das führte u. a. zur ungewöhnlichen Erkenntnis, dass die Zeit für Menschen, die sich mit unterschiedlicher Geschwindigkeit bewegen, unterschiedlich rasch vergeht.

In seinen späteren Jahren entdeckte Einstein den „Photoelektrischen Effekt“, der die revolutionären Erkenntnisse der Quantenmechanik begründete. Er veranschaulicht ein Prinzip, das in der Physik als Masse-Energie-Äquivalenz bezeichnet wird und zeigt, dass jede Masse (auch im absoluten Ruhezustand) eine enorme Energiemenge enthält. Die Newtonschen Gesetze besagen, dass ein bewegter Körper kinetische Energie und ein in die Höhe gehaltener Körper potenzielle Energie besitzt (die freigesetzt wird, wenn der Körper zu Boden fällt). Einstein erklärt, dass jede winzige Masse auch eine enorme Energiemenge enthält.

E – Energie
Die Energie des Objekts wird in Joule gemessen.

c^2 – Quadrat der Lichtgeschwindigkeit
„c“ ist die Lichtgeschwindigkeit, eine Naturkonstante mit einem Wert von rund 300 000 000 Meter pro Sekunde. Das Quadrat von c ergibt einen enorm hohen Zahlenwert.

m – Masse
Die in Kilogramm gemessene Masse des Objekts.

Energie
Das c^2 in den Gleichungen bedeutet, dass man aus einer kleinen Masse eine große Menge an Energie gewinnen kann. Eine Masse von einem Gramm enthält ungefähr 22 Kilotonnen Energie. Das entspricht etwa der Energie der Atombombe, die über Nagasaki abgeworfen wurde. In Form von Masse ist Energie äußerst stabil und wird generell nur bei Kernreaktionen freigesetzt.

Komplexe Gleichungen sind keine Erfindung der Neuzeit. Die Inkas entwickelten einen Rechner in Form von bunten Knotenschnüren (*Quipus*). Sie wurden für Aufzeichnungen, mathematische Berechnungen und zur Übermittlung geheimer Botschaften verwendet.

Ungewöhnliche Maßeinheiten

In der Vergangenheit wurden wichtige Messungen wie Länge, Masse und Zeit auf verschiedene interessante und ungewöhnliche Arten definiert. Heute gibt es für die am meisten verwendeten Maßeinheiten wie Sekunde oder Meter genaue wissenschaftliche Definitionen. Die üblicherweise unglaublich komplizierten Definitionen sind jedoch äußerst präzise.

Sekunde Das 9 192 631 770-fache der Periodendauer der Strahlung, die beim Übergang zwischen den beiden Isotopen des Grundzustands eines Cäsium-133-Atoms entsteht.

Meter Ein Meter ist die Länge der Strecke, die Licht im Vakuum während der Dauer von 1/299 792 458 Sekunden durchläuft. Der Wert basiert auf grundlegenden, unveränderlichen Eigenschaften wie der Lichtgeschwindigkeit im Vakuum und den Schwingungen eines existierenden Atoms.

Newton Die Kraft, die auf der Erde benötigt wird, um ein Kilogramm mit einer Geschwindigkeit von einem Meter pro Sekundenquadrat zu bewegen.

Joule Die Energie, die aufgewendet wird, um ein Newton auf der Erde um einen Meter zu bewegen.

Lichtjahr Wird in der Astrophysik verwendet: die Entfernung, die das Licht in einem 365,25-tägigen Jahr zurücklegt – 9 460 730 472 580,8 km.

Mol Wird in der Chemie verwendet und entspricht annähernd 600 000 000 000 000 000 000 000. Dies ist hilfreich, um die Anzahl der Atome reellen Massen zuzuordnen. Ein Mol aus Wasserstoffatomen wiegt ein Gramm, ein Mol aus Goldatomen beinahe 200 Gramm.

Kilogramm Die einzige Standardmaßeinheit, die nicht durch Naturkonstanten wie die Lichtgeschwindgkeit, sondern durch ein Artefakt definiert ist. Das IPK (Internationale Prototyp-Kilogramm oder Urkilogramm) ist ein Zylinder aus einer Platin-Iridium-Legierung, der in einem Tresor im Internationalen Büro für Gewichte und Maße in Sèvres (Frankreich) aufbewahrt wird. Ein Kilogramm wird als Masse des Urkilogramms definiert. Das bedeutet, dass sich der Messwert eines Kilogramms von Jahr zu Jahr verändert, da sich auf dem Urkilogramm Gas ansammelt und Moleküle die Oberfläche des Zylinders verlassen.

Das Urkilogramm wird unter einer Glasglocke aufbewahrt, um die ständigen Gewichtsveränderungen zu minimieren, die durch atmosphärische Bedingungen verursacht werden.

MATHEMATIK: DAS UNBESCHREIBBAR

Algebra
Wo und wann begann die Algebra? Sie ist ein mathematisches und logisches Mittel zur Bestimmung unbekannter Größen durch die Funktionen bekannter Größen und wird normalerweise in Gleichungen ausgedrückt. Der Begriff „Algebra" stammt aus dem arabischen Buch *Rechnen durch Ergänzung und Ausgleich* (um 820 n. Chr., *oben*), das von dem persischen Mathematiker al-Chwarizmi verfasst wurde, an dessen Namen auch das Wort „Algorithmus" erinnert. Die Grundprinzipien des Algorithmus gehen auf die ersten Zahlensysteme zurück, die vor 4000 Jahren aufgestellt wurden (*siehe S. 26*).

Heute ähnelt die Algebra einer verschlüsselten Sprache, aber viele Jahrhunderte lang wurde sie allein in Form von Sätzen ausgedrückt. Ein Beispiel: «Die Zahl 25 ist die Summe aus der Zahl 3 und einem unbekannten Zahlenwert. 25 minus 3 ergibt 22. Daraus folgt, dass der unbekannte Wert 22 ist.» Mit Hilfe mathematischer Symbole kann man das Problem folgendermaßen ausdrücken:

$$25 = 3 + x$$
$$25 - 3 = x$$
$$x = 22$$

Die Mathematik ist die abstrakteste Naturwissenschaft und dient zur Beschreibung der Vorgänge, die hinter den physikalischen Phänomenen stehen. Mathematiker haben eine „codierte" Sprache aus Zeichen, Symbolen und Zahlen entwickelt, um ihre Ideen auszudrücken (*siehe auch S. 154 und S. 156*). Sie beschäftigen sich auf rein rechnerischem Weg mit der Entschlüsselung der codierten Struktur des Universums. Die Mathematik und die Kryptographie sind eng aneinander gekoppelt: Von der inneren Funktionsweise der Enigmamaschine bis zu den neuesten Online-Banking-Systemen liefert die Mathematik die Grundlagen für die Beschreibung und Entwicklung neuer Codiersysteme.

«Das Unverständlichste am Universum ist im Grunde, dass wir es verstehen können.»

ALBERT EINSTEIN, 1936

Infinitesimalrechnung

Zu den wichtigsten mathematischen Entdeckungen aller Zeiten zählt die Infinitesimalrechnung. Sie wurde unabhängig voneinander von Newton und Leibniz formuliert und ist die zusammenfassende Bezeichnung für Differenzial- und Integralrechnung. Die Infinitesimalrechnung lieferte die Lösung für ein berühmtes Problem, das als eines der Paradoxa des griechischen Philosophen Zenon jahrtausendelang die Denker verblüfft hatte.

Newtons Theorien wurden ohne Hilfe von Symbolen (auf Latein) niedergeschrieben.

Achilles und die Schildkröte

Achilles und seine Freundin, die Schildkröte, machen einen Wettlauf. Um der Schildkröte die Sache zu erleichtern, gibt ihr Achilles einen Vorsprung von 100 Metern. Aber wie kann Achilles die Schildkröte je überholen? Zu dem Zeitpunkt, an dem Achilles die 100 Meter hinter sich gebracht hat, hat die Schildkröte zehn Meter zurückgelegt. Während Achilles die zusätzlichen zehn Meter gelaufen ist, ist die Schildkröte wieder einen Meter weitergekommen. Achilles muss immer wieder ein winziges Wegstück aufholen. Wie kann es sein, dass er die Schildkröte doch überholt?

Die Lösung

Zenon erkannte nicht, dass man eine mathematische Lösung für das Problem finden kann. Zur Vereinfachung nehmen wir an, dass die Schildkröte einen Meter Vorsprung hat und halb so schnell läuft wie Achilles. Die Entfernung, die Achilles zurücklegen muss, ist:

$$1 + \frac{1}{2} + \frac{1}{4} + \frac{1}{8} + \frac{1}{16} + \cdots$$

Ad infinitum. Eine unendliche Zahl aus kleinen Teilen ergibt also Unendlichkeit ... richtig? Falsch! Die Summe der unendlichen Folge ergibt genau zwei Meter. Um die Summe solcher unendlichen Folgen zu ermitteln, verwenden wir die Methode der Infinitesimalrechnung.

Das Prinzip der unendlichen Folgen wird in der Natur durch die Nautilusmuschel veranschaulicht.

Die Revolution des 19. Jahrhunderts

Von Beginn des 19. Jahrhunderts an fand in Europa ein Feuerwerk mathematischer Ideen statt. Begabte Mathematiker wie Joseph Lagrange, Pierre-Simon Laplace, Joseph Fourier und Bernhard Riemann revolutionierten die Geometrie, die Zahlentheorie und die Physik. Sie formulierten neue Geometrieformen, die über die Regeln Euklids hinausgingen, wie die Elliptische Geometrie (oder Riemannsche Geometrie), in der parallele Geraden einander schneiden, und leiteten Gleichungen für Bewegungen von Planeten und anderen Himmelskörpern ab. Die Gleichungen zur Beschreibung des Elektromagnetismus von James Maxwell (1831–1879) halfen Einstein bei der Entwicklung der Allgemeinen Relativitätstheorie.

Maxwellsche Geichungen

Zu den wichtigsten Entdeckungen der Wissenschaftsgeschichte zählen die Maxwellsche Gleichungen. Sie bieten eine vollständige Beschreibung des Elektromagnetismus (der Interaktionen zwischen elektrischen und magnetischen Feldern). Die Gleichungen codifizieren nicht nur ein kompliziertes Phänomen, sondern liefern auch mathematische Hilfsmittel. Das Aufschreiben der Gleichungen würde sehr viel Zeit benötigen, weshalb verschiedene Symbole eingeführt wurden, die kompliziertere Operatoren repräsentieren.

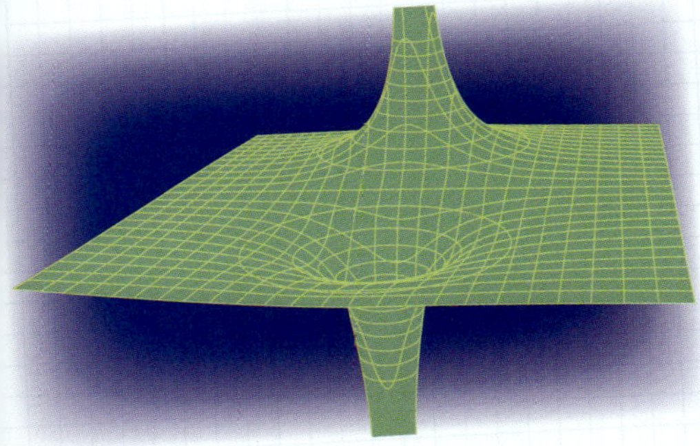

E Das elektrische Feld E repräsentiert das elektrische Feld des Systems. Auf dem oberen Computerbild sind das elektrische Feld, das von einem positiven Ion erzeugte elektrische Feld (Gipfel) und das von einem negativen Ion generierte Feld (Senke) zu sehen.

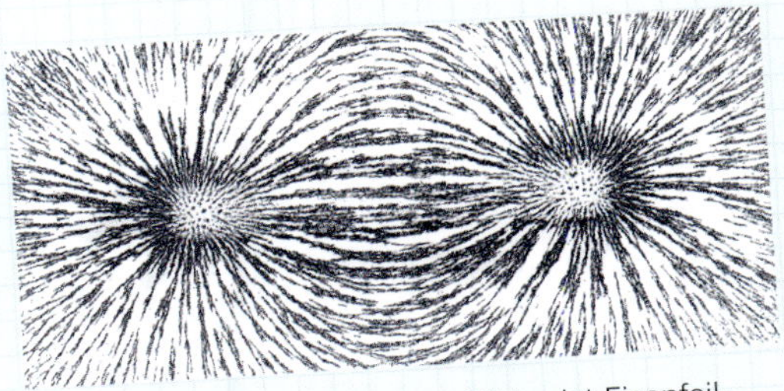

B Das Magnetfeld Das obere Bild zeigt Eisenfeilspäne in der Nähe eines Stabmagneten. Die Eisenspäne richten sich nach den Magnetlinien um den Magneten aus und zeigen uns, wie ein Magnetfeld tatsächlich aussieht.

$$\nabla \cdot B = 0$$

$$\nabla \cdot E = \frac{\rho}{\epsilon_0}$$

$$\nabla \times E = -\frac{\partial B}{\partial t}$$

$$\nabla \times B = \mu_0 J + \mu_0 \epsilon_0 \frac{\partial E}{\partial t}$$

$\nabla \cdot$ **Der Differnzialoperator ist** ein komplizierter Rechenvorgang, der uns zeigt, ob ein Feld eine Quelle oder Senke einer bestimmten Eigenschaft ist. Das hier gezeigte elektrische Feld weist zum Beispiel eine Quelle (positive Ladung) und eine Senke (negative Ladung) auf. Die Divergenz wird durch folgende Formel ausgedrückt:

$$\operatorname{div} F = \nabla \cdot F = \frac{\partial F_1}{\partial x_1} + \frac{\partial F_2}{\partial x_2} + \cdots + \frac{\partial F_n}{\partial x_n}.$$

$\nabla \times$ **Der Ableitungsoperator** Der Wert zeigt uns, wie stark das elektrische Feld um einen gegebenen Punkt rotiert. Der Rechenvorgang sieht einfach aus, ist jedoch in seiner vollständigen Form weitaus komplizierter.

$$(\vec{\nabla} \times \vec{F}) \cdot \hat{n} \overset{\text{def}}{=} \lim_{A \to 0} \frac{\oint_C \vec{F} \cdot d\vec{s}}{A}$$

$\frac{\partial}{\partial t}$ **Ableitung nach der Zeit** Wendet man diese Formel auf das Magnetfeld B an, kann man aus dem erhaltenen Wert erkennen, wie sich B mit der Zeit verändert.

Dielektrizitätskonstante und Durchlässigkeit des Raums ϵ_0 μ_0 Die physikalischen Konstanten beziehen sich auf den Elektromagnetismus. Aus ihrer Verbindung ergibt sich die Lichtgeschwindigkeit.

Sprechen wie ein Experte

Seit der Zeit Newtons wurde zur Beschreibung verschiedener Funktionen ein Symbollexikon entwickelt.

i **Die imaginäre Zahl** ist als Quadratwurzel einer negativen reellen Zahl definiert. Die Lösung mancher Gleichungen ergibt eine komplexe Zahl – eine normale Zahl mit einem imaginären Teil wie z. B. 12 + 3i.

$\sum$ **Summenzeichen** Das Symbol weist auf die Summe des nachstehenden Ausdrucks hin.

$\begin{pmatrix} a & b \\ c & d \end{pmatrix}$ **Matrix** Mit Matrizen kann man Zahlen und Vektoren umwandeln, indem man sie in Raster setzt. Man könnte beispielsweise eine Matrix kreieren, die eine Gerade im Raum 90 Grad um die x-Achse rotieren lässt.

∞ **Unendlichkeit** Das ist das mathematische Symbol für die Unendlichkeit. In komplizierteren Teilgebieten der Mathematik gibt es unterschiedlich große Unendlichkeiten, denn einige Unendlichkeiten sind tatsächlich größer als andere!

$\propto$ **Proportionalität** Dieses Symbol weist darauf hin, dass zwei Dinge einander entsprechen. „Geschwindigkeit des Autos α Motorgröße“ bedeutet beispielsweise, dass die Geschwindigkeit eines Fahrzeugs mit der Größe des Motors zunimmt.

$\therefore$ $\because$ $\blacksquare$ **Daraus folgt, weil und Q.E.D.** In mathematischen Beweisen müssen wir oft „daraus folgt“ und „weil“ schreiben, wozu wir diese Symbole verwenden. Das Quadrat am Ende des Symbols steht für Q.E.D., die Abkürzung für *Quod erat demonstrandum* («Was zu beweisen war»), und bedeutet, dass der Beweis abgeschlossen ist.

$\mathbb{N}\,\mathbb{Z}\,\mathbb{R}$ **Die Mengen der natürlichen Zahlen, ganzen Zahlen und reellen Zahlen** können wir in der Zahlentheorie, die sich mit den Eigenschaften der Zahlen beschäftigt, regelmäßig sehen. Die natürlichen Zahlen sind 1, 2, 3, 4 und so weiter. Die Menge der ganzen Zahlen besteht aus allen natürlichen Zahlen wie -1, 0, 1, 2, etc. Zu den reellen Zahlen gehören alle Zahlen ohne komplexen Teil (die nicht die imaginäre Zahl enthalten, wie z. B. 12,3, 15 oder -19,2).

DAS PERIODENSYSTEM

Die Wurzeln der modernen Chemie sind bei den mittelalterlichen Alchemisten zu finden (*siehe S. 52*), die auf der Suche nach dem „Stein der Weisen" und der Möglichkeit, verschiedene Grundsubstanzen in Gold zu verwandeln, die Eigenschaften der bei ihren Experimenten entdeckten Chemikalien erforschten. Die wissenschaftliche Chemie des 18. Jahrhunderts entwickelte einen präziseren Zugang zur Einteilung der Elemente, aus denen das Universum aufgebaut ist. Das Ausmaß des Problems erforderte eine neue codierte Sprache, die Namen und chemische Eigenschaften mit einbezog und flexibel genug war, um Funktionen auszudrücken. Verschiedene Tabellen wurden erstellt, aber das heute verwendete Periodensystem wurde 1869 von dem russischen Chemiker Dmitri Mendelejew entwickelt. Die Tabelle ist „periodisch", weil die Elemente in derselben Periode (oder Reihe) ähnliche Eigenschaften besitzen. Das moderne Periodensystem umfasst eine enorme Informationsmenge über die Chemie der Elemente. Ein kurzer Blick auf die Tabelle enthüllt die grundlegenden Eigenschaften der bekannten Elemente in codierter Form.

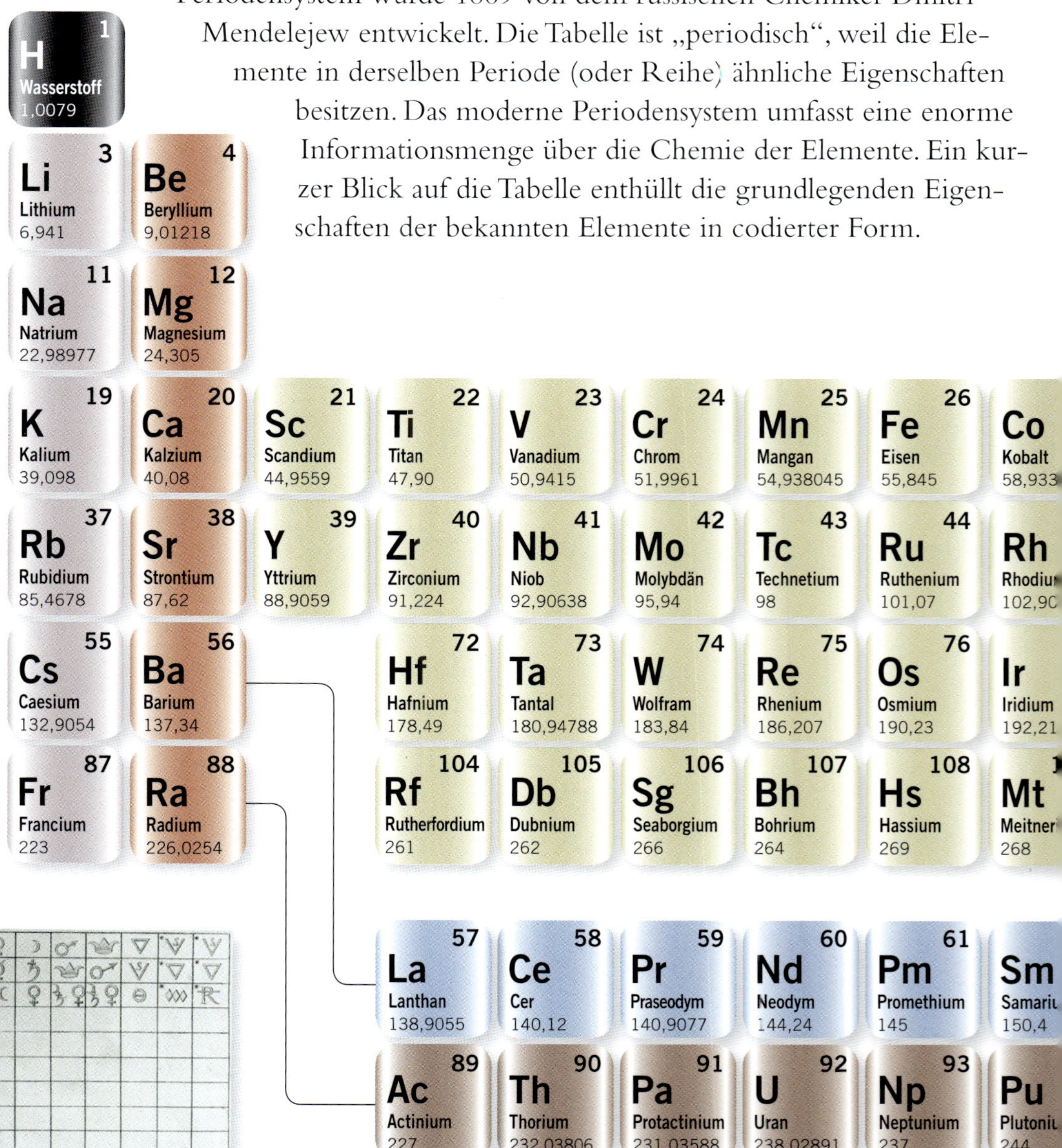

Die *Encyclopédie*

Der französische Philosoph Denis Diderot (1713–1784) war die treibende Kraft hinter der *Encyclopédie*, einer ehrgeizigen Veröffentlichung, die es sich zum Ziel gesetzt hatte, „jeden Zweig des menschlichen Wissens" zu umfassen. Der erste Teil erschien 1751, und in den darauffolgenden 20 Jahren wurden insgesamt 27 Bände veröffentlicht. Das Unternehmen war mit Schwierigkeiten verbunden. Wegen Diderots radikaler politischer und sozialer Ansichten lief das Projekt oft Gefahr, eingestellt zu werden. Seine Einträge über die Wissenschaft und die Kunst waren bahnbrechend.

Die „alchemistische" Tabelle

Diderots *Encyclopédie* enthielt eine „Alchemistische Karte der Affinitäten", die zu den frühesten Versuchen einer Einteilung der chemischen Verbindungen nach ihren Reaktionen zählt *(unten)*. Als die Karte erstellt wurde, kannte man 30 chemische Elemente, denn viele der genannten Stoffe waren Elementverbindungen. Diderots jüngerer Zeitgenosse, der französische Chemiker Antoine Lavoisier (1743–1794), ermittelte ein Kassifikationssystem, das auf den Eigenschaften und Reaktionen der bekannten Elemente beruhte. Diderots Karte ist in Tabellenform angelegt und benutzt für manche Elemente alchemistische Symbole.

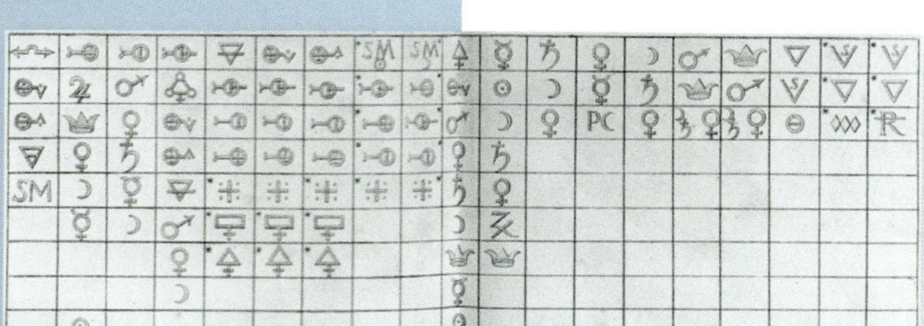

Das Periodensystem der Elemente

Die Elemente sind in 18 Spalten („Gruppen“) und sieben Reihen („Perioden“) angeordnet. Warum steht ein Element in einer bestimmten Gruppe? Das hängt mit den Valenzelektronen zusammen, die mit anderen Teilchen reagieren. Haben zwei Elemente ähnliche Valenzelektronen, reagieren sie auch ähnlich. Als Mendelejew das Periodensystem schuf, ließ er Platz für Elemente, von denen er annahm, dass sie erst entdeckt werden müssten.

Die Edelgase bilden die letzte Gruppe im Periodensystem. Ihre Schalen sind vollständig mit Elektronen gefüllt, und wegen dieser äußert stabilen Konfiguration sind Edelgase sehr reaktionsträge. Sie werden zur Beleuchtung verwendet – viele Glühbirnen sind mit Argon gefüllt. Das Edelgas dient etwa bei der Wolframverarbeitung als Schutzgasatmosphäre, um den Luftsauerstoff fernzuhalten. Neon wird in Neonröhren verwendet. Helium ist sehr leicht und ausgesprochen reaktionsträge, weshalb man Ballons und Luftschiffe damit füllt.

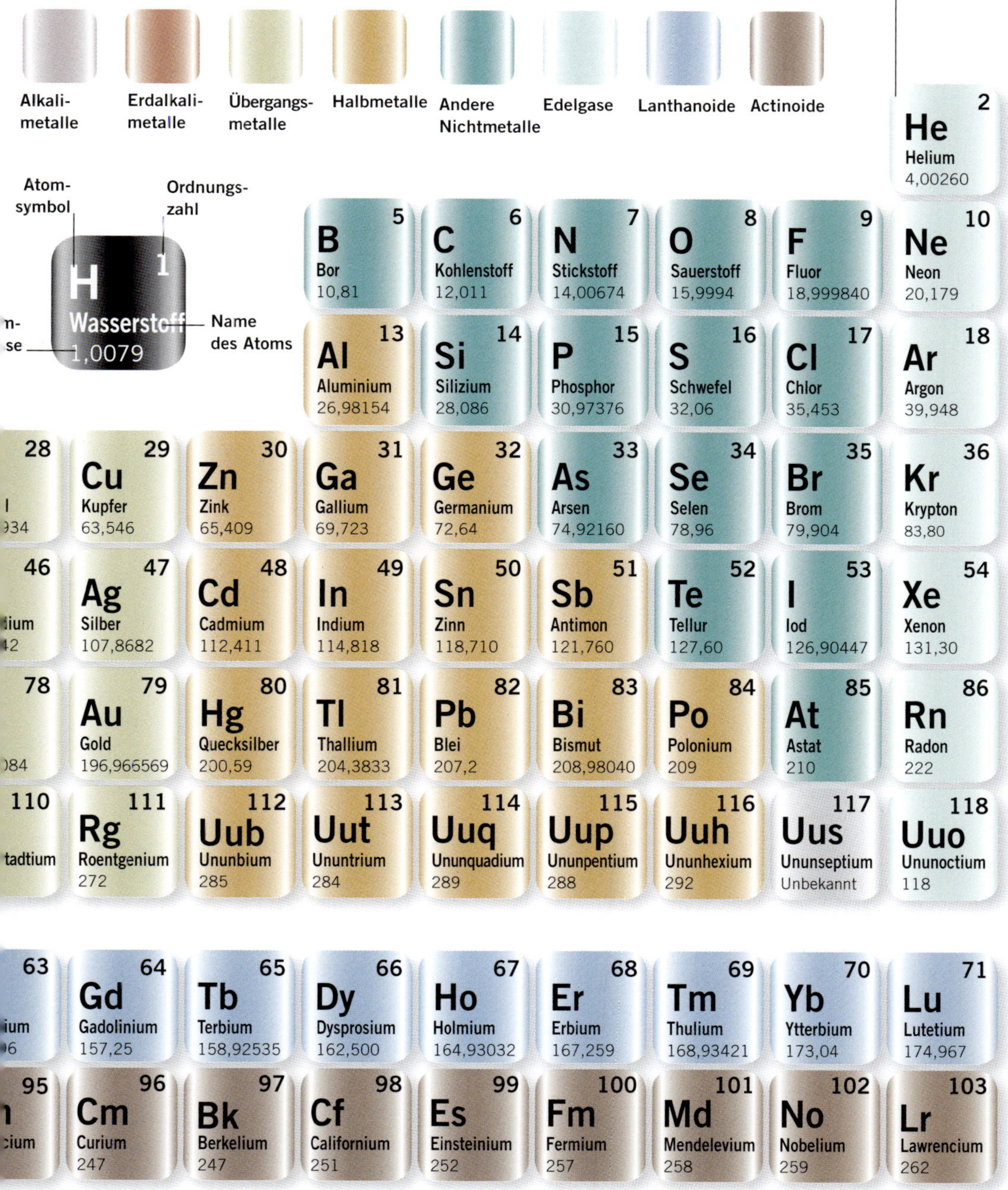

Andere Codes in der Chemie

Die meisten Menschen sind mit den Summenformeln vertraut, die zur Beschreibung bestimmter Verbindungen verwendet werden. Die Formeln beschreiben in Kurzform die Molekülstruktur eines Stoffes. Dazu benutzen sie die Symbole der Elemente, aus denen die Verbindung besteht, und Zahlen, die auf das Verhältnis der einzelnen Elemente hinweisen. Zu den bekanntesten Formeln zählen:

Ammoniak NH_3 Ein Stickstoffatom und drei Wasserstoffatome.
Kohlendioxid CO_2 Ein Kohlenstoffatom und zwei Sauerstoffatome.
Kalzium („Kalk“) $CaCO_3$ Ein Kalziumatom, ein Kohlenstoffatom und drei Sauerstoffatome.
Natriumhydroxid („Ätznatron“) NaOH Ein Natriumatom, ein Sauerstoffatom und ein Wasserstoffatom.
Salzsäure HCl Ein Wasserstoffatom, ein Chloratom.
Natriumchlorid („Kochsalz“) NaCl Ein Natriumatom und ein Chloratom.
Schwefelsäure H_2SO_4 Zwei Wasserstoffatome, ein Schwefelatom und vier Sauerstoffatome.
Natriumcarbonat („Soda“) **Na_2CO_3** Zwei Natriumatome, ein Kohlenstoffatom und drei Sauerstoffatome.
Wasser H_2O Zwei Wasserstoffatome und ein Sauerstoffatom.

Molekularstruktur

Chemische Strukturen können auf verschiedene Weise dargestellt werden.

Benzol: C_6H_6
Benzol ist ein Ring aus Kohlenstoffatomen, der an Wasserstoffatome gebunden ist.

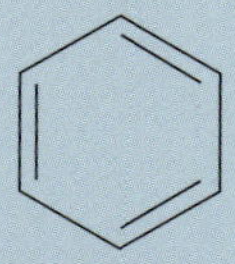

Skelettstruktur
Zeigt nur Bindungen zwischen Atomen.

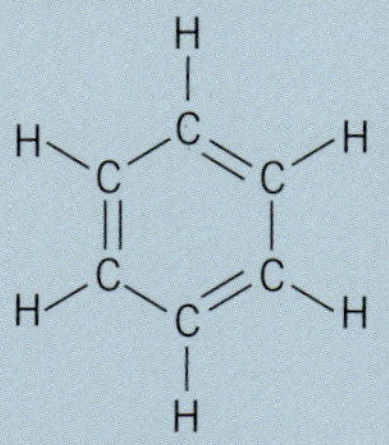

Molekülstruktur
Zeigt alle Atome.

Koffein: $C_8H_{10}N_4O_2$

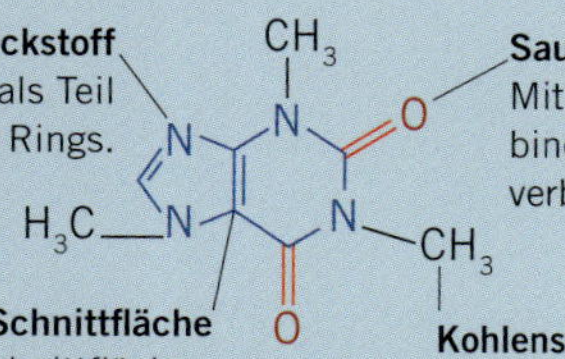

DARSTELLUNG DER WELT

Das Bedürfnis nach einer bildlichen Darstellung der Landschaft jenseits des Horizonts findet man in vielen Kulturen, von den frühen Felszeichnungen bis ins antike China, Japan und Rom. In allen Fällen wurden überraschend ähnliche Lösungen für das Problem der graphischen Codierung von Landschaftsmerkmalen wie Flüssen, Küsten, Bergen, dem Meer und menschlichen Siedlungen entwickelt.

Maßstab und Ausrichtung

Die Unterschiede zwischen den verschiedenen Kartensystemen liegen in den Funktionen von Maßstab und Ausrichtung. Moderne Karten sind nach Norden ausgerichtet, dienen einem bestimmten Zweck und haben einen Maßstab. In der Vergangenheit wurde der Maßstab oft in Reisetagen angegeben, der Zweck spiegelte die Bedürfnisse des Auftraggebers wider, und die Ausrichtung war mit diesem Zweck verbunden. Moslemische Karten waren nach Süden ausgerichtet. Die Symbolsprache für die Darstellung von Landschaftsmerkmalen ist heute noch erkennbar.

Die „kopfstehende" Welt

Arabische Geographen zählen zu den versiertesten Kartographen der vorneuzeitlichen Ära. Im Jahr 1154 erstellte al-Idrisi für Roger II. von Sizilien diese Karte der damals bekannten Welt. Die moslemischen Reiche erstreckten sich von den Grenzen Chinas bis an die Atlantikküste. In Afrika und Ostasien erforschten moslemische Reisende wie Ibn Battuta und arabische Händler die Möglichkeiten, die sich hinter den Grenzen der moslemischen Welt eröffneten.

Die Peutingersche Tafel

Die Kopie einer römischen Landkarte aus dem 3. oder 4. Jahrhundert n. Chr. veranschaulicht das Sprichwort, dass „alle Wege nach Rom führen". Diese Routenkarten enthielten nur wenige geographische Informationen. Sie stellten das Straßensystem dar und zeigten, wie man von einem Ort zum anderen gelangt (ähnlich wie heutige GPS-Navigationskarten). Im Mittelalter wurden ähnliche Karten gezeichnet, um christliche Pilger nach Jerusalem zu führen.

Zusätzlich zu den römischen Straßen sind auf der Karte größere Städte durch ein Symbol dargestellt, das eine von einer Mauer umgebene Siedlung zeigt. Die Größe des Symbols variiert und weist auf die relative Bedeutung der Stadt hin.

Berge
Große Gebirgszüge wurden als Ketten abgebildet. Dabei wurde kaum versucht, die Höhe und Flächenausdehnung anzugeben. Sie werden oft von kleinen Bäumen begleitet, die auf dichte Wälder hinweisen.

Dichte Details
Die Küsten des Mittelmeers und Südwestasiens sind detailliert dargestellt. Auch die Stiefelform Italiens ist klar zu erkennen.

Weniger Information
Offensichtlich kennt der Kartograph den Nordwesten Europas kaum. Die Britischen Inseln wurden verzerrt dargestellt und einige atlantische Inseln hinzugefügt, die nicht existieren.

Portolankarten

Als die Europäer begannen, nach neuen Märkten und Möglichkeiten der Kolonisierung zu suchen, wurden neue Karten erstellt, um Seefahrern eine Hilfe zu bieten. Auf dieser Karte aus dem im Jahr 1546 entstandenen Portolan-Atlas sind Kompasspeilungen eingezeichnet. Unbekannte Gebiete wurden angedeutet oder auf Vermutungen basierend dargestellt. Besondere Aufmerksamkeit wurde auf die Topographie der Küstenlinie, Landschaftsmerkmale und Siedlungen gelegt, während unerforschte Gebiete im Landesinneren oft leer und manchmal mit phantastischen Zeichnungen bevölkert waren.

Der dichte äquatoriale Regenwald im Inneren von Brasilien war noch kaum erforscht, als diese Karte entstand, aber eine kleine Darstellung zeigt an, dass es ihn gibt.

Codieren der Landschaft

Das Anfertigen von Landkarten zählt zu den raffiniertesten Informationscodiersystemen, die je erfunden wurden. Ungeachtet der Fortschritte in der modernen Satellitennavigation (GPS) und der Wunder von Google Earth ist die Kartographie nach wie vor ein an Flexibilität und Informationsgehalt unübertroffenes Codiersystem zur Beschreibung der Welt. Karten erfüllen eine gemeinsame Grundfunktion: Sie zeigen, wo sich ein Ort in Bezug auf andere Orte befindet. Graphische Hilfsmittel wie Raster, Farben, Schattierungen, Linien und Symbole vermitteln viele Informationen, während verschiedene Formen der Typographie zur Kennzeichnung der unterschiedlichen Landschaftsmerkmale verwendet werden.

Vermessungen

Die ersten genauen und detailierten Vermessungen wurden zur Erstellung von Seekarten durchgeführt. Die sorgfältige Darstellung von Küstenlinien, Untiefen, Gezeiten und Strömungen wurde für die Schifffahrt der frühen Neuzeit zunehmend wichtiger. Die Landvermessung begann 1747 mit der Gründung des britischen Vermessungsamts, da man genaue Karten für das Artilleriebombardement zur Niederschlagung des Highland-Aufstandes benötigte. Darauf folgte die genaue Vermessung Großbritanniens, die noch nicht abgeschlossen ist. Dieselben Techniken wurden bei der großen trigonometrischen Vermessung Indiens (*unten*) eingesetzt, als man Teams aus Einheimischen (*oben*) ausbildete, um den Subkontinent zu kartographieren.

Bei der Vermessung Indiens wurde die Dreiecksmethode in verschiedenen Maßstäben verwendet, um flache Landschaften und die Höhe von Hügeln und Gebirgen darzustellen.

Landschaftsbeschreibung

Im Verlauf der letzten 500 Jahre entstanden verschiedene Konventionen für die graphische Darstellung unserer Welt. Die spezielle Aufgabe des Kartographen hing vom Maßstab der Karte ab. Mit moderner Satellitentechnologie kann das Relief der Erdoberfläche bis ins kleinste Detail gezeigt werden.

Frühe neuzeitliche Karten Die ersten Karten in großem Maßstab beschrieben die Landschaft, die Bewaldung und die Verteilung von Siedlungen in Form von Piktogrammen, die zu den Vorläufern der modernen Kartensymbolen wurden.

Schattierung und Schraffur Der Bedarf an einer genauen Darstellung der Landschaft auf flachen Oberflächen führte dazu, dass man durch Schattierung oder dünne Linien (Schraffur) einen dreidimensionalen Effekt zu erzielen versuchte. Auffallende topographische Merkmale wurden benannt und mit Höhenangaben versehen. Eine präzisere Methode zur Landschaftsdarstellung bot die Umrisszeichnung, wo Linien auf Punkten gleicher Höhe zusammentreffen und geschlossene Schleifen mit farbig bemalten Zwischenräumen bilden (*siehe gegenüber*).

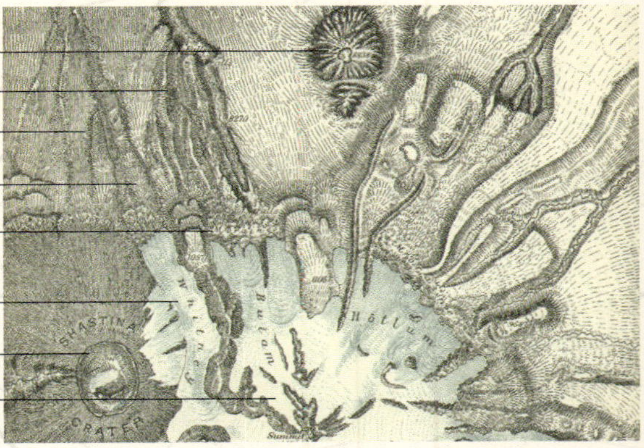

Fernerkundung Von Satelliten in der Umlaufbahn ausgesandte Infrarotstrahlen, die von der Erdoberfläche abprallen, liefern dichte Datenmengen zur Beschreibung der Topographie. Die codierten Signale müssen erst interpretiert werden. Aus einer Reihe von Algorithmen werden digitale Geländemodelle erstellt, die die Grundlage der modernen Kartographie bilden. Die Abbildung zeigt ein Falschfarbenbild von einem Gebiet in Tibet.

Die Linien auf der Karte

Zur Lokalisierung von Merkmalen wird meist ein entsprechendes Codierungssystem aus künstlichen Linien über die Karte gezeichnet. Es beruht im allgemeinen auf einem Koordinatensystem über dem Globus zur Ermittlung geographischer Längen (Meridiane, die Nord- und Südpol verbinden) und Breiten. Ortsangaben werden durch Koordinaten in Grad und Minuten ausgedrückt (oder seit kurzem in Dezimalgraden). Karten können auch einfache geometrische Raster aufweisen.

Bei diesem Beispiel ist die Lokalisierung von Sevilla in Längen- und Breitenkoordinaten als 37,24° N 5,59° W definiert, im Raster des Herausgebers (das in diesem Fall auf Strichgittern basiert) als 7C.

Geographische Breite
Ausrichtung nördlich oder südlich vom Äquator.

Geographische Länge
Ausrichtung östlich oder westlich vom Greenwich- (oder Null-)Meridian.

Greenwich-Meridian 0°
Längen werden westlich und östlich von dieser Linie aus gemessen.

Raster des Herausgebers
Leicht verständliche codierte Referenz auf die Positionen bestimmter Merkmale in roten Ziffern und Buchstaben.

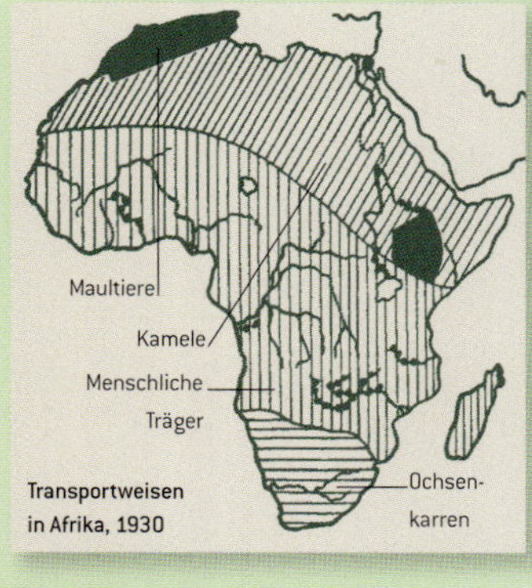

Transportweisen in Afrika, 1930

Schematische Karten

In der „thematischen" Kartographie verwendet man Karten zur Darstellung von Verteilungen (*oben*) wie Bevölkerungsdichte oder Landnutzung. Schematische Karten (*unten*) werden zunehmend benutzt, um Informationen in hochstilisierter, vereinfachter Form darzustellen. Sie werden zur Veranschaulichung von Verkehrsbewegungen, Kommunikationsnetzwerken und Eisenbahn- oder U-Bahnsystemen herangezogen. Thematische und schematische Karten besitzen eigene codierte Sprachen, die üblicherweise durch einen Symbolschlüssel oder eine Legende erklärt werden.

Moderne Karten

Allgemeine Karten verwenden zum Übermitteln von Informationen meist Linien, Symbole und Farben. Die Übereinkünfte können sich je nach Zweck und Stil der Karte verändern: Auf Autobahnkarten werden beispielsweise das Straßennetz und Straßenbezeichnungen hervorgehoben.

Topographie
Die Form der Landschaft wird durch Farben und Umrisse dargestellt.

Gewässer
Meere, Seen, Küstenlinien, Marschen und Flüsse sind oft blau gefärbt.

Demarkationslinien
Obwohl sie auf dem Boden meist nicht zu erkennen sind, können Staats- oder Verwaltungsgrenzen eingezeichnet sein.

Historische Merkmale
Hier wurde eine historische Grenze hinzugefügt.

Verwaltungszentren
Meist mit größeren Druckbuchstaben hervorgehoben; manchmal wird die Form großer Städte angedeutet.

Bevölkerte Orte
Meist durch Stadtsymbole dargestellt; hier weisen verschiedene rote Punkte auf die Größenverhältnisse hin.

Straßen
Je nach Größe als gestrichelte oder durchgehende Linien eingezeichnet.

Symbolschlüssel für weitere Merkmale auf der Karte:
- ♁ Kirche
- Moschee
- ¤ Befestigungsanlage
-)(Brücke

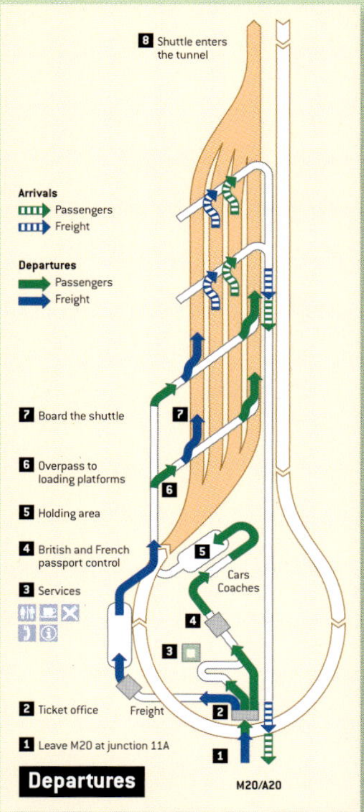

NAVIGATION

Methoden, um sich auf dem Meer zu orientieren, um Riffen und anderen Gefahren auszuweichen, haben außergewöhnliche Geschichten. Niemand weiß, wie die ersten Seeleute den Weg über den Pazifik fanden, um vor Tausenden von Jahren die Inseln Australiens und Ozeaniens zu besiedeln. Die Satellitennavigation machte innerhalb von drei Jahrzehnten Hilfsmittel und Codes überflüssig, die im Verlauf von zwei Jahrtausenden entwickelt worden waren. Die Techniken, die für die Seefahrt angewandt wurden, sind Zeugnisse für die Fähigkeit des Menschen, Lösungen für schwierige Probleme zu finden.

Leuchttürme und Leuchtschiffe

Leuchtfeuer als Navigationshilfe gibt es seit über 2000 Jahren, die modernen Leuchtsignale wurden im 19. Jahrhundert von Charles Babbage erfunden. Lichter mit hoher Intensität markieren wichtige Merkmale, während schwächere Leuchtfeuer Hafeneinfahrten oder Flussmündungen kennzeichnen. Die Standardfarbe des Lichts ist Weiß, aber auch Rot, Grün oder Gelb werden benutzt.

Festfeuer leuchtet ununterbrochen.

Blinklicht Bis zu 30-mal/Minute.

Schnelles Funkellicht 60/Minute.

Unterbrochenes Funkellicht

Gleichtaktlicht Gleich lange Phasen.

Blitzfeuer mit Gruppen von Blitzen

Unterbrochenes Feuer

Wechselfeuer Wechselnde Farben.

Blinkfeuer Mindestens zwei Sekunden.

Die Araber und einige Mittelmeernationen fertigten vom 13. Jahrhundert an rudimentäre Karten für Seefahrer an. Sie waren zwar klein, lieferten aber einige Informationen über das Profil der Küstenlinien, Landmarken auf See und Kompasspeilungen. Portolankarten (*links*) zeigten die Lage von Küstenstädten und veranschaulichten Entfernungen durch einen Maßstab.

Karten und Lotsen

Der herausragende Unterschied zwischen Landkarten (*siehe S. 164*) und Seekarten liegt darin, dass Erstere etwas zeigen, das der Betrachter sehen kann. Seekarten und die damit verbundenen Leuchttürme, Leuchtschiffe und Markierungsbojen müssen den Seeleuten Informationen über den Verlauf von Küstenlinien und unsichtbare Gefahren unter Wasser liefern. Vom 17. Jahrhundert an ließ die britische Admiralität detaillierte Navigationskarten anfertigen (auf der Iberischen Halbinsel entstanden vom 13. Jahrhundert an die Portolankarten, die großteils für die Mittelmeerschifffahrt und zur Navigation auf europäischen und afrikanischen Binnengewässern dienten). Die Admiralität erstellte auch detaillierte „Lotsen“, die die Küstenlinie beschrieben und Berge, Häfen und andere Landmarken kennzeichneten.

Koppelnavigation und Längenmessung

Die geographische Breite konnte von einem früheren Punkt aus festgelegt werden, indem man ein Astrolabium oder einen Sextanten verwendete, um in Verbindung mit einer Kompasspeilung den Winkel des Sonnenstandes zu einer bestimmten Zeit oder Jahreszeit zu messen. Das Problem der Breitengradbestimmung hing von einer exakten Zeitmessung an einem festgesetztem Punkt ab. Die Ungenauigkeit der Koppelnavigation (Vermutungen, die auf einer bekannten Breite, Wind und Strömungen beruhten) bei der Längenbestimmung sowie hohe Verluste an Menschenleben, Schiffen und Frachtgütern veranlassten die britische Regierung zur Entwicklung eines genauen Chronometers (*siehe S. 153*). Erst ab der Mitte des 18. Jahrhunderts konnte man die Position eines Schiffes genau festlegen, die heute mittels Satellitennavigation sofort ermittelt werden kann.

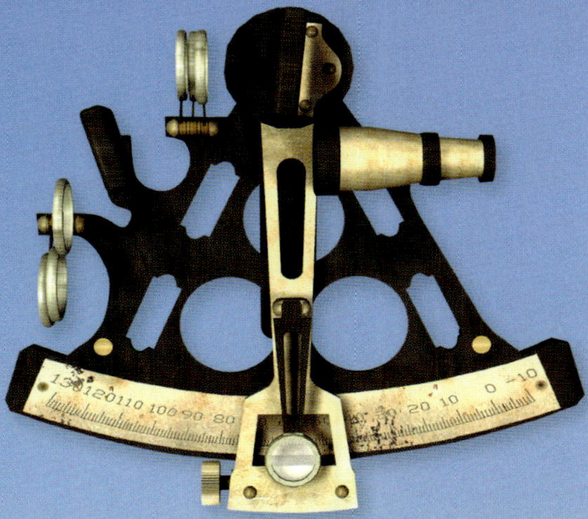

Der Sextant wurde benutzt, um den Winkel der Sonne oder eines anderen Himmelskörpers zum Horizont zu messen und daraus die Länge zu berechnen.

Salz im Blut

Die frühe eurasische Schifffahrt verließ sich auf mündliche Überlieferungen und bestand großteils aus Fahrten in den Küstengewässern. Die Wikinger unternahmen Seefahrten übers offene Meer. Sie kannten Winde und Strömungen so gut, dass sie vor mehr als tausend Jahren über Island und Grönland bis nach Nordamerika gelangten. Auch heute können Fischer an zahllosen Wasserflächen im offenen Meer instinktiv erkennen, wo sie sich befinden.

Seezeichen

Seit 1977 gibt es zwei international anerkannte Systeme für Schifffahrtszeichen mit minimalen Unterschieden: IALA A (Europa und der Großteil der Welt) und IALA B (Nord- und Südamerika, Japan, Korea und die Philippinen). Bojen und Tonnen sind verankerte oder auf dem Meer treibende Markierungen, die oft mit Blinklichtern ausgestattet sind. Sie versorgen den Navigator mit Informationen über Gefahren und Kanaldurchfahrten. Lage, Form, Farbschema und andere Markierungen liefern codierte Botschaften.

Lateraltonnen kennzeichnen die Seiten schiffbarer Kanäle; rote Bojen leiten die Schiffe nach Backbord, grüne in Richtung Steuerbord; rote/grüne Lichter, keine bestimmte Phase.

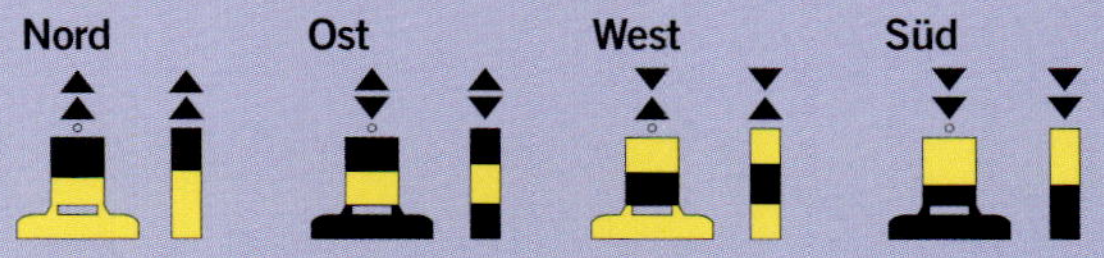

Kardinaltonnen zeigen die Richtung an, in der sich das beste Fahrwasser befindet, oder eine nötige Kursänderung; weiße Lichter mit verschiedenen Phasen.

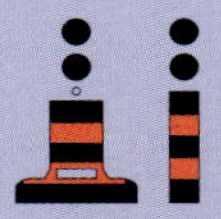

Einzelgefahrentonnen weisen auf Untiefen hin, die von schiffbarem Wasser umgeben sind; weiße Lichter, Gruppenblinken.

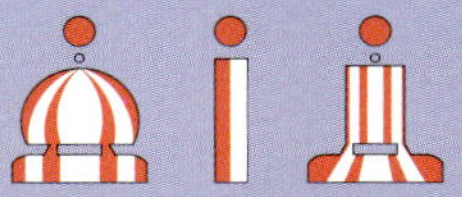

Fahrwassertonnen kennzeichnen die Mitte der Fahrrinne oder den Landfall; weißes Leuchtfeuer wird alle zehn Sekunden für einen langen Blitz unterbrochen.

Besondere Seezeichen Keine bestimmte Aufgabe oder Form, sondern generelle Warnungen vor Gefahren in Küstengewässern; farbiges Licht, keine spezifische Phase.

Navigationsabkommen Schon vor langer Zeit wurde die Übereinkunft getroffen, dass näherkommende Schiffe von steuerbord nach backbord vorbeifahren. Nachts bringen Schiffe auf dem Bug der Steuerbordseite ein grünes, Backbord ein rotes und auf dem Mast ein weißes Licht an, damit man ihre Fahrtrichtung erkennen kann.

TAXONOMIE

Archaeopteryx lithographica (ausgestorben)

Der taxonomische „Code" oder die biologische Organisation aller Lebensformen der Erde ist ein fundamentaler „Code" zum Verständnis von uns selbst und den anderen Lebewesen. Seit der Antike wurde versucht, die Organismen einzuordnen, um zu verstehen, auf welche Weise Pflanzen, Tiere, Pilze und Bakterien miteinander in Verbindung stehen. Erst im 18. Jahrhundert vermachte uns der schwedische Naturforscher Carl von Linné ein System, das Organismen anhand ihrer physischen Ähnlichkeiten einteilte und bis heute benutzt wird. Das Linnésche Klassifikationssystem, das auch als „binomiale Nomenklatur" bezeichnet wird, ebnete im 19. Jahrhundert den Weg für Darwins Ideen. Analysen des DNA-Codes (*siehe S. 170–175*) schufen ein besseres Verständnis für die verwandschaftlichen Beziehungen zwischen den Lebensformen der Erde.

Klassische Wurzeln

Seit der Antike wurde immer wieder versucht, die verwandschaftlichen Beziehungen zwischen verschiedenen Organismen zu verstehen. Das bekannteste Beispiel ist der griechische Philosoph Aristoteles, der wahrscheinlich als Erster alle bekannten Organismen oder „Lebewesen" einteilte. Aus den aristotelischen Schriften über die Klassifizierung von Organismen stammen Begriffe wie „Substanz", „Gattung" und „Art". Aristoteles verwendete zur Einteilung verschiedene Merkmale wie den Lebensraum, oder die Fortpflanzung. Seine Werke ebneten den Weg für spätere Naturforscher wie Carl von Linné, der als Student der Aufklärung die klassischen Werke der Antike las.

Mittelalterliche Beobachtungen

Die Gelehrten des Mittelalters verfolgten auf der Suche nach Beziehungen zwischen den lebenden Dingen zum Teil noch immer die Ideen von Aristoteles. Deshalb sind mittelalterliche Werke über das Thema meist vom aristotelischen Begriff des „Seins" durchdrungen. Der Wissenschaftler und Philosoph Thomas von Aquin entwickelte die Idee der „Analogie des Seins", die später zum Gebiet der Ontologie wurde (dem metaphysischen Studium der Verbindungen zwischen den Organismen). Der im 13. Jahrhunderte lebende Franziskanermönch Roger Bacon wurde oft für den Autor des Voynich-Manuskripts gehalten (*links*). Das geheimnisvoll verschlüsselte Dokument wurde nie entschlüsselt, scheint aber unter anderen Naturphänomenen auch systematische Pflanzenanalysen zu enthalten. Von einigen der beschriebenen Arten nimmt man an, dass sie vor dem Kontakt mit Amerika in Europa unbekannt waren, was Bacon als Autor des Manuskripts ausschließen würde.

Linné fertigte aus Pflanzenzeichnungen Tapeten für sein Haus an.

Linné und die Taxonomie

Carl von Linné (1707–1778) wird oft als „Vater der modernen Taxonomie" bezeichnet. Als ausgezeichneter Universalgelehrter griff er auf die Forschungen seiner Vorgänger zurück, um ein stabiles System zur codierten Klassifizierung aller lebenden Organismen aufzustellen. In seinem Werk *Systema Naturae*, das 1735 erstmals veröffentlicht und immer wieder aktualisiert wurde, benutzte er ein Klassifizierungssystem, das auf einer Hierarchie beruhte, die heute noch gültig ist. Linné teilte alle Lebewesen wie Menschen (*Homo sapiens*) oder Schimpansen (*Pan troglodytes*) in die Kategorien Reich, Stamm, Klasse, Ordnung, Familie, Gattung und Art ein und führte eine binomiale Nomenklatur ein. Seit den Tagen Linnés hat sich die Anordnung der einzelnen Organismen und Gruppen durch neue Erkenntnisse in der Entwicklungsbiolcgie bedeutend verändert.

Linnés Familie war nach einem großen Lindenbaum benannt.

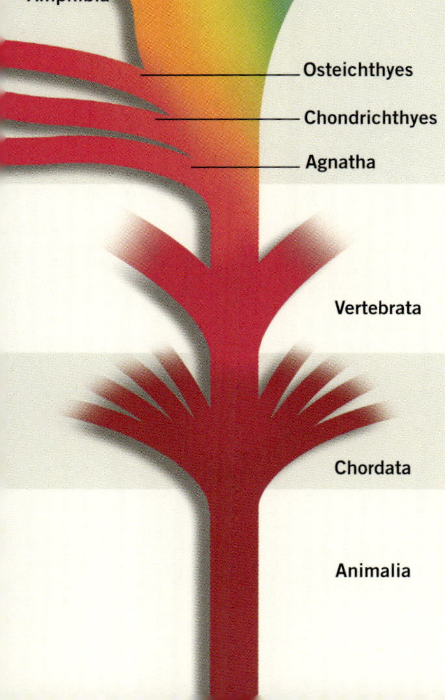

Die Abbildung veranschaulicht die Einteilung in die Hauptkategorien oder „Taxa“ des Linnéschen Systems. Die Stufe für die „Klasse“ ist vergrößert dargestellt, um alle sieben Klassen zu zeigen, die in Form eines „phylogenetischen Baums“ angeordnet sind und auf entwicklungsgeschichtliche Verwandschaften zwischen den Gruppen hinweisen.

Archaeopteryx lithographica (*links oben*) ist bisher der einzige Vertreter seiner Ordnung. Er wird zwar den Vögeln (Aves) zugeordnet, besitzt jedoch viele Merkmale von kleinen Dinosauriern (Reptilia) und ist möglicherweise ein naher Verwandter des Vorfahren der Vögel.

Wie teilen die Wissenschaftler lebende Organismen ein?

Einfach gesagt klassifizieren Wissenschaftler Organismen anhand von Ähnlichkeiten und Unterschieden. Der tatsächliche Einteilungsvorgang ist jedoch weitaus komplizierter, denn zwei Tiere können zwar ähnlich aussehen, aber dennoch eine unterschiedliche Entwicklungsgeschichte haben. Zum Beispiel haben Vögel und Fledermäuse Flügel, sind aber nicht nahe verwandt, während man die Dinosaurier als Vorfahren der Vögel betrachtet. Die Wissenschaftler (die „Systematiker“ genannt werden) müssen zwischen bedeutsamen und zufälligen Ähnlichkeiten unterscheiden können. Zu diesem Zweck untersuchen sie sorgfältig alle Merkmale wie die Anatomie, die Entwicklungsgeschichte und die Fortpflanzungsmethoden, aber auch die fossilen Befunde. Die Fortschritte auf dem Gebiet der Genetik (*siehe S. 170–175*) ermöglichten eine taxonomische Klassifikation nach genetischen Kriterien.

Darwin und die Taxonomie

Als Charles Darwin (1809–1882) seine Theorie der Evolution durch natürliche Auslese entwickelte, waren die Klassifikationen von Linné und seinen Nachfolgern äußerst nützlich. So entwickelte er einen „Baum des Lebens“ *(unten)*, der die einzelnen Organismen und Stammbäume miteinander verband. Im seinem 1859 veröffentlichten Werk *Über die Entstehung der Arten* zeigte Darwin, dass man Organismen nicht nur klassifizieren kann (wie Linné), sondern dass alle Lebewesen einen gemeinsamen Stammbaum aufweisen. Nach Darwin begannen die Systematiker zu verstehen, dass man aus der Entwicklungsgeschichte verwandtschaftliche Beziehungen zwischen einzelnen Arten herleiten konnte und dass die Kategorien Klasse, Ordnung und Gattung ein ähnliches Muster widerspiegelten. Das führte zu einem detaillierten Bild von den Verwandschaftsbeziehungen aller Lebensformen.

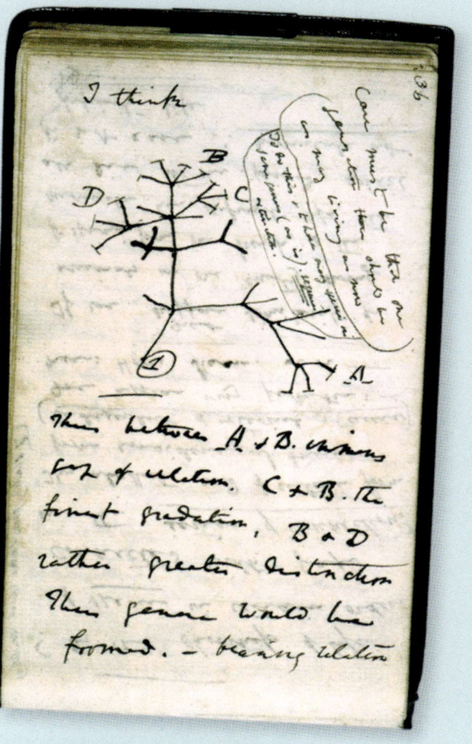

Die Zukunft der Taxonomie

Der taxonomische „Code“ hat sich seit den aristotelischen Einteilungsversuchen vor 2000 Jahren beträchtlich weiterentwickelt. Durch die Erforschung der Neuen Welt, das hierarchische Klassifikationssystem Linnés und die biologischen Erkenntnisse der letzten 200 Jahre erfuhren wir immer mehr über die entwicklungsgeschichtlichen und verwandtschaftlichen Beziehungen zwischen den einzelnen Organismen. Die Naturwissenschaft entwickelt sich ständig weiter, und durch die Fortschritte auf dem Gebiet der Evolutionsgenetik beginnen wir die verwandschaftlichen Beziehungen allmählich auch auf genetischer Ebene zu verstehen. Wir wissen, dass die DNA von Menschen und Schimpansen zu 98,5% identisch ist, was die Theorie eines gemeinsamen Vorfahren bekräftigt. Andererseits weisen auch Menschen und Bananen einen hohen Grad an genetischen Ähnlichkeiten auf, was verblüffend ist.

DER GENETISCHE CODE

Der grundlegendste Code ist wahrscheinlich der genetische Code. Er ist in der DNA jedes lebenden Organismus eingeprägt und enthält eine Liste von Anweisungen über unsere Körperfunktionen, unsere Fortpflanzungsweise oder unsere Haarfarbe. Der Aufbau der DNA eines Organismus legt fest, ob daraus ein Mensch, ein Schimpanse oder eine Banane wird und ob wir ein höheres Risiko für Herzerkrankungen, Diabetes oder Brustkrebs in uns tragen oder nicht. In den vergangenen 50 Jahren waren Wissenschaftler mit der Entschlüsselung des genetischen Codes beschäftigt, um einen Einblick in die Ähnlichkeiten zu gewinnen, die wir mit anderen Menschen und anderen Tieren teilen.

Watson und Crick

Die beiden Namen, die am stärksten mit dem Begriff DNA assoziiert werden, sind James Watson (*links*, geb.1928) und Francis Crick (*rechts*, 1916–2004). 1952 führten die beiden Wissenschaftler am Cavendish-Laboratorium der Universität von Cambridge Forschungen zur Bestimmung der DNA-Struktur durch. In dieser Zeit hatte man noch keine Vorstellung vom Aufbau oder der Organisation der DNA oder ihrer Bedeutung bei der Bestimmung des genetischen Codes. Watson und Crick versuchten die Struktur der DNA zu entschlüsseln, indem sie mit Atommodellen spielten. Sie entdeckten bald, wie die vier Basen Adenin, Thymin, Cytosin und Guanin zusammenpassten. Sie erkannten, dass auf Grund der Molekularstruktur Adenin nur mit Thymin und Cytosin nur mit Guanin zusammenpasst. Daraufhin beschlossen die Wissenschaftler, die Basen übereinander zu stapeln, um die vollständige Struktur zu sehen. Das Ergebnis war die berühmte „Doppelhelix", die oft mit einer Wendeltreppe verglichen wurde. Für ihre Arbeit erhielten Watson und Crick gemeinsam mit Maurice Wilkins im Jahr 1962 den Nobelpreis. Obwohl ihre Erkenntnis Kontroversen über die Vorarbeit der Forscherin Rosalind Franklin und über Watsons Aussagen zu Rasse und Geschlecht auslöste, haben die beiden Wissenschaftler Licht in den Aufbau und die Funktion der DNA gebracht.

Wie der genetische Code funktioniert

Die Anleitungen oder „Baupläne", die Aufbau und Funktion unseres Körpers bestimmen, sind in jeder Einzelnen der Billionen Zellen eingebaut. Jeder Zellkern (mit Ausnahme der Keimzellen) enthält einen identischen Chromosomensatz. Chromosomen bestehen aus einer Verbindung, die Desoxyribonukleinsäure (DNA) genannt wird. Die Anzahl der Chromosomen und die Anordnung der Gene auf den Chromosomen machen einen Menschen zu einem Menschen, einen Gorilla zu einem Gorilla und eine Banane zu einer Banane. Menschen haben 46, Gorillas 48 und Bananen 33 Chromosomen. Alle Vertreter einer Art besitzen dieselbe Anzahl von Genen auf gleich vielen Chromosomen. Viele Gene kommen in verschiedenen Varianten vor (wie die Gene für Augenfarbe, Haarfarbe etc.), und die spezifischen Kombinationen aus dem allgemeinen „Genpool" machen jeden Einzelnen von uns zu einem einzigartigen Lebewesen.

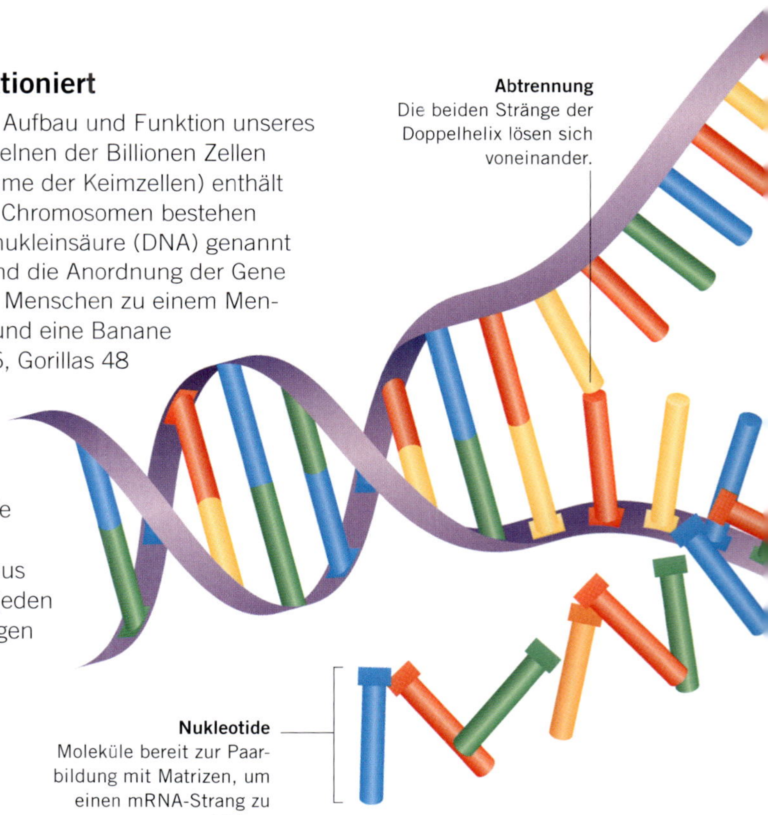

Chromosomen bestehen aus DNA und befinden sich im Zellkern. Die Doppelhelix-Struktur der DNA enthält den Bauplan des Lebens.

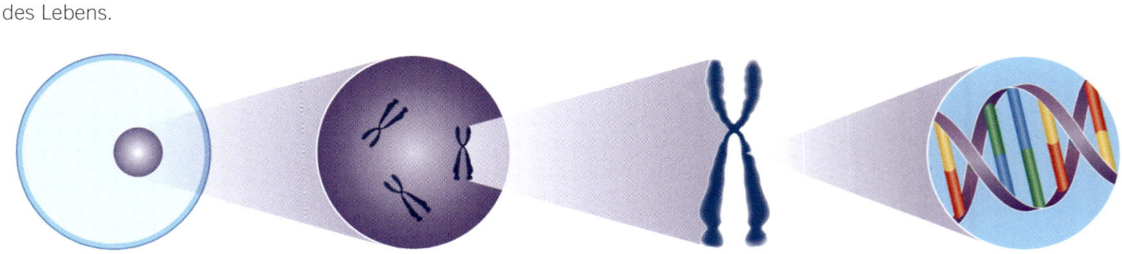

Die DNA besteht aus den vier Molekülen Adenin (A), Thymin (T), Cytosin (C) und Guanin (G), die den Buchstaben des DNA-Codes entsprechen. Die vier „Basen“ sind an eine Stützstruktur gebunden, um ein „Nukleotid“ zu bilden und sich paarweise aufzureihen: Adenin mit Thymin, Cytosin mit Guanin, wie die Sprossen einer Leiter. Im Inneren eines mRNA-Strangs wird Thymin durch Uracil ersetzt.

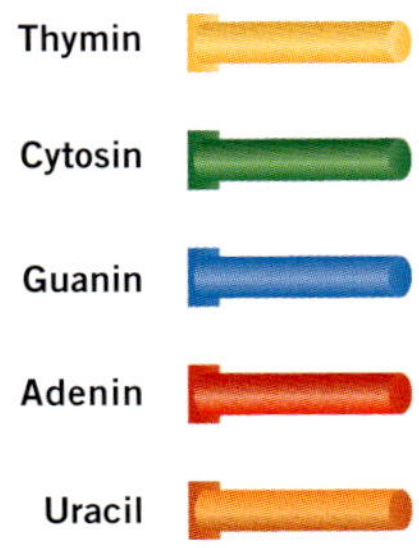

Gene und Proteine

Lebewesen spalten Nährstoffe in die Bestandteile auf und synthetisieren daraus alles, was sie nach Anleitung der von den Genen bereitgestellten Matrize benötigen. Ein Gen ist eine Länge des DNA-Strangs und enthält 500 bis 10 000 Basenpaare, die den Code für ein bestimmtes Protein liefern. Die Anordnung der Basenpaare in den Genen bildet eine Matrize oder einen „Code“, der die Herstellung der körpereigenen Proteine festlegt. Proteine werden ständig produziert, um Körperfunktionen zu regulieren, Gewebe und Muskeln aufzubauen oder zu reparieren.

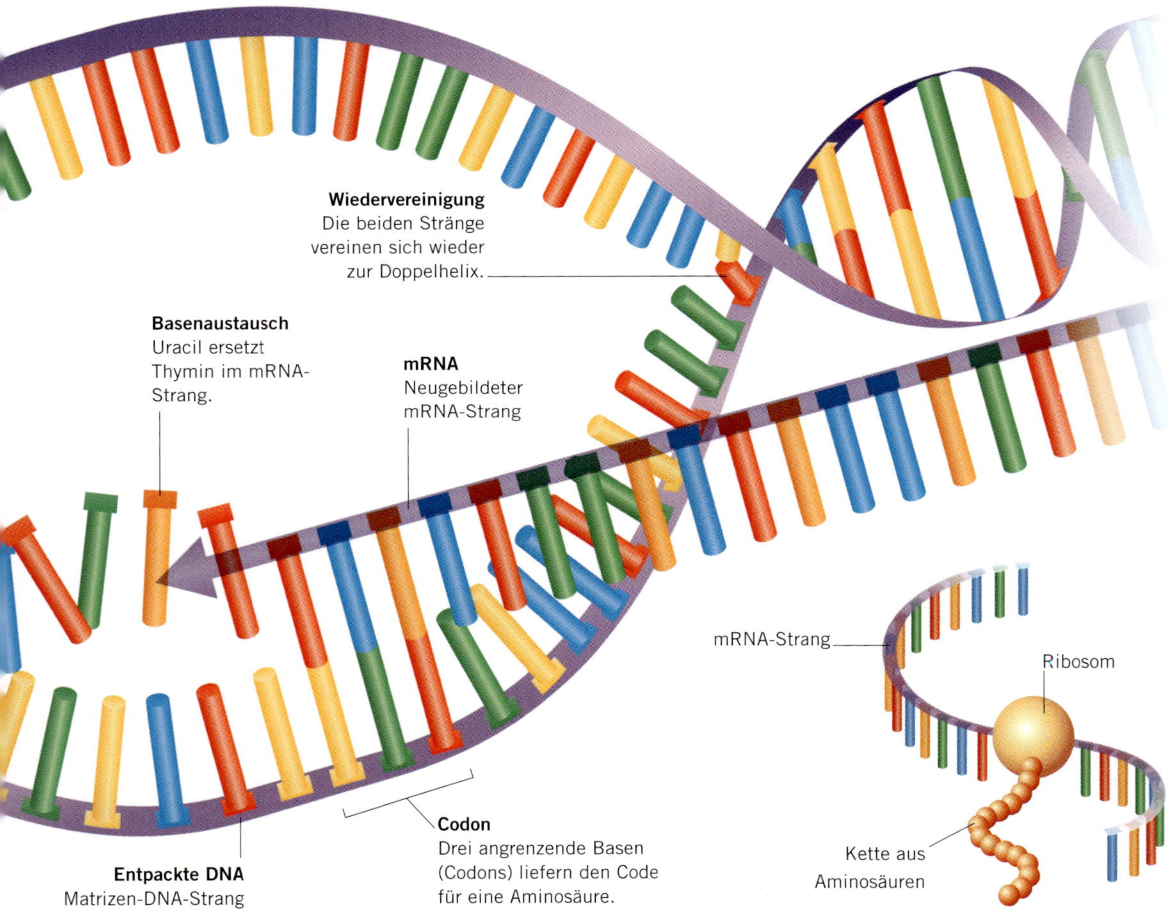

Überschreiben des Codes Werden Gene gelesen, lösen sich die beiden Seiten des DNA-Abschnitts voneinander. Einer der beiden Stränge dient als Matrize. Die Nukleotide ordnen sich in Basenpaaren entlang des Matrizen-Strangs an und bilden einen Messenger-RNA-Strang (mRNA). Die Basensequenz auf dem neuen mRNA-Strang entspricht der Sequenz auf dem DNA-Strang, der zuvor mit der Matrize gepaart war (mit der Ausnahme, dass bei der RNA die Base Uracil Thymin ersetzt). Der Vorgang wird als „Transkription“ bezeichnet. Der neugebildete mRNA-Strang löst sich und wandert aus dem Zellkern in eine Zellstruktur, die man „endoplasmatisches Reticulum“ nennt. Dort findet die eigentliche Proteinsynthese statt.

Translation des Codes Proteine sind lange Molekülketten, sogenannte Aminosäuren. Es gibt lediglich 20 verschiedene Aminosäuren. Jede Aminosäure ist für drei angrenzende Basen (einen sogenannten Codon) auf dem mRNA-Strang vorgesehen. Da es vier Basen gibt, sind 64 verschiedene Codons möglich. Bei der Proteinsynthese arbeitet sich eine Zellorganelle (Ribosom) am Strang entlang, um die Codons zu lesen oder zu „übersetzen“ (die sogenannte Translation). Eine andere Art von RNA-Molekül, die Transfer-RNA (tRNA), heftet sich an die benötigte Aminosäure und bringt sie zum Ribosom, wo das Protein entsprechend dem ursprünglich in der DNA eingeschriebenen Code aufgebaut wird.

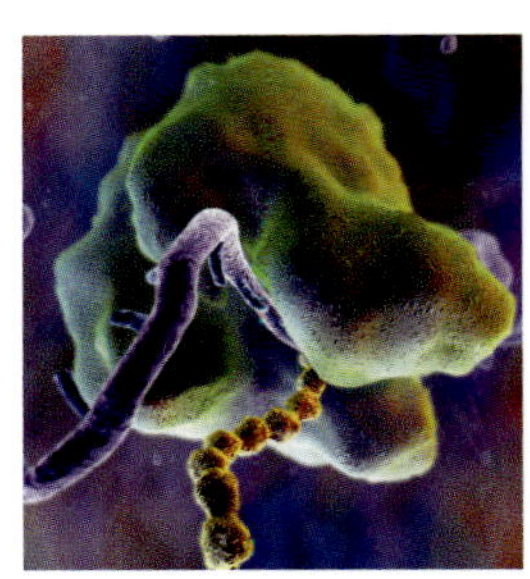

Ein Ribosom liest entlang eines mRNA-Strangs und heftet Aminosäuren aneinander, um ein Protein aufzubauen.

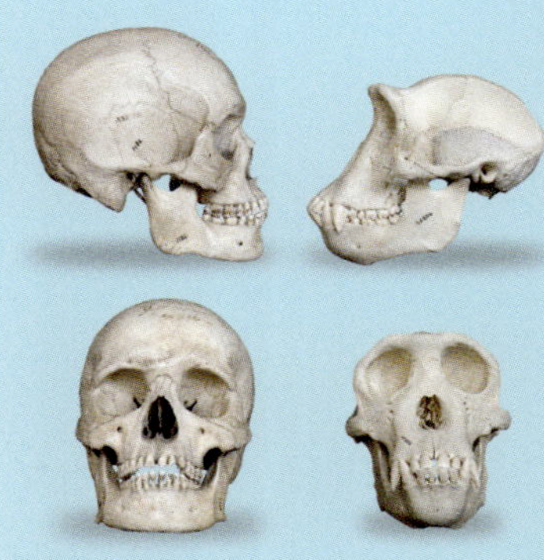

Menschen und die nächsten Verwandten

Zu den wichtigsten Informationen, die wir aus dem Studium des genetischen Codes gewinnen können, zählen unsere genetischen Verbindungen zu unseren nächsten Verwandten im Tierreich. Ein Vergleich zwischen einem Menschenschädel *(links oben)* und einem Schimpansenschädel *(rechts oben)* zeigt markante Ähnlichkeiten, aber auch zahlreiche Unterschiede. Vergleiche des genetischen Codes von Menschen und Schimpansen ergaben, dass wir rund 98,5% der Gene teilen und uns nur der Unterschied von 1,5% zu Menschen macht. Zusätzlich zur Entdeckung der engen Verbindung mit unseren nächsten Verwandten kann das Studium der Genetik die Lebenszeit des letzten gemeinsamen Vorfahren zwischen Menschen und jeder beliebigen Anzahl an tierischen Verwandten festlegen. Diese Information kann als Ergänzung zu archäologischen oder fossilen Befunden sehr nützlich sein. Forschungen haben ergeben, dass der jüngste gemeinsame Vorfahre von Schimpansen und Menschen vor fünf bis sieben Millionen Jahren gelebt hat. Diese Erkenntnis wird auch durch fossile Überreste von den frühesten Vorfahren des Menschen belegt.

GENETISCHE AHNENREIHE

Lange bevor Watson und Crick den Aufbau der DNA entdeckten und das Muster für das Humangenomprojekt (*siehe S. 170, 174*) erstellten, hatten Wissenschaftler – und vor ihnen die Landwirte – Teile des genetischen Musters und seiner Funktionsweise erkannt. Die selektive Züchtung von widerstandsfähigen und ertragreichen Getreidesorten und Nutztieren begann in der Frühzeit der Menschheitsgeschichte. Als die europäische Landwirtschaft im 18. Jahrhundert nach neuen Möglichkeiten zur Ernährung der rasch wachsenden Bevölkerung suchte, beschleunigte sich diese Entwicklung. Im 19. Jahrhundert begannen Wissenschaftler in der Nachfolge von Charles Darwin darüber zu spekulieren, wie die Gentechnik bei Menschen angewendet werden könnte.

Selektive Zucht

Die Idee des genetischen Codes (und die detaillierte Kenntnis seiner Funktionsweise) war für die landwirtschaftliche Revolution der Neuzeit von zentraler Bedeutung.

Im 17. Jahrhundert wurde in Holland und England das Prinzip der Fruchtfolge entwickelt, da man erkannt hatte, dass Pflanzen und Böden zur Maximierung der Fruchtbarkeit und Produktivität entsprechende Erntezyklen benötigen. Empirische Forschung und Kreuzungsexperimente führten zu einer großen Vielfalt an Blüten und Früchten (mit neuen Sorten aus Asien und Amerika) und zur Züchtung neuer Fleisch- und Milchviehrassen *(oben)*.

Die Holländer waren sehr an der Maximierung ihrer Investitionen interessiert. Sie rangen dem Meer Land ab und experimentierten mit Fruchtfolgen, um den Boden mit Nährstoffen zu versorgen und dabei die traditionelle Methode zu umgehen, bei der die Äcker alle drei Jahre brachliegen gelassen wurden.

Mitte des 18. Jahrhunderts wurden im Nordwesten Europas integrierte Systeme entwickelt, die die Fruchtzyklen und die Produkte aus der Viehwirtschaft miteinander verbanden. Das führte zu einem massiven Anstieg der Nahrungsmittelproduktion, die in weiterer Folge die sogenannte Industrielle Revolution vorantrieb.

Der Unterkiefer der Habsburger
In den europäischen Königsfamilien war es jahrhundertelang üblich, Ehen zwischen Verwandten zu schließen. So kam es, dass Merkmale wie der mandibuläre Prognathismus (ein vorstehender Unterkiefer) in königlichen Familien verbreitet waren. Das traf vor allem auf die Habsburger zu. Karl II. von Spanien (1661–1700, *links*) soll am schlimmsten darunter gelitten haben. Sein Kiefer war angeblich so deformiert, dass er kaum essen konnte.

Hämophilie: die königliche Krankheit

Die Erkenntnisse über die Weitergabe von Genen über mehrere Generationen hinweg haben uns gezeigt, wie Krankheiten weitervererbt werden. Ein erwähnenswerter Spezialfall ist die Famile der Königin Victoria und die Hämophilie. Die Krankheit führt zu einer verminderten Blutgerinnung und wird durch ein Gen auf dem X-Chromosom weitervererbt. Frauen haben zwei X-Chromosomen. Wenn ein Chromosom das Bluter-Gen trägt, stellt das „gesunde" X-Chromosom sicher, dass die Frau keine Krankheitssymptome aufweist. Männer haben ein X- und ein Y-Chromosom. Erben sie ein X-Chromosom mit Bluter-Gen, bricht die Krankheit aus. Victoria trug ein solches X-Chromosom und gab es unwissentlich an einige ihrer Kinder und über diese an die Enkelkinder weiter, von denen viele in europäische Königsfamilien einheirateten. Nach vier Generationen übertrugen Victorias Nachfahren das Bluter-Gen nicht weiter. Die heutigen Königsfamilien scheinen das Merkmal nicht zu tragen.

Alfred (1844–1900), heiratete Prinzessin Maria von Russland.

Victoria Königliche Prinzessin (1840–1901), heiratete Friedrich von Preußen.

Alice (1843–1878), heiratete Prinz Ludwig von Hessen-Darmstadt. Überträgerin der Hämophilie; Mutter der Zarin Alexandra von Russland.

Louise (1848–1939), heiratete den Marquis von Lorne.

Die neun Kinder der Königin Victoria
heirateten alle in europäische Adels- und Königshäuser ein. Drei der Kinder trugen das Bluter-Gen ihrer Mutter, und zwei gaben es an weitere neun Familienmitglieder verschiedener europäischer Fürstenhäuser weiter.

DNA und die Romanows

Der bekannteste hämophile Nachfahre Victorias war Alexej, Sohn des Zaren Nikolaus II. von Russland und dessen Gattin Alexandra (eine Enkeltochter Victorias). Sie wurden nach der Revolution der Bolschewiken 1918 ermordet. 1991 wurden in einem Grab die Überreste von Nikolaus, Alexandra und drei ihrer Kinder entdeckt. 2007 wurden weitere Knochensplitter DNA-Tests unterzogen und als die sterblichen Überreste von Alexej und Maria identifiziert.

Die fehlenden Überreste der Romanows *(links)* riefen Theorien über Überlebende hervor, die Herrschaftsansprüche geltend machen könnten. DNA-Tests zeigten, dass kein Romanow überlebt hat.

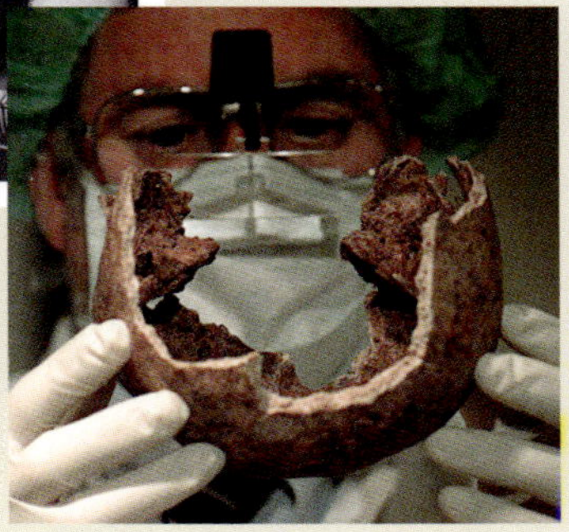

Ein forensischer Wissenschaftler untersucht einen Schädel, der angeblich Anastasia Romanow gehört haben soll, was durch ein späteres DNA-Profil bestätigt wurde.

Prinz Albert (1819–1861)

Beatrice (1857–1944), heiratete Prinz Heinrich von Battenberg. Überträgerin der Hämophilie.

Königin Victoria (1819–1901). Überträgerin der Hämophilie.

Albert Eduard („Bertie") Prinz von Wales, dann König Eduard VII. (1841–1910), heiratete Prinzessin Alexandra von Dänemark.

Helena (1846–1923), heiratete Prinz Christian von Schleswig-Holstein.

Arthur (1850–1942), heiratete Prinzessin Luise von Preußen.

Leopold (1853–1884), Bluter; heiratete Prinzessin Helena von Waldeck-Pyrmont.

Vivisektion und Eugenik

Als der Schriftsteller H.G. Wells 1896 seinen Roman *Die Insel des Dr. Moreau* veröffentlichte, der von Eingriffen in die Entwicklung von Menschen und Tieren handelte, ließ er einen Alptraum wiederaufleben, der bereits durch Mary Shelleys *Frankenstein* entfacht worden war – dass die Wissenschaft gottähnliche Kontrolle über das Schicksal der Menschheit ausüben könnte. Das geschah zu einem Zeitpunkt, als die Rechtsgültigkeit chirurgischer Experimente wie der Vivisektion ernsthaft in Frage gestellt wurde. Man hatte genug über die Genetik gelernt, um eine weitaus gefährlichere Pseudowissenschaft zu betreiben – die als Eugenik bezeichnete genetische Manipulation des Menschen. Wells selbst behauptete, dass er „an der Sterilisation der Fehler und nicht an der Auslese erfolgreicher Merkmale durch Züchtung" interessiert sei.

Die Nazis waren Befürworter der Euthanasie. Lange vor der Errichtung von Vernichtungslagern forderten sie „Gnadentötungen" für „Abnormale" oder „Degenerierte". Auf dem Plakat wird behauptet, dass es den Staat 60 000 Reichsmark kosten würde, um den abgebildeten behinderten Menschen am Leben zu erhalten.

VERWENDUNG DES GENETISCHEN CODES

Die Entdeckungen von Watson, Crick und deren Mitarbeitern am Cavendish-Laboratorium in Cambridge (*siehe S. 170*) haben weit mehr gezeigt als die Erkenntnis, wie die Genetik bezüglich der DNA funktioniert. Nachdem die Rechenleistung von Computern einen Punkt erreicht hatte, an dem es möglich war, die zahllosen Rechenvorgänge zur Erstellung einer „Karte" des menschlichen Genoms mittels Sequenzanalyse zu bewältigen, wurde in den 1980er Jahren in Cambridge (aber auch in den USA, China, Frankreich, Deutschland und Japan) das „Humangenomprojekt" gegründet. Im Jahr 2000 wurde die baldige Vervollständigung der „Karte" angekündigt, und 2006 wurde das letzte Chromosom identifiziert. Die Auswirkungen waren gewaltig: Während die Einzigartigkeit des DNA-Profils schon seit den 1980er Jahren zur Aufdeckung von Verbrechen benutzt wird (*links*), warf die Vervollständigung der Karte in den Bereichen Gesundheit, Versicherung, Gentechnik, biometrische Reisepässe und Sicherheitsdatenbänke eine Reihe von ethischen Fragen auf. Plötzlich wurden wir Gefangene unseres eigenen Codes.

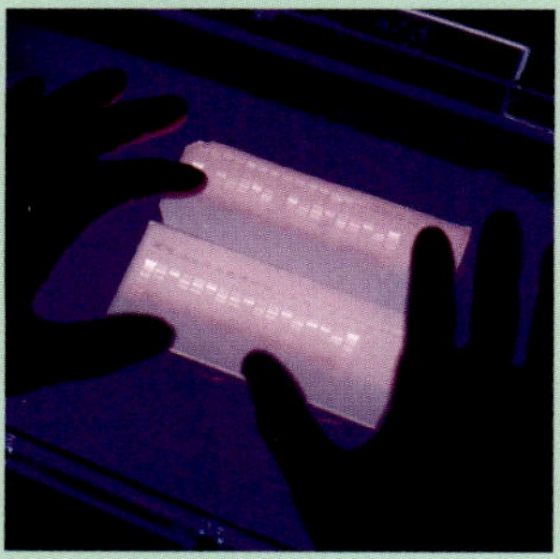

DNA und Verbrechensbekämpfung

Die Benutzung des DNA-Profils zur Identifizierung von potenziellen Tätern hat enorm zugenommen, seit die Technik in den 1980er Jahren von britischen Polizisten und Forensikern erstmals eingesetzt wurde. Der DNA-Code liefert einen einzigartigen „Fingerabdruck". Speichel, Haare, Schweiß und andere Körpersekrete, die am Tatort zurückgelassen wurden, werden analysiert und mit Abstrichen von Verdächtigen (oder Befunden in Datenbanken) verglichen.

Der erste Kriminalfall, bei dem DNA-Proben zum Einsatz kamen, ereignete sich 1987 in Leicestershire. In zwei Fällen von Vergewaltigung und Mord in den Jahren 1983 und 1986 beschuldigte die Polizei den siebzehnjährigen Richard Buckland, der unter Druck einen Mord gestand. DNA-Forscher der Universität von Leicester boten an, Spuren aus beiden Fällen zu vergleichen, um zu beweisen, dass Buckland beide Morde begangen hatte. Sie kamen zu dem Ergebnis, dass es sich bei dem Täter tatsächlich um ein und dieselbe Person handelte, jedoch nicht um Buckland. Daraufhin wurden von 5000 ortsansässigen Männern Proben genommen, es wurde aber kein passendes DNA-Profil gefunden. Einer der Probanden gab zu, dass er seine Probe im Namen des Bäckers Colin Pitchfork abgegeben hatte. Pitchfork wurde verhaftet und anhand der DNA-Analyse überführt. Er gestand die Morde und wurde zu lebenslanger Haft verurteilt.

Vorbereitungen für die DNA-Analyse

Die DNA wird zerstückelt, und die Teile werden getrennt und geklont, um Lösungen herzustellen, die identische DNA-Stränge aus bis zu 4000 Basenpaaren enthalten. Die Lösungen werden erhitzt, um den Doppelstrang zu lösen und einen Strang als Matrize zu benutzen. Durch Beifügung von Enzymen, von Primern, der Basen A, G, C, T (*siehe S. 170*) und „spezieller" Versionen dieser Basen wird die Matrize kopiert. Die speziellen Basen sind markiert, um zu sehen, wie sie sich unter bestimmten Bedingungen verhalten. Sie stoppen den Kopiervorgang, sobald sie sich mit einem wachsenden Strang vereinigen.
Die Vervielfältigung beginnt beim Primer (der sich immer an denselben Punkt auf dem Matrizenstrang heftet) und geht mit Basenpaarung weiter, bis eine „spezielle" Base eingebaut wird, die den Vorgang stoppt. Schließlich erhält man eine Mischung mit Milliarden verschieden langen Kopien der Matrize, die alle am selben Punkt beginnen und mit einer markierten „speziellen" Base enden.

Das Vergleichen zweier DNA-Stränge anhand von Autoradiogrammen entwickelte sich aus der Gelelektrophorese. Bei dieser Methode werden für jede Base (C, A, T, G) separate Lösungen in parallelen Gelspuren vorbereitet. Gleiche DNA-Abschnitte zweier Proben fließen nebeneinander, um Unterschiede in den Positionen der Basen ermitteln zu können und auszuschließen, dass beide Proben von ein und derselben Person stammen.

Lesen des Codes

Die Mischung wird in einem Vorgang, den man Gelelektrophorese nennt, in gleich lange Fragmente sortiert. Eine Länge des Gels wird einem elektrischen Feld ausgesetzt. Am negativ geladenen Ende wird die Lösung aus DNA-Fragmenten beigefügt – weil DNA negativ geladen ist, bewegt sie sich durch das Gel zum positiven Ende hin. Die Geschwindigkeit der Fragmente hängt von ihrer Größe ab: Kleinere Bruchstücke bewegen sich schneller, gleich lange Fragmente dringen gemeinsam durch. Klumpen aus identischen Fragmenten sind an den Markierungen ihrer speziellen Basen zu erkennen (von einem Laser getroffen leuchtet A grün und G rot auf). In automatisierten Systemen lesen Detektoren die Farben ab, während die Klumpen vorüberziehen, und ein Computer zeichnet die Sequenz auf. Das elektrische Feld kann ausgeschaltet werden, was dazu führt, dass die Klumpen an der jeweiligen Position im Gel stranden.

Das Cohen-Rätsel

Wissenschaftler können genetische Stammbäume über Zehntausende von Jahren zurückverfolgen, kommen aber oft zu widersprüchlichen Ergebnissen. Lange Zeit wurde angenommen, dass der populäre jüdische Familienname „Cohen" mit der Priesterkaste der „Kohanim" zusammenhängt, den Nachfahren Aarons, dem Bruder von Moses. 1998 wurde die DNA Hunderter Cohens männlichen Geschlechts analysiert, um die genetische Verbindung zwischen dem Familiennamen und der väterlichen Vererbung zu ermitteln. Die Ergebnisse wiesen darauf hin, dass es eine Verbindung zur Arabischen Halbinsel – fern der Levante – gibt, die 3000 Jahre zurückreicht, und werfen die Frage auf, wie diese Erkenntnisse mit der biblischen Überlieferung zusammenpassen.

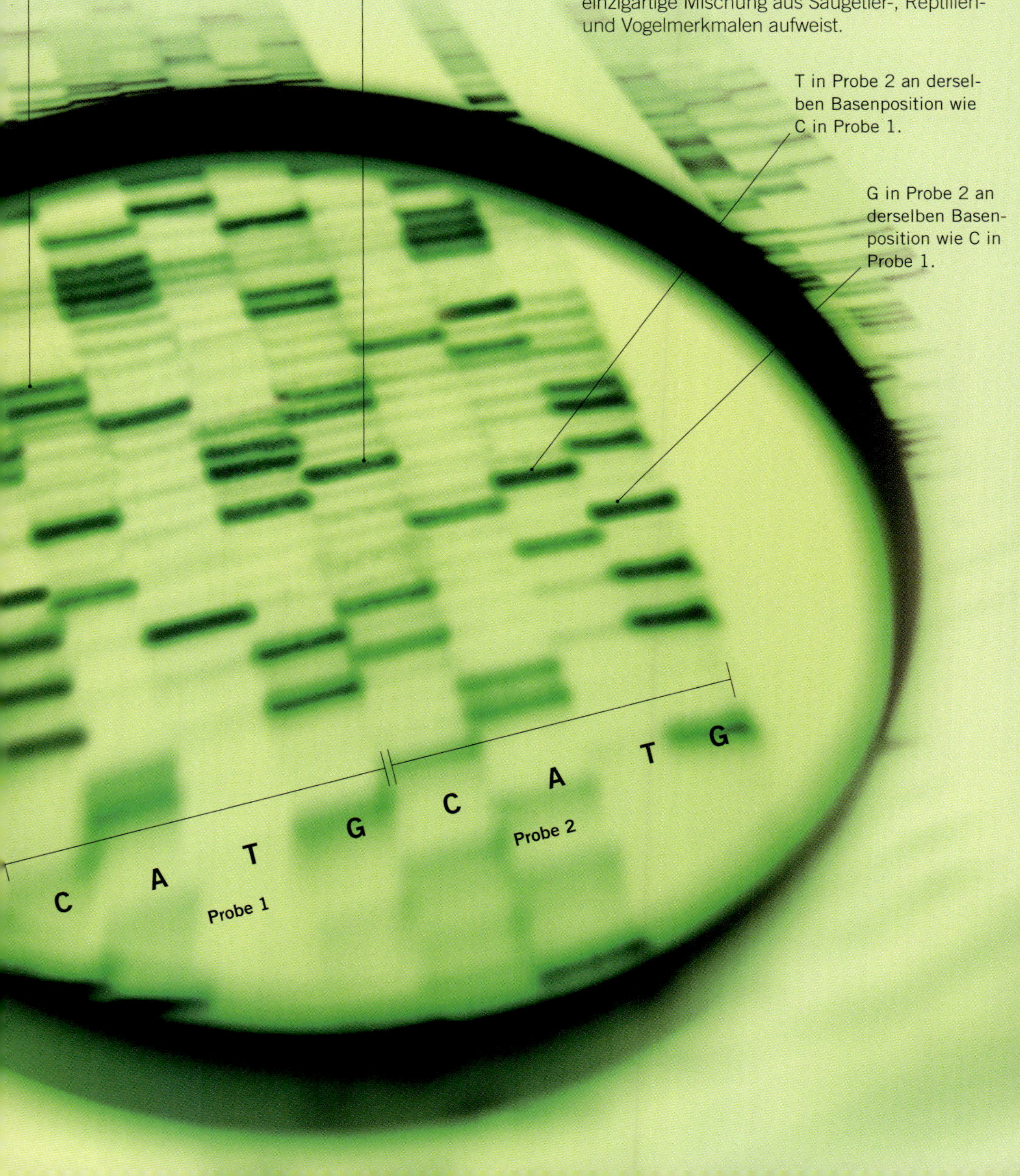

Das rätselhafte Schnabeltier Die jüngsten Forschungen über die Genomsequenz des seltsamen Lebewesens zeigten, dass es eine einzigartige Mischung aus Säugetier-, Reptilien- und Vogelmerkmalen aufweist.

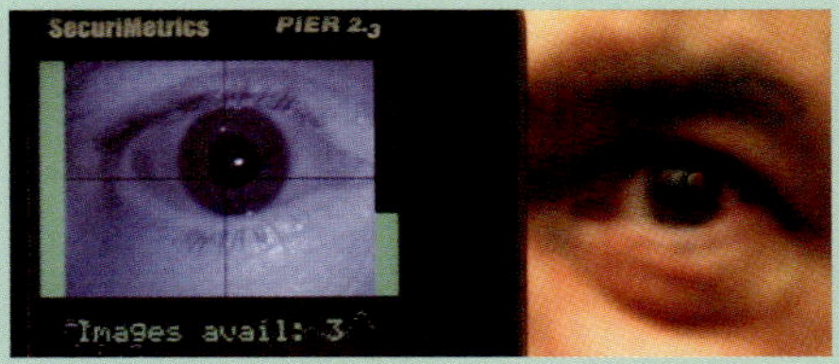

Die DNA des „Big Brother"

Die Analyse von Fingerabdrücken zählte zu den ersten Beispielen der Erstellung eines genetischen Profils (*siehe S. 138*), aber die Ermittlung von DNA-Profilen hat die Sicherheit auch auf andere Weise revolutioniert. Bisher wurden in ungefähr 40 Ländern biometrische Reisepässe mit winzigen Datenchips eingeführt, auf denen ein Bild, die Fingerabdrücke und die Iris-Scans des Inhabers gespeichert sind *(oben)*. Es herrscht zunehmender Druck, auch DNA-Informationen einzuschließen, um Fälschungen unmöglich zu machen. Polizei und Sicherheitskräfte fordern nationale Datenbanken, die mit elektronischen Chips auf Personalausweisen und Reisepässen verbunden sind, während diese Praxis von Datenschützern als schwerwiegender Eingriff in die Privatsphäre betrachtet wird.

Versicherung und Gesundheit

Die Entschlüsselung des menschlichen Genoms führte zu der Befürchtung, dass Versicherungsgesellschaften Personen, deren Gene die Veranlagung zu Diabetes, Herzerkrankungen, Alzheimer oder Krebs tragen, die Gesundheitsvorsorge verweigern könnten. Viele Menschen sind deshalb besorgt darüber, ihre DNA testen zu lassen. Das Thema hat zahlreiche rechtliche und ethische Folgen. Es gibt bereits einige Gesetze, die das Problem der „genetischen Vertraulichkeit" ansprechen.

Gentechnik

Der Einsatz der Gentechnik zur Manipulation lebender Organismen hat in den vergangenen Jahren zu vielen Kontroversen geführt. Die potenziellen Vorteile genetisch veränderter Getreidesorten stellen die mögliche Ernährung der wachsenden Weltbevölkerung in Aussicht, viele Menschen sind jedoch über die unbekannten Langzeitfolgen beunruhigt. Die genetische Veränderung von Tieren und Menschen, die sich 1996 durch das Klonschaf Dolly (*rechts*) ankündigte, hat zahlreiche ethische, moralische und rechtliche Fragen aufgeworfen.

08

Kulturelle Gruppierungen entwickeln häufig verbale, schriftliche und graphische Kurzschriften – Möglichkeiten zur Übermittlung von Ideen oder Botschaften, die oft tief in der gemeinsamen Geschichte eingebettet sind, so dass ihre Herkunft längst vergessen ist, während ihre Bedeutungen weiterleben.

Kulturelle Codes

Durch diese Hilfsmittel können komplexe Ideen vermittelt werden, die sich häufig in Form von Andeutungen oder ikonographischen Hinweisen ausgedrücken. In Gesellschaften, in denen der Fortbestand der gemeinsamen Werte durch religiöse Vorstellungen gewährleistet wird, bleiben diese Codes erhalten, aber viele gerieten mit der Zeit in Vergessenheit.

CODES IN DER BAUKUNST

Bis zum Aufkommen des Modernismus im frühen 20. Jahrhundert wurde die westliche Architektur von zwei gegensätzlichen Traditionen beherrscht, die sich durch unterschiedliche formale Sprachen und Baustile auszeichneten. Zum Einen gab es die klassische Säulen-und-Sturz-Tradition, die im antiken Griechenland und Rom begründet wurde. Sie bestimmte in vereinfachter Form die romanische Architektur des ersten nachchristlichen Jahrtausends und wurde von den Altertumsforschern und Humanisten der Renaissance wiederbelebt. Die zweite Tradition war die Gotik, ein anmutiger, organischer Skelettbaustil, der sich im Verlauf des Mittelalters in Europa entwickelte.

Gotik
Die Restaurierung der Abteikirche von Saint-Denis nahe Paris, die unter der Schirmherrschaft des Benediktinerabtes Suger (um 1081–1151) durchgeführt wurde, prägte einen Architekturstil, der sich rasch über ganz Europa verbreitete. Ursprünglich wurde er entwickelt, um durch eine Reduktion der Bauelemente wie dem Spitzbogen oder dem Fächergewölbe mehr Licht in Kirchen dringen zu lassen. Die Lichteffekte schufen ein himmelsähnliches Gebäude, das Ehrfurcht in den Gläubigen erweckte. Anfangs wurde die Einfachheit der Form und Verzierung des Stils betont, der ausschließlich zum Bau von Kirchen wie der Kathedrale von Salisbury (*oben*) benutzt wurde. Mit der Zeit wurde er kunstvoller, und im 15. Jahrhundert wurden alle Arten von Gebäuden in gotischem Stil errichtet. Es entwickelte sich ein eigenes Vokabular (*rechts*) für den Baustil.

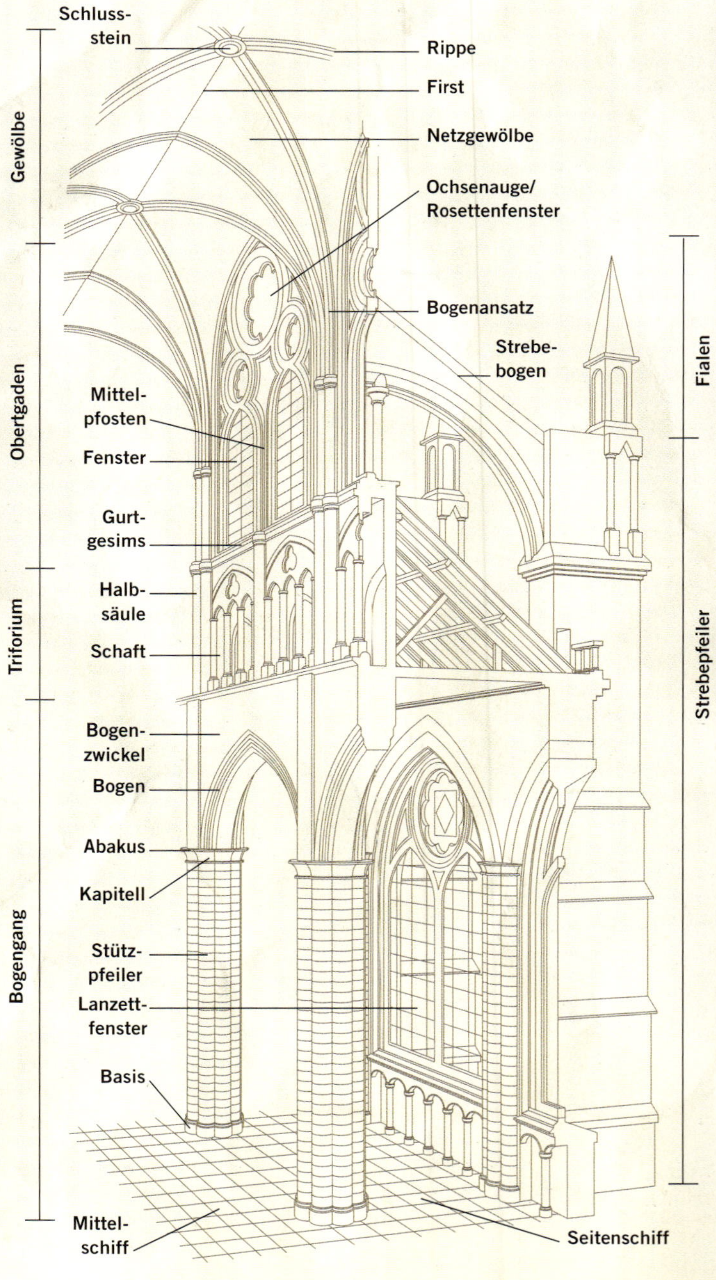

Steinmetzzeichen
Schon in der Romanik findet man in Steinblöcke gemeißelte Markierungen in Form von Monogrammen oder Symbolen. Zweck und Bedeutung dieser im Mittelalter weitverbreiteten Steinmetzzeichen sind nicht ganz klar. Es scheint zwei Arten von Markierungen zu geben: Versatzzeichen, die auf die Anordnung der Steine hinweisen, und Signaturzeichen, die anzeigen, wer den Stein gelegt hat, vielleicht um festzustellen, wie viel Arbeit ein bestimmter Steinmetz geleistet hat – also ein doppelter Code.

Ausrichtung
Die meisten christlichen Basiliken im klassischen oder gotischen Stil weisen einen kreuzförmigen Grundplan auf und sind nach Osten hin ausgerichtet. Moscheen sind immer mit einer *Mihrab* ausgestattet, einer kunstvoll ausgearbeiteten Nische, die den Gläubigen die Richtung nach Mekka anzeigt.

Klassizismus

Der Kanon der griechischen und römischen Architektur wurde auf zweierlei Weise überliefert: durch zahlreiche Ruinen antiker Gebäude und durch die Schriften des römischen Architekten Vitruv (um 80–15 v. Chr.). In seinen *Zehn Büchern über Architektur* behandelte Vitruv Bereiche wie den Tempelbau, das Bauingenieurswesen und die Landschaftsgestaltung. In der Renaissance gab Leon Battista Alberti (1404–1472) die Werke Vitruvs heraus, die von späteren italienischen Architekten wie Serlio, Vignola und Andrea Palladio weiter gefördert wurden. Um 1500 wurde die klassische Architektur in Italien zum anerkannten Baustil für öffentliche Gebäude, Paläste und Privathäuser. Von dort aus verbreitete sich der Stil nach Frankreich, Großbritannien und Amerika. Vitruv beschrieb die Proportionen, Charakteristika und richtige Verwendung der klassischen architektonischen Elemente, wie zum Beispiel der drei griechischen Säulen.

Das Pantheon mit seinem wohlproportionierten Außenbau, eleganten kreisförmigen Betongewölbe und Inschriften zählt zu den besterhaltenen antiken Gebäuden Roms und war eine Inspirationsquelle für viele Architekten der Renaissance und späterer Epochen.

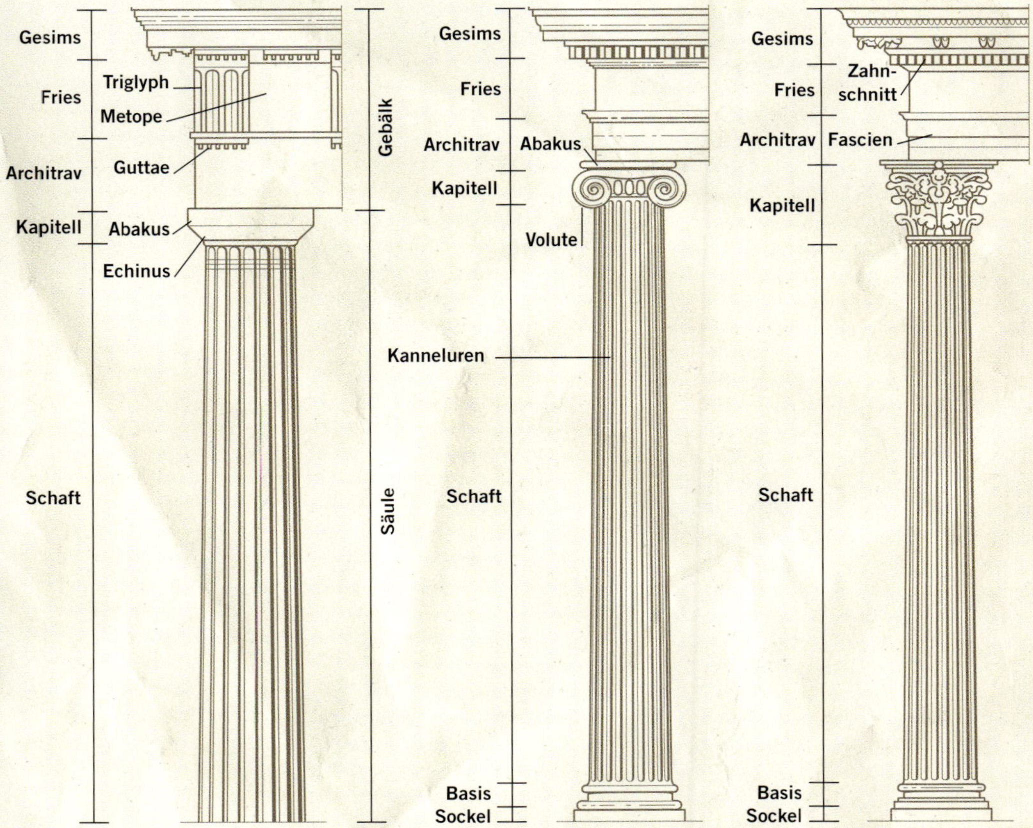

Dorisch Die älteste griechische Version hatte weder Basis noch Sockel; Proportion 6/7:1; männlich; primitive Einfachheit, strenge Zweckmäßigkeit, noble Schlichtheit; öffentliche Gebäude, öffentliche Einrichtungen.

Ionisch Proportionen 8:1; weiblich; Anmut und Autorität; Bibliotheken, Gerichtshöfe, Universitäten und Hochschulen.

Korinthisch Proportionen 8/9:1 (den idealen Proportionen des menschlichen Körpers am nächsten); zierlich feminin; dekorativ und anmutig; Regierungsgebäude, Plätze zur Unterhaltung.

Die *Hypnerotomachia*

Dieses rätselhafte, reich illustrierte Buch ist einer der einflussreichsten architektonischen Texte der Renaissance. Es wurde vom Franziskanermönch oder dem gleichnamigen römischen Adeligen Francesco Colonna verfasst und 1499 von Aldus Manutius in Venedig gedruckt. Darin wird von den erotischen Träumen des Poliphilo berichtet, in verschiedenen zauberhaften Umgebungen, die reich geschmückt sind mit architektonischen Phantasien aus der antiken Welt, aber auch aus Ägypten und dem Nahen Osten. Der Roman hatte großen Einfluss auf die Gartenarchitektur der Renaissance.

In Sevilla befindet sich die größte Kathedrale Europas. Sie bietet eine einzigartige Mischung aus maurischen, gotischen und klassischen Baustilen, die einander im Verlauf der Jahrhunderte überlappten.

Taoistischer Mystizismus

Der chinesische Philosoph und Mystiker Laotse (6. Jahrhundert v. Chr.) gilt als Begründer des Taoismus, einer animistischen Philosophie und Religion, die nach der Einheit in den Gegensätzen sucht: Himmel und Erde, Ordnung und Chaos, Mann und Frau. Der Taoismus in seinen vielfältigen Formen hat trotz wiederholter Unterdrückung bis heute überlebt und den Neo-Konfuzianismus sowie die Bildpropaganda der kommunistischen Ära beeinflusst. Beinahe alle Merkmale der taoistischen Kunst (Farbe, Form und Material) haben symbolische Bedeutungen. Einige sind weithin bekannt, wie die Verwendung von Jade (die angeblich von göttlichen Drachen stammt), andere weniger.

Landschaftsmalerei

Der Taoismus verherrlicht die Natur, vor allem in den Darstellungen der Welt. Die sorgfältig komponierten Landschaftsgemälde wurden nicht als Abbildung der beobachteten Topographie betrachtet, sondern dienten vielmehr als Mittel zum Nachdenken über die Allmacht der Natur. Auf den Bildern finden sich meist geschwungene „Kraftlinien", die in Form von Felsnasen, Flüssen und Wasserfällen die elementaren Kräfte repräsentieren – die natürliche Welt überwältigt die Menschen und ihre Gebäude. Die Gemälde sind in der Regel mit poetischen Texten versehen.

Das Yin-Yang-Symbol der Einheit in der Mitte des Reliefs veranschaulicht die untrennbar miteinander verknüpften Wirkungen himmlischer (göttlicher) und irdischer (zeitlicher) Mächte.

Vielschichtige Bedeutungen

Die Bildhauerei benutzt eine vielschichtige Symbolik, was sie zur vielseitigsten und perfekten Ausdrucksform der künstlerischen Darstellung taoistischer Grundideen macht.

Material
Jade gilt als bestes Material für kleine bis mittelgroße Skulpturen. Der Stein hat aber auch eine symbolische Bedeutung, denn er wurde als direkte Verbindung zur Welt der Götter und Drachen betrachtet.

Form
Die Nierenform ist absichtlich organisch und doppeldeutig, sie hat einerseits ein phallisches Profil, andererseits erinnert sie mit den tiefen Enschnitten auch an die weibliche Vulva.

Natürliche Markierungen
Die Adern in der Jade wurden beibehalten und vom Bildhauer hervorgehoben, um elementare und ätherische Energielinien anzudeuten.

Symbolische Darstellung
Die winzigen und andeutungsweise phallischen Pilger scheinen von der Weiblichkeit der Schlucht und der majestätischen Landschaft überwältigt zu sein.

Himmel
Das I-Ging-Trigramm auf den Schulterstreifen repräsentiert den Himmel oder die Schöpfung.

Kraniche
Boten der Götter

Drachen
Im Taoismus werden diese Phantasiewesen als Vermittler zwischen Himmel und Erde angesehen.

Sonne
Als Gegengewicht zum Mond symbolisiert dieses I-Ging-Trigramm das Feuer.

Mond
Das mächtige I-Ging-Trigramm symbolisiert das Wasser.

Saum
Mit symbolischen Blumen geschmückt: Lotos als Homonym für Harmonie, Pegonien für Reichtum und Ehre sowie Orchideen, die die Weisheit und die Tugend repräsentieren.

Formelle Roben

Zur Verzierung der luxuriösen Hofkostüme wurden oft taoistische Symbole verwendet wie bei dieser Robe aus dem 14. Jahrhundert. Zahlreiche verschlüsselte Symbole weisen auf den gesellschaftlichen Stand des Trägers hin.

Geheimschriften

Um die Bedeutung mystischer taoistischer Formeln, Amulette und Sprüche nur Eingeweihten vorzubehalten, wurde eine Reihe kalligraphischer Stile entworfen. Der aus vielen Kurven bestehende Stil wurde entwickelt, um die Schriften nur für eine „informierte" Elite erkennbar zu machen.

Magisches Diagramm

Eine einzelne wandernde Linie (*rechts*) bechreibt eine magische Formel. Die geschwungenen Schleifen spiegeln das intuitive Yang-Element des taostischen Denkens wider.

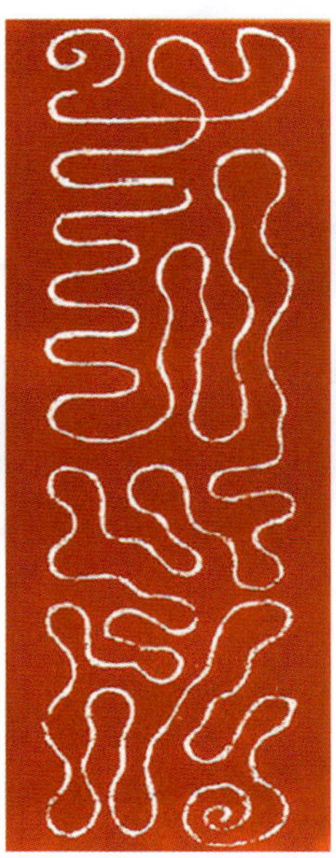

Grasschrift Die hochstilisierte Methode zur Abbildung chinesischer Piktogramme (*links*) hatte magische Bedeutung. Auf diesem Beispiel wurde die Eigenschaft *shou* (langes Leben) in verschleierter Form dargestellt und gedruckt. Das Entstehungsjahr 1863 und der Name des Künstlers Yen Chih wurden ebenfalls auf das Bild gedruckt.

Das I Ging

Der bedeutendste mystische Text des Taoismus ist das I Ging. Es enthält Orakelformeln, die als Dechiffrierschlüssel für Prophezeiungen, zur Weissagung und zum Ordnen der Naturwissenschaften benutzt werden. Ursprünglich wurden zur Befragung des Orakels Schafgarbenstengel oder drei Münzen geworfen, um aus dem Wurfmuster „Trigramme" (*unten*) mit unterschiedlichen Bedeutungen zu erhalten.

☰	Himmel, Schöpfung; Energie, Konflikt, Kraft; Jade, Eis; Vater; Kopf; Pferd
☴	Wind, Holz; Sanftheit; Oberschenkel; junger Hahn
☵	Schlucht, Mond; Wasser; Mühe; Ohren; Schwein
☶	Berg, Anfang/Ende, Geburt/Tod; Saat; Stillstand; Hand; Vögel mit schwarzem Schnabel, Hund
☷	Erde, aufnehmend, nährend, ertragreich; Mutter; Bauch; Kuh
☳	Donner, aufrüttelnd; irdische Kräfte; grüner Bambus; Fuß; Drachen
☲	Sonne, Feuer, Licht, anhaftend, Bewusstsein; Auge; männlicher Fasan
☱	See; freudig, ausbrechend; Konkubine; Mund; Schaf

Weissagungsdiagramme

Die Trigramme werden zu Hexagrammen verbunden, in denen Wahrsager in Verbindung mit dem I Ging eine „Antwort" oder Prophezeiung ablesen.

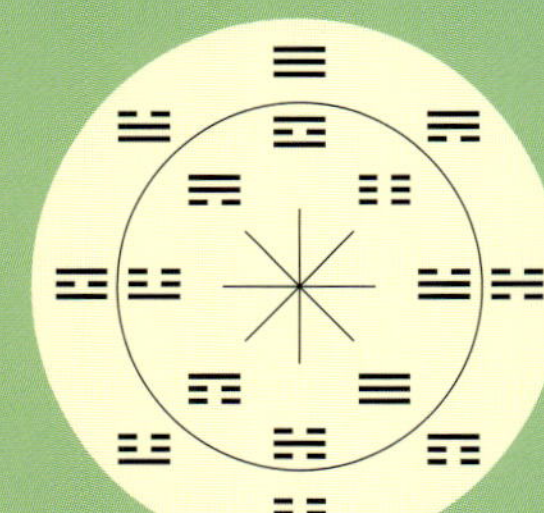

Südasiatische Symbolik

Die großen Religionen des indischen Subkontinents (Hinduismus, Buddhismus, Jainismus und Sikhismus) verwenden teilweise dieselben ikonographischen Elemente, von denen manche auf die Religion des vedischen Zeitalters um 1000 v. Chr. zurückgehen. Die komplexe Symbolik eröffnet einen weiten Bereich an verschiedenen Interpretationsmöglichkeiten. Bei den Hindus sind religiöse Symbole heilig, da sie als Verkörperungen des Göttlichen betrachtet werden.

Göttliche Symbole

Zahlreiche hinduistische Symbole tauchen auch in verschiedenen anderen südasiatischen Religionen auf. Der Buddhismus, der viel später entstand, übernahm einige Ideen der Hindus, wie zum Beispiel den Fußabdruck und den Lotos (*siehe S. 184*). Die folgenden Symbole sind in verschiedenen stilisierten und regional unterschiedlichen Formen in allen südasiatischen Religionen zu finden.

Lampe (*Dipa*)
Das Symbol taucht auch im Islam auf und repräsentiert die Erleuchtung.

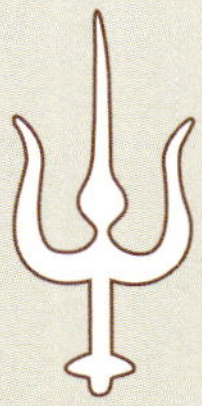

Dreizack
Die dreizackige Waffe repräsentiert die göttliche Macht Shivas.

Kokosnuss
Kokosnuss (*Kalascha*) in Mangoblätter gehüllt und in einem Topf dargeboten ist ein beliebtes Opfergeschenk, das Fruchtbarkeit verkörpert.

Trompetenschnecke
Das Symbol ist eng mit dem Gott Vishnu verbunden. Es wurde als Aufruf zur spirituellen oder weltlichen Schlacht betrachtet.

Lingam
Die Skulpturen weisen verschiedene Formen und Größen auf und tendieren zu abstrakter Stilisierung.

Baldachin
Der gigantische *Lingam* wird von d Elementen in Form einer siebenköp figen Kobra (*Naga*) beschützt.

Yoni
Die Basis des *Lingam* ähnelt oft einer Schlange oder Stoffrolle.

Heilige Praktiken

Für viele Menschen auf dem indischen Subkontinent bildet die Einhaltung religiöser Gebräuche, die von der Körperbemalung bis zur Verrichtung von Ritualen reichen, einen wichtigen Bestandteil des täglichen Lebens. Das Verzieren des Körpers und das Zeichnen von *Kolams* sind heilige Handlungen und gelten als Ausdruck von Frömmigkeit.

Lingams und *Nagas*

Der *Lingam* oder *Linga* ist ein hinduistisches Phallussymbol, das mit dem Gott Shiva und der Zeugung assoziiert wird. Normalerweise ruht er auf einem Sockel, der das weibliche Sexualorgan oder die *Yoni* symbolisiert. Zwar gibt es Regeln für die Form und die Proportionen, aber die *Lingams* sind oft so stilisiert, dass sie von Außenstehenden kaum zu erkennen sind. Das Beispiel (*links*) befindet sich in der Nähe von Lepakshi und wird von einer siebenköpfigen Kobra oder *Naga* bewacht. In Verbindung mit Shiva symbolisieren *Nagas* den Tod. Sie können ebenso die kosmische Macht verkörpern, und als Manifestation des Gottes Agni (Feuer) sind sie auch Wächter. Wird die *Naga* mit Vishnu in Verbindung gebracht, repräsentiert sie die Weisheit und die Ewigkeit. *Nagas* werden entweder als Schlangen, als Menschen oder als Menschen mit Kobraköpfen und -hauben dargestellt.

Shiva
Der Gott Shiva mit Dreizack, seine Gemahlin Parvati und der elefantenköpfige Gott Ganesh.

Rituelle Verzierungen
Die Stirn von Shiva und von Parvati ist jeweils mit einem *Tilaka* und *Bindi* geschmückt.

***Om* (*Aum*)** Ein wichtiges Konzept ist die Repräsentation eines stimmlichen Ausdrucks, der mit dem Klang der Erschaffung der Welt assoziiert wird. „Om", der Urklang, eröffnet Gebete, Mantras und Rituale und wird häufig über Schreinen abgebildet (*links*). Obwohl es mit der Transzendentalen Meditation in Verbindung gebracht wird, liegen seine Wurzeln in hinduistischen Ritualen, die in allen großen Religionen Südasiens verbreitet sind.

Tilakas und *Bindis*

Stirnmarkierungen sind in Südasien weitverbreitet. Männer verwenden den *Tilaka,* wenn sie an Ritualen teilnehmen oder Anhänger bestimmter Gottheiten sind. *Tilakas* können aus ritueller Asche, Kuhdung, Gelbwurz oder Holzkohle bestehen. Anhänger des Gottes Shiva benutzen Asche (manchmal von Leichenverbrennungen), um die Stirn mit drei Strichen, einem Dreizack oder der Mondsichel zu markieren. Vishnu-Anhänger verwenden Sandelholz, um ein u-förmiges Symbol zu zeichnen, das den Fußabdruck des Gottes repräsentiert. Frauen tragen meist ein *Bindi*, einen Punkt zwischen den Augenbrauen über dem „dritten Auge". Traditionellerweise wird es von verheirateten Frauen und Witwen getragen, heute aber oft von unverheirateten Mädchen als dekoratives Accessoire verwendet. Ein weiteres Symbol der Freude, das am Tag der Hochzeit und zu festlichen Anlässen am Haaransatz getragen wird, ist Kumkum – ein zinnoberrotes Pulver aus Kurkuma und Zitronensaft, das für Fruchtbarkeit und Kraft steht.

Kolam (*Rangoli*)

Traditionellerweise zeichnen südasiatische Frauen jeden Morgen vor ihren Häusern mit Reismehl kunstvolle Muster auf den Boden. Ein *Kolam* besteht aus günstigen Zeichen und Göttersymbolen. Das Kunstwerk zerfällt im Lauf des Tages, um in der darauffolgenden Morgendämmerung erneuert zu werden. Im Idealfall wird das *Kolam* ohne Unterbrechung mit einer einzigen Handbewegung gezeichnet. Das Erlernen der zahllosen Varianten wurde als Training für Konzentration, Fingerfertigkeit und Geschicklichkeit betrachtet. Für weltliche und religiöse Feste werden in den Tempeln großflächige farbige *Kolams* gezeichnet. Mittlerweile wird immer häufiger ein einziges vereinfachtes Muster vor den Eingang des Hauses oder Tempels gemalt.

Das tägliche Zeichnen der *Kolams* ist ein religiöses Ritual, das intensive Konzentration erfordert.

Die Sprache des Buddhismus

Der Geburtsort oder das „Herz“ des Buddhismus liegt in den Hügeln am Fuße des Himalaya in Nordindien, rund um die Orte, die mit dem Leben des Begründers Siddhartha Gautama (um 566–483 v. Chr.) in Verbindung gebracht werden. Der Buddhismus teilt einige Symbole mit anderen südasiatischen Religionen, vor allem mit dem Hinduismus. Im 1. Jahrhundert n. Chr. verbreiteten buddhistischen Mönche den Glauben über Tibet und China bis nach Japan und über Sri Lanka und Südostasien bis zu den Inseln des Malayischen Archipels. Als der Buddhismus in den verschiedenen Kulturen Wurzeln zu schlagen begann, entwickelten sich neben regionalen Denkschulen verschiedene lokale Stile. Aber die Grundelemente der religiösen Ikonographie sind in der ganzen buddhistischen Welt zu finden.

Buddhisische Mudras
Mudras sind Handgesten, die man in der hinduistischen und buddhistischen Ikonographie findet. Sie symbolisieren bestimmte Aspekte der Lehren des Buddha und helfen bei der Deutung bildlicher Darstellungen. Eine Sutra aus dem 7. Jahrhundert zählt 130 verschiedene Mudras auf. Ein Buddhist kann die spirituellen Lehren interpretieren, auf die die einzelnen Mudras hinweisen.

Dhyani Mudra
Meditationsgeste

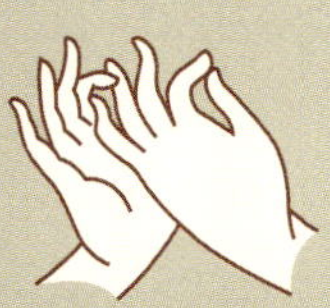

Dharmachakra Mudra Drehen des Rads des Gesetzes

Vitarka Mudra
Lehrgeste

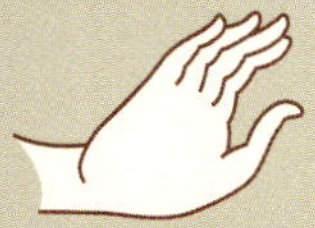

Abhaya Mudra
Furchtlosigkeit und Schutz gewährend

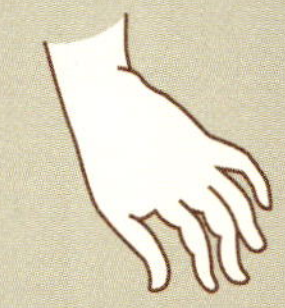

Varada Mudra
Mitgefühl und das Gewähren von Wünschen

Der schlafende Buddha
Der Buddha wird in vier Grundpositionen abgebildet: der sitzende lehrende (*links oben*), der stehende, der gehende und der liegende oder schlafende Buddha, wobei der Letztgenannte den toten Buddha verkörpert, der die Erleuchtung erlangt hat und ins Nirwana eingeht. Auf Sri Lanka und in Südostasien findet man riesenhafte Darstellungen des schlafenden Buddha, die wie hier in Vientiane (Laos) oft direkt in den Fels gehauen wurden.

Das Lebensrad

Das Rad (*Bhavachakra*) ist ein zentrales Motiv im Buddhismus, das die Ewigkeit und den Fortbestand des Seins symbolisiert: *Samsara*, den Kreislauf von Geburt, Leben und Tod, der durch die Erleuchtung durchbrochen werden kann. Die acht Speichen symbolisieren den „Achtfachen Pfad", die grundlegenden Glaubenssätze. Das Rad kann verschiedene Formen annehmen und mit unterschiedlichen Symbolen versehen sein.

Mandalas

Das Sanskrit-Wort „Mandala" bedeutet „Kreis", aber auch „Verbindung" oder „Beendigung" und verbindet diese religiösen Zeichnungen mit der buddhistischen Vorstellung des Rades. Der kunstvolle Symbolismus der Mandalas dient als Hilfsmittel bei der Meditation und erschafft einen „heiligen Raum". In der Mitte ist Buddha oder eines seiner Symbole wie der Lotos abgebildet, umgeben von Quadraten, die die Welt und die Pfade zur Erleuchtung repräsentieren. Das Zeichnen von Mandalas aus farbigem Sand oder Staub von Edelsteinen ist Bestandteil tantrischer Initiationsriten und der Ausbildung von Mönchen. Ihre Vergänglichkeit bietet eine Lektion über die Zerbrechlichkeit der Welt. Selbst in Tusche sind die verwendeten Farben symbolisch (*rechts*).

Grün
Norden, Luft, Amoghasiddhi, Eifersucht wird zu Kreativität.

Blau
Osten, Wasser, Akshobya, Wut wird zu Weisheit und Frieden.

Weiß
Mitte, Äther, Vairocana, Unwissenheit wird zu Weisheit.

Rot
Osten, Feuer, Amithaba, Bindung wird zu Einsicht.

Gelb
Süden, Erde, Ratnasambhava, Stolz wird zu Verzicht.

Buddhistischer Symbolismus

Zu Beginn wurde von Darstellungen des Buddha abgeraten, was zur Verwendung von Symbolen führte, um Passagen seines Lebens und seiner Lehren zu markieren. Viele Symbole stammen aus der hinduistischen Ikonographie (*siehe S. 182*).

Swastika Das Sanskritwort *Swastika* bedeutet „alles ist gut". Das Symbol taucht im Buddhismus, Jainismus und anderen Kulturen auf. Die nach rechts gewinkelte Swastika ist ein Glückstalisman, das Symbol von Vishnu, dem Erhalter des Universums. Die nach links gewinkelte Swastika ist das Wahrzeichen von Kali, der schrecklichen Göttin des Todes, der Zerstörung und der Mächte der Finsternis.

Fußabdrücke Zu Beginn verwendete der Buddhismus keine Bilder, denn Gautama wollte nicht porträtiert werden, weshalb er anfangs nur durch die Abdrücke seiner Füße repräsentiert wurde.

Lotos (*Padma*) Der Lotos symbolisiert den Buddha und die vier Elemente: Wurzeln – Erde, Stamm – Wasser, Blätter – Luft, Blüte – Feuer. Er wird verwendet, um das Fortschreiten der Seele vom Schlamm (Materialismus) über das Wasser (Erfahrung) zum Licht (Erleuchtung) darzustellen. Die Anzahl der Blütenblätter hat eine symbolische Bedeutung (von den acht Blättern des Achtfachen Pfades bis zu den 1000 und 10000 des höheren Wesens), ebenso die Farben:

Weiß Bodhi – Reinheit, der „Achtfache Pfad".
Rot Avalokitesvara – Mitgefühl.
Blau Manjushri – Weisheit, Sieg des Geistes über die Sinne.
Rosa Der Lotos des historischen Buddha.

Der Buddha wird häufig auf einer Lotosblüte vor einem kunstvollen Blatt sitzend dargestellt.

Die Muster des Islam

Geometrische Muster gehen auf den Wunsch des Menschen nach Verzierung und Dekoration zurück. Beim Flechten und Weben entstehen von selbst geometrische Muster. Bald tauchten komplizierte Varianten auf wie die steinerne Türschwelle im Palast von Assurbanipal in Ninive (um 645 v. Chr.), die einen Teppich mit Gänseblümchenmuster aus überschneidenden Kreisen nachahmt. Zwischen den verschiedenen Materialien und der Gestaltung gab es immer eine Verbindung, und die Motive variierten.

Unendliche Muster

Die Oberflächen vieler Moscheen sind mit dichten Mustern aus Fliesen, Stein, Stuck und Mauerwerk ausgekleidet. Bisher gibt es keine zufriedenstellende Erklärung dafür, wie die komplizierten Muster ausgearbeitet wurden, die oft aus Vielecken oder anderen Elementen mit unendlichen Varianten bestehen. Ebenfalls ungewiss ist, ob sie ursprünglich von Mathematikern für die Handwerker entworfen und mit der Zeit ins ästhetische Repertoire der islamischen Welt aufgenommen oder ob sie von den Handwerkern selbst ausgearbeitet wurden. Obwohl einige Muster älter sind, werden sie auf Grund der Berharrlichkeit, mit der sie zu allen Zeiten von einem Ende der islamischen Welt bis zum anderen vorkommen, als Teil der islamischen Kultur betrachtet. Gemeinsam bilden die Muster ein außergewöhnliches Textbuch der geometrischen Möglichkeiten.

Islamisches Bilderverbot

Mit dem aufkommenden Islam gewannen geometrische Muster ab dem 7. Jahrhundert n. Chr. zunehmend an Bedeutung. Das ist zum Teil auf die Tatsache zurückzuführen, dass die Darstellung von Lebewesen im Islam verboten ist. Die endlosen Wiederholungen und unpersönlichen geometrischen Muster stellen vermutlich den Versuch dar, die Größe und Allgegenwärtigkeit Allahs darzustellen. Der Ausspruch «Du sollst die Unendlichkeit definieren, indem Du eine wunderschön angeordnete symmetrische Struktur erschaffst, die sich selbst bis in alle Ewigkeit wiederholt und mit göttlichen Worten geschmückt ist» wird dem islamischen Mystiker und Dichter Dschalal ad-Din Muhammad Rumi zugeschrieben.

Symmetrie
Für den Islam spiegelt Symmetrie die Vollendung wider. Noch heute sind Mathematiker fasziniert davon, wie es arabischen Handwerkern gelang, diese Muster auf Kuppeln und Bogenzwickeln zu berechnen und auszuführen.

Blumenmotive
Die Darstellung von Menschen war nicht erlaubt, aber die Einfügung von stilisierten Blumenmustern bot eine Möglichkeit, die Herrlichkeit von Allahs Schöpfung zu preisen.

Symbole im Islam

Der Islam lehnt Symbole und jede Form der bildhaften Darstellung ab. Seine Gegenwart sollte nur durch den Namen Allahs oder eine fromme Phrase verkündet werden. Deshalb kam es zu einer großartigen Entwicklung der dekorativen Kalligraphie in zahllosen Handschriften des Koran – speziell die Titelseiten wurden prachtvoll geschmückt. Diese Symbole, die am stärksten mit dem Islam assoziiert sind, stammen aus späterer Zeit oder aus Volksbräuchen und werden von den Orthodoxen abgelehnt.

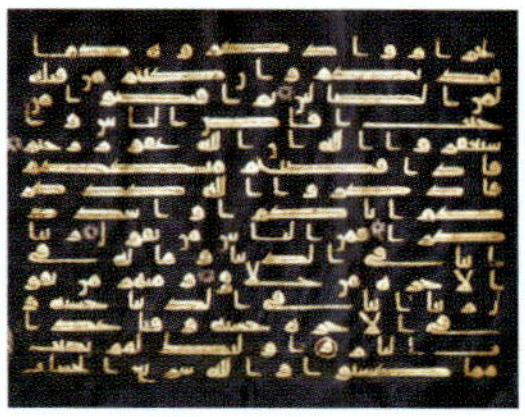

Dhu l-faqar (Zulfikar)
Das doppelklingige Schwert, das der Prophet Mohammed Ali übergab, hat eine wichtige symbolische Bedeutung, vor allem in der Schia. Schwerter werden oft dargestellt (zum Beispiel auf der saudiarabischen Flagge), als Erinnerung an die Verpflichtung jedes Moslems zum *Dschihad*, dem Krieg gegen die Polytheisten.

Khamsa („Die Fünf") Das Symbol wird auch die „Hand von Fatima" genannt und ist in Nordafrika sehr beliebt. Die Hand ist eines der ältesten Schutzsymbole vor dem gefürchteten „bösen Blick". Manchmal wird es mit dem Fisch und dem Auge assoziiert, die als Schutzsymbole aus vorislamischer Zeit noch heute verwendet werden.

Das allsehende Auge Ein weiteres archaisches Schutzsymbol, das vor allem in der Türkei und im östlichen Mittelmeer in Form von blauen Glasperlen gegen den „bösen Blick" benutzt wird. Ebenso wird Türkis als Stein und als Farbe eine schützende Wirkung zugeschrieben.

Grün Die Farbe Grün ist mit dem Islam verbunden. Das Tragen von Grün ist den Nachkommen des Propheten Mohammed vorbehalten.

Mondsichel Ursprünglich war die Mondsichel das Symbol der heidnischen Mondgöttin, ging jedoch ebenso wie der Stern in die Ikonographie der Jungfrau Maria über. Die Byzantiner machten die Sichel zum Symbol für Konstantinopel. 1453 wurde die Stadt von den osmanischen Türken erobert, die das Symbol übernahmen. In der islamischen Welt wird ein Mondkalender benutzt, weshalb der Mond eine wichtige Bedeutung hat und die Mondsichel zu einem der Hauptsymbole auf Moscheen und Landesflaggen wurde.

Der Stern Das Motiv taucht häufig neben der Mondsichel auf. Wegen des symbolischen Werts der endlosen möglichen Varianten und weil er einen perfekten Brennpunkt innerhalb des sich wiederholenden Musters darstellt, hat auch der Stern eine wichtige Bedeutung in den islamischen geometrischen Entwürfen – zum Beispiel auf dem höchsten Punkt einer Kuppel oder von der Mitte einer Wand hängend.

Mysterien des Nordens

Kenningar

Die mündliche Überlieferung der Sagas (die erst ab dem 9. Jahrhundert aufgeschrieben wurden) berichtet von den mythischen Abenteuern der nordischen Ahnen und ihres Pantheons. Sie enthält zahlreiche „Kenningar" (*kenna,* Altnordisch für „kennzeichnen"), das sind Umschreibungen, die in der nordischen Dichtung häufig verwendet wurden. Die Ausdrücke wurden von den Zuhörern oder Lesern unmittelbar verstanden.

Walstraße Meer
Kummer des Waldes Axt
Winterkleid der Erde Schnee
Wundenhacke Schwert
Schwarm zorniger Bienen Hagel von Pfeilen
Heiler des Wolfskummers Ein großer Krieger, der das Schlachtfeld mit Leichen bedeckt hat, die von Wölfen gefressen werden.
Er fütterte die Raben Er tötete viele Männer; taucht oft als Runeninschrift auf Grabsteinen von Kriegern auf.
Den Blutadler schnitzen Folter- und Hinrichtungsmethode
Walküren Frauen, die bei jeder Schlacht zugegen sind, ursprünglich auf Wölfen reitend und von Adlern und Raben begleitet. Ihr Name bedeutet „Wählerinnen der Erschlagenen". Aus den Eingeweiden der Toten webten sie ein „Schlachtnetz".
Baldurs Fluch Die Mistel, der einzige lebende Organismus, der Odins Sohn Baldur töten konnte.
Ägirs Töchter Wellen, die neun Töchter des Meeresgottes.
Tränen der Göttin der Wagen Gold oder Bernstein – Freya, die Göttin der Liebe und des Todes, deren Wagen von wilden Katzen gezogen wurde. Eine Kenning für sie lautet „Besitzerin der Toten".
Feuer aus der Schlangenhöhle Gold, weil man glaubte, Drachen würden Gold horten.

Die nordeuropäischen Völker – die Normannen, Wikinger oder Waräger – waren berühmt als Händler, Plünderer und Koloniengründer. Ihre Kultur, die in den Sagas und der Runenschrift bewahrt geblieben und eng mit der keltischen Welt verbunden ist, existierte von den letzten vorchristlichen Jahrhunderten bis zur Konversion zum Christentum (um 1000 n. Chr.). Auf ihren Handelsfahrten kamen sie mit anderen Kulturen in Berührung und gründeten die ersten europäischen Siedlungen in Nordamerika. Die Bedeutung ihrer Kultur ging großteils verloren, aber ihre Geheimnisse sind bis heute erhalten geblieben. Die magischen Eigenschaften der Runen hielten Einzug in die angelsächsische Bildsymbolik sowie in neuzeitliche Wahrsagepraktiken und erwachten in den Fantasy-Romanen von J.R.R. Tolkien (*siehe S. 262*) zu neuem Leben.

Runen wurden bis zu Beginn des 12. Jahrhunderts verwendet. Das Interesse des späten 19. Jahrhunderts für den germanischen Nationalismus wurde gemeinsam mit der nordischen Mythologie von den Nazis übernommen. Die Sig-Rune wurde beispielsweise 1933 als offizielle Form des SS-Abzeichens adaptiert.

Runen

Die Runen bildeten ein Schriftsystem, das etwa ab 150 n. Chr. in verschiedenen Formen im Norden Europas verwendet wurde. Die Schriftzeichen hatten scheinbar auch eine magische Bedeutung. Im 1. Jahrhundert n. Chr. berichtet der römische Geschichtsschreiber Tacitus über germanische Völker, die Holzstöcke mit Symbolen zur Zukunftsvorhersage benutzten. Möglicherweise ähnelten sie den *Omikuji*-Papierstreifen in den japanischen Tempeln. Man weiß nicht, ob es sich bei den Symbolen um Runen handelte, aber spätere Hinweise in den Sagas, die vom „Werfen der Runen" berichten, deuten auf eine derartige Praxis hin. Die Zeichen wurden von Priestern oder anderen Personen interpretiert, die die Bedeutung des Codes verstanden.

Die Legende vom Gott Odin, der neun Tage und Nächte am Weltenbaum Ygdrassil hing, um Weisheit zu erlangen und Meister der Runen zu werden, ist nicht bloß ein Hinweis auf die Alphabetisierung. Runen wurden in Zaubersprüchen verwendet, symbolisierten Kraft und dienten als Quelle des Schutzes.

Runen wurden für Inschriften auf Grabsteinen und Denkmälern verwendet, aber auch für profane Zwecke. Zahlreiche in Skandinavien gefundene Gegenstände sind jedoch nur mit einigen Buchstaben versehen. Dabei handelt es sich möglicherweise um Abkürzungen für allgemein bekannte Ausdrücke wie ein Wunsch, Fluch oder ein Gebet.

Der Kessel von Gundestrup

Der große Silberkessel aus dem 1. vorchristlichen Jahrhundert wurde in einem dänischen Torfmoor gefunden. Er ist mit rätselhaften Szenen bedeckt und wurde vermutlich als rituelles Gefäß verwendet. Die Elemente der kunstvollen Verzierung enthalten verschlüsselte Anspielungen, die nur von Eingeweihten verstanden wurden. Obwohl heute niemand die Botschaft entziffern kann, liefern die einzelnen Elemente Hinweise auf den kulturellen Hintergrund und die weitreichenden Kontakte der Hersteller und Eigentümer.

Gehörnter Gott
Die Figur stellt vermutlich den Fruchtbarkeitsgott Cernunnos dar, der in seiner rechten Hand eine Schlange und in seiner linken einen Torques hält.

Initiation
Ein Gott oder Riese taucht einen Krieger in einen Kessel, während andere auf Pferden in die Schlacht ziehen.

Der Greif
Das Motiv war in der persischen und skythischen Welt weitverbreitet und galt als Vermittler zwischen dem Diesseits und der Welt der Götter.

Ein keltisches Rätsel

Die Herkunft des Kessels löste zahlreiche Debatten aus. Er wurde eindeutig für eine Verwendung in keltischem, möglicherweise druidischem Kontext hergestellt, aber man nimmt an, dass die handwerkliche Ausführung thrakisch (um das Schwarze Meer) ist. Verschiedene Einflüsse aus ganz Eurasien sind zu erkennen, und einige Figuren wurden identifiziert.

Bärtiger Gott
Die Figur mit den kleinen Begleitern taucht wiederholt auf und stellt möglicherweise den Meeresgott Manannan dar.

MITTELALTERLICHE VISUELLE PREDIGTEN

Die Evangelisten

Die Embleme der vier Evangelisten findet man in der ganzen katholischen Welt. Sie symbolisieren die vier Glaubensgrundsätze und werden oft getrennt von ihren menschlichen Gegenstücken dargestellt. Manchmal werden sie auch mit vier der zwölf Stämme Israels assoziiert:

Matthäus Mensch; Menschwerdung; Ruben.
Markus Löwe; Auferstehung; Juda.
Lukas Stier; Opfer; Ephraim.
Johannes Adler; Himmelfahrt; Dan.

Nichtreligiöse Besucher einer Kirche interessieren sich heutzutage oft für ihre Geschichte oder künstlerischen Leistungen, aber nur wenige Menschen wissen, dass jede Figur und jedes dekorative Detail eine Bedeutung hat. Schon um 400 n. Chr. schmückte der hl. Paulinus seinen Schrein für die Überreste des hl. Felix mit Malereien, um den analphabetischen Bauern anhand dieses „Schauspiels" die Botschaft des Christentums nahezubringen. Im Mittelalter wurden Kirchen mit Wandgemälden, Mosaiken, Skulpturen, Altarbildern und spektakulären Glasmalereien (*siehe S. 192*) geschmückt. Wandgemälde erzählten in Form von visuellen Lehrpredigten Geschichten aus der Bibel oder Visionen vom Jüngsten Gericht. Heilige wurden als Statuen verehrt, und auf Altarbildern sah man, wie sie Christus oder die Jungfrau anbeteten oder gemartert wurden. Innerhalb dieser Tradition entwickelte sich eine vielschichtige Ikonographie, die eine tiefere Einsicht in die verborgenen Bedeutungen ermöglichen.

Heilige und ihre Attribute

Früher konnten die meisten Menschen Heilige an ihren Attributen erkennen, und häufig wurden nur die Attribute dargestellt. An manche Heilige erinnert man sich noch, wie den hl. Georg mit dem Drachen (und den hl. Michael, der mit seinem kreuzähnlichen Schwert einen Drachen zertrampelt), die hl. Maria Magdalena mit wehendem Haar und einem Topf mit Salbe, oder den hl. Christophorus, Schutzpatron der Reisenden, der das Christuskind über einen Fluss trägt. Aber die meisten Heiligen sind längst vergessen und ihre Geschichten ebenso. Viele Heiligenbilder zeigen auch den Palmzweig des Märtyrertums.

Heilige können an ihrer Kleidung erkannt werden. Auf dem Nordportal der Kathedrale von Notre-Dame in Paris sieht man (*von links nach rechts*): den hl. Mauritius im Gewand eines römischen Soldaten mit Lanze; den hl. Stephan, den ersten Märtyrer, mit Tonsur und der Robe eines Diakons; den hl. Clemens, der vierte Bischof von Rom, mit Stab und Mitra; den hl. Laurentius, der wie der hl. Stephan als Diakon porträtiert ist – die vier Heiligen sind häufig gemeinsam abgebildet.

Anker Hl. Clemens, der mit einem Anker um den Hals ertränkt wurde.
Bienen Hl. Ambrosius, dessen Worte so süß wie Honig waren.
Turm, Kanone (oft über dem Haupteingang von Arsenalen) Hl. Barbara, Schutzpatronin von Menschen, die mit Feuer arbeiten.
Rad Hl. Katharina von Alexandria, die gerädert wurde, ehe man sie enthauptete; Schutzpatronin der Mathematiker, Gelehrten und Rechtsanwälte.
Schürze aus Brot und Blumen Hl. Casilda, Schutzpatronin aller, die mit Gefangenen und für die Armen arbeiten.
Muschelschale Hl. Jakob, der mit der Pilgerfahrt zu seinem Schrein in Santiago de Compostela assoziiert wird.
Entzweigeschnittener Umhang Hl. Martin von Tours, ein junger römischer Soldat, der seinen Umhang mit einem Bettler teilte, Schutzpatron der Soldaten und aller Menschen, die anderen helfen.
Lamm mit Flagge Hl. Johannes der Täufer
Eisenrost Hl. Laurentius, der geröstet wurde.
Pfeile Hl. Sebastian, ein römischer Soldat, der mit Pfeilschüssen gefoltert wurde.
Schlüssel Hl. Apostel Petrus, dem die Schlüssel des Himmelstors anvertraut wurden.
Augen Hl. Lucia, der vor dem Martyrium die Augen ausgestochen wurden.
Abgeschnittene Brüste Hl. Agatha, der die Brüste abgeschnitten wurden, ehe man sie verbrannte.
Hund, Pestwunden Hl. Rochus, von dem man glaubte, er könne die Pest vertreiben.
Geldbeutel, drei goldene Kugeln Hl. Nikolaus, der junge Mädchen mit einer Mitgift versorgte, um sie vor der Prostitution zu retten; auch Schutzpatron der Pfandleiher.

Eine Vision der Hölle

Die Gemälde der niederländischen Maler Hieronymus Bosch und Pieter Brueghel der Ältere strotzen vor symbolischen Anspielungen auf mystische oder theologische Vorstellungen, Volksbräuche und Sprichwörter – eine wirksame Art, um den analphabetischen Betrachtern bestimmte Ideen zu vermitteln. Auf dem rechten Innenflügel des Triptychons *Der Garten der Lüste* (um 1500) stellte Bosch seine Vorstellung von den Verdammten dar, die die gerechte Strafe für ihre irdischen Laster erhalten.

Instrumente der Volksmusik
Dudelsäcke wurden mit Uneinigkeit, Ausschweifungen und mit Dummköpfen assoziiert.

Frevel
Der Ritter hält einen Kelch in seiner Faust und wird als Frevler von wilden Tieren gefressen.

Habgier
Der Geizhals hängt am Schlüssel seiner Geldkassette.

Schlittschuhläufer
Der lebenslange Windhund fährt auf dünnem Eis Schlittschuh.

Musikinstrumente
Symbole der fleischlichen Liebe und Lust

Vogel
Als Symbol der Gier verschlingt der Vogel mit dem kochenden Kessel auf dem Kopf seine Opfer und scheidet sie wieder aus.

Eitelkeit
Die stolze Dame ist dazu verdammt, das Spiegelbild ihrer Reize auf dem Hintern eines Teufels zu betrachten.

Faulheit
Der faule Mann wird in seinem Bett gequält.

Vielfraß
Er wird gezwungen, in eine Grube zu speien.

Rache
Jäger werden zu Gejagten; ein riesiger Hase zieht sein Opfer über den Boden, während dessen Gefährte von den Bluthunden gefressen wird.

Spieler
Wird mit Backgammon-Spielbrettern geschlagen.

Die Kirche
Die Habgier des Klerus wird durch ein Schwein in Nonnenkleidern repräsentiert, das einen Mann dazu verführt, ihm seinen Besitz zu überschreiben.

Glasmalerei

Mit der Entwicklung des gotischen Kirchenbaustils im Europa des 12. Jahrhunderts *(siehe S. 178)* wurden die Wandgemälde der romanischen und die Mosaike der byzantinischen Gebäude, die das Evangelium und die Heiligengeschichten für eine leseunkundige Gemeinde veranschaulichen sollten, durch bunte Glasfenster ersetzt. Buntglas veränderte das eindringende Tageslicht und erzeugte eine ätherische Stimmung, die das tranzendentale Geheimnis der gotischen Bautechnik ergänzte. Das „Lesen“ der Glasmalereien stellte eine Übung zur Einsicht in die Mysterien der christlichen Religion dar. Wie bei den Wandgemälden sind auf einigen Fenstern biblische Episoden (die Geburt Christi, das Jüngste Gericht) dargestellt, andere veranschaulichen komplizierte theologische Ideen. Zu den schönsten und ältesten Beispielen dieser Kunstform zählen die Rosettenfenster der Kathedrale von Chartres.

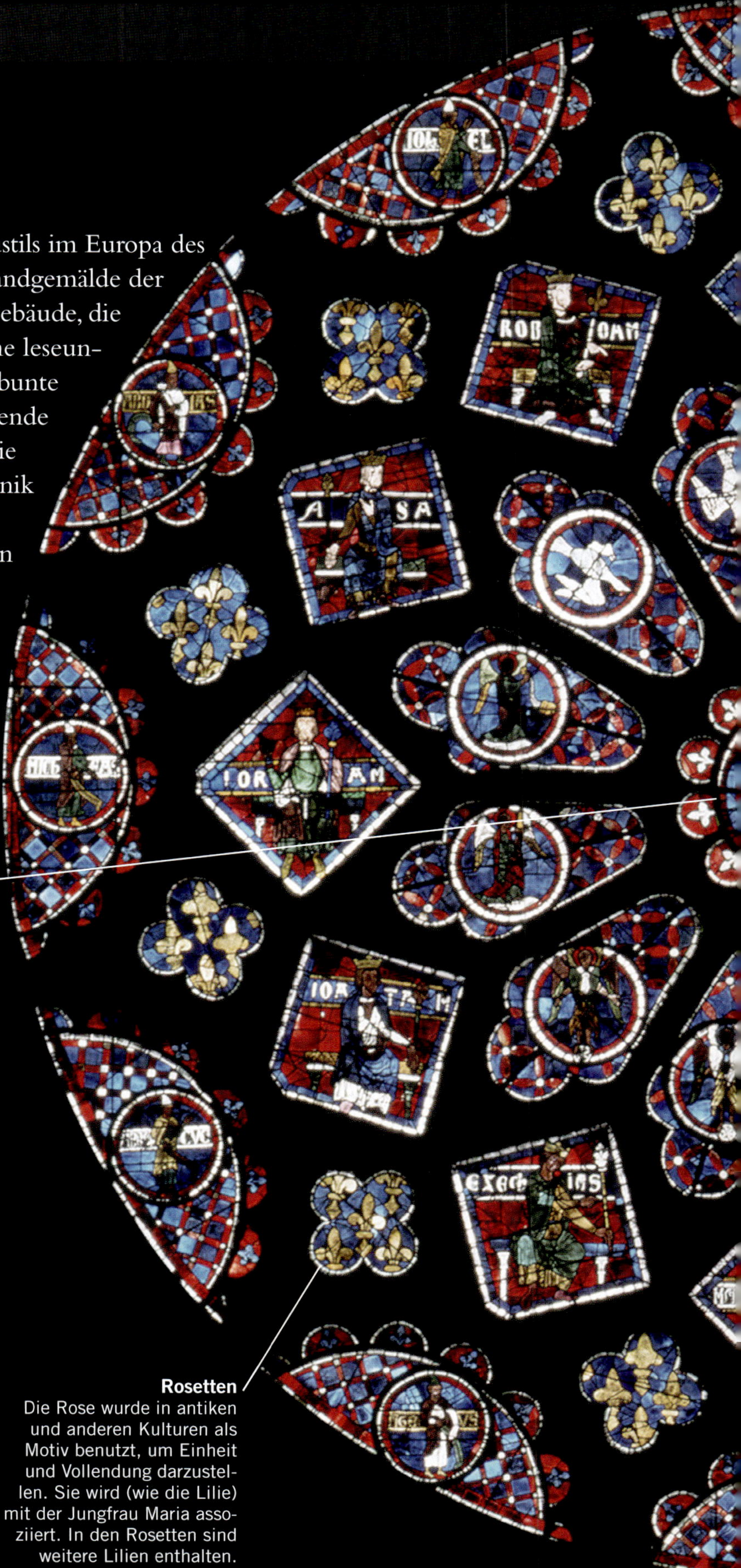

Jungfrau Maria
In der Mitte des Fensters, wo ein größerer Anteil an durchsichtigem Glas einen visuellen Brennpunkt bietet, befindet sich eine Darstellung der Jungfrau Maria mit dem Christuskind. Lilien, ein Dreifaltigkeitssymbol, das ebenfalls mit der Jungfrau assoziiert wird, umrahmen das runde Bild. Die Lilie war auch das Wappenemblem von Königin Blanka von Kastilien, die dieses Fenster stiftete.

Rosetten
Die Rose wurde in antiken und anderen Kulturen als Motiv benutzt, um Einheit und Vollendung darzustellen. Sie wird (wie die Lilie) mit der Jungfrau Maria assoziiert. In den Rosetten sind weitere Lilien enthalten.

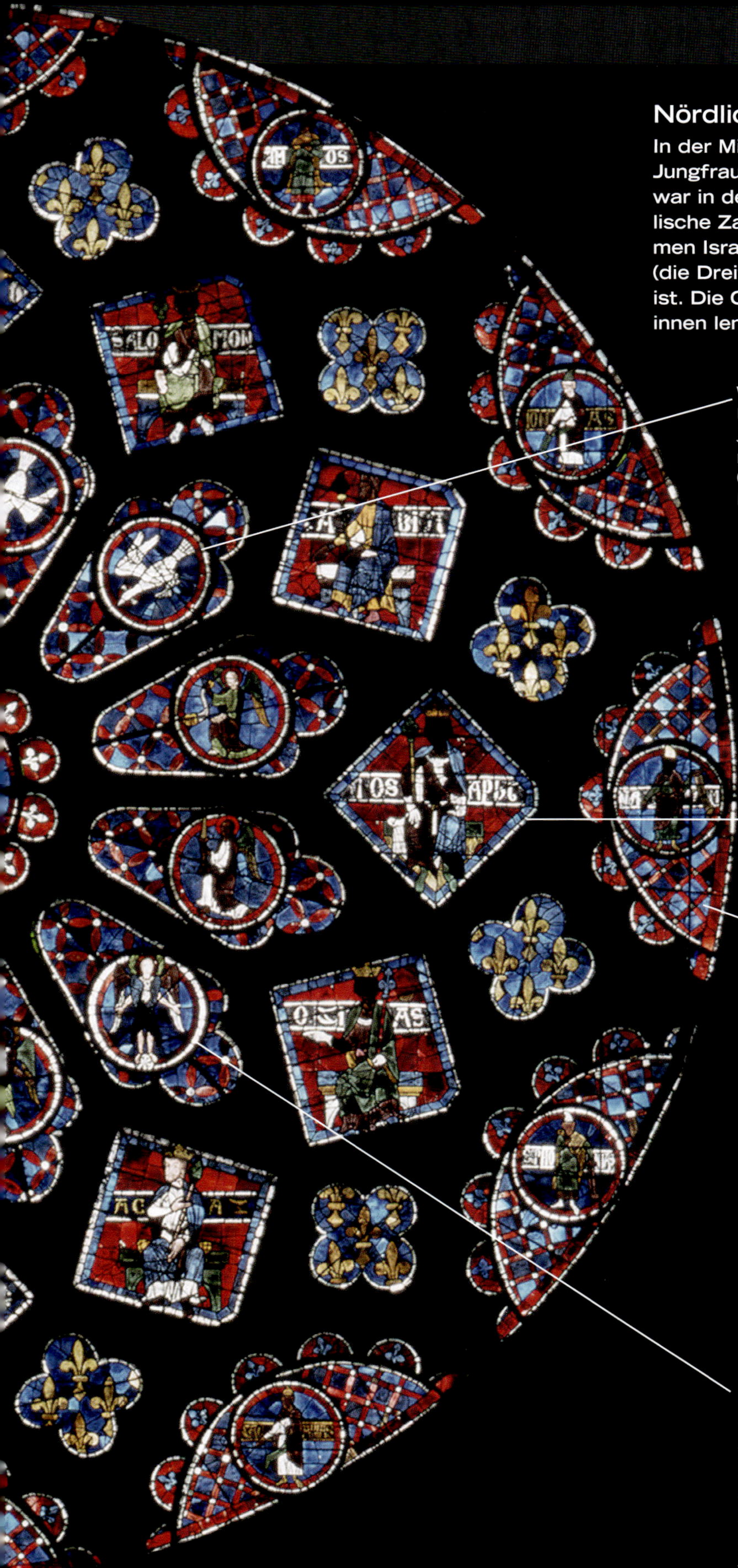

Nördliches Querschiff: Maria in der Herrlichkeit

In der Mitte des Rosettenfensters von Chartres sitzt die Jungfrau. Sie wird von zwölf Fensterbildern umrahmt. Zwölf war in der mittelalterlichen Theologie eine wichtige symbolische Zahl, die mit den zwölf Aposteln und den zwölf Stämmen Israels assoziiert wurde und durch Zwei (Dualität), Drei (die Dreifaltigkeit), Vier (die Evangelisten) und Sechs teilbar ist. Die Glasbildtafeln sollten das Auge des Betrachters nach innen lenken, zur Jungfrau im Zentrum des Fensters hin.

Vier weiße Tauben
Unmittelbar über der Jungfrau Maria symbolisieren Tauben den Heiligen Geist, der die vier Evangelien überbringt.

Die Könige von Israel
Auf quadratischen Tafeln sind die zwölf Könige Israels mit Namen abgebildet, die im Matthäusevangelium als Vorfahren des hl. Josef angeführt sind.

Die Propheten
Am äußeren Rand des Fenster sitzen zwölf Propheten aus dem Alten Testament. Sie sind mit Lilien umrandet, mit Namen versehen und leiten die Bewegung des Auges vom äußeren Rand der Rose hin zur Mitte.

Engel
Die übrigen acht Tafeln, die die Jungfrau umgeben und beschützen, zeigen eine Auswahl an verschiedenen Erzengeln und Engeln mit ihren jeweiligen Attributen.

Renaissance-Ikonographie

Die Wiederentdeckung der antiken Welt, die in Europa den Anstoß zur Renaissance oder „Wiedergeburt" lieferte, bot Malern, Dichtern und Architekten ein neues säkulares Wörterbuch des Symbolismus. Zu den bedeutendsten Auswirkungen der Renaissance gehörten das Wiederaufleben des Humanismus und eine Erneuerung der empirischen Wissenschaften. Oft waren sie nicht mit der Kirche vereinbar, die nach wie vor zu den wichtigsten Kunstförderern zählte. Neben der Kirche tauchte eine neue Klasse aus reichen und mächtigen Fürsten auf, die ihren Reichtum, ihre Wichtigkeit und ihre Gelehrsamkeit zur Schau stellen wollten und deshalb ehrgeizige Kunstprojekte in Auftrag gaben.

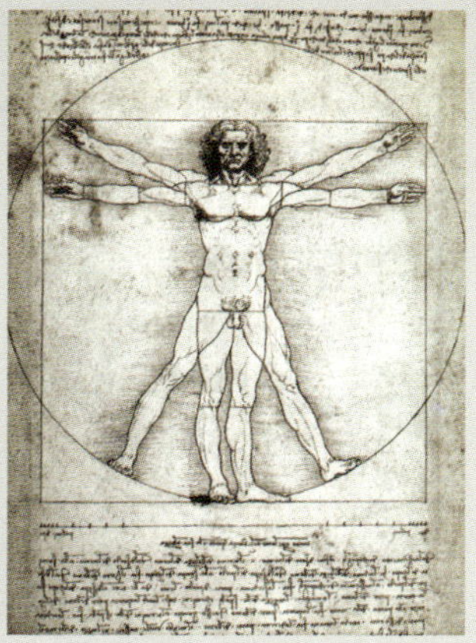

Der Vitruvianische Mensch

Ein Aspekt der Renaissance bestand in der Verschmelzung von Wissenschaft und Kunst. Leonardo da Vinci, Humanist, Maler, Bildhauer, Wissenschaftler und Erfinder, sah offenbar kaum einen Unterschied zwischen beiden. Er wollte die menschliche Form in Gemälden und Skulpturen genau darstellen. Er führte anatomische Studien durch, um zu verstehen, wie der Körper funktioniert, und um Kriegsmaschinen zu entwerfen, die er brauchte, um die Bewegungslehre zu verstehen (*siehe S. 76*). Im Zentrum des Renaissancedenkens stand die durch die Wiederentdeckung der Schriften Platos und Aristoteles' ausgelöste Suche nach der Definition des Idealen, die auch in der Alchemie (*siehe S. 52*) und der Suche nach dem Stein des Weisen ihren Ausdruck fand. Da Vinci schuf ein Bild, das die menschliche Form als proportionalen Archetyp zeigte, einen verschlüsselten Ausdruck der idealen Proportion, der sowohl in ein Quadrat als auch in einen perfekten Kreis eingezeichnet werden konnte. Leonardo gründete seine Proportionsprinzipien auf den Beschreibungen des römischen Architekten Vitruv (*siehe S. 179*).

Die verborgene Botschaft der Drei Könige

Bis zur Gegenreformation, die die Benutzung religiöser Gemälde für persönliche oder politische Zwecke ablehnte, konnte ein in Auftrag gegebenes Kunstwerk starke Botschaften enthalten. Benozzo Gozzolis *Der Zug der Heiligen Drei Könige* (1459–1460, Kapelle des Palastes Medici-Riccardi in Florenz), auf dem wichtige Charaktere der biblischen Geschichte durch zeitgenössische Figuren dargestellt werden, wurde zum Teil entschlüsselt. An der Spitze ist Lorenzo de' Medici als Kaspar dargestellt. Das Gemälde erstreckt sich über drei Wände. Auf der Seitenwänden findet man Porträts des byzantinischen Kaisers als Balthasar (*rechts oben*), des ehemaligen Heiligen Römischen Kaisers Sigismund als Melchior und in Lorenzos Gefolge auch ein Porträt des Sieneser Papstes Pius II. Die Landschaft stellt kein imaginäres Heiliges Land dar, sondern bietet einen exotischen Blick auf die Toskana, die von den Medici beherrscht wurde.

Balthasar ist ein Porträt des byzantinischen Kaisers Johannes VIII. Palaeologus, der 1438 Italien besuchte, um eine Aussöhnung zwischen dem östlichen und westlichen Christentum herbeizuführen.

Gegnerische Mächte
An der Spitze von Lorenzos Zug befinden sich die norditalienischen Fürsten aus den mächtigen Familien Malateste und Sforza.

Der Maler
Gozzoli verabsäumte es nicht, auch ein Selbstporträt in die Heerscharen einzufügen.

Piero der Gichtige
Lorenzos Vater folgt dem Sohn zu Pferd. Auch andere Mitglieder des Hofes der Medici folgen Lorenzo.

Kaspar
Ein idealisiertes Porträt des jungen Lorenzo de' Medici – eine gewagte Stellungnahme zur Hackordnung des Alters, die Lorenzo auf dieselbe Stufe stellt wie die Kaiser des Ostens und Westens und den Kardinalsvikar von Rom (der bei den Medici verschuldet war).

Die Gesandten

Hans Holbein der Jüngere malte das Doppelporträt der französischen Höflinge Jean de Dinteville (links, Auftraggeber) und Georges de Selve (Bischofselekt von Lavaur), beide Botschafter am Hof Heinrichs VIII. von England. Das Gemälde entstand 1533, als Heinrich am kritischsten Punkt der Reformation drohte, sich vom katholischen Rom zu trennen. Es enthält zahlreiche verschlüsselte Botschaften und zeigt nicht nur zwei Adelige, die ihre Gelehrsamkeit zur Schau stellen, sondern weist auch auf die politische Krise hin.

Der Globus ist so positioniert, dass er die territorialen und diplomatischen Interessen Frankreichs zeigt. Er benennt auch Dintevilles Schloss bei Polisy.

Das Kruzifix
Es ist zum Teil hinter dem Vorhang verborgen und erinnert uns an die Bedeutung Christi für das Leben der Porträtierten und die Tagesereignisse.

Himmelsglobus
Der Messingrahmen ist auf die geographische Breite von Rom eingestellt und verrät den katholischen Glauben der beiden Personen.

Sonnenuhr
Zeigt das Datum 11. April 1533 an, ein Karfreitag – und damit ein Gedenken an die Kreuzigung Jesu Christi.

Buch
Am vorderen Rand des Buches unter de Selves Ellbogen ist sein Alter eingeschrieben.

Laute
Die gerissene Saite dieses Symbols der Harmonie deutet den Zwiespalt zwischen den Protestanten und der katholischen Kirche an. Bei dem Flötensatz fehlt ein Instrument: Beim Spielen kann kein wohlklingender Effekt erzielt werden.

Gesangsbuch
Auf einer Seite mit Kirchenliedern aufgeschlagen, die von Protestanten und Katholiken verwendet wurden („Komm, Heiliger Geist“ und „Die Zehn Gebote)“ und von Martin Luther aus dem Lateinischen ins Deutsche übersetzt wurden.

Zeichenwinkel
Er hält eine deutsche Abhandlung über angewandte Mathematik für Kaufleute auf einer Seite offen, die sich mit der „Teilung“ beschäftigt, und weist neben anderen wissenschaftlichen Instrumenten darauf hin, dass der Porträtierte mit neuzeitlichen Ideen vertraut ist.

Dolch
Die Inschrift auf dem Dolch zeigt die lateinische Abkürzung von Dintevilles Geburtsdatum.

Totenschädel
In perspektivischer Verzerrung gemalt ist der Schädel eine verschleierte Erinnerung an den Tod. Der Schädel zählte zu Dintevilles persönlichen Insignien.

Cosmatenmosaik
Eine genaue Nachbildung des Bodens im Altarraum der Westminster Abbey. Cosmatenmosaike waren in romanischen Kirchen häufig zu finden.

DAS ZEITALTER DER VERNUNFT

Zwischen 1600 und 1900 führte eine Reihe von Revolutionen in allen Bereichen des europäischen Lebens wie Religion, Wissenschaft und Politik zur Geburt der modernen Welt. Ein neuer Rationalismus tauchte auf, der die Kunst veränderte. Neue Codes wurden verbreitet, um rechtliche und politische Einrichtungen zu kontrollieren, während die Naturwissenschaften und angewandten Wissenschaften neue Codes zur Beschreibung der Welt entwickelten (*siehe S. 154–161*). Die Periode begann mit der sogenannten „Aufklärung" und endete mit dem Zeitalter der Vernunft.

Eine neue Schlichtheit
Im 16. Jahrhundert lehnten die protestantische Reformation und die katholische Gegenreformation die Ikonographie in der Malerei ab. Für die meisten Protestanten bedeutete das ein Verbot jeder Art von religiöser Metaphorik und für Rom eine Konzentration auf Direktheit und Einfachheit. Die Werke des italienischen Malers Caravaggio waren von Schlichtheit und Naturalismus durchdrungen, die den Einsatz von theatralischer Beleuchtung, zeitgenössischen Kostümen und Modellen aus der Arbeiterklasse zur Darstellung heiliger Figuren nicht ausschlossen. Die Szene in *Das Abendmahl in Emmaus* (1601, *oben*) könnte in einem neapolitanischen Wirtshaus angesiedelt sein.

Ein Rombesucher wird sich vielleicht über unvereinbare Symbole auf Gemälden, Skulpturen und Gebäuden wundern. Dabei handelt sich häufig um die Familienembleme des amtierenden Papstes. Am berühmtesten sind wohl die Bienen, die mit dem Barberini-Papst Urban VIII. in Verbindung gebracht werden.

Hogarth: Der moralische Irrgarten

Im Verlauf des 17. Jahrhunderts entwickelte sich ein neuer säkularer Kunststil, der die moderne Welt durch einen seit den Gemälden Brueghels nicht mehr dagewesenen Naturalismus darstellte. Ein wichtiger Vertreter des neuen Säkularismus war der britische Maler und Graphiker William Hogarth (1697–1764). Er genoss eine konventionelle Ausbildung, aber als eifriger Kritiker der sozialen und politischen Verhältnisse füllte Hogarth seine Werke mit zeitgenössischen und historischen Anspielungen. Seine moralischen Bilderfolgen, darunter *Marriage à-la-mode* (um 1743, *unten*), nehmen die Erzähltechniken des Kinos und der Comics vorweg, wobei die Geschichten durch zahllose Andeutungen bereichert werden.

Schulden
Der Diener wird mit einer Handvoll unbezahlter Rechnungen entlassen.

Ausschweifung
Musikinstrumente und ein umgekippter Stuhl zeugen von den Feiern der vorangegangenen Nacht.

Abgebrochene Nase
Eine klassische Büste mit abgebrochener Nase deutet Impotenz an.

Schwert und Hund
Als Symbole der Hingabe und Lust zeigen das zerbrochene Schwert und der Hund, der am Taschentuch einer anderen schnüffelt, dass der Ehemann untreu war.

Klassizismus

Mitte des 17. Jahrhunderts führten archäologische Grabungen zu einer erneuten Begeisterung für klassische Ideale. Man bewunderte den Stoizismus, und in der europäischen Kunst entwickelte sich der Klassizismus, der im revolutionären Frankreich und dem unabhängig gewordenen Amerika die größte Bedeutung erlangte. Beispiele politischer oder moralischer Rechtschaffenheit sollten als Ermahnung dienen. Die Gemälde von Jacques-Louis David (1748–1825, *oben*) zeigen Schlüsselmomente des klassischen Kanons, die so realistisch gemalt sind, als hätte man einen klassischen Fries zum Leben erweckt.

Der Schlaf der Vernunft gebiert Ungeheuer (*links*) Die Romantik war eine Antwort auf den neuen Rationalismus. Maler wie William Blake und Johann Heinrich Füssli erforschten Traumszenarios. Der spanische Maler Francisco de Goya (1746–1828) war Zeuge der Realität des „neuen Denkens“, als die napoleonischen Truppen sein Land überfielen und entsetzliche Grausamkeiten begingen. Sein ironisches Bild illustrierte die Dichotomie zwischen dem Normalen und dem Abstoßenden.

Der *Code Napoléon* Nach der Auflösung des Direktoriums im Jahr 1799 führte Napoleon in Frankreich und in den eroberten Gebieten verschiedene Institutionen ein, um eine Gesellschaft zu erschaffen, die auf Reichtum und Leistung gründen sollte statt auf Tradition und ererbten Privilegien. Der *Code Napoléon* übte starken Einfluss auf das politische Denken der westlichen Gesellschaft aus und wurde im 19. Jahrhundert in Ägypten, Japan, im Osmanischen Reich und in vielen lateinamerikanischen Staaten übernommen.

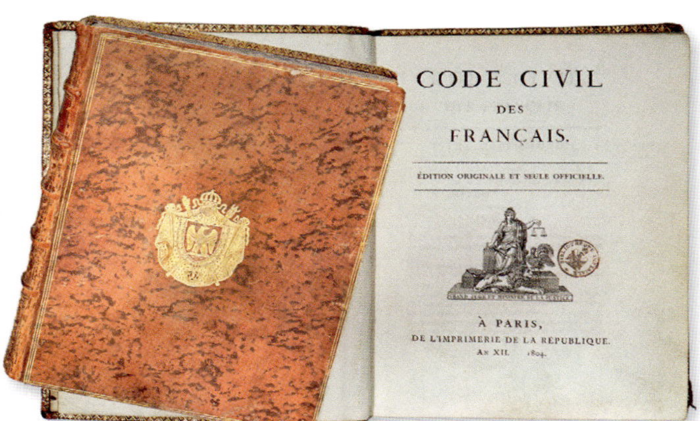

Die Dezimalrevolution

Neben der Rationalisierung der französischen Gesellschaft durch das postrevolutionäre Direktorium, als viele Adelige unter der Guillotine umkamen, gab es auch weitaus weniger extreme Maßnahmen zur Neucodierung der Welt. Die Dezimalisierung wurde als logische Antwort betrachtet, und die Regierung förderte die Suche nach der wissenschaftlich geeignetsten Ordnung vieler Aspekte des Lebens. Ein bleibendes Vermächtnis stellt die Einführung des metrischen Systems für Maße und Gewichte dar.

Der Revolutionskalender

Nach langer Überlegung wurde am 1. Januar 1792 der Französische Republikanische Kalender eingeführt. Wegen der Zyklen von Sonne und Mond wurden die zwölf Monate beibehalten (sie erhielten neue Namen, Jahresbeginn war die Herbsttagundnachtgleiche). Ein Monat bestand aus drei zehntägigen Wochen. Ein Tag war in zehn Stunden aus 100 Minuten zu je 100 Sekunden unterteilt. Dezimaluhren wurden hergestellt, und die zeitgenössische Datierung beginnt das Zeitalter mit dem Jahr Null nach der Ausrufung der Republik.

Herbst	
Vendémiaire (Traubenernte)	ab 22./23./24. Sept.
Brumaire (Nebel)	ab 22./23./24. Okt.
Frimaire (Raureif)	ab 21./22./23. Nov.
Winter	
Nivôse (Schnee)	ab 21./22./23. Dez.
Pluviôse (Regen)	ab 20./21./22. Jan.
Ventôse (Wind)	ab 19./20./21. Feb.
Frühling	
Germinal (Keimung)	ab 20./21. März
Floréal (Blüte)	ab 20./21. April
Prairial (Weide)	ab 20./21. Mai
Sommer	
Messidor (Ernte)	ab 19./20. Juni
Thermidor (oder Fervidor, Hitze)	ab 19./20. Juli
Fructidor (Früchte)	ab 18./19. Aug.

Viktorianische Epoche

Weil viele Dinge nicht offen ausgesprochen werden konnten, entwickelten die Viktorianer eine besondere Leidenschaft für Zeichen, Symbole und verschlüsselte Botschaften, die nur die „richtigen“ Menschen verstehen würden. Diese Symbole tauchen in allen viktorianischen Kunstgattungen auf, von den darstellenden Künsten bis zu Stickmustern und von Grabsteinen über Gartengestaltung bis zu Schmuckstücken.

Symbole für die Toten

Nach dem Tod von Königin Victorias geliebtem Ehegatten Prinz Albert (1861) entwickelten die Briten einen Totenkult. Auf den Gräbern der alten Friedhöfe findet man zahllose verschlüsselte Botschaften.

Abgebrochene Säule Schmerz und Verlust
Anker Zur Zeit der Christenverfolgungen ein getarntes Kreuz darstellend, überlebte der Anker als Symbol für Hoffnung sowie auf den Gräbern der Seeleute. Mit Kette versehen symbolisiert er den Glauben an die Erlösung.
Cherubim Kindergräber
Drapierte Urne Auf Gräbern von älteren Menschen
Hände Verschränkte Hände symbolisieren Liebe und Freundschaft. Derjenige, der den anderen hält, repräsentiert den Erstverstorbenen (Frauen haben Rüschenmanschetten), der den Partner in den Himmel führt. Eine Hand mit Herz repräsentiert Barmherzigkeit; eine nach unten zeigende Hand könnte das Grab eines Freimaurers anzeigen; Hände, deren Daumen einander berühren, wiesen auf eine jüdische Familie hin.
Lampe Wissen, Hoffnung, Führung, Unsterblichkeit
Pfau Unsterblichkeit, vorchristliches Symbol.
Sanduhr Vergänglichkeit

Schmuck

Wie viele andere Dinge aus dieser Zeit trugen viktorianische Schmuckstücke durch Form und Auswahl der Edelsteine eine verschlüsselte Botschaft in sich. Der Anker steht für Hoffnung und Standhaftigkeit, Efeu für ewiges Leben und Treue und gefaltete Hände für Freundschaft. Der Schmetterling symbolisiert die Seele, die Schlange die Ewigkeit (Königin Victorias Verlobungsring hatte die Form einer Schlange), das gekrönte Herz die siegreiche Liebe und die Fliege die Demut.

Edelsteine wurden wegen ihrer codierten Bedeutung getragen oder verschenkt, wobei die Anfangsbuchstaben ihrer Namen oft benutzt wurden, um ein Wort zu buchstabieren:
Diamant
Emerald (englisch für Smaragd)
Amethyst
Rubin

Achat Gesundheit
Amethyst Hingabe; lindert starke Leidenschaften.
Diamant Reinheit, Beständigkeit
Granat Beständigkeit, Treue
Jaspis Mut, Weisheit
Kalzedon vertreibt die Traurigkeit.
Karneol verhindert Unglück.
Mondstein Glück
Onyx Eine glückliche Ehe
Opal Unbeständigkeit
Perle Reinheit, Unschuld, Tränen
Rubin Leidenschaft
Sapphir Reue, Loyalität
Sardonyx Glücklich verheiratet
Smaragd Hoffnung; versichert wahre Liebe.
Topas Freundschaft
Türkis Wohlstand, Selbstlosigkeit

Der Blumenkult

Durch die viktorianische Vorliebe für Symbole entwickelte sich eine kunstvolle Blumensprache. Dekorative Blumensträuße mit verborgener Bedeutung zu binden, galt als nette Beschäftigung für junge Damen. Solche Bouquets sind seit dem 15. Jahrhundert bekannt, erlebten jedoch im viktorianischen Zeitalter ihren Höhepunkt. Die Bedeutung mancher Blumen geht zurück auf die Antike, andere sind Erfindungen des 19. Jahrhunderts. Auf die Blumensprache geht vermutlich auch die Redewendung „etwas durch die Blume“ sagen zurück.

Die jeweilige Farbe veränderte ebenfalls die Bedeutung einer Blume: Gelb stand für Eifersucht, Weiß für Reinheit, Rot für Leidenschaft (manchmal auch Ärger), Violett für Launenhaftigkeit und Blau für Treue.

Akazie Geheime Liebe
Aster Du bist mir nicht treu.
Begonie Gib acht!
Blühendes Schilfrohr Vertrau auf Gott!
Gartenwicke Abschied
Geißblatt Hingebungsvolle Zuneigung
Geranie Du bist kindisch.
Gladiole Sei nicht so stolz!
Glockenblume Demut, Treue
Gras Homosexuelle Liebe
Jasmin Du bist bezaubernd.
Kamelie Vollendung, Bewunderung
Mauerblümchen Treu in der Not.
Narzisse Respekt
Petunie Ärger, Groll
Ringelblume Kummer
Schlüsselbume Ich kann ohne dich nicht leben.
Sumpfdotterblume Schwermütigkeit
Vierblättriger Klee Sei mein.
Windröschen Verlassen

Viktorianische Malerei

Die Viktorianer schätzten erzählerische Gemälde mit Geschichten, in die moralische Botschaften eingebettet waren, die vom Betrachter durch Entschlüsselung codierter Hinweise enträtselt werden mussten. Die Präraffaeliten waren Meister im Malen von detaillierten Bildern, wie man an Holman Hunts *The Awakening Conscience* („Das erwachende Gewissen",1854) sehen kann. Obwohl sie oft die schändliche Natur der angedeuteten Handlung (abtrünnige Ehemänner, gefallene Frauen) widerspiegeln, mussten die Gemälde zumindest oberflächlich anständig erscheinen.

Gemälde
Über dem Kaminsims hängt die „Ehebrecherin" aus den Evangelien oder die „Reuige Magdalena", beides eher außergewöhnliche Motive für das Boudoir einer Mätresse.

Uhr
Erinnert uns daran, dass die Jugend vergeht und die Frau bald verlassen wird. Die Verzierung zeigt jedoch „Die Keuschheit, die Cupido fesselt". Ihr Schicksal ist nicht unabwendbar.

Blumen auf dem Klavier
Vielleicht Windröschen, Symbole des Verlassenseins, oder Akeleien, Sinnbilder für die Wankelmütigkeit und den Ehebruch des Mannes.

Tapete
Weintrauben und Mais (Symbole der Kommunion), die unbewacht den Vögeln überlassen werden.

Lied
Auf dem Klavier liegt Thomas Moores „Oft in the Stilly Night", in dem eine Frau über die Unschuld ihrer Kindheit nachsinnt.

Ringe
Sie trägt Ringe, aber keinen Ehering.

Kleid
Ein Unterrock – sehr schockierend für die viktorianische Sensibilität und ein Hinweis, dass sie nicht ehrenhaft ist.

Der Hut auf dem Tisch
Er ist nur zu Besuch.

Alfred Tennysons „Tears Idle Tears"
Ein Gedicht über Kummer und verlorene Unschuld.

Katze, die mit einem Vogel spielt
Klassisches Bild der Frau, die der Gnade des räuberischen Mannes ausgeliefert ist.

Handschuh
Liegt auf dem Boden; Symbol für die missbrauchte und verlassene Frau.

Verwickelte Wollfäden
Häusliche Tugend, durch Lügen verleumdet und auf Chaos reduziert.

Hunt mietete ein Zimmer in einem Edelbordell in St. John's Wood, das das Stadtleben, die Weltlichkeit und die Macht des Geldes symbolisiert. Die Kleidung des jungen Mannes und die auffällige Einrichtung verweisen auf eine höhere Gesellschaftsschicht. Im Spiegel kann man den Garten sehen, der mit Sonnenlicht und weißen Rosen gefüllt ist. Er bildet einen Kontrast zum Zimmer und repräsentiert die Reinheit, die Unschuld, den verlorenen Garten Eden oder das Paradies.

STOFFE, TEPPICHE UND STICKEREIEN

Wiederkehrende Motive

Einige alte Motive sind in verschiedenen Stilisierungen und Deutungen in ganz Eurasien zu finden. Beim Teppichdesign ist der Einfluss des Islam offensichtlich. Neben älteren, traditionellen Symbolen kommen verschiedene Variationen der *Mihrab* (Gebetsnische), von Moscheelampen, religiösen Inschriften und anderen islamischen Motiven vor.

Tiere Stilisierte Haustiere berichten vom Lebensunterhalt der traditionellen Stammesgemeinschaften; mit gehenden Menschen weisen sie auf den nomadischen Lebensstil oder historische Wanderungen hin.

Boteh Tränenmuster, die Schutz und Freude symbolisieren, sind auf vielen Teppichen zu finden; möglicherweise eine Version des Lebensbaums oder ein Symbol gegen den bösen Blick.

Kamm Repräsentiert die Mitgift und erinnert die Moslems daran, dass Allah Reinlichkeit gebietet.

Wasserkrug Erinnert die Moslems daran, sich vor dem Gebet zu waschen.

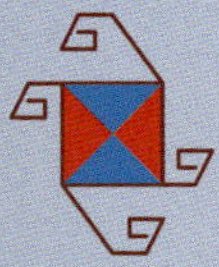

Swastika Das Glückssymbol ist beinahe in ganz Asien verbreitet und kommt in verschiedenen stilisierten Formen vor.

Der moderne Mensch beurteilt Stoffmuster meist danach, ob sie der Mode entsprechen oder dekorativ und originell sind. In der Vergangenheit und in traditionellen Gegenden haben jedes Element und Motiv eine Bedeutung. Farben oder Muster verraten sofort das Dorf, den Stamm, die Kaste, den Stand, die Religionszugehörigkeit und so weiter. Jedes Musterelement hat eine Bedeutung, auch wenn die Ursprünge längst vergessen sind.

Teppiche

Abgesehen von der Tradition der amerikanischen Ureinwohner weisen Teppiche innerhalb des „Teppichgürtels", der vom östlichen Balkan bis in den Westen Chinas reicht, ein relativ einheitliches Standardrepertoire an Mustern auf. Sie bestehen meist aus einem Hauptfeld, das von Begrenzungsmustern umgeben ist. Eines der häufigsten Motive ist das kreuzförmige „Gartenmuster", das das Paradies mit seinen vier Flüssen symbolisiert. Stammesteppiche und Kelims wurden innerhalb der Familie verwendet, wobei die Hinweise von Eingeweihten „gelesen" werden konnten, während ein Außenstehender nur geometrische Motive sehen würde.

Farbe Satte Grundfarben sind einander häufig gegenübergestellt.

Abstrakte Formen „Reale" Bilder wie Tiere, Menschen und Landschaften wurden auf geometrische Formen reduziert.

Nordamerika Unter Verwendung bunter Farben verbindet die Tradition der nordamerikanischen Ureinwohner geometrische Abstraktionen mit stilisierten Tierformen (*oben*).

Kaukasus Teppiche aus dem Herzen des „Teppichgürtels" spiegeln mit hoher geometrischer Abstraktion und wiederkehrenden Motiven die unterschiedlichen Stammestraditionen wider (*unten*).

Gol Abstrakte Vielecke; vielleicht ehemalige Stammeszeichen.

Herati Diamantenmotiv mit Zweigen, oft mit vier gezackten Blättern, die in Persien „Fisch" genannt wurden.

Meander Das Randmotiv symbolisiert Ewigkeit und Einheit, mit Blumen oder Früchten (oft ein Weinstock) auch Überfluss.

Chinesische Stickereien sind dicht gemustert, aber wie bei chinesischen Teppichen sind die häufigsten Motive Pflanzen- und Tierformen, Glückssymbole wie Swastikas und Ornamente.

Drachen Einige Tiere wie der Drache stehen mit dem chinesischen Tierkreis in Verbindung.

Wolken Ein häufiges Motiv, das auf das ätherische Element hinweist.

Chinesische Bildsymbolik

Der chinesische Symbolcode arbeitet mit Sinnbildern und Wortspielen. Er baut eine Sprache auf, die in allen Künsten zu finden ist, vor allem auf Stickereien und in der Keramik. Das Grundprinzip war unveränderlich – der fünfzehige Drache war das Symbol des Kaisers und durfte neben der Farbe Gelb nur von der kaiserlichen Familie benutzt werden. Auf den Rang der Beamten und Soldaten wies ein besticktes Quadrat an der Vorderseite ihrer Roben hin. Manche Tiersymbole hingen mit den Tierkreiszeichen zusammen, andere wurden wegen des Klangs ihres Namens gerühmt wie die Fledermaus *Fu*, ein Homonym für Glück. Andere Symbole kommen aus dem Volksglauben: Da man glaubte, dass Mandarin-Enten lebenslange Paarbindungen eingehen, symbolisieren sie die glückliche Ehe. Zu den Standardelementen zählen viele Blumen und Pflanzen.

Pilz	Langes Leben
Narzisse	Neujahr
Orchidee	Gelehrter, Tugend
Pfirsich	Langlebigkeit
Pfingstrose	„Blume von Reichtum und Ehre" – eine glücklich verheiratete Frau

Die „Drei Freunde des Winters"
Eine alten Freunden angemessene Gruppe:

Pflaume	Mut, blüht in der Kälte.
Bambus	Unverwüstlichkeit
Kiefer	Durchhaltevermögen und Treue

Saum und Ränder Zeigen häufig Glücksschmetterlinge und Blumen.

„Spanische" Schals

Im frühen 19. Jahrhundert kamen in ganz Europa Schals in Mode. Kaschmirschals überstiegen die Mittel der meisten Menschen, und aus China und von den Philippinen wurden Seidenschals importiert. Sie waren ein großer Erfolg, aber die westlichen Frauen schätzten nicht alle chinesischen Motive: Fledermäuse (Glück) wurden rasch in Schmetterlinge verwandelt, ein anderes beliebtes chinesisches Symbol, das Freude symbolisiert; die Goldmünzen spuckende magische Kröte und Küchenschaben, Symbole des Überflusses, wurden ignoriert; Ratten, die Reichtum anhäuften, wurden zu Eichhörnchen, und die Judasohren, die Pilze des langen Lebens, wurden zu Wolken. Nach dem chinesischen Bürgerkrieg (1911) wurden die Schals in Spanien hergestellt, und andalusische Frauen interpretierten die Symbole neu, um sie in ihren eigenen Code einzubinden: Die Pfingstrose wurde zur Rose, einem Symbol für die Liebe; der Kletterkürbis, das Sinnbild für ein langes Leben und zahlreiche Nachkommen, wurde zur Weinranke; Gras- oder Reisbündel wurden zu Weizen.

„Underground Railroad"-Quilts

Im 19. Jahrhundert verhalfen verschiedene Institutionen und Einzelpersonen (darunter vieler Quäker) Sklaven aus dem amerikanischen Süden zur Flucht in die Unionsstaaten und nach Kanada. Das Hilfsnetzwerk erhielt später den Namen „Underground Railroad" und benutzte verwandte Begriffe als Code: Sichere Häuser waren „Stationen", Führer waren „Schaffner" und die Sklaven waren die „Fracht".

In den 1990er Jahren begann die Geschichte zu zirkulieren, dass Quilts (Steppdecken) benutzt wurden, um den Sklaven zur Flucht zu verhelfen. Die vagen Behauptungen deuteten an, dass in den Decken, die an bestimmten Punkten ausgehängt waren, Karten eingearbeitet waren, um Nachrichten zu übermitteln: Die Muster hatten bestimmte Bedeutungen – „Sicheres Haus" oder „Gehe nach Norden" und so weiter. In den 1980er Jahren führte ein Wiederaufleben des Handwerks dazu, dass die Herstellung von Quilts zu einem Multimillionen-Dollar-Geschäft wurde, und zu der Zeit, als die Theorie vom „Quiltcode" auftauchte, nahmen Studien über Schwarze, Sklaverei und Frauen zu. Die Geschichte wurde immer ausgeklügelter. Bücher wurden geschrieben, und man konnte „Quiltcode"-Bastelsätze kaufen. Antiquitätenhändler verlangten horrende Preise für „Codequilts", die angeblich von Sklaven angefertigt worden waren. Es gibt jedoch keinen Beweis dafür, dass die Quilts je existiert haben, denn in den Berichten ehemaliger Sklaven wurden derartige Steppdecken nie erwähnt. Einige Muster stammen aus den 1920er Jahren, und die wenigen Quilts, die in Plantagen angefertigt worden waren, sind bei weitem nicht so kunstvoll wie die angeblichen Codequilts.

Natürlich kann niemand beweisen, dass nicht doch gelegentlich ein Quilt in ein Fenster gehängt wurde, um einen einfachen „Ja/Nein"-Code oder ein „Sicher, komm/Gefahr, bleib fort" zu signalisieren, aber der „Quiltcode" wurde von einer netten Geschichte zu einem modernen kommerziellen Mythos.

09

Der Handel, das Finanzwesen, die Industrie und viele Gewerbebetriebe haben codierte Systeme und Sprachen entwickelt, um die Effizienz ihrer Unternehmen sicherzustellen.

Codes des Handels

Handel und Produkte der modernen Welt sind mit allen Arten von Codes verbunden, von Katalogen und Listen bis zu Marken, Markenzeichen, Strichcodes und Verfallsdaten. Die Codes wurden entwickelt, um den Informationsfluss zwischen Hersteller, Verkäufer und Konsument zu gewährleisten. Sie wurden entworfen, um die Qualität, die Beständigkeit und die Verfügbarkeit zu garantieren. Unglücklicherweise sind sie wie alle Codierungssysteme nicht unverwundbar.

HANDELSCODES

Postleitzahlen-Codes

Im Jahr 1943 begannen die USA in größeren Städten, wo einzelne Stadtbezirke oft nur durch ein oder zwei Ziffern gekennzeichnet waren, mit der Einführung von Postleitzahlen-Codes. 1963 wurde das System in Form der sogenannten ZIP-Codes (Zone Improvement Plan) auf die ganze Nation ausgeweitet und danach auch in anderen Ländern übernommen, vor allem in Europa. In den Vereinigten Staaten wiesen die ersten drei Ziffern auf das regionale Postamt hin, zu dem die Post geschickt wurde, während die beiden letzten Zahlen zum weiteren Aussortieren der Postsendungen dienten. 1983 wurden mit dem ZIP+4 zusätzlich vierziffrige Codes eingeführt, die auf die genauere Adresse innerhalb der lokalen Postleitzonen hinweisen. Dieses geniale Geographische Informationssystem (GIS) erwies sich bald als unschätzbare Datenquelle, die von vielen anderen Industriezweigen für Personenkennzeichnung, Postwurfsendungen, Konsumentenbefragungen, Volkszählungen, Kuriersendungen und zur Bemessung von Hausratsversicherungen benutzt wurden. Mittlerweile werden Strichcodes für Adressen verwendet – die Deutsche Post druckt Zielcodes mit Postleitzahl, Straße und Hausnummer auf Postsendungen, um sie maschinell sortieren zu können.

Die ersten Nummerierungs- und Schreibsysteme waren Vorratslisten und Aufzeichnungen über Handelsgeschäfte (*siehe S. 20, 26*). Bald darauf folgte die Erfindung von Gewichten, Maßeinheiten, Münzen und Prüfsystemen (*siehe S. 212*). Ab dem 17. Jahrhundert kam mit der Weiterentwicklung von Banksystemen, Aktienbörsen und des internationalen Handels der Bedarf auf, Lagerbestände und Betriebskosten zu kontrollieren sowie eine genaue Buchhaltung zu führen. Bis zu Beginn des 21. Jahrhunderts wurde das Codieren an alle Gebiete angepasst – von Steuerrückzahlungen bis zum Einkauf eines Stücks Seife im örtlichen Lebensmittelgeschäft. Der Handel und die Verwaltung wurden auf allen Ebenen in ein Netz aus Codes eingebunden.

Telegraphencodes

Der rasche Ausbau des elektronischen Telegraphen Mitte des 19. Jahrhunderts wurde großteils von den Anforderungen des Fernhandels angetrieben (*siehe S. 94*). Da die Telegramme nach der Anzahl der Buchstaben verrechnet wurden, erkannte die Industrie bald, dass Abkürzungen Geld sparen. Mehrere Systeme wurden erstellt, darunter der A.B.C.-Telegraphencode und Bentleys Second Phrase Code. Dadurch konnten Firmen für häufig benutzte Wörter und Sätze Formeln aufstellen, die in Parameter aus festgelegten Codewörtern aufgespaltet wurden. Benutzer konnten die Nachrichten aus Sicherheitsgründen verschlüsseln. So enthielt Bentleys Fünf-Bit-Code Wörter wie „ATGAM" („Sind sie dazu bevollmächtigt?") oder „OYFIN" („Wurde nicht rückversichert").

Fernschreiber

Die Entwicklung automatischer Fernschreiber ermöglichte das Senden und Empfangen von maschinengetippten Botschaften ohne manuelle Chiffrierung in den Morsecode. Um die Bandbreiteneffizienz zu erhöhen, wurden die Nachrichten anfangs zu festgelegten Fünf-Bit-Strichen komprimiert, dem 1874 erfundenen Baudot-Code. Der Bedarf an mehr Zeichen führte zur Entwicklung des Sechs-Bit-Teletypesettersystems (TTS) und des Internationalen Telegraphenalphabets Nr. 2 (ITA2) der Western Union, beides Vorläufer des 7-Bit-ASCII- und des 16-Bit-Unicodes (*siehe S. 273*).

Laut Hollywood-Filmen hat Thomas Alvar Edison (1847–1931) beinahe alles erfunden, von der elektrischen Glühbirne bis zum Telefon. Zu seinem Vermächtnis zählen auch die Lochstreifen, die codierte Handelskurse auf Papierstreifen ausdruckten, wobei jede Menge Konfetti für Paraden anfiel. Sie leben in den Bildschirmanzeigen der Aktienkurse in den Fernsehnachrichten weiter.

Mittagessen

In der indischen Stadt Mumbai (Bombay) werden täglich Millionen von Büroangestellten an ihren Schreibtischen mit hausgemachten Mittagsmenüs versorgt. Ein Team holt die Behälter ab und verlädt sie auf Eisenbahnzüge. Ein zweites Team entlädt den Zug, und ein drittes liefert das Mittagessen an die Schreibtische. Die leeren Behälter werden gesammelt und wieder in die Wohnhäuser geliefert. Das Organisationswunder mit angeblich 100-prozentiger Effizienz beschäftigt Tausende Boten *(Dabbawallas)* und arbeitet ähnlich wie Postleitzahlen-Codes mit einem ausgeklügelten, aber schwer verständlichen Codierungssystem. Jeder Behälter ist mit einem farbigen Kreis oder einer Blume markiert und mit einer Erkennungsziffer versehen:

K-BO-10-19/A/15
K ist der Erkennungscode des Dabbawalla.
BO kennzeichnet den Stadtteil, in dem der Behälter eingesammelt wird.
10 weist auf den Bestimmungsort hin (einen bestimmten Stadbezirk von Mumbai).
19/A/15 gibt die genaue Adresse, das Gebäude und das Stockwerk für die Auslieferung des Mittagessens an. Für die Rücksendung der Behälter funktioniert der Code umgekehrt.

Im Gegensatz zur Gepäckhandhabung auf Flughäfen ist das System sehr effizient. Der frühere US-Präsident Bill Clinton und der Microsoftgründer Bill Gates erkundigten sich nach der Funktionsweise des Systems.

Mittagessensbehälter werden für die Auslieferung in Mumbai (Bombay) verladen.

Wäschepakete wurden sorgfältig verpackt und mit individuell codierten Etiketten versehen.

Wäschemarken

Eines der Geheimnisse des modernen Lebens ist der Wäschemarkencode, der sicherstellt, dass Wäschereien den Eigentümern die richtigen Kleidungsstücke zurückgeben. Für dieses System gibt es kein festgesetztes Modell. Die Technik wurde im 19. Jahrhundert entwickelt, als chinesische Einwanderer in Europa und den USA kommerzielle Waschsalons eröffneten. Jedes Wäschestück einer Lieferung erhielt ein Schildchen mit einer bestimmten Zahl oder Ziffernkombination (manchmal in verschiedenen Farben). In Indien erhalten die Kunden heutzutage einen Pincode, ein einzigartiges Punktemuster, das an einer unauffälligen Stelle in das Kleidungsstück eingestanzt wird.

Strichcodes

Die Idee für Strich- oder Balkencodes zur Bestandskontrolle von Produkten wurde 1952 patentiert, aber erst Mitte der 1960er Jahre eingeführt und in den 1980er Jahren viel benutzt. Ursprünglich wurden Strichcodes zur Erkennung von Eisenbahnwaggons entwickelt und danach für Autos auf mautpflichtigen Brücken benutzt. Der erste Verkaufsgegenstand mit Strichcode war eine Großpackung Kaugummis, die 1974 in einem Marsh-Supermarkt in Troy (Ohio) verkauft wurde. Das maschinenlesbare System veränderte die Effizienz der Einzelhandelsindustrie und eröffnete neue Möglichkeiten: In Verbindung mit Kredit- oder Kundenkartenabrechnungen konnte man das Kaufverhalten der Konsumenten nachverfolgen, um zielgerichtete Marketingkampagnen zu erstellen.

Das Strichcodesystem:

0 0001101	**3** 0111101	**6** 0101111	**9** 0001011
1 0011001	**4** 0100011	**7** 0111011	
2 0010011	**5** 0110001	**8** 0110111	

Das am weitesten verbreitete Strichcodesymbol ist der UPC (Universal Product Code), der in ganz Nordamerika benutzt wird, gänzlich digital ist, bis zu zwölf Ziffern codiert und aus 95 Bits besteht. Er setzt sich aus einem Anfangs- und Endstreifen sowie einem Schutzstreifen in der Mitte zusammen. Jede Ziffer wird durch sieben Bits codiert (ähnlich wie der Code von Francis Bacon; *siehe S. 82*).

Wie Strichcodes funktionieren

Lesen eines Strichcodes Die gedruckten Striche links von der Mitte stehen für 1 und die Lücken für 0; rechts von der Mitte kehrt sich das System um, die Striche stehen für 0 und die Lücken für 1. In verschiedenen Ländern und Handelszonen werden zwar unterschiedliche Varianten verwendet, die Grundlagen sind jedoch dieselben.

Marken und Warenzeichen

Zu den am stärksten im Rampenlicht stehenden Codes zählt in der heutigen Zeit die „Marke“. Die Idee geht zurück auf das unauslöschliche Brandmarken von Vieh und Sklaven, das den jeweiligen Besitzer anzeigte. Das moderne Markenkonzept, durch das ein Produkt auf ein einfaches Bild oder Warenzeichen reduziert werden kann, das Qualität, Stil und Vertrauen in das Produkt vermittelt, entstand Ende des 19. Jahrhunderts, im Zeitalter der konkurrierenden Massenproduktion und des Massenkonsums. In Japan wurde das feudale *Mon* an das kommerzielle Markenkonzept angepasst (*siehe S. 130*). Der Aufbau einer Marke ist aber weitaus komplizierter, als bloß ein wiedererkennbares Design oder Logo hervorzubringen: Die erfolgreiche Reduktion einer Reihe von Eigenschaften auf ein einfaches abstraktes Bild ist ein Beweis für die Macht des positiven Marketings.

Albrecht Dürer verband seine Initialen zu einem einfachen Monogramm, ein frühes Beispiel für ein Logo.

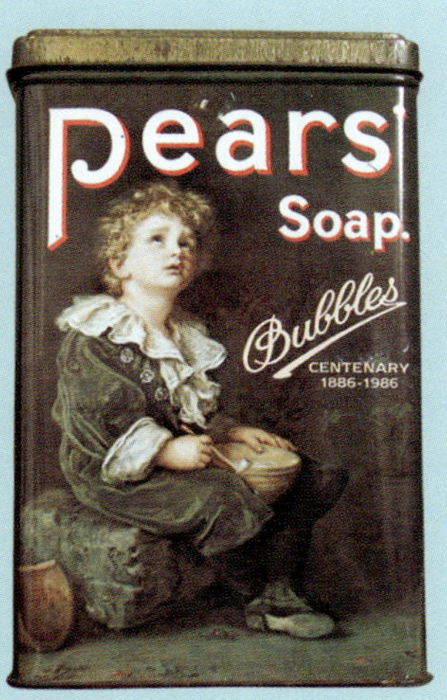

Pears Seife
Eines der ersten Projekte zur Markenbildung wurde 1886 von der britischen Seifenfirma „Pears“ gestartet: Ein auffälliger Firmenschriftzug wurde mit einem Gemälde des englischen Malers John Everett Millais kombiniert. Die Firma Pears erfand auch die „Markenerweiterung“ (die ein harmloses Produkt an die Seite anderer Werte oder Ideen stellte), indem sie einen populären enzyklopädischen Almanach sponserte und ihre Seife so mit der viktorianischen Tugend häuslicher Gelehrsamkeit in Verbindung brachte.

Markenpolitik im Verlagswesen

Nach der Erfindung des Buchdrucks kam es in Europa zu den ersten Fällen von Massenproduktion. Der deutsche Maler und Graphiker Albrecht Dürer (1471–1528) hatte die Idee, seine Drucke mit einer einzigartigen Signatur zu kennzeichnen. Seither haben Buchdrucker und Verleger versucht, durch ein einfaches gedrucktes Bild eine Qualitätsmarke zu etablieren. Der britische Taschenbuchverlag „Penguin“ war darin sehr erfolgreich. Das Konzept der Veröffentlichung von Taschenbüchern stammt zwar nicht von Penguin, aber seit der ersten Ausgabe im Jahr 1935 wurden der Markenname und das Logo zum Synonym für preisgünstige Qualitätsliteratur. Bald entstanden verschiedene Buchreihen, die farblich unterschiedlich gestaltet wurden.

Penguin entwickelte sich in verschiedene Richtungen weiter: Der Pelikan kennzeichnete wissenschaftliche Titel und Sachbücher, während der Papageientaucher bis heute den Einband von Kinderbüchern ziert. Unterschiedliche Farben wiesen auf die verschiedenen literarischen Genres innerhalb des Penguin-Programms hin: Orange für Belletristik, Grün für Krimis und Thriller, Dunkelblau für Biographien, Violett für Essays, Grau für Weltgeschehen und Rot für Reiseliteratur.

Von der Idee zum Bild

Das Idealziel der modernen Markengebung ist es, die „Botschaft“ eines Produkts auf ein Minimum zu codifizieren. Das kann viele Formen annehmen, die von der unverwechselbaren Coca-Cola-Flasche mit ihrem dynamischen Schriftzug bis zu den goldgelben Bögen von McDonald’s reichen. Durch eine Bezugnahme auf die griechische Siegesgöttin und ein einfaches Motiv, das Schnelligkeit andeutet und 1988 mit der „inspirierenden“, aber dennoch bedeutungslosen Phrase „Just do it“ verbunden wurde, erreichte Nike in den 1970er Jahren die Markenperfektion.

Warenzeichen und Qualität

Seit 1875 kann man den Namen einer Firma oder eines Produkts, ähnlich wie bei der Anmeldung eines Patents, als geschütztes Warenzeichen eintragen lassen. Gelegentlich kann der Name eines innovativen Produkts zu einem allgemein bekannten Begriff werden, wie zum Beispiel „Uhu“ für Klebstoff. Die Vorliebe für Designermarken, die selbst keinen oder nur einen geringen Wert haben, führte zu einer florierenden Schwarzmarktindustrie (*rechts*).

Bands mit Markennamen

Während einige Plattenlabels und Künstler versuchten, ihre Marken durch Schriftzüge und Produktdesigns zu kennzeichnen (z. B. das „coole“ Design der Blue-Note-Alben, Vertigos psychedelische Spiralen und die unverwechselbare „Mod“-Typographie der Band The Who), versuchten andere, sich selbst auf einen minimalen visuellen Code zu reduzieren. 1970 gab Mick Jagger auf dem Höhepunkt des Erfolgs der Rolling Stones die berühmte „herausgestreckte Zunge“ in Auftrag. Einige Bands gingen noch weiter: Auf dem Cover von Led Zeppelins viertem Album waren weder Titel noch Bandname abgedruckt, nur vier geheimnisvolle Symbole auf dem Rücken verwiesen auf die Bandmitglieder.

Page Jones Bonham Plant

Gitarrist Jimmy Page bestand sogar darauf, auf der Hülle keine Katalognummer abzudrucken, musste aber nachgeben, als sich herausstellte, dass Händler die Platte nicht bestellen konnten.

„The artist formerly known as Prince“ reduzierte sich selbst auf eine Chiffre, als seine Popularität zu schwinden begann. Aber auch als Symbol war seine Langlebigkeit begrenzt.

Meisterpunzen

Markierungen in Form von Codes als Qualitätsgarantie für wertvolle Gegenstände werden seit mehr als 1500 Jahren benutzt. Diese ersten Beispiele von Konsumentenschutz lieferten den Händlern ein Mittel zur Gewährleistung des Werts und Standards ihrer Waren. Markierungen wurden erstmals im 4. Jahrhundert n. Chr. im Byzantinischen Reich verwendet, um die Qualität von silbernen Gegenständen zu kennzeichnen. Auf vielen Silberartikeln aus dieser Zeit sind fünf kleine Zeichen eingeprägt. Obwohl die Archäologen deren Bedeutung nicht genau kennen, stellen sie wahrscheinlich Vorläufer der neuzeitlichen Feingehaltsstempel dar, die die damalige ökonomische Bedeutung des Silbers veranschaulichen. Seither haben sich die Systeme zur Bestimmung des Wertes von Edelmetallen (zuerst für Silber und später für Gold) enorm weiterentwickelt. Im Verlauf der letzten Jahrhunderte wurde die Praxis auf edle Keramik und in jüngster Vergangenheit auch auf Beschusszeichen für Feuerwaffen übertragen.

Karat

Der Begriff „Karat" wird zur Beschreibung der Masse von Edelsteinen und Perlen, aber auch zur Definition des Reinheitsgehalts von Gold verwendet. 24-karätiges Gold muss mindestens zu 99,9%, 22-karätiges zu 91,6%, 20-karätiges zu 83,3% und 18-karätiges zu 75% aus reinem Gold bestehen. Um einen CCM-Feingehaltsstempel zu bekommen, müssen goldene Gegenstände aus mindestens 18-karätigem Gold bestehen. Bei der Beschreibung von Edelsteinen entspricht das Karat einer Gewichtseinheit von 200 Milligramm, was jedoch nichts über die Qualität des Edelsteins aussagt. Dieses metrische Karat wird universell verwendet und kann in hundert Punkte zu je zwei Milligramm unterteilt werden. Ein 24-karätiger Diamant würde beispielsweise 4,8 Gramm wiegen.

Feingehaltstempel

Einige Jahrhunderte nach den Byzantinern war Frankreich das erste europäische Land, das die Kennzeichnung von Silber (1275) und Gold (1313) mit dem *poinçon de maître* („Meisterpunze") standardisierte. In England verfügte Eduard I. im Jahr 1300, dass alle Gegenstände aus Silber dem „Sterling-Silber-Standard" (mindestens 92,5% reines Silber) entsprechen müssten, und führte als Symbol den *lion passant guardant* (den schreitenden Löwen, das königliche Wappentier) ein. Alle Gegenstände, die diese Kriterien erfüllten, wurden in der Münzprüfanstalt der „Worshipful Company of Goldsmiths" mit einem Leopardenkopf gekennzeichnet. In neun weiteren britischen Städten wurden Münzprüfanstalten gegründet. Zusätzliche Markierungen waren die „Meisterpunze", die zeigte, welcher Handwerker den Gegenstand angefertigt hat (oft die Initialen seines Namens oder ein Wappen), und eine „Datumsmarkierung" in Form von Kleinbuchstaben. Die Datumsmarkierungen sind von einer Münzprüfanstalt zur anderen unterschiedlich. Zwischen 1784 und 1890 hergestellte britische Silbergegenstände tragen auch eine „Zollmarkierung" – das Haupt des regierenden Monarchen.

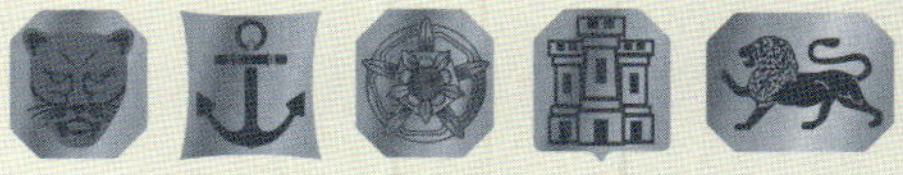

Die vier ältesten Münzprüfanstalten und ihre Symbole: Leopardenkopf (London), Anker (Birmingham), Rose von Yorkshire (Sheffield) und Burg (Edinburgh). Weitere Münzprüfanstalten befanden sich in Chester, Exeter, York, Newcastle, Glasgow und Dublin. Der „schreitende Löwe" bedeutet Sterling-Silber.

Britische Feingehaltstempel bestehen aus (*von links*) einer Meisterpunze, dem Stempel der Münzprüfanstalt, der „Gemeinsamen Punze" (*siehe unten*) oder dem „schreitenden Löwen" sowie einer Datumsmarkierung in Form von Kleinbuchstaben. Gelegentlich gibt es zusätzliche Markierungen wie die Millenniumspunze, die im Jahr 2000 verwendet wurde.

Standardisierung

Im Verlauf der Jahrhunderte entwickelten die verschiedenen Nationen eigene Systeme und Symbole zur Kennzeichnung ihrer Produkte. Erst im Jahr 1972 kam es zum Versuch einer Standardisierung, als sieben europäische Staaten in Wien das „Übereinkommen betreffend die Prüfung und Bezeichnung von Edelmetallgegenständen" unterzeichneten. Die heute 18 Mitgliedstaaten (mit Israel als einzigem außereuropäischen Staat) verwenden für Gegenstände aus Gold, Silber und Platin die „Gemeinsame Punze" (Common Control Mark, kurz CCM). Das half zwar einigermaßen bei der Standardisierung der Kennzeichnung von Edelmetallen, aber bis heute gibt es noch kein einheitliches internationales Punzierungssystem.

Die heutigen Gemeinsamen Punzen für Gold, Silber und Platin. Die Zahlen geben den Feingehalt an – 750 Anteile Gold pro 1000 Gewichtsanteilen, 925 Anteile Silber pro 1000 Gewichtsanteilen und 950 Teile Platin pro 1000 Gewichtsanteilen.

Edles Porzellan

Aus China gelangten ab dem 16. Jahrhundert hochqualitative Keramikwaren nach Europa. Die Erzeugnisse des Ming-Reichs waren mit gemalten Markierungen aus chinesischen Schriftzeichen versehen. Als der Handel in den 1620er Jahren unterbrochen wurde, begannen die „Delfter Fayencen" der holländischen Moors-Head-Manufaktur Farben und Muster der chinesischen Keramik nachzuahmen. Nachdem der Alchemist Johann Friedrich Böttger ein Verfahren zur Reproduktion des Glanzes und der Qualität des chinesischen Porzellans entdeckt hatte, wurden bei Dresden (Meissen, 1710) Manufakturen gegründet. Die Technik verbreitete sich rasch bis nach Frankreich und Großbritannien, und die Keramikherstellung wurde zu einem lukrativen Geschäft. Keramikwarenzeichen unterscheiden sich von Feingehaltstempeln, weil es nicht nötig ist, Porzellan auf Feingehalt und Reinheit zu prüfen. Die Markierungen sind in erster Linie Meisterpunzen, die dem Käufer zeigen, dass das jeweilige Stück von einer traditionellen Manufaktur wie Meissen, Minton, Royal Crown Derby oder Wedgwood hergestellt wurde. Manchmal finden sich auch zusätzliche Informationen wie das Herstellungsdatum (die meisten Manufakturen veränderten regelmäßig ihre Stempel) oder die Identität des jeweiligen Handwerkers, der das Werkstück angefertigt hat. Die Zeichen sind deutlich kunstvoller gestaltet als Feingehaltsstempel und wurden entweder eingeschnitten, aufgeprägt, aufgemalt oder aufgedruckt. Eingeschnittene Zeichen sehen individueller und spontaner aus als aufgedruckte Markierungen, und aufgemalte Markierungen waren zwar weniger komplex, aber einzigartiger als aufgedruckte. Im 19. Jahrhundert wurden die Zeichen meist in blauer Farbe unter der Glasierung aufgedruckt.

Die große Beliebtheit des chinesischen Porzellans veranlasste viele europäische Hersteller dazu, die Qualität, die Farben, den Glanz und auch das chinesische System zur Anbringung einer Meisterpunze nachzuahmen. Die französische Chantilly-Manufaktur entwarf Zeichen, die die chinesischen Schriftzeichen imitierten, bald entwickelten sich jedoch lokale Symbole wie die gekreuzten Schwerter der Bow-Manufaktur.

Chinesische Zeichen aus der Ming-Periode

Chantilly

Bow

Die Porzellan-Manufaktur Meissen bei Dresden war die erste Fabrik, deren Erzeugnisse an die Qualität des chinesischen Porzellans heranreichten und die die ungeheure Popularität chinesischer Töpferware ausnutzte, indem sie zahlreiche Stücke mit chinesischen Motiven herstellte wie diesen Musiker. Bis zur Mitte des 18. Jahrhunderts hatten auch andere Manufakturen die Technik übernommen und verschiedene lokale Stile entwickelt.

Porzellanmarkierungen

Jede europäische Porzellanmanufaktur entwickelte ihre eigenen Meisterpunzen. Obwohl einige Fabriken gedruckte Stempel verwendeten, wurden die meisten Zeichen von den Handwerkern hinzugefügt. Sie waren nicht standardisiert und veränderten sich oft innerhalb kürzester Zeit beträchtlich. Da die Zeichen selten Datumsangaben enthielten, helfen Kataloge den heutigen Sammlern bei der Altersbestimmung.

Worcester imitiert Chinesisch

Minton

Derby

Chelsea

Farbe und Stil der Meisterpunzen dienen neben anderen Merkmalen wie Derbys königlicher Urkunde für Hoflieferanten zur Altersbestimmung.

Schusswaffenmarkierung

Beschusszeichen sind kleine Symbole, die ins Metall einer Schusswaffe eingeprägt sind, oft auf dem Gewehrrohr. Sie sind erst zu sehen, wenn man die Waffe zerlegt, und garantieren, dass die Waffe einen Test durchlaufen hat, der die Sicherheit der Waffe garantiert.

Codes der Arbeitswelt

Jahrhundertelang mussten Bauherren und Bautechniker ihre Ideen und Entwürfe anderen Vertretern ihres Gewerbes und Handwerkern vermitteln. Die Baumeister kodifizierten ihre Pläne auf eine Weise, die von den Maurermeistern und Arbeitern gedeutet werden konnte. Später dann, als Gebäude immer mehr integrierte Bestandteile wie Wasser- und Stromleitungen enthielten, mussten neue schematische Codes erfunden werden, um spätere Generationen darüber zu informieren, wie die Versorgungseinrichtungen funktionierten. Mit dem technischen Fortschritt der vergangenen 150 Jahre tauchten neue handwerkliche Fähigkeiten auf, die die Kenntnis einer geschlossenen Welt aus codierten Sprachen erforderte.

St. Paul's Cathedral
Das ehrgeizigste Bauprojekt nach dem Großbrand in London (1666) war die Errichtung der St. Paul's Cathedral unter der Leitung von Christopher Wren, die 1675 begonnen und 1710 abgeschlossen wurde. Neben den kunstvollen Grund- und Aufrissskizzen (*rechts*) wurde auch ein maßstabsgetreues Modell gebaut (*oben*), um den Bauarbeitern vor Ort klare Richtlinien vorzulegen, die sie zu befolgen hatten.

Baupläne

Während es kaum Hinweise auf gezeichnete Pläne zur Errichtung der romanischen und gotischen Bauwerke gibt, hatte sich in der Hochrenaissance bereits ein systematischer Zugang zur Beschreibung von Gebäuden entwickelt, der auf detailgetreuen Grund- und Aufrissen basierte. Die Pläne wurden oft in Verbindung mit einem maßstabsgetreuen Modell des Gebäudes gelesen. Zu den erstaunlichsten Errungenschaften der frühen Neuzeit zählt der Wiederaufbau von London nach dem Großbrand von 1666. Baumeister wie Christopher Wren, James Gibbs und Nicholas Hawksmoor zeichneten detaillierte Entwürfe für zahlreiche Kirchen und andere Gebäude, um die Stadt wieder aufzubauen.

Aufriss Hier werden die Pläne für den Dom im Schnitt gezeigt.

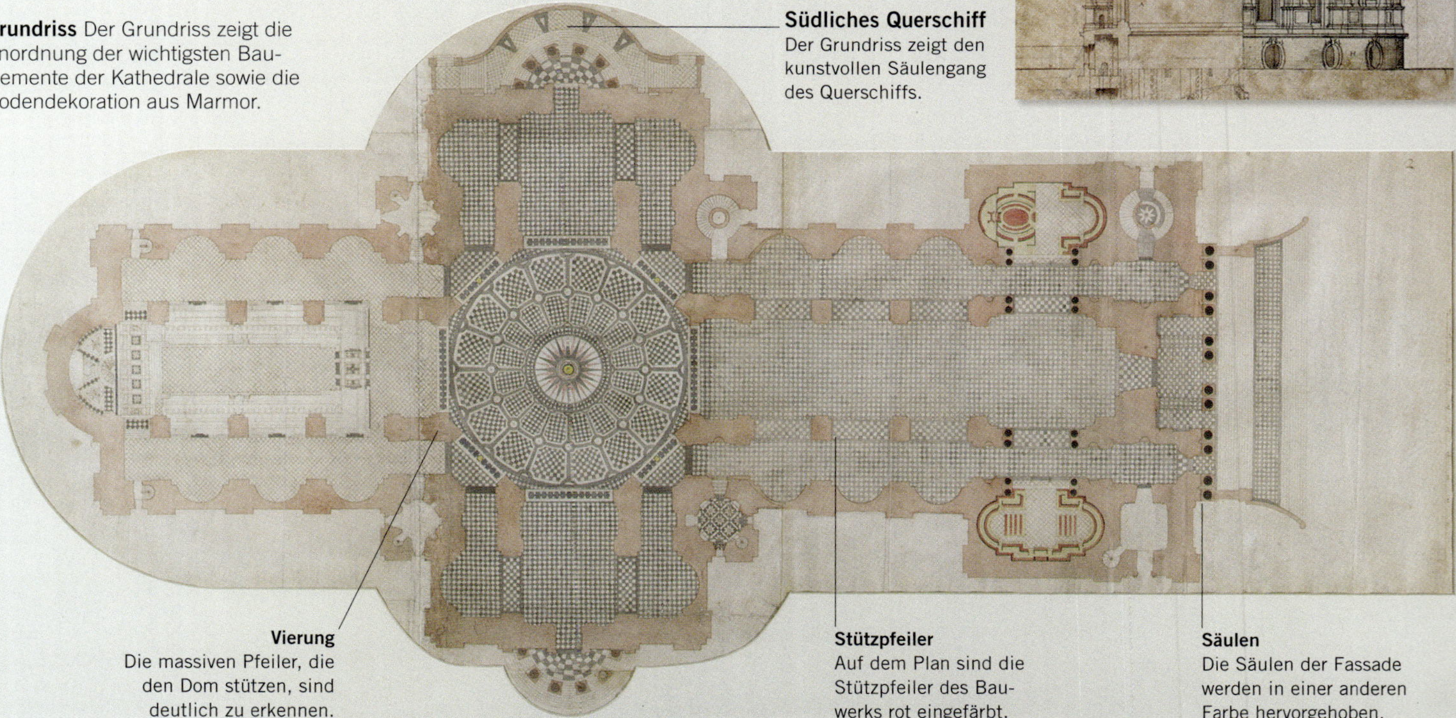

Grundriss Der Grundriss zeigt die Anordnung der wichtigsten Bauelemente der Kathedrale sowie die Bodendekoration aus Marmor.

Südliches Querschiff Der Grundriss zeigt den kunstvollen Säulengang des Querschiffs.

Vierung Die massiven Pfeiler, die den Dom stützen, sind deutlich zu erkennen.

Stützpfeiler Auf dem Plan sind die Stützpfeiler des Bauwerks rot eingefärbt.

Säulen Die Säulen der Fassade werden in einer anderen Farbe hervorgehoben.

Lebenswichtige Kreisläufe

Obwohl Stromkreise und Wasserleitungssysteme auf Grund der lokalen Standards und gesetzlichen Bestimmungen von Land zu Land verschieden sind, gibt es ein Grundvokabular von Symbolen, die den Verlauf dieser geschlossenen Systeme beschreiben. Die Bedeutung und Funktion der Symbole werden weithin verstanden.

Elektrizität Der grundlegende Aspekt der Elektrizität besteht in der Erzeugung eines Kreislaufs, in dem positive und negative Ladungen parallel zueinander verlaufen. Die meisten Stromkreise können mit Hilfe einiger grundlegender Symbole beschrieben werden.

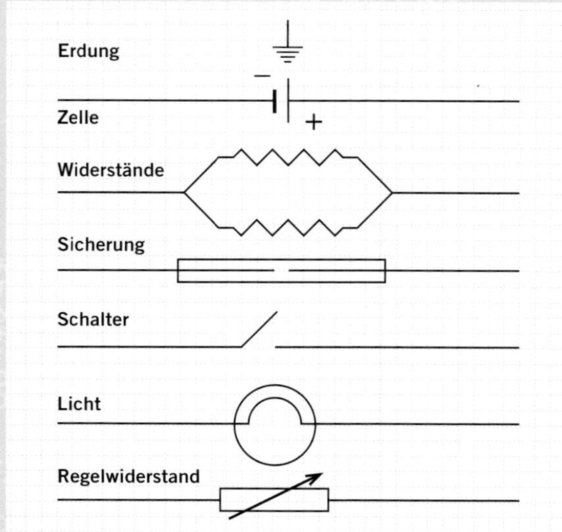

Wasserleitungen Wasserleitungssysteme, vor allem solche, die mit Zentralheizung und anderen Netzwerken abgestimmt sind, müssen klar gekennzeichnet sein. Wasserleitungsdiagramme stellen meist eine verwirrende Anordnung von Verbindungen und Symbolen dar, deren grundsätzliche Aufgabe darin besteht, zu zeigen, welche Rohre welche Art von Wasser befördern.

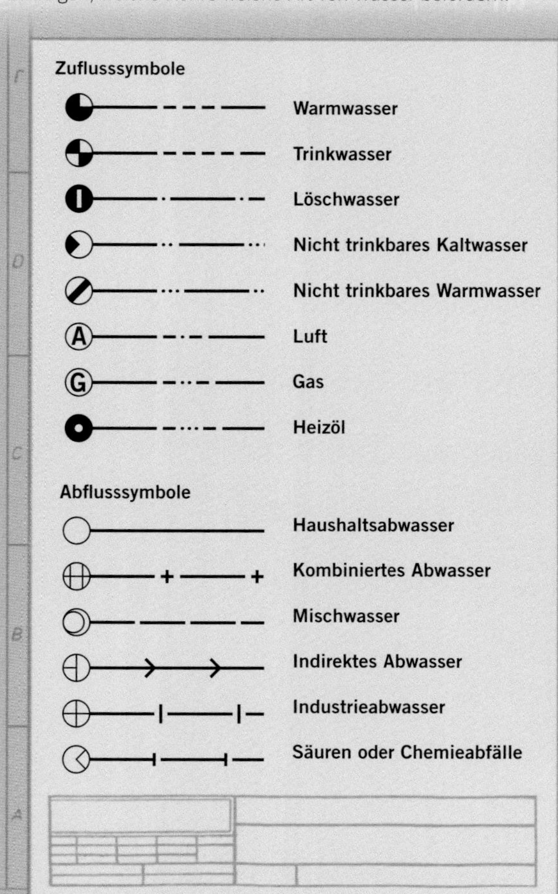

Sowohl in Industriegebäuden als auch in Privathaushalten ist es wichtig, die Flussrichtung, Kontrollstellen wie Ventile und Wasserhähne und die Aufgabe der einzelnen Rohre zu kennen.

Kurzschrift

Die „zweite" Industrielle Revolution ab der Mitte des 19. Jahrhunderts war ein Produkt des Wachstums verschiedener Systeme und Kommunikationstechnologien. Durch die Erfindung der Schreibmaschine und der Telegraphie entstand eine gewaltiger Bedarf an Bürokräften, die rasch und effizient Nachrichten bearbeiten konnten. Die 1837 erfundene englische Pitman-Kurzschrift bot den Sekretärinnen die Möglichkeit, diktierte Informationen rasch aufzuschreiben, bevor sie diese auf Schreibmaschinen tippten. Bald darauf folgten das französische Duployé-Kurzschriftsystem und 1888 das Gregg-System. Die Idee war nicht neu, denn schon im 13. Jahrhundert hatte Roger Bacon eine Kurzschrift zum schnellen Aufschreiben von Einfällen vorgeschlagen. Das Pitman-System war gänzlich phonetisch. Konsonanten wurden durch Striche, „Vokale" durch Punkte und Balken dargestellt, außerdem enthielt es vier Zwielaute und Abkürzungen für oft verwendete Wörter.

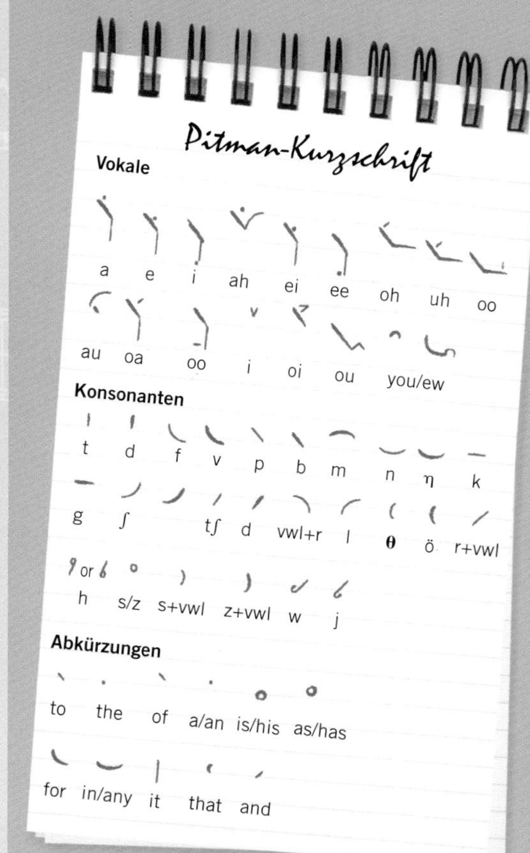

GELD UND FALSCHGELD

Durch die Entwicklung weitreichender Handelsnetze entstand in der Antike der Bedarf an einer monetären Währung, die den traditionellen Tauschhandel ersetzen sollte. Mit den internationalen Handelshäusern (wie den englischen und holländischen Ostindien-Kompanien), die den Transport von Gold- und Silberbarren zur Bezahlung ihrer Einkäufe vermeiden wollten, tauchte im 17. Jahrhundert das praktische Problem der internationalen Währungskontrolle auf. Zwischen den einzelnen Börsen und Handelsmärkten wurde es üblich, Wechsel auszustellen – das erste moderne Papiergeld. Dies brachte jedoch die Herausforderung mit sich, das Papiergeld mit Codes auszustatten, um seinen Wert zu garantieren und Fälschungen zu vermeiden.

Das Fälschen von Banknoten wurde lange Zeit mit der Todesstrafe geahndet.

Münzanstalten und Prüfung

In der frühen Neuzeit war das Geldfälschen ein einträgliches Geschäft, da der Wert der Münzen noch mit der metallischen Zusammensetzung verknüpft war. Die Kunst, Gold oder Silber von Münzen abzuschaben, war weitverbreitet, ebenso das Einschmelzen von Gold oder Kupfer, um daraus Münzen mit billigeren Legierungen zu prägen (beide Verbrechen galten als Hochverrat). Isaac Newton wurde nicht etwa für seine wissenschaftlichen Errungenschaften zum Ritter geschlagen, sondern als Kontrolleur der Königlichen Münzanstalt. Seine administrativen und metallurgischen Kenntnisse stellten sicher, dass die britische Währung sorgfältig geprüft wurde.

Heutige Münzen 1998 waren in Großbritannien die Kosten für die Herstellung von Kupfermünzen höher als der tatsächliche Wert des Metalls. Deshalb wurde Eisen beigemischt, um den Prüfwert auszugleichen. Mit einem Magneten sind die jüngeren Münzen gleich zu erkennen. 2008 gab die US-Münzanstalt zu, dass bei kleineren Münzen ein ähnliches Problem aufgetreten war.

Geld drucken

Mit dem Aufkommen von Banknoten nahm Geldfälschen eine neue Dimension an. Ursprünglich basierte die Sicherheit auf der Qualität des verwendeten Papiers (meist aus einer einzigen Quelle und mit kunstvollen Wasserzeichen) sowie der Qualität der Gravierungen, der Farbe und des Drucks. Im späten 20. Jahrhundert wurden raffiniertere Chiffriertechniken eingeführt, aber mit Hilfe digitaler Scan-Techniken blieb das Fälschen von Banknoten ein profitables Geschäft.

US-Dollar

Dollarnoten verändern ihr Aussehen selten. Sie haben nur wenige Sicherheitsmerkmale. Die 2008 bzw. 2006 ausgegebenen Fünf- und Zehndollarscheine weisen nun mehr auf.

Mikroschrift
Einige Merkmale sind auf Grund der Größe schwer nachzubilden, darunter mehrere gelbe Fünfer.

Sicherheitsfaden
Auf beiden Seiten kann man ein wechselndes Muster aus „USA" und „5" sehen. Unter ultraviolettem Licht leuchtet der Faden blau.

Wasserzeichen
Ein neues Wasserzeichen mit der Zahl Fünf ersetzt das frühere Wasserzeichen mit dem Porträt Lincolns, und links von Lincoln wurden drei kleinere Wasserzeichen mit Fünfern eingebaut.

Die ersten Münzen
Die griechischen Lyder stellten im 7. Jahrhundert v. Chr. die ersten Münzen her, und bald darauf verbreitete sich das System in Asien und im Mittelmeerraum. Die Münzen waren aus Metall, hatten ein bestimmtes Gewicht, einen vereinbarten Wert und trugen die Insignien einer Behörde – meist das Bild eines Herrschers oder das Symbol der Stadt, in der die Münzen verwendet wurden – und einen passenden Sinnspruch.

Die ersten Banknoten
Das erste Papiergeld wurde im späten 9. Jahrhundert n. Chr. in China eingeführt, zur Zeit der Song-Dynastie – einer Periode des regen internationalen Handels –, als die Regierung begann, Belege auf Papier im Tausch gegen Gold- und Silberbarren herauszugeben. Ab dem 13. Jahrhundert wurden gedruckte Banknoten in Umlauf gebracht.

Der Euro

Die größte Ausgabe von Papier- und Münzgeld war in den letzten Jahren der Euro, der 2002 in den meisten Ländern der Europäischen Union als Bargeld eingeführt wurde. Bei größeren Münzen wurden zwei Metalle verwendet. Die Banknoten sind mit mehr als 20 Sicherheitsmerkmalen ausgestattet.

Prüfsumme
Wie alle Banknoten besitzt jeder Euroschein eine einzigartige Seriennummer. Sie beginnt mit einem Buchstaben (der das Land anzeigt) und endet mit einer Prüfziffer zwischen eins und neun. Addiert man die Positionszahl des Anfangsbuchstabens im Alphabet mit den anderen Zahlen der Seriennummer, ergibt die Summe eine zweistellige Zahl. Teilt man das Ergebnis durch neun, sollte der Divisionsrest der Ziffernsumme der zweistelligen Zahl entsprechen.

Durchsichtsregister
Die Wertangabe ist auf beiden Seiten unvollständig abgedruckt und wird im Gegenlicht vollständig sichtbar.

Stichtiefdruck
An manchen Stellen wird die Farbe dicker aufgetragen, wodurch ein ertastbares Relief entsteht.

Wasserzeichen
Neben dem traditionellen Wasserzeichen in Papier ist ein digitales Wasserzeichen eingebaut, um das Scannen oder Fotokopieren unmöglich zu machen, sowie Wasserzeichen, die nur unter Infrarotlicht zu sehen sind.

Magnetstreifen
Ein metallischer Sicherheitsstreifen, der nur gegen Licht gehalten sichtbar ist, zeigt den Wert des Geldscheins und das Wort „Euro".

Sonderfarben
Bei Banknoten mit höherem Nennwert werden Farben verwendet, die ihre Farbe je nach Betrachtungswinkel verändern, bei kleineren Scheinen wird magnetische Farbe verwendet.

Hologramme
Kleinere Banknoten haben einen holographischen Streifen, Scheine ab einem Wert von 50 Euro einen holographischen Aufkleber.

Nur wenige Länder veröffentlichen die Anzahl oder den Wert der aufgetauchten gefälschten Banknoten. Im ersten Jahr nach Einführung des Euro wurden über eine halbe Million falscher Banknoten aus dem Verkehr gezogen. Die Zahl der konfiszierten Euroscheine nimmt weiterhin von Jahr zu Jahr zu.

Kreditkarten

Schon in den frühen 1930er Jahren gab es einfache Kreditkarten, die ab den 1970er Jahren vermehrt benutzt wurden. Aber erst seit einigen Jahren sind Technologien verfügbar, die es ermöglichen, dass Kreditkarten sicher funktionieren.

Hologramme werden auf Banknoten und Kreditkarten häufig benutzt, da sie schwierig zu fälschen sind.

Magnetstreifen enthalten persönliche Daten des Karteninhabers, die in Verbindung mit einer persönlichen Erkennungsnummer (PIN) den Zugang zum Konto des Kartenbesitzers ermöglichen.

Benutzergeschichte Automatisierte Systeme überprüfen anhand der Geschichte des Karteninhabers, ob eine Transaktion ungewöhnlich erscheint. Viele Banken frieren das Konto ein, falls jemand versucht, einen großen Betrag von einem Geldautomaten abzuheben, den der Karteninhaber nie zuvor benutzt hat.

Chipkarten Integrierte Schaltkreise auf Bank- und Kreditkarten, die nach demselben Prinzip funktionieren wie SIM-Karten von Mobiltelefonen, können dazu benutzt werden, elektronische Daten auszutauschen und zu speichern. In einigen Chipkarten sind kryptographische Funktionen wie 3DES oder RSA, die eine digitale Signatur tragen.

VCC Eingang für die Stromversorgung

GND Erdung

RST Neustart beim Verbinden mit anderen Geräten.

VPP Programmieranschlussspannung

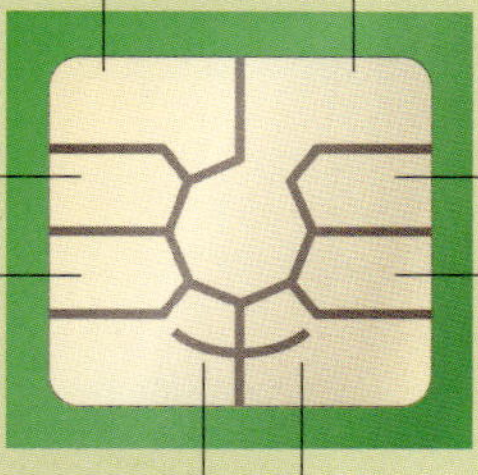

CLK Zeitmess- oder Zeitsteuerungssignal

I/O Ein- oder Ausgang für Seriendaten

Neuere Chipkarten sind kontaktfrei und kommunizieren mit dem Kartenleser mittels RFID.

C4, C8
Die beiden freien Kontakte sind für andere Anwendungen reserviert, zum Beispiel für Chiffrier-Algorithmen.

Persönliche Erkennungszahlen

Vierstellige persönliche Erkennungszahlen (PINs) sind die häufigste Form von codierter Authentifizierung für Kredit- und Bankkartentransaktionen. Aber wie sicher sind PIN-Codes? Bei einer vierstelligen Zahl gibt es 10 000 mögliche Kombinationen. Im Vergleich zu den meisten Passwörtern oder -sätzen ist die Zahl winzig (ein Passwort aus acht alphanumerischen Zeichen würde 100 Milliarden Kombinationen ermöglichen). Normalerweise hat man aber nur drei Versuche, um einen PIN-Code einzugeben, weshalb „Angriffe mit Brachialgewalt" (bei denen jede mögliche Zahl ausprobiert wird) nicht effektiv sind: Bei drei Versuchen besteht eine Chance von 1 zu 3333, dass der Angriff gelingt.

Das Buch in Ihren Händen

Die meisten Güter, die heute erzeugt werden, sind durch eine Fülle von Codes gekennzeichnet: Markenname, Packungskennzeichnungen (bei Produkten mit veränderlichen Bestandteilen wie Farben und Medikamenten), Verfallsdaten (für Nahrungsmittel und Medikamente), individuelle Seriennummern für elektronische und mechanische Produkte (zur Sicherheit der Konsumenten und aus versicherungstechnischen Gründen), außerdem Strichcodes für die Bestandskontrolle. Einer der bedeutendsten Konsumartikel mit eingebauten Codes ist das Buch. Diese außergewöhnliche Erfindung bleibt ein dauerhaftes Medium zur Kommunikation, überwindet zeitliche und räumliche Barrieren, und es ist ein Produkt aus codierten Sprachen, die zum Teil viele Jahrhunderte alt sind.

Das Buch

Das gebundene Buch ist im grundsätzlichen Aufbau seit der Erfindung des Buchdrucks im Jahr 1450 mit beweglichen Drucktypen durch Johannes Gutenberg (um 1398–1468) bemerkenswert unverändert geblieben. Die meisten Techniken Gutenbergs für die Herstellung seiner berühmten Bibel (*oben*) werden heute noch verwendet. Die lange Geschichte bedeutet, dass es viele Aspekte dieses Gegenstandes gibt, den wir ohne nachzudenken lesen und benutzen, egal ob es sich um das Buch handelt, das Sie in Händen halten, einen Comic, ein Taschenbuch, einen Roman, eine Enzyklopädie, einen Atlas oder eine limitierte Auflage eines besonderen Textes. Ein Buch ist das Produkt des Zusammenspiels von Handels-, Handwerks-, Katalogisierungs-, literarischen und anderen Codes.

Schutzumschlag

Einband

Umschlagrückseite

ISBN
Die Internationale Standardbuchnummer entstand 1966 in Großbritannien als numerischer Code aus neun Ziffern für Druckveröffentlichungen. 1970 wurde sie als zehnstelliger ISBN-Code international übernommen. 2007 wurde der Code auf 13 Ziffern erweitert. Für periodisch erscheinende Veröffentlichungen wird der ISSN-Code verwendet. Der Strichcode identifiziert die Sprache, den Verlag, den Titel und hat eine Prüfziffer.

Strichcode
Auf der Umschlagrückseite befindet sich meist ein Strichcode (*siehe S. 204*) mit der ISBN.

Rücken

Umschlagvorderseite

Vorderkante

Binden
Die vorherrschenden Bindemethoden sind die Fadenheftung und die Klebebindung, bei der die Druckbogen geschnitten und die Seiten direkt an den Buchrücken geklebt werden.

Druckbogen
Fast alle Bücher werden auf große Papierbogen gedruckt, die zum Binden in Druckbogen geschnitten und gefalzt werden, meist mit 15 Buchseiten, deren Vielfaches die Gesamtseitenzahl ergibt.

Die Impressumsseite
Die Seite mit dem Impressum liefert Informationen über die Veröffentlichung und das Urheberrecht.

Verlag

Copyrightsymbol
© kennzeichnet das Verlagsurheberrecht für das Layout und den Inhalt des Buches.

Autorisierte deutsche Ausgabe veröffentlicht von
National Geographic Deutschland
(G+J/RBA GmbH & Co KG), Hamburg 2009

Copyright © der Originalausgabe:
Weldon Owen Inc., San Francisco 2009

Titel der englischen Originalausgabe:
Secrets of Codes

Druck SNP-Leefung

Übersetzung Isabelle Fuchs, Manfred Wolf
Produktion Print Company Verlagsges.m.b.H.

Bildnachweis Cover:
Titel: Vorderseite: v.l.n.r.: saschi79 / Fotolia.; Michael Röder / Fotolia; DEA / S.VANNINI gettyimages; Rückseite: v.l.n.r.: M. Csterrieder /Digitalstock; The Art Archive / Heraklion Museum / Gianni Dagli Orti; C. Bock / Digitalstock; The Art Archive / Laurie Platt Winfrey; Innenseiten: M.Wunderle / Digitalstock

Printed in China
ISBN 978-3-86690-123-0

Konzipiert und produziert von Heritage Editorial für Weldon Owen Inc.

Berater
Dr. Frank Albo MA, MPhil.,
Ph.D. candidate History of Art, University of Cambridge
Trevor Bounford
Anne D. Holden Ph.D. (Cantab.),
23andMe Inc., San Francisco, CA
D.W.M. Kerr BSc. (Cantab.)
Richard Mason
Tim Streater BSc.
Elizabeth Wyse BA (Cantab.)

Alle Rechte vorbehalten. Reproduktionen, Speicherungen in Datenverarbeitungsanlagen oder Netzwerken, Wiedergabe auf elektronischen, fotomechanischen oder ähnlichen Wegen, Funk oder Vortrag, auch auszugsweise – nur mit ausdrücklicher Genehmigung des Copyrightinhabers.

Die National Geographic Society, eine der größten gemeinnützigen wissenschaftlichen Vereinigungen der Welt, wurde 1888 gegründet, um «die geographischen Kenntnisse zu mehren und zu verbreiten». Seither unterstützt sie die wissenschaftliche Forschung und informiert ihre mehr als neun Millionen Mitglieder in aller Welt. Die National Geographic Society informiert durch Magazine, Bücher, Fernsehprogramme, Videos, Landkarten, Atlanten und moderne Lehrmittel. Außerdem vergibt sie Forschungsstipendien und organisiert den Wettbewerb National Geographic Bee sowie Workshops für Lehrer. Die Gesellschaft finanziert sich durch Mitgliedsbeiträge und den Verkauf der Lehrmittel.
Die Mitglieder erhalten regelmäßig das offizielle Journal der Gesellschaft: das National Geographic-Magazin.
Falls Sie mehr über die National Geographic Society, ihre Lehrprogramme und Publikationen wissen wollen, nutzen Sie die Website unter ww.nationalgeographic.com.
Die Website von National Geographic Deutschland können Sie unter www.nationalgeographic.de besuchen.

Verso
Die linke Seite

Bund
Hier treffen die gebundenen Seiten zusammen.

Anleitung für das Buch In einem reich illustrierten Buch wie diesem gibt es konventionelle Grundelemente, die zum Teil ihre eigene „Sprache" besitzen.

Typographie
Verschiedene Schriftbilder und Druckschriften kennzeichnen den Inhalt und unterschiedliche Informationen.

Layout
Ein Raster oder eine Schablone liefert den Graphikern eine Struktur, der sie folgen.

Kolumnentitel
Gibt meist den Abschnitt oder das Kapitel an.

Kursives Schriftbild
Wird für gewöhnlich für Querverweise benutzt.

Hinweislinien
Zeigen an, wie eine Anmerkung mit einer Abbildung oder einem Diagramm in Verbindung steht.

Pagina
Seitenzahl

Recto
Die rechte Seite

Die Inhaltsangabe liefert grundsätzliche Informationen über den Aufbau des Buches. Andere Orientierungshilfen sind meist am Ende des Buches, wie ein Glossar (Begriffserklärung), ein Register (ein alphabetisches Verzeichnis von Namen, Begriffen etc.), Anmerkungen oder eine Bibliographie, die eine Liste der Quellen und Sekundärliteratur liefert.

Textnavigation

In wissenschaftlichen Texten findet man häufig Abkürzungen und Symbole, die aus dem Lateinischen stammen.

cf. *conferre*, vergleiche
e.g. *exempli gratia*, zum Beispiel
et al. *et alia*, und andere
etc. *et cetera*, und so weiter
ff. folgende [Seiten]
fl. *floruit*, vor Jahresangaben für die vermutete beste Schaffensperiode einer Persönlichkeit, deren Geburts- und Sterbedaten nicht bekannt sind.
ibid. *ibidem*, ebenda
id./idem derselbe, dasselbe
i.e. *id est*, das ist, das heißt
loc. cit. *loco citato*, am angeführten Ort
op. cit. opere citato, im zitierten Werk
viz. *videlicet*, nämlich
vs. *versus*, gegen

Korrekturzeichen wurden schon in den Anfängen der Druckgeschichte verwendet, wie das sogenannte Deleatur-Zeichen für zu tilgende Einträge (lat. *deleatur*, es werde gelöscht). Eine codierte Sprache vereinheitlicht und verbessert die Kommunikation zwischen Lektoren, Korrektoren und Schriftsetzern. 1929 wurden die Korrekturzeichen in der DIN 16511 definiert, womit sie zu den ältesten DIN-Normen zählen.

Fett und Großbuchstaben
Zu tilgender Einzug
Absatz anhängen
„d" zu „b"
Komma einfügen
Anführungszeichen einfügen
Kleinbuchstabe
Wort löschen
Absatz machen
Gedankenstrich einfügen

Einleitung

Wir sind alle kompetente Kryptoanalitiker. y/ **„i" zu „y"**

Wir leben in einer globalen Kultur, die von verschiedenen Codes beherrscht wird. Sie destimmen unsere Aktionen, versorgen uns mit Informationen und liefern anderen Menschen Informationen über uns **„vielen" einfügen** **Punkt einfügen**

Lange bevor Kinder mit dem Sprechen beginnen lernen sie, ihre unmittelbare Umgebung zu decodieren. Sie lernen, Gesichtsausdrücke und Gesten zu lesen und ein Gefühl entwickeln für die Betonung. Sprechenlernen ist ein ungeheuer komplizierter Prozess, der die Beherrschung von Lauten und Regeln einschließt, die in Verbindung mit Gesten, Betonung Und Gesichtsausdrücken eine bestmmte Bedeutung übermittelt. Wie wir das machen können, bleibt ein Geheimnis. Alle Menschen haben diese Fähigkeit, obwohl sich niemand dieser beschwerlichen Tätigkeit ~~wirklich~~ bewusst ist oder sich daran erinnern kann. Wir dec odieren unser ganzes Leben lang, indem wir unsere Umgebung „lesen" und unsere Mitmenschen beurteilen, ohne uns dessen voll bewusst zu sein. Wir lernen sogar, auf Dinge zu hören, die nicht gesagt werden denn die Sprache wird ebenso häufig zur Verschleierung verweendet wie zur Verständigung.

Wörter umstellen
Buchstaben einfügen
zu weiter Zwischenraum
Buchstaben und Zwischenraum löschen

10

Das Funktionieren der Zivilgesellschaft hängt von zahllosen unausgesprochenen, undefinierten und häufig undurchschaubaren (aber allgemein akzeptierten) Verhaltenscodes ab.

Codes des menschlichen Verhaltens

Unter dem Baldachin gesellschaftlicher Sitten, Traditionen und Manieren liegt eine Unmenge von anderen Zeichen und Signalen. Sie gehören so sehr zum menschlichen Wesen, dass sie allzu häufig unserer bewussten Kontrolle entgehen. Anderen Menschen verraten sie viel über uns selbst, was wir vielleicht lieber verbergen würden.

Körpersprache

Zusätzlich zur verbalen Kommunikation verfügen wir über ein enormes Potenzial an Ausdrucksmöglichkeiten, um Stimmungen und Gefühle durch Manipulation unseres Gesichts und Körpers zu demonstrieren. Wir setzen bewusst Körpersprache wie Augenzwinkern, Stirnrunzeln oder Winken ein. Doch sorgfältige Beobachtung kann versteckte und oft unbeabsichtigte unbewusste Botschaften aufdecken. Eine gewaltige Menge an Informationen wird instinktiv verstanden. Normalerweise können wir erkennen, ob unser Gegenüber interessiert, gelangweilt, oder verlegen ist oder etwas zu verbergen hat. Heute wird die Wissenschaft von der Entschlüsselung der Körpersprache von Psychiatern und Psychologen weitgehend verstanden. Die gewonnenen Erkenntnisse werden bei Einstellungsgesprächen, Befragungen und Vernehmungen verwendet.

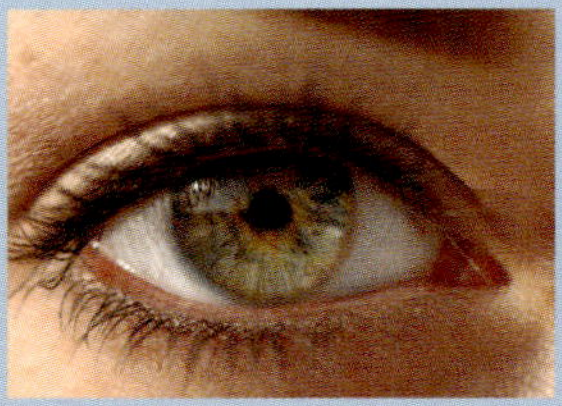

Körperbeherrschung

Obwohl die meisten Menschen versuchen, vom Körper ausgesandte Botschaften zu kontrollieren, gelingt dies bei manchen Reaktionen meist nicht. Erröten, Schwitzen, Weinen und Reaktionen auf Schmerzen können oft nicht beherrscht werden. Das Auge sendet zahlreiche Signale aus. Eine erweiterte Pupille deutet häufig auf Interesse oder Anziehung hin, während die Unfähigkeit zum Augenkontakt gewöhnlich auf Verlegenheit oder Unehrlichkeit hinweist.

Gesichter schneiden

Seit der Antike haben Künstler in ihren Werken Gesichtsausdrücke, Körperhaltungen und Posen beobachtet und skizziert. Anhand seiner Studien in einem Münchener Irrenhaus unternahm der österreichische Porträtbildhauer Franz Xaver Messerschmidt (1736–1783) als Erster den Versuch, den Bereich menschlicher Ausdrucksformen in einer Serie von rund 52 Büsten zu katalogisieren. Obwohl die Studien oft extrem ausfielen, spiegeln sie das Interesse wider, alle Aspekte des menschlichen Verhaltens aufzuklären.

Bewusste und unbewusste Kommunikation

Unterteilen wir die Körpersprache in die Bereiche „Gesichtsausdrücke“ und „Posen oder Gesten“, zeigt sich deutlich, dass uns Erstere weitaus bewusster sind als die Art und Weise, wie der Körper unsere Gefühle verrät. Obwohl das Gehirn von Erwachsenen so ausgelegt ist, dass Lächeln, Grimassen sowie missbilligende oder schockierte Gesichtsausdrücke schwer zu kontrollieren sind, nehmen wir diese Reaktionen bewusster wahr. Auch aus Hand- und Armbewegungen, zum Großteil unbewusste Gesten, die die Einstellung des Sprechers gegenüber dem Thema des Gesprächs widerspiegeln und unterstreichen, kann vieles herausgelesen werden. Die Gestik ist etwa in romanischen Ländern stärker ausgeprägt als anderswo.

Beispiele für unbewusste Körpersprache

Verschränkte Arme und Beine
Desinteresse, Verärgerung, eine defensive Körperhaltung

Nach vorn gelehnt, Hände zum Kinn
Aufmerksam, interessiert, begeistert

Mit Krawatte oder Haar spielen (Männer) Nervös, unsicher

Bequem übereinandergeschlagene Beine, Schaukeln mit dem Fuß (Frauen) Einladung zum Flirten/sexuelles Interesse

Augen blicken nach links Offensichtliches Unbehagen, Lügen, schlecht bei Bewerbungsgesprächen

Augen blicken nach rechts Erkundung, Überlegung, gut bei Bewerbungsgesprächen

Kopf gehoben, leere Augen Mildes Interesse, vielleicht an etwas anderes denkend

Kopf zur Seite geneigt, verengte Augen Interesse, positive Überlegung

Poker-*Tells*

Poker ist ebenso ein Spiel des Könnens wie auch des Kartenglücks. Ein Großteil dieses Könnens besteht in der Fähigkeit, seine Gefühle im Lauf eines Spiels zu verbergen und die Gedanken der Gegner zu „lesen“. Verräterische Zeichen werden als *Tells* bezeichnet. In dem Film *Casino Royale* (2006) benutzt James Bond seine Intuition, um zu erkennen, wann der Verbrecherboss „Le Chiffre“ blufft – er zwinkert. Als Le Chiffre schlechte Karten in Händen hält, verrät er sich, indem er aus einem Auge blutet. Hier folgen einige subtilere *Tells* von den Spieltischen:

Zittern
Achten Sie bei den Einsätzen auf zitternde Hände. Bei neuen Spielern weist das normalerweise darauf hin, dass sie gute Karten haben und sich über die Aussicht auf einen Gewinn freuen. Es kann aber auch einen Bluff andeuten.

Gesenkter Blick
Ein kurzer Blick auf die Chips bedeutet meist, dass ein Spieler ein gutes Blatt in Händen hält. Im Gegensatz dazu zeigt ein suchender Blick auf den Einsatz oft an, dass der Spieler einen Fehler gemacht hat, er kann aber auch einen bevorstehenden Bluff andeuten. Viele Berufsspieler tragen Sonnenbrillen, um solche Hinweise zu verbergen.

Zeitstillstand
Anzeichen erhöhter Anspannung: Kaugummikauer hören oft zu kauen auf, wenn sie bluffen. Manche Personen halten auch den Atem an, wenn sie ihr Spiel machen.

Gesprächigkeit
Spieler mit guten Karten sind meist selbstsicher, gesprächig und entspannt. Aufregung oder gezwungene Konversation könnten auf ein schlechte Blatt hinweisen.

Ich bin dabei
Eifer zum Wetteinsatz kann vieles verraten. Spieler, die gute Karten haben, sind für gewöhnlich darauf erpicht, ihren Wetteinsatz in den Topf zu geben. Ein „Schlüsseltell“ ist der Spieler, der abwartet, ehe er seinen Ensatz bekannt gibt, und danach untypischerweise schnell wettet. Abwarten kann jedenfalls viele Kniffe verhüllen und die restlichen Spieler verunsichern.

Kokette Fächer

Im 19. Jahrhundert wurden reiche junge Spanierinnen in der Öffentlichkeit immer von Anstandsdamen begleitet. Diese waren für ihren Eifer berühmt und hatten den Auftrag, das Verhalten der jungen Damen zu überwachen, um darauf zu achten, dass sie tugendhaft blieben. Gespräche mit jungen Männern, die von anständigen Themen wie dem Wetter, der Malerei, der Literatur oder der Politik abwichen, waren verboten. Dadurch waren die jungen Mädchen gezwungen, eigene Kommunikationsmittel zu erfinden, wozu sie ihre Fächer benutzten. Es entstand ein Katalog aus Gesten für verdecktes Flirten und Hofieren. Das geschah natürlich großteils intuitiv, doch die Fächerhersteller des späten 19. Jahrhunderts veröffentlichten „Anleitungen“ zur Fächersprache.

Den Fächer langsam über die Brust bewegen Ich bin Single.
Den Fächer mit schnippischen Bewegungen über die Brust bewegen Ich habe einen Freund oder Partner.
Öffnen und Schließen des Fächers, danach die Wange berühren Ich mag dich.
Mit dem Fächer die Schläfe berühren und zum Himmel blicken Ich denke Tag und Nacht an dich.
Mit dem Fächer die Nasenspitze berühren Irgendetwas riecht hier nicht gut (der Mann missfällt ihr, möglicherweise flirtet er mit einer anderen).
Seitwärtsgehen und dabei die Handfläche mit dem Fächer berühren Vorsicht, meine Anstandsdame kommt.
Öffnen und Schließen des Fächers und dann damit in eine Richtung zeigen Warte hier auf mich, ich komme gleich zurück.
Den Mund mit dem Fächer bedecken und anzüglich blicken Einen Kuss schicken.
Den geschlossenen Fächer von der linken Hand baumeln lassen Ich suche einen Freund.
Sehr schnelles Fächern Ich weiß nicht, was ich von dir halten soll.
Schnelles Schließen des Fächers Sprich mit meinem Vater.
Den geschlossenen Fächer aufs Herz legen Ich liebe dich sehr.
Den offenen Fächer aufs Herz legen Ich möchte dich heiraten.
Dem Mann den Fächer geben Mein Herz gehört dir.
Dem Mann den Fächer wegnehmen Ich will nichts mehr von dir.
Einen Teil des Gesichts mit dem offenen Fächer bedecken Es ist aus mit uns.
Den Fächer fallen lassen Ich leide, aber ich liebe dich.
Mit dem Fächer auf die linke Hand schlagen Ich mag dich.
Nach draußen blicken Ich denke darüber nach.
Mit dem Fächer auf die rechte Hand schlagen Ich hasse dich.
Mit dem Fächer auf das Kleid schlagen Ich bin eifersüchtig.
Den geschlossenen Fächer auf die linke Wange legen Ich gehöre dir.

ÜBERLEBENSSIGNALE

In manchen Situationen ist die visuelle Verständigung geeigneter als die verbale. Handsignale können aber auch dazu dienen, die sprachliche Kommunikation näher zu erläutern. Die urzeitlichen Jäger benutzten verschiedene Signale, um geräuschlos Informationen zu übermitteln. Ebenso müssen sich Soldaten untereinander verständigen, ohne vom Feind gehört zu werden (*siehe S. 16*). Unter solchen und ähnlichen Bedingungen, in denen das Leben von Menschen von erfolgreicher Verständigung abhängt, sind einfache und klar verständliche Signale wichtig. Aber auch in vielen anderen Bereichen des täglichen Lebens kann das Signalisieren von Codes lebensrettend sein.

Hilfe! Gestrandet

Für Schiffbrüche oder Flugzeugabstürze in entlegenen Regionen wurde ein international anerkannter Boden-an-Luft-Signalcode entwickelt, um Informationen an Bergungsmannschaften zu übermitteln. Obwohl diese Codes einfach in Form von Körpersignalen gesendet werden können, sind die meisten Schiffe und Flugzeuge zusätzlich mit Blinklichtern sowie farbigen Decken ausgestattet, die zur Übermittlung von Signalen auf dem Boden ausgebreitet werden.

Holt uns ab · **Benötigen technische Hilfe** · **Benötigen ärztliche Hilfe**

Können bald weiter · **Versucht nicht, hier zu landen** · **Wirf Nachricht ab**

OK zur Landung · **Maschine flugtauglich, brauchen Werkzeug** · **Brauchen Kleider**

Brauchen Erste-Hilfe-Versorgung · **Benötigen ärztliche Hilfe** · **Brauchen Nahrung und Wasser**

Boden-an-Luft-Signale

┘	**Alles in Ordnung**
L	**Nicht verstanden**
V	**Benötigen Hilfe**
X	**Benötigen ärztliche Hilfe**
F	**Brauchen Essen und Wasser**
N	**Nein**
Y	**Ja**
↑	**Bewegen uns in diese Richtung**

Luft-an-Boden-Antworten

Nachricht erhalten und verstanden:
Bei Tageslicht: seitliches Wippen mit den Tragflächen
In der Nacht: grünes Blinklicht

Botschaft erhalten, nicht verstanden:
Bei Tageslicht: Flugzeug kreist im Uhrzeigersinn.
In der Nacht: Rotes Blinklicht

Bergrettung

Folgende Signale, die auf dem Aussenden von Ton- oder Lichtsignalen basieren, werden von Bergrettungsdiensten auf der ganzen Welt verstanden.

Nachricht	Signal	Ton- oder Lichtsignal
S O S	Rot	**Drei** kurze Töne/Lichtblitze, drei lange Töne/Lichtblitze; **Wiederholung** in Minutenintervallen.
Hilfe benötigt	Rot	**Sechs** Töne/Lichtblitze in rascher Folge; **Wiederholung** in Minutenintervallen.
Nachricht verstanden	Weiß	**Drei** Töne/Lichtblitze in rascher Folge; **Wiederholung** in Minutenintervallen.
Rückkehr zur Basis	Grün	**Verlängerte** Folge von Tönen/Lichtblitzen.

Tauchsignale

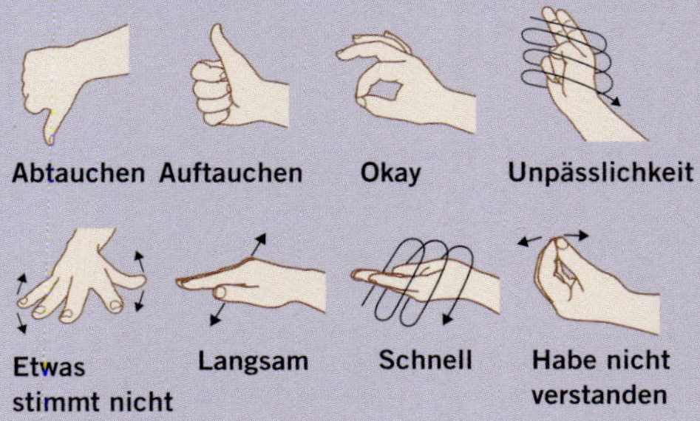

Unter Wasser kann man nicht sprechen, aber eine deutliche Verständigung zwischen Tauchern ist überlebenswichtig. Deshalb wurde für häufige Botschaften ein Handsignalsystem entwickelt.

Auf der Straße

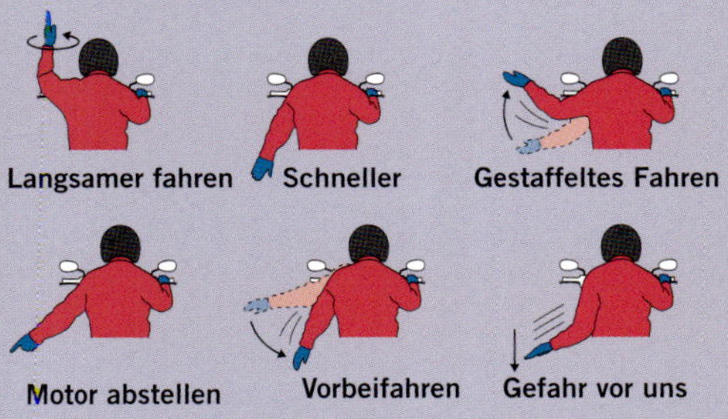

Handsignale werden von Autofahrern kaum verwendet, sind jedoch für Radfahrer und Motorradgruppen wichtig.

Auf der Baustelle

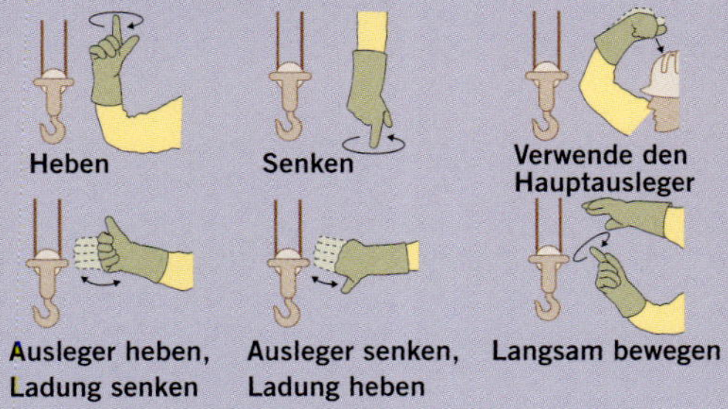

Beim Transport von schweren Lasten auf und über Baustellen verlassen sich die Kranfahrer und das Bodenpersonal auf verschiedene Handsignale.

CODES IM SPORT

In vielen Sportarten werden visuelle Codes eingesetzt, um den Teilnehmern, Zuschauern oder Punkterichtern bestimmte Botschaften zu übermitteln. Im Baseball, Fußball, Rugby, Cricket und vielen anderen Sportarten, wo die Entfernung oder die Sprache Barrieren für die unmittelbare Verständigung bilden, verwendet man übertriebene Gesten. Die moderne Technologie kann zwar hilfreich sein, ist aber nicht immer geeignet oder effizient, weshalb oft ein System aus deutlichen Handzeichen benutzt wird.

Chancensignalisierung
In Großbritannien gibt es ein System zur Übermittlung von Wettquoten („Tic-tac"), das wegen der zunehmenden Verwendung von Mobiltelefonen nur noch selten benutzt wird. Buchmacher müssen im Lärm der sich ständig ändernden Quoten die Verschiebungen in den Wettmustern beurteilen können.

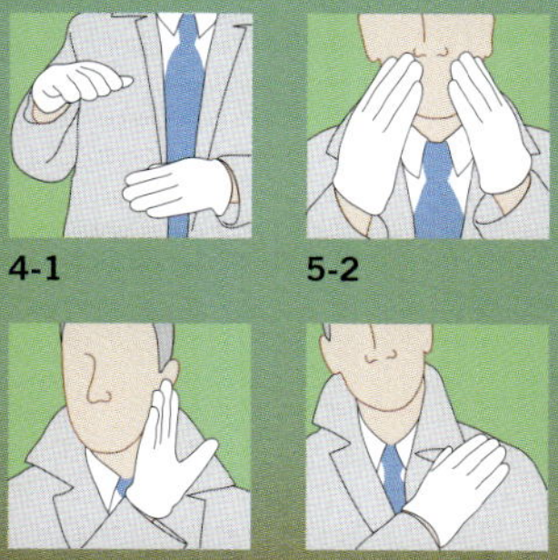

4-1 5-2 6-4 7-4

Feldspiele

Während die Regeln und Signale des Cricket undurchschaubar bleiben, haben andere Feldspiele verschiedene Signale entwickelt. Die Globalisierung von Sportarten wie Fußball hat dazu geführt, dass Schiedsrichtersignale international vereinheitlicht werden mussten. Bei Mannschaftssportarten mit verschiedensprachigen Spielern verdeutlichen Handzeichen die Urteile der Spielleiter. Sie sind vor allem in Situationen wichtig, bei denen der Lärm der Zuschauermenge die gesprochenen Worte des Schiedsrichters übertönt.

Die Regeln des Cricket sind für viele Menschen ein Geheimnis, und auch die Schiedsrichtersignale sind für Uneingeweihte schwer verständlich. Dennoch ermöglichen sie die Übermittlung der Entscheidungen des Schiedsrichters an die Spieler und Zuschauer. Obwohl der Signalcode seit langem etabliert ist, bietet er Schiedsrichtern die Möglichkeit, ihre charakteristischen Eigenarten einzubringen.

ungültiger Wurf **Sechs Punkte** ***Wide***

Ausscheiden des Schlagmannes **Vier Punkte** ***Bye***

Baseballsignale
Bei einem Feldspiel wie Baseball, in dem die Urteile des *Umpire* (Schiedsrichters) vor Ort für die teilnehmenden Mannschaften, die Punkteaufschreiber und die Zuschauer (im Stadium oder vor den Fernsehgeräten) von größter Wichtigkeit sind, müssen Signale klar und unmissverständlich sein. Die Tatsache, dass der Schiedsrichter in direkter Wurflinie hinter dem Werfer oder Fänger *(links)* stehen muss, betont die Bedeutung der klaren Signalisierung.

Zählen

Weiterspielen

Umpire strike

***Strike* oder aus**

Safe

Auszeit, Foul oder *Dead Ball*

Beim Fußball sind Handzeichen nicht so wichtig wie bei anderen Sportarten, denn die Regeln sind klar und zum Großteil unmissverständlich. In den meisten Fällen wissen Spieler und Zuschauer sofort, warum es zu einem Elfmeter oder Tor gekommen ist. Die meisten Handsignale des Schiedsrichters dienen dazu, den raschen Spielfluss aufrechtzuerhalten.

Rugbyregeln sind oft das Ergebnis der Interaktion zwischen dem Schiedsrichter und den Linienrichtern. Der Schiedsrichter muss seine Entscheidungen rasch anzeigen und den Spielern, Punkteaufschreibern und Zuschauern übermitteln.

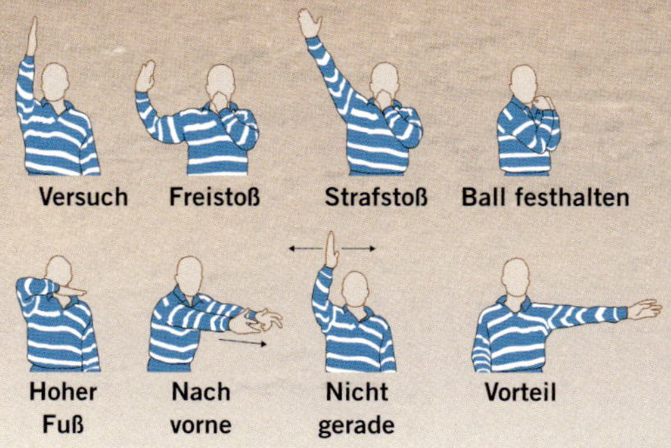

ETIKETTE

Scheinbar triviale Gepflogenheiten wie Begrüßungen, Geschenkübergaben oder Tischmanieren können tiefgreifende interkulturelle Missverständnisse hervorrufen. Die Etikette ist die Codifizierung des Sozialverhaltens, ein Versuch zur Definition des korrekten Verhaltens in der Gesellschaft. Während manche Etiketten einfach dem Respekt gegenüber Gefühlen anderer Menschen entspringen, entstehen in exklusiven hierarchischen Umgebungen raffiniertere Verhaltensnormen. Auch abseits der kaiserlichen und königlichen Höfe entwickelten sich allgemein akzeptierte Verhaltenscodes, was sich in der Vorstellung von den „guten Manieren" manifestierte. Zwar wurden diese im Verlauf des vergangenen Jahrhunderts weniger formell, gewisse gesellschaftliche Umgangsformen blieben jedoch bis heute bestehen – „danke" und „Entschuldigung" sollten nie vergessen werden.

Hofetikette

Die verfeinerte Hofetikette erreichte zur Zeit des französischen Königs Ludwig XIV. (1638–1715) im Palast von Versailles ihren Höhepunkt. Korrektes Verhalten wurde zu einer Qualifikation für den sozialen Aufstieg. Die Etikette untermauerte die strenge soziale Rangordnung.

Eintreten Niemand durfte an der Tür des Königs klopfen. Stattdessen musste man mit dem linken kleinen Finger an der Tür kratzen, weshalb viele Höflinge diesen Fingernagel länger wachsen ließen.
Berührung Einer Hofdame war es nicht gestattet, mit einem vornehmen Herrn Händchen zu halten oder den Arm bei ihm einzuhängen. Es wurde von ihr verlangt, ihre Hand auf seinen abgewinkelten Arm zu legen.
Sitzen Damen und Herren war es in der Öffentlichkeit nicht erlaubt, ein Bein über das andere zu schlagen. Beim Setzen schob ein Herr den linken Fuß vor den Rechten, legte die Hände auf die Lehnen und ließ sich langsam auf dem Sitz nieder.
Grüßen Von einem vornehmen Herrn wurde erwartet, dass er seinen Hut hoch über den Kopf hielt, wenn er auf der Straße einen Bekannten traf.

Die Etikette bestimmte die höfische Rangordnung, hielt die komplexen Anredeformen aufrecht und legte fest, wer unter welchen Umständen in Gegenwart des Königs stehen oder sitzen durfte.

Anstößiges Verhalten

Von den pazifischen Inseln bis in den Nahen Osten gelten Füße als anstößig. Schuhe werden ausgezogen, ehe man ein Haus betritt. Das Tragen von Schuhen in Moscheen oder Tempeln wird als besonders anstößig betrachtet. Füße werden als unrein angesehen. Zahlreiche Tabus untersagen das Enthüllen der Fußsohlen, die in Moscheen nie in Richtung Mekka und in buddhistischen Tempeln nie in Richtung des Schreins weisen dürfen. In Indien gilt der Kopf als Sitz der Seele, weshalb man die Stirn runzelt, wenn jemand den Kopf eines anderen (vor allem den eines Kindes) berührt. Koreaner sind entsetzt, wenn sich jemand die Nase putzt, was vor allem bei Tisch als anstößig gilt.

Begrüßungen

Während Amerikaner und Europäer sich darauf verlassen können, dass Händeschütteln bei der Begrüßung von Fremden keinen Anstoß erregen wird, herrschen in Asien kompliziertere Gebräuche. Die kultiviertesten Begrüßungsformeln findet man in Japan, wo eine Verbeugung Respekt und Demut symbolisiert. Männer verbeugen sich mit ausgestreckten Armen, wobei die Handflächen die Beine berühren. Frauen verbeugen sich, indem sie die Hände leicht zu einem Kelch geformt vor den Oberschenkeln falten. Die Tiefe der Verbeugung deutet geringste Abstufungen im gesellschaftlichen Stand an. In Thailand besteht die traditionelle Begrüßung (*Wai*) darin, dass man die Hände in Gebetshaltung faltet.

Geschenküberreichung

Sich einen Weg durch das soziale Minenfeld der Geschenkübergabe zu bahnen, kann eine Herausforderung sein. In Japan und auf den pazifischen Inseln erwartet man Geschenke, denn keines mitzubringen, gilt als anstößig. In nordeuropäischen Ländern gelten Gastgeschenke als nebensächlich. In China sollte das Geschenk mit beiden Händen überreicht und angenommen werden. Zuvor sollte man es dreimal ablehnen, um zu beweisen, dass man nicht gierig ist. Außerdem sollte es nie in Anwesenheit des Schenkenden geöffnet werden, sofern dieser nicht darauf besteht. In Asien ist die kunstvolle Verpackung ebenso wichtig wie ihr Inhalt. In China wird rotes oder gelbes Papier verwendet, schwarzes, weißes und blaues Papier hingegen vermieden. In Südasien gilt grüne, rote oder gelbe Verpackung als glücksbringend, schwarze und weiße sollte man jedoch vermeiden.

Blumen sprechen lassen?

Blumen scheinen zwar weltweit ein sicheres Geschenk darzustellen, haben jedoch in verschiedenen Kulturen unterschiedliche Konnotationen. In den USA werden Lilien und Gladiolen mit Beerdigungen in Verbindung gebracht. In Japan gelten Kamelien als Unglücksbringer, und man verwendet wie in China gelbe oder weiße Chrysanthemen für Grabgestecke. Auch in Frankreich werden Chrysanthemen als Begräbnisblumen betrachtet, mit denen man zu Allerheiligen die Gräber schmückt, während in der Schweiz weiße Nelken mit Trauer assoziiert werden. In Japan gelten vier oder neun Blumen als ungünstiges Vorzeichen, während in China gerade Zahlen (außer der Vier) ein böses Omen darstellen. Im Großteil Europas würde ein Strauß aus 13 Blumen als Unglück verheißend angesehen werden.

Englische Haushaltshandbücher des 19. Jahrhunderts kodifizierten die korrekte Form in der immer mobiler werdenden Gesellschaft. Sie listeten bis ins kleinste Detail die Regeln für Gäste und Gastgeber von Dinnerpartys auf, darunter die richtige Formulierung von Einladungen, das Schmücken des Tisches, die Abfolge der Speisen oder die Sitzordnung der Gäste.

«Die Welt war meine Auster, aber ich verwendete die falsche Gabel.»

OSCAR WILDE

Beilagen
Bieten Sie diese erst den zu Ihrer Rechten und Linken sitzenden Personen an, ehe Sie selbst davon nehmen.

Der erste Gang
Warten Sie mit dem Essen, bis allen Gästen aufgetragen wurde, sofern Sie nicht vom Gastgeber dazu aufgefordert werden.

Brötchen
sollten mit den Händen gebrochen und nicht mit dem Messer geschnitten werden.

Gläser
Die Getränke sollten bei jedem Gang in den richtigen Gläsern serviert werden – bedienen Sie sich nicht selbst.

Gewürze
Falls die Gewürze nicht angeboten oder herumgereicht werden, bitten Sie höflich darum, dass man sie Ihnen herüberreicht.

Suppenlöffel
Suppe sollte immer mit einer vom Körper weg gerichteten Bewegung gelöffelt werden. Vermeiden Sie es, den Suppenteller zu neigen oder das Brot einzutunken.

Serviette
Servietten sollten auf den Schoß gelegt und niemals in den Kragen gesteckt werden.

Verwendung der Gabel
Die Gabel sollte beinahe immer mit den Zacken nach unten benutzt werden, sofern es sich nicht um das einzige erforderliche Besteck handelt (zum Beispiel für ein Dessert).

Besteck
Angesichts der Menge an Messern, Gabeln, Löffeln und anderen Bestecken sollten Sie sich von außen nach innen vorarbeiten.

Adel verpflichtet

1954 veröffentlichte Nancy Mitford einen Essay mit dem Titel „Die englische Aristokratie", der aufzeigte, auf welche Weise das englische Klassenbewusstsein die Sprache durchdrungen hatte und wie die Verwendung eines unangebrachten Wortes die mangelnde Erziehung verriet. „U" war anerkannt („upper class"; Oberschicht) ; „Nicht-U" war der Rest:

U	Nicht-U
Bike oder bicycle	Cycle
Die	Pass on
Dinner jacket	Dress suit
Drawing room	Lounge
Good health	Cheers
House	Home
How d'you do?	Pleased to meet you
Lavatory oder loo	Toilet
Looking glass	Mirror
Napkin	Serviette
Notepaper	Writing paper
Pudding	Sweet
Rich	Wealthy
Scent	Perfume
Sick	Ill
Sofa	Settee oder couch
Spectacles	Glasses

DRESSCODES

Heutzutage entscheiden wir im Westen sehr bewusst darüber, welche Kleidung wir tragen (und auch wie und wo wir sie tragen), um zu zeigen, wer wir sind: bestimmte Markenhemden oder -blusen, Tweedjackett und Brogue-Schuhe, Stiletto-Absätze, Pumps oder einfach T-Shirt, Jeans und Turnschuhe. In vielen traditionellen Gesellschaften bilden Muster, Stoffe und Kleiderwahl eine strenge Grammatik, eine codierte Sprache, die die Identität, den Status und Herkunft des Trägers festlegt. In anderen Gesellschaften kann die Wahl der Kleidung oder des Körperschmucks eine bestimmte religiöse oder kulturelle Zugehörigkeit audrücken.

Uniformen

Die Unterdrückung des Einzelnen durch einheitliche Kleidung hat mehrere Bedeutungen: die Erkennung der Funktion oder des Rangs ihres Trägers (Militär, Polizei, Rettungsdienste, Klerus); hygienische Gründe (Gesundheitswesen, Küchenkräfte); die Zugehörigkeit zu einer bestimmten Institution (Schulen, Sportmannschaften); Zugehörigkeit (Anhänger von Mannschaften, Kultgruppen); Markenkennzeichnung (wir arbeiten für diese Firma oder Produktkette). Die Uniform vermittelt, dass eine Person eine bestimmte Rolle einnimmt.

Körperschmuck in Form von Bemalungen, Tätowierungen oder Narben wurde im Verlauf der Geschichte von verschiedenen Kulturen verwendet. Der römische Geschichtsschreiber Tacitus beschrieb die Körperbemalung mit Färberwaid bei einigen britischen Stämmen (oben). Körperfarben wurden auch von verschiedenen indigenen Völkern in Nordamerika und Afrika benutzt. Tätowierungen sind ebenfalls aus Nordamerika bekannt und vor allem von den neuseeländischen Maorivölkern.

Die Tradition der Maya

Durch die Verschmelzung der Vorstellungen der katholischen Spanier und Portugiesen mit den Traditionen der indianischen Ureinwohner entstand in Lateinamerika eine einzigartige Mischung von Zeichen und Symbolen. Eine geschäftige Marktszenerie in Guatemala, dem lateinamerikanischen Land mit dem höchsten Anteil an Maya-Nachfahren, erscheint malerisch und farbenprächtig. Viele Menschen übermitteln durch die Wahl der Kleidung verschlüsselte Informationen über sich selbst.

Geschlechtsunterschiede
Obwohl die Männer in Guatemala heute oft zu legerer westlicher Kleidung greifen, tragen in einigen Dörfern sowohl Männer als auch Frauen gewebte Blusen und Röcke. Stil und Schnitt der Kleidung sind bei Männern und Frauen jedoch unterschiedlich.

Weiße Hüte
kennzeichnen wichtige Mitglieder der Dorfgemeinschaft oder Familienoberhäupter.

Veränderte Zugehörigkeit
Nach der Hochzeit übernimmt die Frau Muster und Stile des Heimatdorfes ihres Ehemanns.

Sozialer Status
Traditionelle Kleidungsstücke und Stoffe weisen meist darauf hin, dass der Träger aus einer ländlichen Gegend stammt. Die älteren und verheirateten Frauen tragen dort sehr kunstvolle Formen der Bekleidung.

Gemusterte Schals
Jedes Dorf hat sein eigenes einzigartiges Muster für gewebte Schals, Blusen und andere Kleidungsstücke. Diejenigen, die sich damit auskennen, wissen anhand des Musters, aus welchem Dorf der Träger stammt.

Kleidervorschriften

Neben rituellen Priestergewändern können religiöse Gesetze auch die Kleidung der Gläubigen festlegen. Sikh-Männer müssen einen Turban tragen und dürfen das Haar und den Bart nicht schneiden. Moslemische Frauen sollen Körper und Gesicht in der Öffentlichkeit verhüllen (*oben*).

Die Amish im Nordosten der USA leben in abgeschiedenen Gemeinschaften und lehnen elektronische und mechanische Geräte ab. Sie haben bestimmte Kleidervorschriften, die auf Verzierungen oder Prunk verzichten. Statt Knöpfen werden Druckknöpfe oder Sicherheitsnadeln verwendet. Gedruckte Muster werden nicht getragen. Amish-Frauen tragen meist blaue, einfach geschnittene Kleider, die bis zu den Waden reichen, zu Hause oft weiße Schürzen und außer Haus dunkle Umhänge und Hauben. Unverheiratete Frauen tragen einen weißen Umhang. Männer tragen dunkle Hosen, Hosenträger, Westen und Hüte und nach der Hochzeit einen Bart (Schnurrbärte sind nicht erlaubt). Im Sommer gehen Kinder und manche Erwachsene barfuß.

Angehörige der Amishgemeinde fahren in Pferdekutschen und wollen nicht fotografiert werden.

WAPPENKUNDE

Wappen waren die Statussymbole im mittelalterlichen Europa. Ursprünglich zierten sie die Schilder der Soldaten und kennzeichneten das Gefolge der Feudalherren. Nur die Untertanen der Lehensherren durften Waffen tragen. Die Elemente der mittelalterlichen Heraldik spiegelten die strenge feudale Gesellschaft wider. Titel, die die Abstufungen der Stände innerhalb der mittelalterlichen Gesellschaft zum Ausdruck brachten, wurden an nachfolgende Generationen weitergegeben und zu Synonymen für den jeweiligen Grad an Vermögen, Grundbesitz und Macht.

Sprache der Heraldik

Zur Beschreibung der Farben, Muster und Geräte auf den Schildern wurde eine strenge Wappensprache, die Blasonierung, enwickelt. Sie stammt zum großen Teil aus dem Altfranzösischen (oder dem normannischen Französisch, das in England gesprochen wurde). Die meisten europäischen Länder haben in ihrer Wappengestaltung eigene Stile entwickelt.

Wappenfarben (Tingierung):

Argent	Silber (weiblich)
Azur	Blau
Gueules	Rot
Carnation	Fleischfarben
Or	Gold (männlich)
Pourpre	Purpur
Sable	Schwarz
Sanguine	Blutrot
Tanné, tenné	Orange
Vert	Grün

Die Tradition der Wappenkunde

Ab der Mitte des 12. Jahrhunderts wurden Wappen in England und Frankreich vererbt. Im 13. Jahrhundert tauchten Wappen in Familiensiegeln auf, die in den Häusern und auf Gräbern zur Schau gestellt wurden. Wappen gehörten einer Familie und nicht einem Familiennamen, gingen auf jüngere sowie ältere Söhne über und wurden oft verändert. Heirateten Angehörige zweier Familien, wurde ein neues Wappen entworfen, mit dem des Mannes auf der linken und dem der Frau auf der rechten Seite. War die Gattin die Erbin ihres Vaters, ging das Recht zum Tragen des Familienwappens auf die Familie ihres Mannes über, und der Schild wurde geviertelt. Auf diese Weise wurden Wappen zu einer bildhaften Ahnentafel.

Darstellungselemente

Als „Heroldsbild" bezeichnet man die Gestaltung eines Wappenschildes mit einfachen geometrischen Strukturen:

Balken Zwei parallel verlaufende Teilungslinien (waagrecht oder schräg)
Bord Paralleles Band zum Schildrand
Faden Dünner Balken
Flanke Ein zum Schildrand verschobener Pfahl
Geschacht Schachbrettmuster
Gitter Geflochtene waagrechte und senkrechte Streifen
Göpel Ein kopfstehendes Ypsilon
Kreuz Ein mittiger Pfahl und ein mittiger Balken kreuzen sich ohne Trennlinie in gleicher Farbe unter einem rechten Winkel.
Pfahl Zwei parallel verlaufende Teilungslinien (senkrecht)
Rauten Ein Muster aus Rauten
Ritterstraße Waagrechter Balken
Schindeln Ein einseitig langgestrecktes Schachbrett
Schrägbalken Schräger Balken
Spaltung Eine einzige gerade Linie (senkrecht)
Sparren Ein rechts und ein links der gedachten Wappenmittellinie schrägliegender Balken, die mit den Spitzen verbunden sind.
Spitze Teilt den Schild in drei Felder, von der Mitte des oberen Schildrandes wird nach rechts und links eine gerade Linie bis zum unteren Rand gezogen.
Ständerung Die Wappenfläche wird gespalten und geteilt, so dass ein windflügelähnliches Bild entsteht.
Teilung Eine einzige gerade Linie (waagrecht oder schräg)
Vierung Aufteilung des Wappenschildes in vier Felder
Wecken Ein Muster aus gleichmäßigen Parallelogrammen
Zacken Zick-Zack-Linie mit Spitzen

Gegenständliche Darstellungen auf dem Wappenschild werden als „Gemeine Figuren" bezeichnet:

Natürliche Figuren Menschen, Tiere (etwa Adler, Löwen, Leoparden und Fabeltiere) und Pflanzen (Rose, Lilie)
Phantasiewesen Einhorn, Meerjungfrau
Gegenstände Bauwerke, Waffen, Werkzeuge, Haushaltsgeräte, Bekleidung, Musikinstrumente

Die Wappen der verschiedenen Colleges an der Universität von Cambridge tragen oft Wappensymbole der Gründer oder Schutzheiligen oder das Attribut ihrer Namensstifter wie beim St. Catharine's College.

Die Entwicklung der Heraldik

Bald wurden heraldische Symbole auch von Städten, Universitäten und dem Klerus übernommen. Wappen wurden mit verschiedenen Accessories ausgeschmückt: Helmzier (ein aufgesteckter Zieraufsatz für Helme, etwa Federbüschel), Wahlsprüchen und Schildhaltern. Oft verwendete man Bilderrätsel, um auf den Wappen ein visuelles Wortspiel zu kreieren, wie ein Huhn auf einem Hügel für Henneberg in Sachsen oder einen Meeraal, einen Löwen und eine Tonne für Congleton in Großbritannien.

Die englische Aristokratie

England besitzt das komplizierteste aristokratische System der Welt, und es ist sehr gut erhalten. Das beruht zum Teil darauf, dass der Erbadel, der durch Erlasse oder schriftliche Patente geschaffen wurde, vom ersten Träger des Titels bis zum Aussterben des Adelsgeschlechts weitergegeben wird. Bis 1999 waren alle Mitglieder des Hochadels berechtigt, im „House of Lords", dem Oberhaus des britischen Parlaments, zu sitzen. Mit dem *Appellate Jurisdiction Act* (1876) konnten sie auch auf Lebenszeit ernannt werden, der Titel ist allerdings nicht vererbbar. Hier folgen die Ränge des englischen Hochadels mit den korrekten Anredeformen:

Duke	Wird mit „His Grace" oder „Your Grace" angesprochen
Marquess	„The Most Honourable"
Earl	„The Right Honourable"
Viscount	„The Right Honourable"
Baron	„The Right Honourable"

Alle Ränge unter dem Duke werden mit „Lord" angesprochen.

Der Baronetstand ist eine ererbte Würde, dessen Inhaber den Titel „Sir" und die Abkürzung „Bt" nach dem Namen tragen. Die Angehörigen des Hochadels verwalteten einst die mit ihrem Titel verbundenen Länder (z. B. der Duke of York, der Marquess of Anglesey), doch seit dem Mittelalter ist das nicht mehr der Fall. Eine Ausnahme bilden die Herzogtümer Cornwall und Lancaster, die der Prinz von Wales beziehungsweise der regierende Monarch innehaben.

Das Reichswappen der russischen Romanow-Dynastie mit dem doppelköpfigen Adler ist besonders kunstvoll.

Ein heraldisches Bestiarium

Eine Auswahl der kuriosesten mythologischen Tiere, die in der Heraldik verwendet werden:

Antilope Wie ein heraldischer „Tiger" mit gezackten Hörnern und Hirschbeinen. Furchtlosigkeit, Tapferkeit.
Drache Horniger Kopf, stachelige Zunge, schuppiger Rücken, Brustpanzer, Fledermausflügel, vier Beine mit Adlerklauen und spitzer Schwanz.
Einhorn Körper eines Pferdes, ein langes Horn, Löwenschwanz, Klauenhufe und ein Bart. Mond und lunare Mächte; tritt oft gemeinsam mit dem Löwen auf.
Enfield Kopf und Ohren eines Fuchses, Körper eines Wolfs, Unterschenkel eines Adlers und Klauen an den Vorderbeinen.
Greif Kopf, Brust und Klauen eines Adlers, Hinterteil eines Löwen.
Harpye Jungfrauenadler mit dem Oberkörper einer Frau.
Hippogreif Kreuzung zwischen Pferd und Greif mit dem Vorderteil eines weiblichen Greifs und dem Hinterteil eines Pferdes.
Hydra Neunköpfiges Ungeheuer
Kamelopard Eine Giraffe
Kamelopardel Kamelopard mit zwei langenw gebogenen Hörnern
Lindwurm Zweibeiniger Drache. Wenn er „echt" ist, ist er grün mit roter Brust, rotem Bauch und roten Flügeln.
Luchs Kurzschwänzige gepunktete Katze mit Büscheln an den Ohren
Musiman Kreuzung zwischen Widder und Ziege mit vier Hörnern
Phoenix Aus den Flammen aufsteigender Adler. Wiedergeburt.
Python Geflügelte Schlange. Weisheit.
See-Hund Hund mit Schuppen, Schwimmfüßen und Rückenflosse. Assoziationen mit dem Meer.
See-Löwe Löwe mit Fischschwanz. Ähnliche Kreuzungen bringen Seewölfe und Seepferde hervor.
Tiger Wie ein Löwe, aber mit langem, nach unten gebogenem Stoßzahn. Ein richtiger Tiger wird als „Bengal-Tiger" abgebildet.
Zentaur Halb Mensch, halb Pferd, aus der klassischen Mythologie. Sinnlichkeit.

FORMELLE DRESSCODES

Anhand der Kleidung kann man unmittelbar verschiedene Informationen über den Menschen erhalten: den sozialen Rang, die Einkommensklasse, manchmal den Beruf oder die Religionszugehörigkeit. Auch in der Vergangenheit diente Kleidung als wichtiges Unterscheidungsmerkmal – von den altrömischen Senatoren, die als Einzige purpurfarbene Togas tragen durften, bis zu dem fünfklauigen Drachenmotiv, das den chinesischen Kaisern vorbehalten war, oder den hermelingesäumten Roben der Tudors. Kleider können auch eine Zugehörigkeit anzeigen: Der Tartan eines Schotten kennzeichnet seinen Clan und seine Herkunft, die alles verhüllende Burka einer moslemischen Frau zeigt, dass sie sich den konservativen Konventionen des Islam unterordnet bzw. unterordnen muss. Das Übernehmen konventioneller Kleidercodes signalisiert die Bereitschaft, sich an bestimmte gesellschaftliche Normen anzupassen.

Kleiderordnungen und Tradition

Manchmal ist die Kleiderordnung im Gesetz verankert. Im England der Tudorzeit wurden Kleiderordnungen eingeführt, um maßlose Exzesse zu zügeln. Da sich England von der kodifizierten Einfachheit der feudalen Gesellschaft lossagte, fürchtete man, dass die Menschen Geld für Kleider verschwenden würden, die ihrem Stand nicht angemessen waren. Gemäß der „Englischen Kleiderordnung" (1574) wurde die Kleidung durch den sozialen Stand definiert. Zobel war nur für hochrangige Adelige angebracht, Samt war nur den Ehefrauen der Ritter vom Hosenbandorden erlaubt usw. Die Gesetze stellten sicher, dass der Rang eines Mitglieds der Gesellschaft – von Herzögen bis zu Arbeitern – sofort an den Stoffen, Farben und Schnitten ihrer Bekleidung zu erkennen war. Diese Ideen zeigen sich bis heute in den Gewändern, die bei traditionellen Ereignissen wie der Parlamentseröffnung in Großbritannien getragen werden *(rechts)*.

Prinz Philip, Herzog von Edinburgh Der Ehegatte der Königin trägt die ordengeschmückte Uniform seines höchsten militärischen Rangs.

Königin Elisabeth II. Die Königin trägt eine Parlamentsrobe in purpurrotem Samt mit goldenen Spitzen. Ihren Kopf ziert die Königskrone, die für die Krönung von Georg VI. im Jahr 1937 angefertigt wurde. Die Krone wird in einer eigenen Kutsche in den Westminster-Palast gebracht und im „Robing Room" auf den Kopf der Königin gesetzt.

Lordrichter Bei zeremoniellen Anlässen tragen Richter und Kronanwälte lange Perücken, schwarze Kniehosen, Seidenstrümpfe und Spitzenjabots. Angehörige des Obersten Gerichtshofes haben einen scharlachroten Umhang aus Pelz, der im Fall des Lordoberrichters mit goldener Amtskette getragen wird. Die Richter des Berufungsgerichts tragen schwarze Talare mit goldenen Spitzen.

Kleider machen Leute

Die englische „feine Gesellschaft" bleibt eine Bastion der Formalitäten. Einladungen zu Hochzeiten, Abendessen oder Partys sowie Eintrittskarten für Ereignisse wie das Pferderennen in Ascot (*rechts*) und die Henley-Regatta sind mit einer undurchschaubaren Anzahl von Dresscodes verbunden. Durch Verweigerung oder Missachtung dieser Codes stellt man sich ins gesellschaftliche Abseits.

Vormittagsgarderobe Die traditionelle Kleidervorschrift für Hochzeiten und formelle Ereignisse bei Tag: Männer sollten einen schwarzen oder grauen Mantel tragen, der mit grauen oder grauschwarz gestreiften Hosen zusammenpasst, ein weißes Hemd, eine Weste und eine Krawatte oder ein Halstuch. Im Zuschauerbereich für die königliche Familie in Ascot sind Hüte vorgeschrieben. Frauen sollten Kleider oder Röcke bis zum Knie tragen oder einen gut geschnittenen Hosenanzug. In Ascot wird auch von den Frauen verlangt, dass sie einen Hut tragen, der den Scheitel bedeckt.

„Ladies-in-waiting"
Die Begleiterinnen der Königin tragen lange Gewänder.

Der „Serjeant-at-Arms"
Der Träger des Zeremonienstabs bei der „Speaker's Procession" trägt Kniehosen, einen langen Mantel und ein Schwert.

„Black Rod"
Der „Gentleman Usher of the Black Rod" beordert das „House of Commons" (Unterhaus) in das „House of Lords" (Oberhaus). Seine Robe geht auf die Mitte des 16. Jahrhunderts zurück, als das Unterhaus seine Unabhängigkeit von den Lords durchsetzte. Er trägt einen langen, schwarzen Mantel, eine Krawatte, Gamaschen und spitze Schuhe.

Lords
Angehörige des Hochadels tragen scharlachrote Roben mit 7,5 cm breiten Hermelinbändern und goldenen Eichenblattspitzen. Die Roben, die im Oberhaus getragen werden, gehen auf das 15. Jahrhundert zurück. Die Anzahl der Bänder zeigt den Rang des Trägers an: Ein Duke trägt vier Reihen aus Hermelin- und Goldbändern, ein Marquess dreieinhalb, ein Earl drei, ein Viscount zweieinhalb und ein Baron zwei Reihen.

Schwarze Fliege Männer sollten einen schwarzen Smoking mit seidenem Revers, schwarze Hosen, ein weißes Abendhemd und eine schwarze Fliege tragen. Frauen können Kleider oder Röcke tragen, die das Knie bedecken müssen.

Weiße Fliege Die formellste und seltenste Kleiderordnung. Männer müssen einen schwarzen Frack mit passenden schwarzen Hosen tragen, ein weißes Hemd mit Kläppchenkragen, Manschetten mit Knöpfen, eine dünne weiße Fliege und eine Abendweste. Frauen sollten lange Abendkleider tragen.

Besorg dir einen Hut! In der ersten Hälfte des 20. Jahrhunderts waren die Straßen von London und anderer Hauptstädte ein Meer aus schwarzen Bowlerhüten („Melonen"). Zusammen mit Nadelstreifanzügen und Stockschirm waren diese Hüte ein unverzichtbarer Bestandteil der Uniform eines respektablen Büroangestellten. Heute ist ein derartiger Konformismus an vielen Arbeitsplätzen aus der Mode gekommen. Mittlere Angestellte dürfen auch lässigere Kleidung tragen als Geschäftsanzüge. Einige Büros haben den „Casual Friday" eingeführt, an dem legere Kleidung erlaubt ist.

DIE ENTSCHLÜSSELUNG DES UNBEWUSSTEN

Der Verstand im Verlauf der Geschichte
Das Konzept des „Unbewussten" tauchte nicht erst um 1900 in Wien auf. Seit Jahrhunderten haben Schriftsteller, Maler, Theologen, Ärzte und Philosophen versucht, die menschliche Psyche zu definieren. Shakespeare untersuchte den unbewussten Geist in vielen Theaterstücken (Freud analysierte später Shakespeares *Hamlet*), und von Sokrates bis Immanuel Kant und darüber hinaus befassten sich die Philosophen mit den verborgenen Eigenschaften der menschlichen Seele. Antike griechische und römische Ärzte wie Galen (um 129–200 n. Chr.) hatten versucht, die charakteristischen Merkmale einer Persönlichkeit anhand des Gleichgewichts der vier „Körpersäfte" zu entschlüsseln. In der Renaissance kam es in Europa zu einem Wiederaufleben des Interesses an der Lehre von den Körpersäften.

Das schattenhafte „Unbewusste" ist die Geistesaktivität, die irgendwo jenseits des bewussten Denkens abläuft. Unter Psychologen und Psychiatern bleibt das Unbewusste ein umstrittenes Thema. Mittlerweile wird jedoch angenommen, dass Gedanken nicht verschwinden: Sie werden im Unbewussten gespeichert. Wie aber können wir wissen, dass diese Gedanken existieren, wenn wir uns ihrer nicht bewusst sind? Das Unbewusste realisiert sich – oft auf verhüllte Weise – in unserem Verhalten, beeinflusst unser bewusstes Denken und kann physische Symptome sowie psychosomatische Krankheiten hervorrufen. Im 20. Jahrhundert waren Sigmund Freud (1856–1939) und Carl Gustav Jung (1875–1961) die Schlüsselfiguren bei der Erforschung des Unbewussten.

Andeutungen der Psychologie

Jahrhundertelang wurden Geisteskranke in Europa als Kuriositäten behandelt, und das Londoner Irrenhaus Bethlehem Hospital war Teil der zivilisierten Unterhaltung. Im 19. Jahrhundert wurde das Gehirn direkt mit dem menschlichen Verstand assoziiert. Die Phrenologie wurde zu einer populären Methode zur Entschlüsselung des menschlichen Bewusstseins und des Charakters einer Person. Phrenologen versuchten, anhand der Auswüchse und Furchen des Schädels die Persönlichkeit eines Menschen festzulegen oder zu „decodieren". Etwa zur selben Zeit entwickelte Franz Anton Mesmer (1734–1815) eine Methode zur Fokussierung auf das Unterbewusstsein durch Hypnose.

Die Körpersäfte

Gelbe Galle Cholerisch und leicht reizbar

Schwarze Galle Depressiv und melancholisch

Schleim Phlegmatisch und stumpfsinnig

Blut Leidenschaftlich und heiter (sanguinisch)

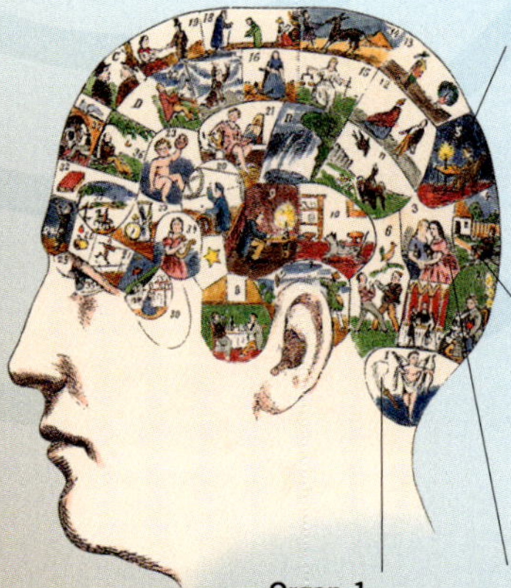

Franz Joseph Gall (1758–1828) entwickelte die Phrenologie – die Theorie, dass das Gehirn in 27 „Organe" mit bestimmten Funktionen unterteilt ist. Spätere Phrenologen fügten noch „Organe" hinzu und kamen auf 43.

Freud und die „Gesprächstherapie"

Obwohl Sigmund Freud die Theorie des Unbewussten populär gemacht hat (es war nicht seine Entdeckung, denn die Bedeutung des Unbewussten war im 19. Jahrhundert unter Freuds Kollegen weithin anerkannt), war sein wirklicher Beitrag der Vorgang der Psychoanalyse – sein System zur Dechiffrierung des Codes des Unterbewusstseins. In seiner Praxis in Wien formte Freud seine Hypothesen und entwickelte Behandlungsmethoden für psychische Krankheiten. Trotz der anhaltenden Debatten über seine Theorien bleibt die „Gesprächstherapie" (der Begriff wurde von einer Patientin Freuds geprägt, die als „Anna O." bekannt ist) ein wichtiges Werkzeug bei der Behandlung von Geisteskrankheiten und psychischen Störungen. Selbst diejenigen, die Freuds Ideen ablehnen, behalten seinen bahnbrechenden Zugang bei (das Konzept des Sprechens und Zuhörens war zu jener Zeit revolutionär). Freud hoffte, im Gespräch mit seinen Patienten deren Unbewusstes an die Oberfläche zu bringen. Die „Gesprächstherapie" begann mit Freuds Zeitgenossen Dr. Josef Brauer, und Freud nutzte sie als Ausgangspunkt für die Entwicklung der Psychoanalyse.

Sigmund Freud in seinem Londoner Arbeitszimmer. Seine Fallstudien haben noch immer große Bedeutung.

Wie Freud das Unbewusste entschlüsselte:

Anamnese Persönliche Vorgeschichte des Patienten, die zur Erstellung einer Diagnose dient.

Freie Assoziation Freud ersetzte die Hypnose durch diese Methode. Der Patient lässt seinen Assoziationen freien Lauf, wobei er alles ausspricht (wie banal oder peinlich es auch sein möge). Das bahnt einen Weg durch das Gedächtnis des Patienten und enthüllt Erinnerungen, die im Unbewussten verborgen wurden.

Interpretation der „Freudschen Fehlleistungen" Freud glaubte, dass es kein Zufall sei, wenn wir Worte verwechseln, Namen vergessen etc. Diese „Freudschen Fehlleistungen" können analysiert und interpretiert werden. Wenn ein Mann seine Freundin mit dem Namen seiner Ex-Freundin anspricht, könnte das beispielsweise auf ungelöste Gefühle gegenüber seiner früheren Freundin hindeuten.

Traumdeutung Nach Freud sind Träume verschlüsselte unbewusste Gedanken oder Wünsche (*siehe S. 234*). Er glaubte, dass man sie ebenso wie jeden anderen Code dechiffrieren kann.

Der psychische Apparat

Freuds Theorie des Unbewussten reißt die Grenzen zwischen den bewussten und unbewussten Komponenten der Psyche nieder. Sie teilt die Seele in drei Teile, die Freud mit dem Begriff des „psychischen Apparats" bezeichnete:

Das Ego enthält unsere bewussten Gedanken.

Das Es ist das Durcheinander unseres ursprünglichen Unbewussten, das von den einfachen Grundbedürfnissen angetrieben wird.

Das Über-Ich ist der zweite, geordnetere Bestandteil des Unbewussten, der oft als unser Gewissen funktioniert.

Das Ego vermittelt zwischen dem Es und dem Über-Ich und versucht deren Bedürfnisse auszubalancieren.

Das letzte Bild von William Hogarths Moralzyklus *A Rake's Progress* (1732) zeigt eine Szene aus dem Irrenhaus Bethlehem Hospital in London, wo die bizarren Erscheinungen der Geisteskranken als amüsanter Zeitvertreib präsentiert werden.

Der Visionär

Jung war ursprünglich ein Freudianer und stand eine Zeit lang mit Freud im Briefwechsel. Er entwickelte jedoch seine eigenen Theorien über das Unbewusste, die sich grundlegend von Freuds Ideen unterschieden: Jung trennte das individuelle oder persönliche Unbewusste vom „kollektiven Unbewussten", das er später als „objektive Psyche" bezeichnete. Diese ist tief in der Seele vergraben und enthält die gemeinsamen ererbten Erfahrungen eines Volkes. Angeregt durch diese Ideen entwickelte Jung ein Interesse für Mystizismus und Spiritualismus, die für die von Logik und Naturwissenschaften dominierte Gesellschaft des 20. Jahrhunderts entscheidend waren. Das führte zu seinem System der Archetypen, die die verschiedenen Facetten des persönlichen und kollektiven Unbewussten symbolisieren:

Animus Die männliche Personifizierung des Unbewussten bei Frauen.

Anima Weibliche Personifizierung bei Männern; wird in der Malerei oft negativ porträtiert.

Selbst „Der innerste Kern der Psyche"; bei Frauen manifestiert es sich gewöhnlich als „übergeordnete Frauenfigur" wie eine Göttin oder Zauberin, und bei Männern als „maskuliner Eingeweihter oder Wächter" wie ein weiser Mann oder Zauberer.

Schatten Repräsentiert Eigenschaften und Gesichtspunkte unserer Persönlichkeit, die wir normalerweise ignorieren; er ist eine Personifizierung der Fehler, die wir nicht zugeben wollen.

Carl Gustav Jung identifizierte Symbole in der allgemeinen Erinnerung.

Die Sprache der Träume

Jeder Mensch träumt, ob wir uns nun nach dem Aufwachen an die Träume erinnern oder nicht. Träumen ist Teil des Schlafprozesses. Träume übten auf alle Kulturen eine Faszination aus – genauer gesagt, sind wir davon fasziniert, was sie bedeuten und uns erzählen können. Im Lauf der Geschichte glaubten Menschen an Träume als Prophezeiungen, an Träume, die von einer höheren Macht gesandt wurden, Träume als Schlüssel zum Unbewussten, Träume als Heilmittel, Träume als gänzlich zufällige Veränderungen unserer Gedanken. Diese unterschiedlichen Vorstellungen zeigen, dass es kein umfassendes Wörterbuch für die Sprache der Träume geben kann, obwohl zahlreiche Versuche in diese Richtung unternommen wurden.

Traumtempel
Asklepieia **nannte man im antiken Griechenland Tempel, die dem Gott der Heilkunst Asklepios geweiht waren. Dorthin kamen die Menschen, um von ihren Krankheiten geheilt zu werden. Zu Beginn des Heilungsprozesses verbrachte der Patient eine Nacht im Tempel und erzählte am Morgen einem Priester, was er oder sie geträumt hatte. Der Priester deutete den Traum und verordnete danach eine Kur, die auf den Enthüllungen des Traums basierte. Die Sprache der Träume war für Anhänger des Asklepios ein wichtiger Wegweiser zur Behandlung von Krankheiten. Die Interpretation der symbolhaften Bedeutung von Träumen ist in vielen Kulturen auf der ganzen Welt verbreitet.**

«Die Traumdeutung ist die Via regia zur Kenntnis des Unbewussten im Seelenleben.»

SIGMUND FREUD, *DIE TRAUMDEUTUNG*, 1900

Im Kaninchenloch

Die Bedeutung von Träumen zeigt sich an der Tatsache, dass Träume im Verlauf der Geschichte immer wieder in Kunstwerken auftauchen. Träume und deren Deutung werden schon im Alten und Neuen Testament beschrieben (Joseph als Träumer und Traumdeuter im Buch Genesis; der Traum der Ehefrau des Pilatus bei Matthäus), aber auch in klassischen Werken wie Homers *Ilias* und Ovids *Metamorphosen*. Der römische Kaiser Konstantin schrieb seinen Übertritt zum Christentum einem Traum zu (*siehe S. 43*). Im mittelalterlichen Europa war das Traumgedicht eine beliebte literarische Form (Geoffrey Chaucers *Book of the Duchess*, Dantes *Göttliche Komödie* und die *Hypnerotomachia Poliphili*), wobei diese Traumgedichte oft eine allegorische Aufgabe erfüllten. Auch spätere Autoren schrieben in Form von Träumen, wie zum Beispiel Lewis Carroll in seinem berühmten Werk *Alice im Wunderland* (1865).

Die Abenteuer von Alice werden in Form einer Traumerzählung geschildert und verbinden surreale Bilder mit einer Logik, die auf die Erfahrungen des Autors als Mathematiker zurückzuführen ist.

Die Psychologie der Träume

Freud stellte die Theorie auf, dass Träume interpretiert werden können. Jede Person besitzt ihren eigenen „Schlüssel“ zur Dechiffrierung ihrer Traumsprache und ihres Unbewussten. Freud glaubte, dass Träume unbewusste Wunschvorstellungen sind, deren Darstellung im Traum jedoch äußerst seltsam und verborgen sein können. Er nahm an, dass dies auf alle Arten von Träumen zutrifft, einschließlich der Tagträume. Jung maß den Träumen eine noch wichtigere Bedeutung zu als Freud. Auch er betrachtete sie als Ventil für das Unbewusste. Auf Grund seines spirituellen Zugangs glaubte Jung, dass Träume eine innere Sprache und Logik besitzen und dass die Traumwelt ebenso wichtig sei wie unser Wachbewusstsein.

Das Leben durch Träume leben

Ein äußerst verwirrender Aspekt des Träumens ist unsere Teilnahme an beunruhigenden Vorgängen, die sowohl Freud als auch Jung als Ausdruck unserer unterdrückten Wünsche und Ängste deuteten. Einige Aktivitäten oder Situationen kommen in Träumen häufig vor:

Tanzen Zeigt Glück an.

Fliegen Hohes Fliegen warnt vor kriegerischen Schwierigkeiten; tiefes Fliegen symbolisiert Krankheit; Fallen warnt vor einem Nachlassen des Glücks, aber es ist ein gutes Zeichen, wenn man zu gehen beginnt, bevor man auf dem Boden aufschlägt.

Nacktheit Zu träumen, nackt zu sein, ist ein Anzeichen für einen drohenden Skandal.

Schwimmen Generell ein positives Omen; Sinkt man, dann ist das eine Warnung vor einem Streit; unter Wasser zu schwimmen deutet auf Sorgen und Schwierigkeiten hin.

Zähne Von wackeligen Zähnen zu träumen ist ein schlechtes Vorzeichen; werden die Zähne ausgeschlagen, warnt das vor einer plötzlich eintretenden Katastrophe.

Tiersymbole im Traum

Das Erscheinen von verstorbenen Verwandten oder verlorenen Freunden, an das man sich detailliert erinnern kann, ist relativ einfach zu interpretieren, wenn man sich nach dem Aufwachen daran erinnert. Das Auftauchen von Tieren hat zu einigen Spekulationen geführt, obwohl ihre Bedeutung interessanterweise in den meisten Kulturen übereinstimmt.

Bienen Positive Vorahnung; Bienen symbolisieren ein fruchtbares, erfolgreiches und glückliches Leben für den Träumenden.

Eulen Tötet man im Traum eine Eule oder sieht man eine tote Eule, wird man eine drohende Gefahr überleben.

Hunde Ein toter oder sterbender Hund kann den Tod eines Freundes ankündigen, aber auch Treue bedeuten.

Katzen Schwarze Katzen werden mit dunklen Mächten assoziiert; weiße Katzen deuten auf harte Zeiten hin.

Krokodile Weisen auf verborgene Gefahren hin.

Löwen Kündigen einflussreiche und wohlhabende Freunde an, die einem in Zukunft beistehen werden.

Pferde Ein schwarzes Pferd deutet auf ein Geheimnis und auch auf das Übersinnliche; ein weißes Pferd repräsentiert Wohlstand und Glück.

Wale Glückssymbole.

Der Nachtmahr (1781) von Johann Heinrich Füssli zeigt eine schlafende Frau, auf der ein Inkubus sitzt, ein männlicher Dämon, der angeblich schlafende Frauen besucht und vergewaltigt, wobei er von einer Stute begleitet wird, der „Nachtmähre“.

Die Wissenschaft des Surrealismus

Es gibt keinen festgelegten „Text“ zur Kodifizierung der Traumbilder unseres Gehirns. Visionäre Maler der Romantik wie Johann Heinrich Füssli, Francisco de Goya und William Blake waren von Träumen inspiriert. Im 20. Jahrhundert brachte die Bewegung der Surrealisten Maler wie Salvador Dalí (*oben*), René Magritte und Joan Miró hervor, die scheinbar instinktiv eine „Traumsprache“ festlegten, mit der sich die meisten Menschen identifizieren können. Die literarischen Surrealisten experimentierten mit „automatischem Schreiben“, das assoziative Wortspiele einschloss. Ein Wortbild wurde einer automatisch ausgelösten Antwort gegenübergestellt, und dadurch wurde angeblich eine versteckte, unbewusste „Wahrheit“ oder „Bedeutung“ enthüllt. Der amerikanische Beat-Autor William S. Burroughs zeichnete akribisch seine (oft durch Drogen hervorgerufenen) Träume auf und verwendete seine Notizen als Gestaltungsmittel, vor allem in seinem Roman *Naked Lunch* (1959), ehe er die „Schnipselmethode“ erforschte und wahllos Textschnipsel zusammenfügte, um beim Leser eine „automatische“ poetische Reaktion zu provozieren. Die Surrealisten waren von den traumartigen Schnitttechniken des Films beeindruckt, die Regisseure wie Luis Buñuel, Federico Fellini und David Lynch einsetzten, um überzeugende Traumlandschaften hervorzurufen.

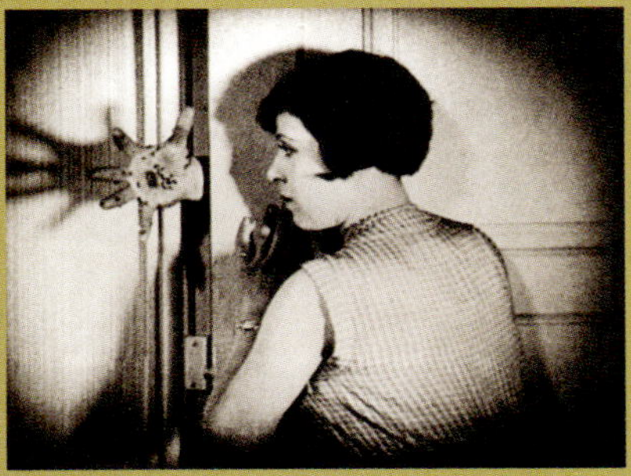

Un Chien Andalou (1928), ein surrealistisches Filmexperiment von Salvador Dalí und Luis Buñuel, war eine Abfolge mehrerer Alptraumsequenzen.

11

In unserer multinationalen, globalisierten Welt wurde es zunehmend wichtiger, Wege zur Übermittlung von Informationen zu finden, die über die Sprache hinausgehen. Das geschah vorwiegend in Form von visuellen und graphischen Codes.

Visuelle Codes

Dabei gab es zahlreiche Probleme, die von der Überwindung der Barrieren in der Kommunikation mit Körperbehinderten bis zur Übermittlung grundlegender Informationen in Notfällen, auf der Autobahn oder bei einfachen Anleitungen im Haushalt reichen. Auch Tiere verlassen sich beim Senden von Botschaften auf visuelle Signale und andere Mittel.

ZEICHEN UND SCHILDER

Erst seit relativ kurzer Zeit werden menschliche, natürliche und andere Formen ebenso stilisiert dargestellt wie in altägyptischen Hieroglyphen, um eine Kollektion von Symbolen zu erstellen, die als Alternative zu geschriebenen Wörtern Informationen in graphischer Sprache übermitteln können. Zwei Faktoren führten dazu, dass die Entwicklung nichttextlicher Kommunikation im 20. Jahrhundert enorm an Bedeutung erlangte: die Globalisierung und das Automobil. Durch den Bedarf an rasch und auf graphischem Weg übermittelten, oft lebensrettenden Informationen entstand eine florierende Graphikdesign-Industrie.

Aa Aa
Avant Garde Gothic Bauhaus
Aa Aa
Twentieth Century Gill Sans
Aa Aa
Rockwell Times New Roman

Graphikdesign
Die Entwicklung der abstrakten Malerei und des minimalistischen Architektur- und Produktdesigns führte in den ersten zwei Jahrzehnten des 20. Jahrhunderts dazu, dass man mit graphischen Designideen experimentierte. Zwischen 1907 und 1927 wurden die Fundamente für eine übernationale visuelle Sprache gelegt. Bereits die Kubisten bezogen in ihren Collagen gedruckte Elemente mit ein, die verborgene Botschaften suggerierten. Aber es waren die mit der Russischen Revolution verbundenen konstruktivistischen Maler Russlands, die auf ihren Plakatentwürfen eine neue politisierte graphische Bedeutung in die visuellen Künste einbrachten. Mit der Gründung des Bauhaus in Deutschland (1919) wurde die Idee der Verwendung graphischer Codes zur Informationsübermittlung zu einem zentralen Anliegen aller Kunstformen. Ein wichtiger Aspekt war die Entwicklung von Druckschriften (*oben*), die insbesondere wegen ihrer schlichten visuellen Klarheit und ihrer Wirkung auf großen Plakaten und Schildern entworfen wurden.

«Kunst in die Industrie»

BAUHAUS-WERBESPRUCH

Graphische Sprache: Isotype
Im frühen 20. Jahrhundert begründete der Philosoph Otto Neurath (1882–1945) die Isotype-Bewegung, die es sich zur Aufgabe machte, mit Hilfe einer nonverbalen graphischen Sprache so gut wie möglich zu informieren. Isotype (International System of Typographic Picture Education) sollte eine Zusatzsprache mit minimaler Doppeldeutigkeit sein, um den sozial Unterprivilegierten lebenswichtige Informationen zu übermitteln. Dazu wurden Karten, Tabellen und andere graphische Montagen erstellt. Neurath erkannte die Notwendigkeit zur Durchsetzung von Konventionen, um die Glaubwürdigkeit seiner Sprache sicherzustellen.

Isotype lesen Der Erfolg des Isotypecodes liegt teilweise in der Einbindung des Lesers beim Erkennungsprozess. Bei dem Beispiel der „Bewegung schwerer Steine" aus einem Lehrbuch über Geschichte muss der Leser lernen, was die verschiedenen Formen darstellen. Wenn er den Code und die Bedeutung der Beziehungen verstanden hat, verfügt der Leser über eine einfache visuelle Gedächtnishilfe, ohne das Durcheinander aus unnötigem, peripherem und erläuterndem Material. Jede der symbolhaften Formen hat eine klar erkennbare Bedeutung und kann auch in anderen Beispielen verwendet werden.

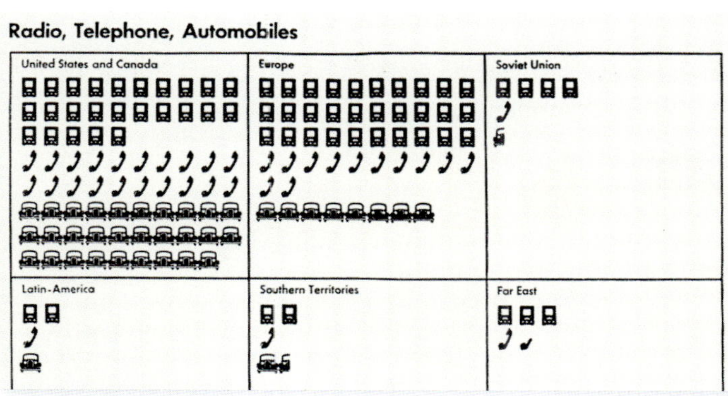

Quantitative Diagramme Neurath bestand darauf, dass ein Symbol in Diagrammen eine bestimmte Anzahl von Dingen repräsentieren muss, so dass mehrere Zeichen (desselben Typs) mehrere Dinge anzeigen. Auf diesem vergleichenden Diagramm (1939) steht jedes Zeichen für je eine Million Radiogeräte, Telefone oder Automobile. Bei den Symbolen strebte die Isotype-Bewegung danach, klar erkennbare Objekte zu schaffen, wobei die perspektivische Darstellung in der Regel nicht verwendet werden konnte. Zwischen 1928 und 1940 wurde ein „Symbolwörterbuch" mit verschiedenen Zeichen für Diagramme zusammengestellt.

Die Olympischen Spiele

Die modernen Olympischen Spiele, die 1896 in Athen ihren Anfang nahmen, waren das erste multinationale Sportereignis. Das Symbol aus fünf Ringen wurde eingeführt, Englisch und Französisch als offizielle olympische Sprachen bestimmt. Auf Grund der Tatsache, dass Athleten aus beinahe allen 195 Ländern der Welt vertreten sind, ist Kommunikation ein wichtiges Thema. Seit 1964 werden spezielle Piktogramme für die einzelnen Wettbewerbe entworfen. Schon bei den Olympischen Spielen 1936 in Berlin wurden Piktogramme verwendet. Das Großereignis beschäftigt führende Designer, die ihre visuelle Bearbeitung des Themas einbringen. Für die 1964 in Tokio abgehaltenen Olympischen Spiele schuf der Graphikdesigner Yoshiro Yamashita unter der künstlerischen Leitung von Masaru Katzumie eine stark stilisierte und aussagekräftige Serie.

Vermeidung von Sprachbarrieren

Die visuelle Kommunikation ohne geschriebene Sprache erlangte mit dem massiven Wachstum des Welthandels und Tourismus immer mehr Bedeutung. Exportierte Güter benötigen Montage-, Bedienungs- und Transportanleitungen in mehreren Sprachen. Um Übersetzungskosten sowie Irrtümer und Doppeldeutigkeiten zu vermeiden, werden Verpackung und Inhalt mit nonverbalen Instruktionen in Form von klar erkennbaren Symbolen und Abbildungen versehen.

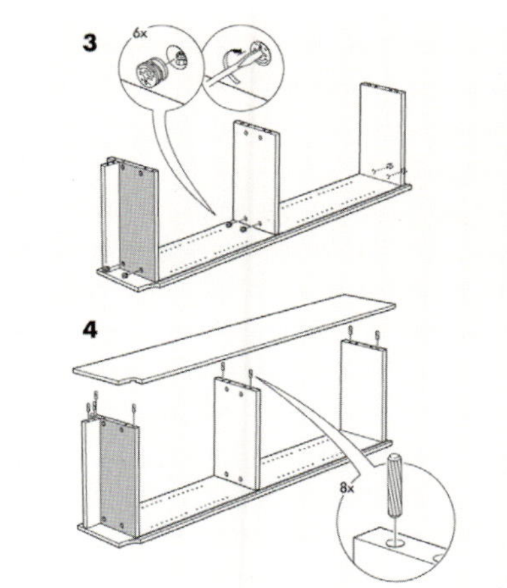

Montageanleitungen für verpackte Möbel und andere Güter schließen oft die Sprache aus, sind jedoch mit klaren graphischen Instruktionen zur schrittweisen Montage versehen.

Wäsche-Etiketten

Maschinenwäsche · Ohne Chlorbleiche · Wäschetrocknen normal · Bügeln mit 150 °C · Nicht chemisch reinigen

Kleiderhersteller haben Verkaufsstellen in vielen Ländern, weshalb Waschanleitungen meist in symbolischer Form angegeben sind.

Transport-Etiketten

Gefährlicher Abfall · Infektiöser Abfall · Oben · Zerbrechlich · Vorsichtig behandeln

Die Verpackung von Transitgütern auf der Straße, auf See oder in der Luft sind oft mit Zusatzinformationen versehen.

Auf Ihrem PC

Die Revolution in der Benutzung von Computern und Mobiltelefonen führte zur Weiterentwicklung von Piktogrammen, um Symbole zur Verfügung zu stellen, die auf intuitive Weise Informationen oder Anleitungen auf dem Bildschirm übermitteln. Diese Kunstform wurde großteils von Susan Kare entwickelt, die Symbole (*unten*) und Schriften für Apple-Computer entwarf, jedoch auch zunehmend komplexe, animierte, bunte (und oft komische) Symbole für viele PC-Firmen. Ihr Zugang war von Verkehrszeichen (*siehe S. 240*) und der Notwendigkeit zur „Vermenschlichung" der Benutzeroberfläche inspiriert. Ihre Cursorhand, ihr Papierkorb und ihre Uhr sind weltweit bekannt, aber bedauerlicherweise hat Apple ihr Alarmsymbol, die zischende Bombe, durch den rotierenden „Beachball des Todes" ersetzt.

Symbolsprache

Die Verwendung von Symbolen zur Formulierung einer Sprache ist jetzt möglich. Unmittelbar erkennbare (oder leicht zu erlernende) Bildzeichen können zu Sätzen verbunden werden. Grundregeln der visuellen Grammatik: Bestimmte Symbole zeigen Geschlecht, Art oder besitzanzeigende Fürwörter an und sind grau gefärbt; Schwarz wird zur Betonung verwendet; Geschwindigkeitslinien zeigen eher Verben als Hauptwörter an; Pfeile können Präpositionen anzeigen, und einfache Animationen betonen Aktivitäten und Gefühle.

Polizisten fahren zum Gericht in New York.

Ich freue mich darauf, dich zu drücken und zu küssen.

Tanzende Dame

Jochen Gros entwickelte eine raffinierte piktographische Zeichensprache, die minimalistische Bildzeichen aus zahlreichen witzigen „Emoticons" mit einer „Symbol-Handschrift" kombiniert, um in animierten Piktogrammen auch Emotionen darstellen zu können.

STRASSENCODES

Bereits 1909 vesuchten Automobil-Organisationen bei einem internationalen Treffen in Paris, piktographische Verkehrszeichen einzuführen. Sie konnten sich jedoch nur auf ein Zeichen für gefährliche Kreuzungen einigen, das 250 Meter vor der Gefahrenstelle aufgestellt werden sollte. Trotz zunehmender Notwendigkeit gibt es heute noch keinen international einheitlichen Code. Es entstanden unterschiedliche Zeichensprachen, die an die jeweiligen Gesundheits- und Sicherheitsbestimmungen eines Landes angepasst wurden, um Beschilderungen für öffentliche Einrichtungen, Notausfahrten etc. zu schaffen, die jegliche Sprachbarriere überwinden. Wegen kultureller Unterschiede und der Entwicklung neuer Technologien steht die graphische Kommunikation weiterhin vor großen Herausforderungen.

Straßenschilder

Für Informationen wie Ortsnamen benötigt man Schilder mit Text, andere Botschaften werden durch Bilder rascher aufgenommen. Bei Straßenschildern werden zwei Codesysteme verwendet – Form und Bild. Das Bild zeigt die Botschaft und reicht von nützlichen Informationen und Warnungen bis zu Anweisungen. Dazu werden geometrische Formen benutzt, die auf die Funktion des Schilds hinweisen, während der bildhafte Inhalt die Details vermittelt. Generell werden Kreise und Sechsecke für Verbots- oder Beschränkungszeichen und Diamantenformen oder Dreiecke für Warnungen benutzt. Auch die Farbe liefert Informationen. Ein roter Rand zeigt ein Verbot oder eine Gefahr an. Gelb oder Blau kennzeichnen zusätzliche Informationen. In manchen Regionen gibt es spezielle Verkehrsschilder, wie zum Beispiel die Zeichen, die in Australien vor Kängurus oder in Norwegen vor Rentieren warnen. Die Bedeutung der Schilder wird den meisten Straßenbenutzern klar sein, da sie diese bei der Fahrausbildung gelernt haben. Viele Verkehrszeichen sind anhand der Graphik sofort erkennbar, bei anderen sind erläuternde Hinweise erforderlich. Anfangs müssen Schilder oft mit einer schriftlichen Zusatzinformation versehen werden, mit der Zeit wird das graphische Symbol jedoch von allen Straßenbenutzern erkannt, so dass es für sich alleine stehen kann. Wegen der Diskriminierung älterer Menschen ist das Warnschild „Achtung, ältere Menschen überqueren die Straße" in Großbritannien umstritten.

Vorschriftzeichen

Einfahrt verboten (Deutschland)

Halt! Vorfahrt gewähren! (Deutschland)

Links abbiegen verboten (GB)

Verbot für Fahrräder (GB)

Gefahrzeichen

Gefälle (Norwegen)

Gefälle (Japan)

Doppelkurve (Australien)

Gefährliche Kurve (Irland)

Doppelkurve (Deutschland)

Gefährliche Kurve (Norwegen)

Tunnel (Taiwan)

Tunnel (Deutschland)

Straßenmarkierungen

Linien und andere auf die Straßenoberfläche gemalte Zeichen liefern dem Fahrer wichtige Informationen. Sie sind in verschiedenen Ländern ähnlich und kennzeichnen Anweisungen oder Verbote.

Durchgehende Linie, Mitte	Überholverbot
Unterbrochene Linien, Mitte	Vorsicht beim Überholen
Durchgehende Linien, Rand	Parken beschränkt
Doppelte Linien, Rand	Parken verboten
Parallele Querlinien	Fußgängerüberweg
Schrägstriche	Nicht befahrbare Zone
Zick-Zack-Linien	Halt- und Parkverbot

Erfolglose Zeichen

Die Fülle von Straßenschildern und die ständig zunehmende Nachfrage an neuen Informationsgraphiken brachten einige unglückliche Erfindungen hervor. 2008 enthielt eine neue Serie von Informationsschildern für Mautstraßen in Frankreich dieses seltsame Zeichen, das offensichtlich auf ein nahes Waldstück hinweisen soll.

Die Geschwindigkeit, mit der Straßenschilder von den Fahrern entschlüsselt werden müssen, erfordert einfache Bilder und Konzepte. Ein Bild, das mit einer diagonalen Linie durchgestrichen ist, wird leicht als verbotene Aktivität erkannt, wie zum Beispiel das Fahrverbotszeichen für Fahrräder. Andere Verkehrsschilder sind auf den ersten Blick nicht so leicht zu deuten.

Informationszeichen

Kreisverkehr (GB)

Kreisverkehr (USA)

Fußgängerüberweg (Polen)

Fußgängerüberweg (USA)

Fußgängerüberweg (Schweden)

Ältere Menschen überqueren die Straße (GB)

Kängurus (Australien)

Wildwechsel (Japan)

Rentiere (Norwegen)

Viehtrieb (GB)

Wildwechsel (GB)

Kröten (GB)

Notfallzeichen

Beim Verkehr im Bereich internationaler Flughäfen, bei öffentlichen Verkehrsmitteln generell und in vielen großen Touristenstädten kam es zu einer Ausbreitung von speziellen Schilderserien mit graphischen Codes. Ebenso wichtig wie die Straßenbeschilderung ist die Kennzeichnung von Notausgängen, Feuertreppen und Sammelplätzen in öffentlichen Gebäuden. Sie sind meist grün oder blau, manchmal auch rot, gut sichtbar angebracht und müssen eindeutig und sofort verständlich sein.

Für Ihre Bequemlichkeit

Obwohl die Bedeutung generell anhand des Bildes und seines Kontexts klar erkennbar sein sollte, muss die Bildsymbolik wie jede andere Sprache erlernt werden. Eine Tür in öffentlichen Gebäuden, etwa in Hotels oder Flughäfen, mit dem Bild eines Mannes oder einer Frau zeigt den Zugang zu einer öffentlichen Toilette an. Das setzt das Erkennen eines speziellen, primär westlichen Kleidungsstils voraus: Der Mann trägt Hosen, während die Frau ein Kleid trägt. Durch das Verbergen der Beine der weiblichen Figur versucht man mitunter, kulturelle Empfindlichkeiten zu vermeiden. Damit der Code funktioniert, müssen die Bilder der beiden Geschlechter auf jeden Fall eindeutig voneinander zu unterscheiden sein.

Symbole müssen einen gewissen Grad an Langlebigkeit aufweisen. Diese Auswahl an Toilettenschildern veranschaulicht einige Schwierigkeiten, die beim Entwerfen eines multikulturell zufriedenstellenden Designs auftreten. Moderne Telefone haben kaum Ähnlichkeit mit ihren zweiteiligen Vorläufern. Aber auf Grund des eindeutigen Aussehens der alten Telefone sind die Bilder, die auf diesen Modellen beruhen, klar erkennbar, weshalb sie als Piktogramme noch immer bevorzugt werden.

Besondere Kommunikation

Ruhe, bitte

Viele mittelalterliche Klostergemeinschaften, vor allem die Trappisten oder die Benediktiner, mussten ein totales oder partielles Schweigegelübde einhalten. Deshalb entwickelten viele Orden Zeichensprachen, die heute noch verwendet werden. Auch in der darstellenden Kunst spielten Gesten eine wichtige Rolle. Der spanische Maler De Navarrete (El Mudo, 1526–1579), war taubstumm. Er wurde von Benediktinern erzogen und entwickelte ein Zeichensystem, das ihm die Chance eröffnete, Hofmaler bei König Philipp II. zu werden. Seine Gemälde (*unten*) zeichnen sich durch eine ausgeprägte Verwendung von Gesten aus.

Codesysteme als Verständigungshilfe für Menschen mit Hör- oder Sehbehinderungen gibt es schon seit längerer Zeit. Das Nachahmen erkennbarer Tätigkeiten durch Gestikulieren bot Menschen mit eingeschränktem Sprech- und Sehvermögen die Möglichkeit zur Kommunikation. Diese Methoden werden in formal strukturierten Zeichensystemen wie Makaton verwendet. Um das Kommunikationspotenzial zu erweitern, musste ein offizielles System entwickelt werden, das zumindest von Menschen, die dieselbe Sprache „sprechen", allgemein verstanden wird. Sehbehinderten war das geschriebene Wort bis zur Erfindung des Braille-Tastlesesystems im 19. Jahrhundert nicht zugänglich.

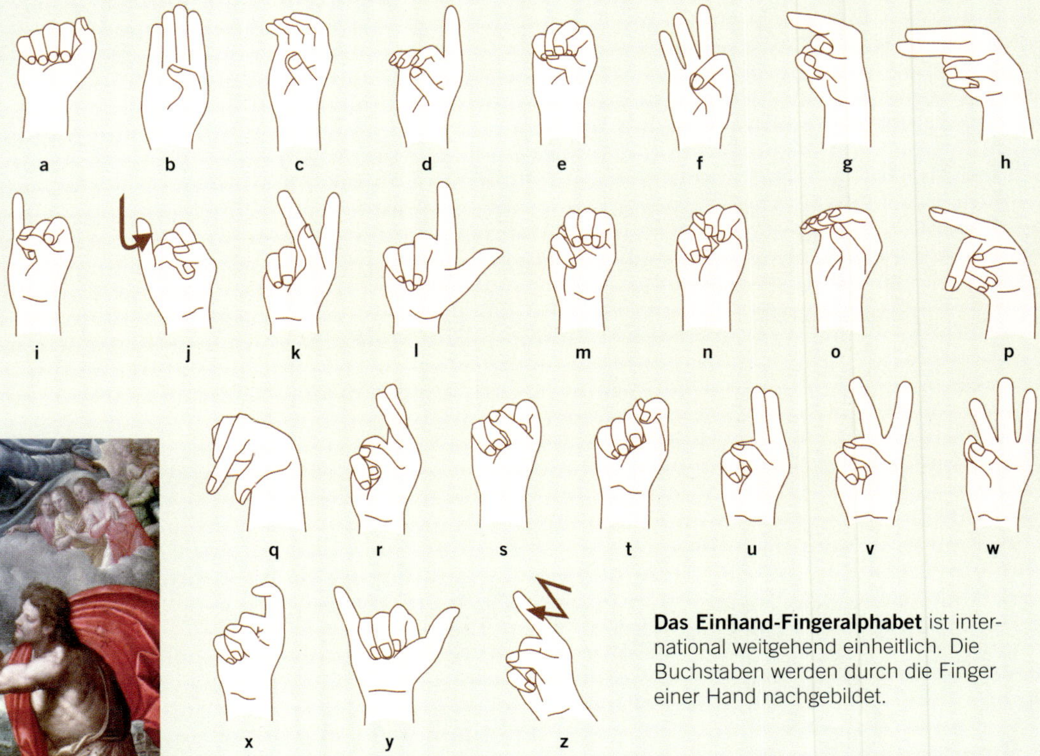

Das Einhand-Fingeralphabet ist international weitgehend einheitlich. Die Buchstaben werden durch die Finger einer Hand nachgebildet.

Zeichensprache der Taubstummen

Zeichensysteme basieren auf der Landessprache des Benutzers, wobei die einzelnen Zeichen Buchstaben oder Wörtern entsprechen. Aber selbst innerhalb des englischen Sprachraums gibt es Variationen. Das amerikanische Zeichensystem unterscheidet sich vom britischen, und solche Unterschiede können die Verständigung behindern. Die meisten modernen Zeichensysteme gründen nicht nur auf Handgesten, sondern auch auf Lippenlesen und der Verwendung anderer Formen der Körpersprache. Sie beruhen eher auf einem Zeichenvokabular als auf dem Alphabet, obwohl dieses für die Übermittlung von bestimmten Wörtern, etwa Namen, wichtig ist. Linguistische, kulturelle und pädagogische Anforderungen führten zur Erstellung zahlloser nationaler Systeme. Zwar wurde das „universelle" Gestuno-Zeichensystem erfunden, es wurde aber nur begrenzt angenommen (ähnlich wie die „internationale" Sprache Esperanto).

Schriftsystem für Sehbehinderte

Das Braille-System wurde 1821 von dem Franzosen Louis Braille erfunden, nachdem er ein „Nachtschreibsystem“ von Charles Barbier ausprobiert hatte, das von Napoleon für die Armee in Auftrag gegeben worden war, um die lautlose Verständigung bei Nacht zu ermöglichen. Es bestand aus einem Raster aus zwölf Punkten in zwei Sechserreihen. Verschiedene Punktkombinationen, die in Karton gedrückt wurden, standen für bestimmte Buchstaben und wurden durch Ertasten gelesen. Das System wurde jedoch als zu kompliziert befunden (vor allem für die kaum des Lesens kundigen einfachen Soldaten). Braille (1809–1852, *links*) schuf eine vereinfachte Version, die auf sechs Punkten basierte. Sein System revolutionierte die schriftliche Kommunikation für Sehbehinderte.

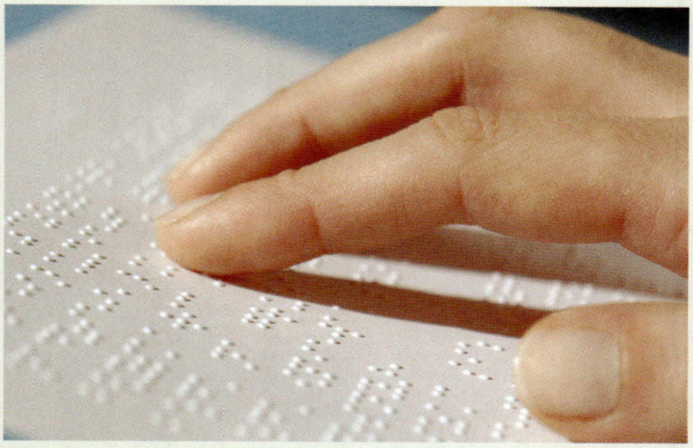

Die moderne Brailleschrift (*oben*) wurde erweitert, um Kurzschrift, mathematische Symbole und Musiknoten darzustellen. Für die Verwendung von Computern wurde ein Display aus acht Punkten erfunden.

Moontypen 1845 entwickelte der Engländer William Moon eine Alternative zur Brailleschrift. Moon ersetzte die Punktematrix durch geschwungene Zeichen, die eine größere Ähnlichkeit mit alphabetischen Formen aufweisen.

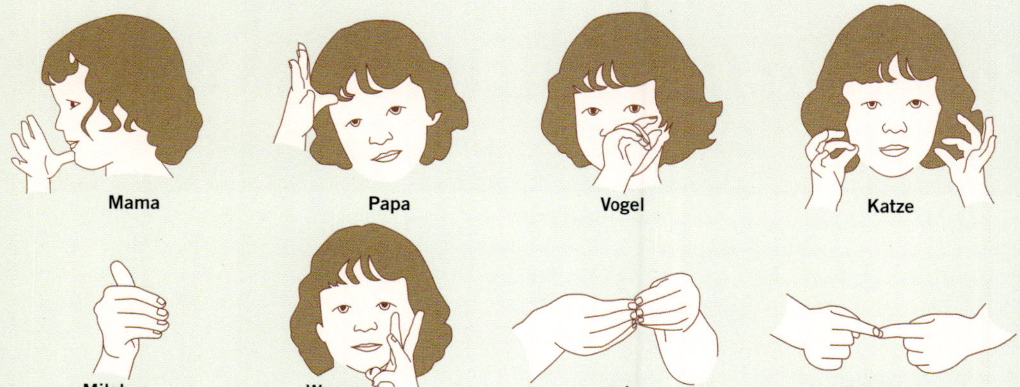

Zeichen für Menschen mit Sprachbehinderung

Für Menschen mit Sprachentwicklungsproblemen gibt es Zeichensysteme. Muskelspannungen können bei Menschen mit Down-Syndrom die verbale Ausdrucksmöglichkeit behindern, selbst wenn die Person genau weiß, was sie sagen möchte. Auch Kleinkinder, die die Sprache noch nicht beherrschen, wissen genau, was sie wollen, sind aber nicht in der Lage, das in Worten auszudrücken. Makaton ist ein Zeichensystem, das auf der britischen Zeichensprache basiert. Es wurde entwickelt, um die Kommunikation zu erleichtern und Dinge wie „Getränk“, „Milch“, „Brot“, „Windel“ etc. durch Nachahmung ausdrücken zu können. Dadurch funktioniert das System in begrenztem Maß auch bei der Verwendung unterschiedlicher Sprachen.

Das Braille-System

Louis Braille erkannte, dass Barbiers System aus zwölf Punkten zu schwierig war, um mit den Fingerspitzen gelesen zu werden, denn man musste den Finger bewegen, um einen einzigen Buchstaben lesen zu können. Braille konzentrierte sich darauf, ein Alphabet und Ziffern zu entwickeln, die aus Zellen mit höchsten sechs Punkten bestanden.

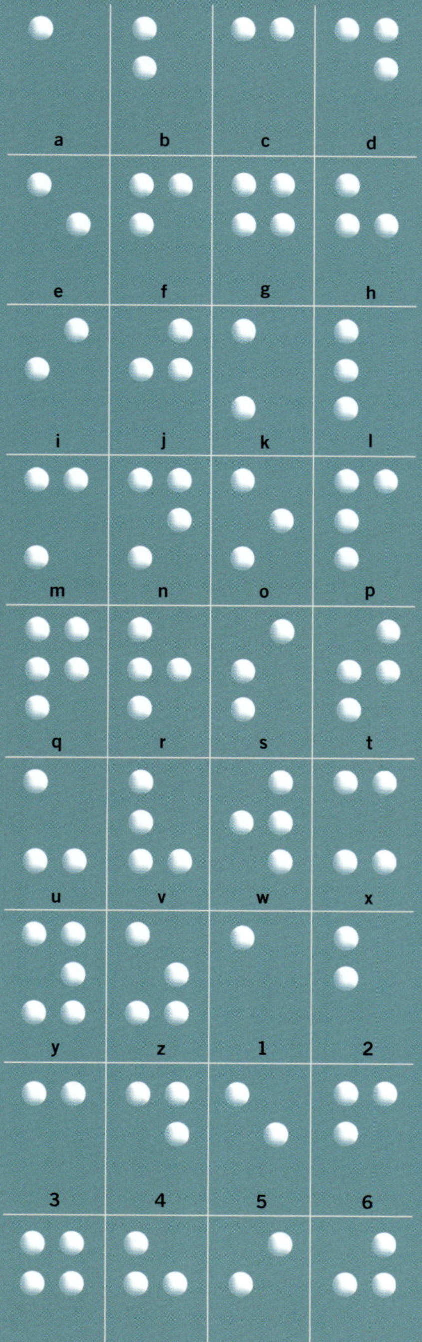

Beschreibung von Musik

Die musikalische Notenschrift ist heute eine überwiegend standardisierte Sprache. Sie gibt den Musikern Anleitungen zur musikalischen Interpretation der verschiedenen Symbole, die die Töne und Pausen anzeigen. Aber das war nicht immer so. Das Problem bestand darin, eine Sprache zu finden, die Töne oder Tonfolgen genau beschreiben konnte. Die einzelnen Elemente der Notenschrift wurden zu verschiedenen Zeiten und an unterschiedlichen Orten entwickelt, aber um das Jahr 1350 waren die Grundlagen für den Aufbau einer musikalischen Partitur aus Taktstrichen und Taktzeichen bereits festgelegt.

Die Entwicklung der Notenschrift

Die ersten musikalischen Notenzeichen waren die vor mehr als 1000 Jahren entwickelten „Neumen" (*oben*).

800–1200 Musik wurde mit „Neumen" notiert, kleinen Schnörkeln und Punkten, die einzelne Noten oder Notengruppen darstellten. Ab dem Jahr 1100 wurden Neumen senkrecht angeordnet, um die relative Tonhöhe anzudeuten.
um 1020 Guido von Arezzo (um 995–1050) erfindet die Grundlage des Notensystems mit Pausen, Linien zum Anzeigen der Tonhöhe sowie Andeutungen von Notenschlüsseln und Vorzeichen.
1260 Die moderne Notation entwickelt sich mit ersten Versuchen, Beziehungen zwischen Notenformen und Notenwerten anzugeben.
1350 Taktangaben und Taktstriche
15. Jahrhundert Auflösungszeichen mit den Versetzungszeichen Kreuz (#) und Be (♭)
16. Jahrhundert Tempo- und Dynamikangaben
um 1520 Hilfslinien, Haltebögen und Bindebögen
17. Jahrhundert G-Schlüssel in der Cembalomusik
18. Jahrhundert Bogensätze, Fingersätze
um 1770 Pedalzeichen für das Klavier
um 1780 G-(Violin-) und F-(Bass-)Schlüssel
19. Jahrhundert Tempo-, Betonungs- und Dynamikabstufungen werden extremer; Phrasierung, Artikulation und Ausdruck erhalten größere Aufmerksamkeit; die Verzierung wird im Stil absorbiert oder ganz ausgeschrieben.

Aufbau des Notensystems

In der westlichen Musik zeigt die Notenschrift zwei Grundeigenschaften von Tönen an, nämlich die Tonhöhe und die Tondauer. Auf der linken Seite des Notensystems befindet sich der sogenannte „Notenschlüssel", der festlegt, welche Zeile oder welcher Freiraum eine bestimmte Note kennzeichnet. Es gibt zwei Hauptnotenschlüssel, den G- oder Violinschlüssel und den F- oder Bassschlüssel. Der G-Schlüssel wird so genannt, weil sich seine untere Schlinge um die Notenzeile windet, die der Note G über dem mittleren C entspricht. Der F-Schlüssel wird so bezeichnet, weil die beiden Punkte ober- und unterhalb der Zeile gesetzt sind, die das F unter dem mittleren C markiert. Der Violinschlüssel wird für höhere Töne verwendet, der Bassschlüssel für tiefe. Ein Flötist, Violinist oder Sopran liest vom Violinschlüssel ab, während ein Kontrabassist oder Cellist vom Bassschlüssel und ein Pianist von beiden abliest. Sehr hohe oder sehr tiefe Noten werden durch „Hilfslinien" angezeigt. Eine Note in einer „Partitur" (eine Handschrift oder deren Kopie, *siehe S. 246*) zeigt die Tonhöhe entsprechend ihrer Position im „Notensystem" sowie des jeweiligen „Notenschlüssels" an. Die Tondauer wird durch die Form des Notenzeichens bestimmt (ob es einen schwarzen oder „hohlen" Notenkopf hat, einen Notenhals oder nicht). Die Buchstaben A bis G werden den verschiedenen Tonhöhen zugeordnet, die als einzelne Notenzeichen auf, zwischen, über oder unter den fünf waagrechten Notenlinien im Notensystem platziert sind.

Tonhöhe und Notation

Auf der Klaviertastatur entsprechen die acht weißen Tasten vom mittleren C bis zum oberen C (C, D, E, F, G, A, H, C) oder zum darunterliegenden C einer „Oktave" (acht Noten). Innerhalb dieser Oktave liegt die „diatonische Skala" aus sieben unterschiedlichen Tonhöhen. Einige weiße Tasten sind durch schwarze Tasten getrennt. Gemeinsam ergeben die weißen und schwarzen Tasten zwölf mögliche Töne, die der „chromatischen Skala" entsprechen. Die Lücke zwischen zwei Noten wird „Intervall" genannt. Die schwarzen Tasten auf dem Klavier sind „Erhöhungen" (Kreuz; #) oder „Erniedrigungen" (b; ♭). Diese Tasten werden benutzt, um eine Note um einen Halbton zu erhöhen oder zu erniedrigen. Ein Beispiel: Das Intervall zwischen F und G ist ein Ganzton, das Intervall zwischen F und F# (Fis) ein Halbton. Skalen können entweder einer Dur- oder einer Moll-Tonart entsprechen. Zu jeder Dur-Skala gibt es eine entsprechende Moll-Skala. Jede Skala besteht aus einer Kombination von Ganz- und Halbtönen. Die Intervalle zwischen den Tönen bleiben in allen Skalen derselben Art (Dur-Skalen, Moll-Skalen) gleich. Die verwandten Dur- und Mollskalen bestehen aus denselben Tönen, beginnen und enden jedoch auf verschiedenen Tönen. Einige Beispiele:

Diatonische Skala von C-Dur: Beginnt und endet auf C.

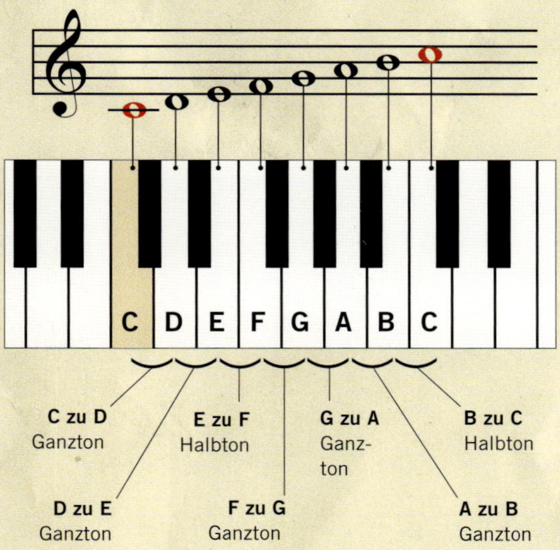

Diatonische Skala von A-Dur: Beginnt und endet auf A.

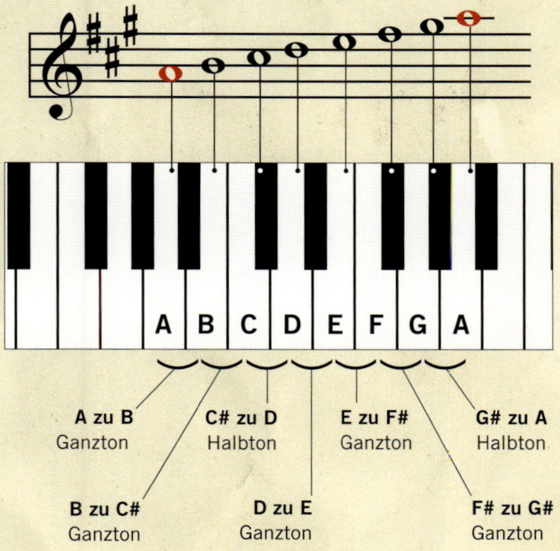

Diatonische Skala von A-Moll: Beginnt und endet auf A.

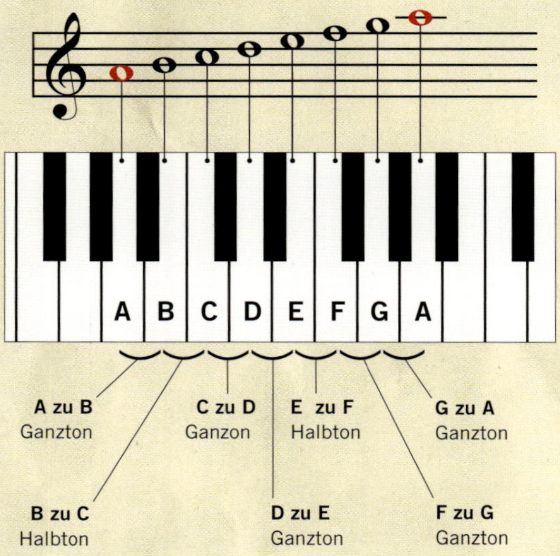

Diatonische Skala von F#-Moll: Beginnt und endet auf F#.

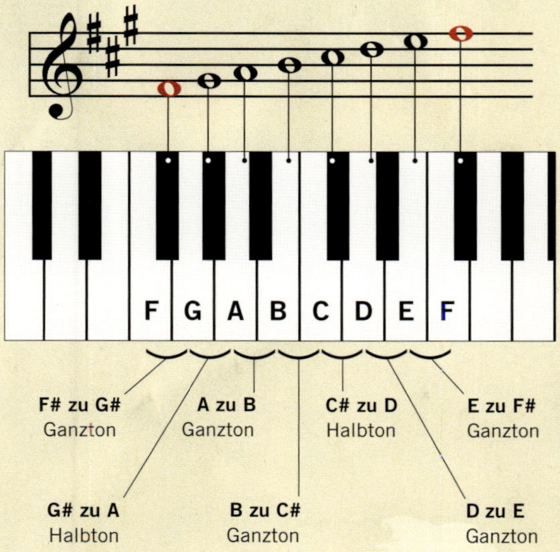

Rhythmus und Tempo

In der Musik werden einige italienische Ausdrücke verwendet, um den Takt anzugeben sowie das Tempo, das der Geschwindigkeit des Takts entspricht.

Grave	Schwer
Lento	Langsam
Largo	Breit
Larghetto	Etwas breit
Adagio	Langsam, ruhig
Andante	Gehend
Moderato	Mäßig
Allegretto	Etwas munter
Allegro	Munter, fröhlich
Vivace	Lebhaft, lebendig
Presto	Schnell
Prestissimo	Sehr schnell

Dynamik

Andere italienische Wörter werden zur Beschreibung der Intensität oder Lautstärke benötigt. Sie werden oft abgekürzt.

Pianissimo (pp)	Sehr leise
Piano (p)	Leise
Mezzo piano (mp)	Mittelleise
Mezzo forte (mf)	Mittellaut
Forte (f)	Laut
Fortissimo (ff)	Sehr laut
Crescendo <	Lauter werdend
Diminuendo >	Leiser werdend

Die Länge von Orgelpfeifen steht direkt mit dem Ton in Verbindung, den sie erzeugen.

Musikpartituren

Für Orchester- oder Ensemblemusikstücke verfassen Komponisten handschriftliche Partituren mit allen einzelnen Teilen des Stücks, die von den verschiedenen Instrumenten gespielt werden sollen. Dieses handschriftliche Blatt mit Anmerkungen von Wolfgang Amadeus Mozart (1756–1791) zeigt einen Ausschnitt aus dem finalen orchestralen Kontretanz *Il Trionfo delle Donne* (KV 607). Mozart kennzeichnete die Teile der einzelnen Instrumente, die Tonart und das Tempo.

In seinem kurzen Leben komponierte Mozart 655 Musikstücke, darunter 59 Symphonien, 176 Kammermusikstücke und 23 Opern.

Musikalische Notation

Handschriftliche Partituren veranschaulichen die Komplexität des abstrakten Denkens, die benötigt wird, um den Musikern eines Ensembles ein detailliertes musikalisches Konzept zu vermitteln. Als begnadeter Komponist und hervorragender Pianist war Mozart mit allen musikalischen Genres vertraut (seine größte Liebe war die Oper). Er war einer der ersten Komponisten, der zu einem internationalen Superstar wurde.

Kennzeichnung der Tonarten

Unten folgt eine Gruppe von Versetzungszeichen, die hinter dem Notenschlüssel platziert werden, um die Tonart der Komposition anzuzeigen. Ihre Positionen geben an, welche Noten durchgehend erhöht oder erniedrigt werden müssen, sofern es nicht anders angezeigt wird. Dadurch wird die „Tonalität" festgelegt. Dieses Stück ist in E♭-(Es-) Dur. Andere Tonarten sind folgendermaßen gekennzeichnet:

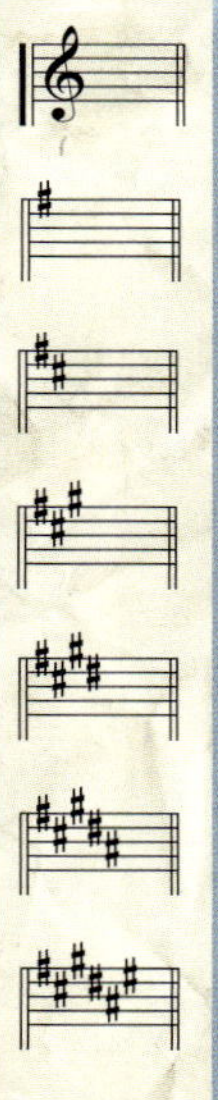

C-Dur A-Moll	(kein Kreuz oder b)
G-Dur E-Moll	(1 Kreuz)
D-Dur B-Moll	(2 Kreuze)
A-Dur F#-Moll	(3 Kreuze)
E-Dur C#-Moll	(4 Kreuze)
B-Dur G#-Moll	(5 Kreuze)
F#-Dur D#-Moll	(6 Kreuze)

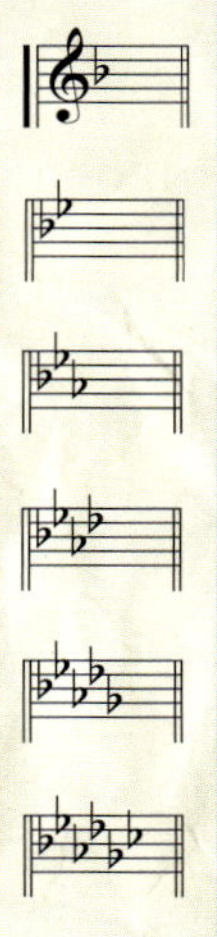

F-Dur D-Moll	(1 b)
B♭-Dur G-Moll	(2 b)
E♭-Dur C-Moll	(3 b)
A♭-Dur F-Moll	(4 b)
D♭-Dur B♭-Moll	(5 b)
G♭-Dur E♭-Moll	(6 b)

Metrum

Eine musikalische Komposition wird durch ein Muster aus regelmäßigen Taktschlägen organisiert, die man unter dem Begriff „Metrum" zusammenfasst. Ein abgeschlossenes Muster oder ein Takt werden von „Taktstrichen" begrenzt. Das Metrum wird hinter dem Notenschlüssel und der Tonartangabe durch eine „Taktangabe" in Form einer Bruchzahl angezeigt wie 2/2, 2/4, 3/4, 4/4, 3/8, 6/8, 9/8 und so weiter. Die obere Zahl kennzeichnet die Anzahl der Schläge innerhalb des Takts und die untere Zahl den Notenwert jedes Taktschlags. 2/4 bedeutet zwei Schläge pro Takt, wobei jeder Schlag aus einer Viertelnote besteht. Das Zeichen „𝄴" am Anfang des ersten Notensystems bedeutet so viel wie 4/4, und das Zeichen „𝄵" bedeutet 2/2.

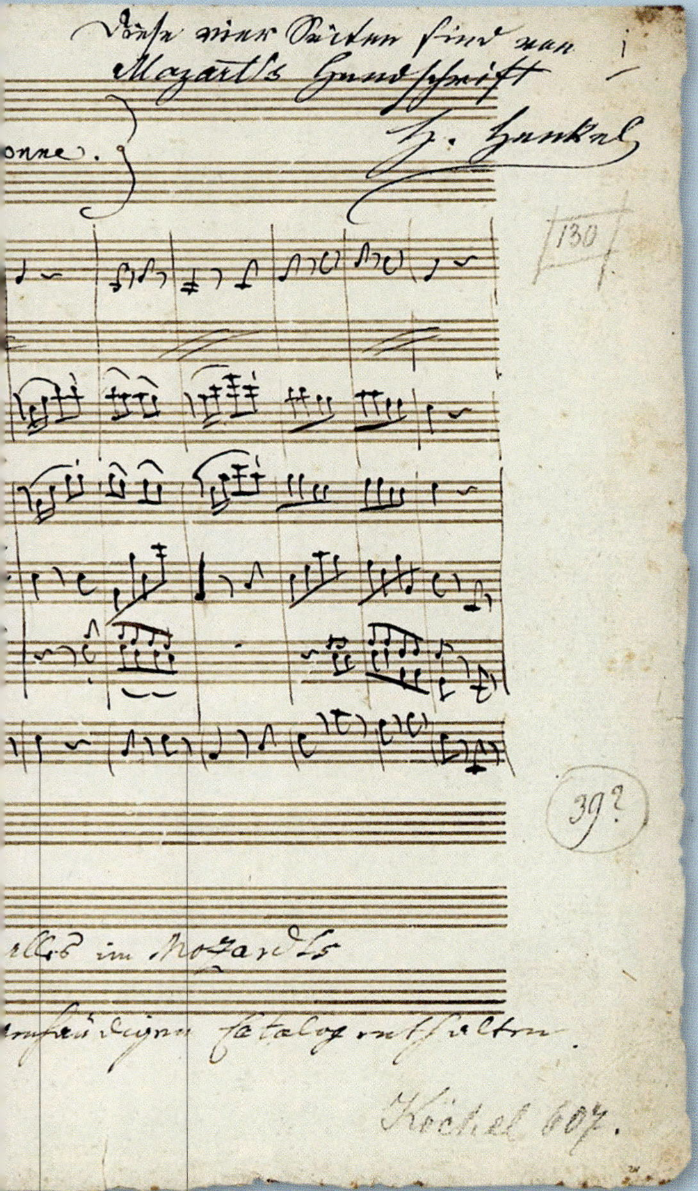

Viertelnote

Sechzehntelpause

Notenwerte und Pausen

Noten Pausen

Ganze Note

Halbe Note

Viertelnote

Achtelnote

Sechzehntelnote

Zweiunddreißigstelnote

Diese Symbole zeigen die Tondauer an: Eine ganze Note entspricht einem ganzen Takt. Lautet die Taktangabe 4/4, dauert eine halbe Note zwei Schläge, eine Viertelnote einen Schlag und so weiter.

Zusätzliche Notationssymbole

Kreuz b Auflösungszeichen

Vorzeichen sind Kreuze, b oder Auflösungszeichen, die von der Grundtonart abweichen.

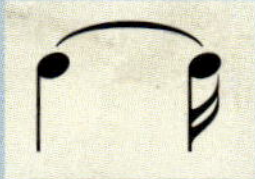

Haltebögen zeigen unregelmäßige Notenwerte an. Die beiden Noten werden als ein Ton gespielt, der 5/16 Schläge eines ganzen Takts (1/4 + 1/16) ausgehalten wird.

Bindebögen werden verwendet, um die Noten zu einem Klang zu „verschmelzen", in dem keine Lücke zu hören sein sollte.

Staccato ist das genaue Gegenteil eines Bindebogens: Jede Note ist kurz, klar abgehackt und betont.

Grifftabellen

Der Rockkomponist Frank Zappa (1940–1993) bestand darauf, dass seine zahllosen Bandmitglieder Noten lesen können. Er war jedoch eine Ausnahme, denn viele Popmusiker sind Autodidakten und spielen nach Gehör. Das Vorherrschen der Gitarre als wichtigstem Harmonieinstrument und das Aufkommen des Internets führten dazu, dass viele Partituren von Popmusikstücken als Grifftabellen in Form von Fingersätzen erhältlich sind.

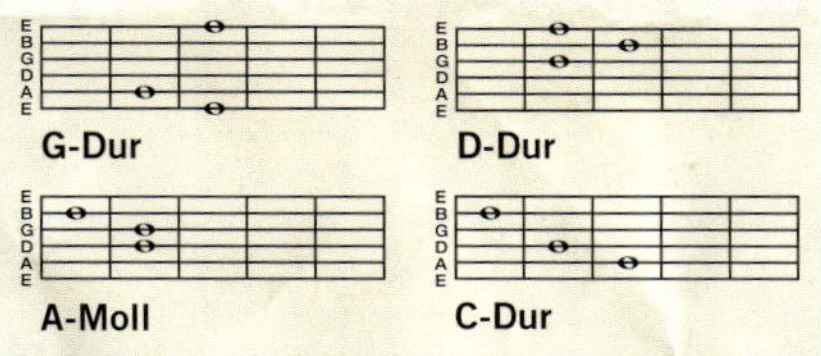

Moderne Herausforderungen

Technische Variationen in der Notation basieren auf: dem Aufführungsmedium (Gesang, Orchester, Elektronik und so weiter), dem Musikgenre (Streichquartett, Symphonie, Konzert) und modernen experimentellen Techniken in vokalen, instrumentalen oder Multimedia-Aufführungen, in denen Instrumente auf unkonventionelle Weise „gespielt" werden, beispielsweise in der Klaviermusik von John Cage.

Zu John Cages Partituren gehören *Komposition für einen Kassettenrecorder* (*oben*) und die absolute Stille in *4' 33"*.

TIERSPRACHE

Wenn man durch einen Regenwald spaziert, ist die Vielzahl an Geräuschen überwältigend. Tümpel in gemäßigten Breiten sind voller Frösche, die einen riesigen Lärm erzeugen. Wo immer Tiere sind, gibt es Geräusche, Farben, Bewegung und Gerüche. Kommmunikation findet auf allen Stufen und in allen Formen statt. Könnten wir diese Symphonie aus Signalen dechiffrieren, würde sich unser Wissen über die Natur ungemein erweitern. Die meisten Verständigungsmuster im Tierreich sind ererbt, und sie sind äußerst vielschichtig, fein abgestimmt, überraschend und von seltsamer Schönheit.

Mensch und Tier

Das Domestizieren und Trainieren von Tieren hat eine rund 20 000 Jahre alte Geschichte. Die Kommunikation zwischen Mensch und Tier war dabei immer sehr wichtig, aber es ist umstritten, wie gut wir wirklich „mit Tieren sprechen" können. Hunde und Katzen haben die Fähigkeit, menschliche Stimmungen zu lesen. Die Tatsache, dass sich Primaten und Waltiere mit uns verständigen können, ist gut dokumentiert. Überraschenderweise können auch Vögel einen hohen Grad an Verständigung mit einem Menschen erreichen. An der Universität von Arizona trainierte Dr. Irene Pepperberg 30 Jahre lang einen Graupapagei namens Alex. Er war ein guter Nachahmer und erlernte die Wörter für 50 Gegenstände und zusätzlich Eigenschaften, darunter sieben Farben, fünf Formen, relative Größenordnungen (größer/kleiner), Materialien und die Zahlen von eins bis sechs. Alex verstand Gleichheit, Unterschied und Nichtvorhandensein. Er konnte kurze, syntaktisch korrekte Sätze in richtiger Wortstellung sprechen, und er erfand neue Wörter, indem er Silben anderer Wörter verband, um neue Gegenstände zu benennen.Dabei prägte er das Wort „banerry" (eine Verbindung der englischen Begriffe „banana" und „cherry") für einen saftigen roten Apfel. 2007 verstarb Alex überraschend. Seitdem arbeitet die Forscherin mit anderen Graupapageien weiter.

Töne

Menschen nehmen Tiere oft nur wahr, wenn sie Geräusche von sich geben. Viele Tiere verwenden allerdings Töne, die außerhalb unseres Hörbereichs liegen. Von Elefanten nahm man früher an, sie würden eine Form der außersensorischen Wahrnehmung besitzen: Verwandte Gruppen bleiben auf parallelen Wegen, die weit außerhalb des Sichtbereichs liegen. Scheinbar ohne sich untereinander zu verständigen, drehen sie gleichzeitig um und vereinen sich zu einer Gruppe. Heute wissen wir, dass sie sich mit Tönen verständigen, die weit unterhalb unseres Wahrnehmungsvermögens liegen (Infraschall). Tiefe Frequenzen reisen weiter und werden von Hindernissen weniger stark abgeblockt als hohe Töne, so dass Elefanten einander über viele Kilometer hinweg hören können. Flusspferde geben über und unter Wasser Rufe von sich, unter Wasser setzen sich die Infraschallwellen jedoch rascher fort. Auch Nashörner, Giraffen, Alligatoren, Löwen, Tiger, Okapis und manche Vogelarten erzeugen Infraschall. Die Wahrnehmung tieffrequenter Töne erklärt möglicherweise auch die Fähigkeit vieler Tiere, Naturkatastrophen wie Erdbeben und Tsunamis rechtzeitig zu erkennen.

Am anderen Ende des Hörbereichs können viele Tiere wie Delfine, Fledermäuse, Vögel und Insekten Hochfrequenztöne aussenden und wahrnehmen (Ultraschall). Diese Fähigkeit steht oft mit verschiedenen Formen der Echoortung in Verbindung.

Die flachen Fettpolster auf den Füßen eines Elefanten sind vermutlich sensible Rezeptoren, mit denen die Tiere tieffrequente Schwingungen spüren können.

Gute Schwingungen

Auch durch Schwingungen können Botschaften übermittelt werden. Männliche Steinfliegen klopfen Rhythmen auf Äste, die von empfangsbereiten Weibchen mit einem ergänzenden Rhythmus beantwortet werden. Die Männchen mancher Netzspinnenarten zupfen ein beruhigendes Liebeslied auf dem Netz des Weibchens, um die Paarung einzuleiten (und um nicht gefressen zu werden). Springspinnen und Wolfsspinnen benutzen Vibrationen und Winksignale, um Paarungspartner anzulocken. Zikadenmännchen erzeugen Töne mit einer Lautstärke von 120 Dezibel – die Schmerzgrenze für Menschenohren. Grillen reiben ihre Flügel aneinander und paaren sich nur mit Artgenossen, die den richtigen „Sound" produzieren. Manche Arten sind so fein auf ihre Familienmitglieder abgestimmt, dass sie sich eher mit anderen Hybriden als mit Nachkommen ihrer Eltern paaren. Gezirpe zieht oft Räuber an: Die parasitische Fliege *Ormia ochracea* hat ein sensibles Trommelfell und peilt Grillenmännchen an, auf denen sie ihre Larve ablegt.

In den Ozeanen erzeugen Wale zahlreiche unterschiedliche Geräusche. Salzwasser überträgt Infraschall besser als Süßwasser. Die Rufe der Blauwale reisen Tausende Kilometer über den offenen Ozean. Delphine geben Pfeiftöne von sich, die ihren Artgenossen als Erkennungsmerkmale dienen. Buckelwalmännchen (*unten*) singen in den Brutgewässern lange, komplexe Lieder.

Düfte und Pheromone

Viele Tiere besitzen hochspezialisierte Sinnesorgane, um sich durch chemische Botschaften untereinander zu verständigen. Ameisen hinterlassen Pheromonspuren, um Artgenossen zu Futterquellen zu leiten. Warnpheromone rufen ein Angriffsverhalten hervor, das den Ameisen hilft, gemeinsam Räuber zu überwältigen. Einige Arten sondern Pheromone ab, die gegnerische Ameisenvölker dazu bringen, gegen ihre eigenen Artgenossen zu kämpfen. Viele Säugetiere hinterlassen Duftspuren, oft in Form von Urin oder Fäkalien, um ihre Reviergrenzen zu markieren. Durch Gerüche werden aber auch andere Informationen übermittelt, wie der soziale Status, das Geschlecht, die Paarungsbereitschaft oder der Gesundheitszustand eines Tieres. Wegen des penetranten Gestanks, den Stinktiere und Stinkdachse bei Gefahr versprühen, werden diese Arten selten angegriffen.

Paradiesvögel präsentieren beim Balzen ihr buntes Gefieder, um Paarungspartner anzulocken. Die Kommunikation von Singvögeln weist eine „angelernte" Komponente auf: Jungvögel, die in Isolation aufwachsen, lernen nie, richtig zu singen, während die Weibchen vor allem von Männchen angezogen werden, die die Gesänge ihrer Väter originalgetreu wiedergeben. Neben Futter- und Warnrufen wurden bei Singvögeln auch regionale Dialekte festgestellt.

Visuelle Kommunikation

Die meisten Tiere übermitteln Informationen auf visuellem Weg. Ein Zähne fletschender Hund mit aufgestellten Nackenhaaren wird kaum als freundlich betrachtet werden. Primaten verständigen sich durch Gesten, Töne und Gesichtsausdrücke. Winkerkrabben winken mit ihren Klauen, um ein Weibchen anzulocken. Tintenfische besitzen hochentwickelte Augen und verständigen sich durch schnelle Farbwechsel ihrer Haut, sofern sie nicht gerade zur Tarnung mit dem Hintergrund verschmelzen.

Giftige Tiere tragen oft grelle Warnfarben, die manchmal von ungiftigen Arten nachgeahmt werden. Beispiele für dieses „Ausborgen" von Verteidigungsmechanismen sind Wespen und Schwebfliegen oder die giftige Korallenschlange (*oben*) und die harmlose Milchschlange (*unten*).

Der Tanz der Honigbienen

Seit Aristoteles stellte die Fähigkeit von Honigbienen, Informationen über Nahrungsquellen den anderen Bienen im Stock zu übermitteln, die Naturforscher vor ein Rätsel. Erst zu Beginn des 20. Jahrhunderts wurde das Geheimnis von Karl von Frisch gelüftet. Er beobachtete, dass Bienen bei der Rückkehr von einer Pollenquelle auf einer geraden Linie tanzen. Danach kreisen sie zum Ausgangspunkt zurück, zuerst auf der linken und dann auf der rechten Seite, wodurch eine Achterschleife entsteht. Andere Stockgenossinnen versammeln sich, um der Tanzenden „zuzusehen", wobei sie mit den Fühlern die Luftströme wahrnehmen. Der geradlinige Abschnitt des Tanzes übermittelt Informationen über die Richtung, in der sich die Nahrungsquelle bezüglich der Sonne befindet. Geschwindigkeit und Anzahl der Kreise pro Minute zeigen die Entfernung an. Diese Erkenntnisse wurden durch Bienenimitate bestätigt, die in Stöcke gesetzt wurden und die durch den „Schwänzeltanz" erfolgreich Informationen über Nahrungsquellenstandorte übermitteln konnten.

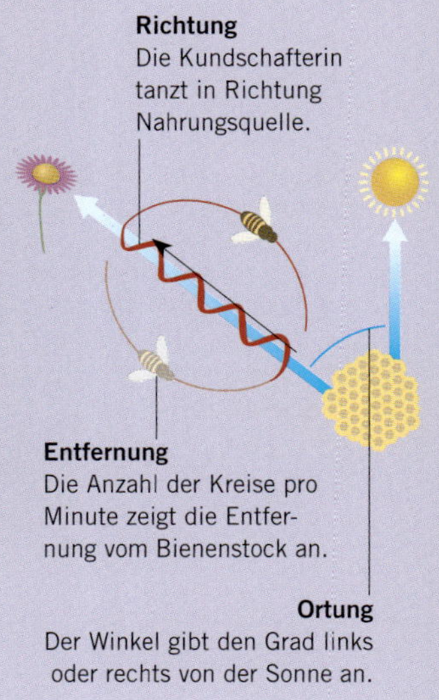

AUSSERIRDISCHE

Für Steven Spielbergs E.T. war es recht einfach, sich mit seinen jungen Begleitern auf der Erde zu verständigen. In Wirklichkeit aber haben sich Wissenschaftler, Astronomen und Science-Fiction-Autoren das letzte halbe Jahrhundert damit beschäftigt, auf welche Weise sich außerirdische Intelligenzen mit uns (und umgekehrt) verständigen könnten – ein Prozess, der an Bedeutung gewann, als der Mensch die ersten Schritte in den Weltraum unternahm.

Quasare und Pulsare

Nach der Entwicklung der Radioastronomie in den 1950er Jahren waren viele Wissenschaftler vom Phänomen der Radiowellenbotschaften fasziniert, die weit hinter den Grenzen unseres Sonnensystems entspringen. Wurden diese Botschaften von einer außerirdischen Intelligenz ausgesendet? Lange Zeit glaubte man, dass dies so sein könnte, und viele Menschen versuchten, die Signale zu dechiffrieren.

Um 1960 wurde klar, dass die Radiowellen (Pulsare) von rotverschobenen, elektromagnetischen Energiequellen verursacht werden, die von massereichen Schwarzen Löchern ausgesandt werden. Sie bilden sich bei der Entstehung von Galaxien und werden als „Quasare" bezeichnet, eine Abkürzung für „quasi-stellare Radioquelle". Einer der ersten genau identifizierten Quasare war 3C 273, der ungefähr 2,44 Milliarden Lichtjahren von der Erde entfernt ist. Das bedeutet, dass die Galaxie zu der Zeit, wenn wir die Radiobotschaften entdecken können, schon lange gebildet war und längst wieder untergegangen sein kann.

Botschaften an das Weltall

Mehrere Versuche wurden unternommen, um unsere irdische Existenz, unsere Stellung im Universum und unser Wissen über den Kosmos in einer „universell" verständlichen codierten Form zusammenzufassen und ins All zu schicken. Jeder Versuch war durch die zur Zeit des Starts verfügbare Technologie begrenzt.

«Dies ist ein Gechenk aus einer kleinen, fernen Welt...»

BOTSCHAFT DES US-PRÄSIDENTEN JIMMY CARTER AUF DER GOLDENEN SCHALLPLATTE DER *VOYAGER*

Die Pioneer-Tafeln

Die unbemannten Raumsonden *Pioneer 10* (1972) und *Pioneer 11* (1973), die bis an den Rand des Sonnensystems und darüber hinaus reisen sollten, beförderten Tafeln, die von den Astrophysikern Carl Sagan und Frank Drake entworfen wurden. Sie bestanden aus mit Gold eloxiertem Aluminium, maßen 23 mal 15 Zentimeter und waren an den Außenverstrebungen der Raumschiffe montiert.

Wasserstoff
Schematische Darstellung des Hyperfeinstrukturübergangs von Wasserstoff, das vermutlich häufigste Element im Universum. Die binäre Ziffer 1 wird verwendet, um den Spinflipübergang eines Wasserstoffatoms von seinem Elektronenzustand anzuzeigen, was sowohl eine Maß- als auch eine Zeiteinheit darstellt.

Raumschiff
Die Umrisse des Pioneer-Raumschiffs sollten die relative Größe der menschlichen Figuren veranschaulichen.

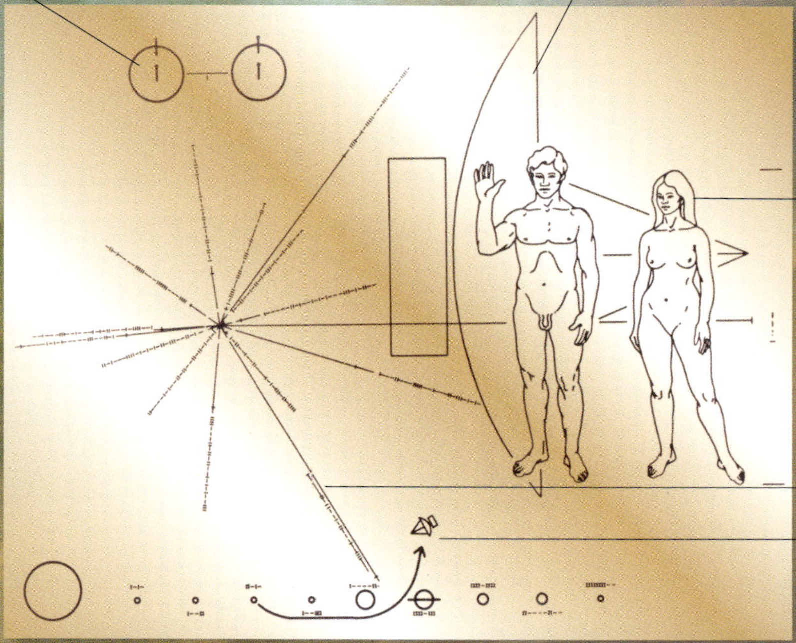

Menschen
Der Mann und die Frau sollten einander ursprünglich an den Händen halten, aber man fürchtete, dass sie dadurch als ein Lebewesen interpretiert werden könnten. Der Mann ist mit einer Grußgeste dargestellt. Die Genitalien der Frau sind nicht abgebildet, eine Abänderung, die in letzter Minute gemacht wurde, um die NASA zu beschwichtigen.

Galaxie
Der Plan veranschaulicht die Position unserer Sonne in Bezug auf das Zentrum der Galaxie, mit 14 Pulsaren und deren Frequenzperioden. Daraus könnte eine außerirdische Intelligenz die Position unseres Sonnensystems berechnen.

Sonnensystem
Das Sonnensystem ist in linearer Form dargestellt und zeigt die Anordnung der Planeten. Auch die Flugbahn der *Pioneer* ist angedeutet.

Die Arecibo-Botschaft

Bei der Wiedereröffnung des Arecibo-Radioteleskops im Jahr 1974 wurde eine Radiobotschaft ausgesendet. Ziel war der etwa 25 000 Lichtjahre entfernte Sternhaufen M13. Es war das stärkste Signal, das je übertragen wurde, und bestand aus 1679 Binärziffern. Die Zahl wurde ausgewählt, weil sie das Produkt aus den beiden Primzahlen 73 und 23 (eine Fastprimzahl) ist und daher nur in ein Raster aus 73 zu 23, oder umgekehrt, aufgeschlüsselt werden kann. 73 Reihen in 23 Spalten waren der korrekte Algorithmus zur Dechiffrierung der Botschaft. Das Signal war genau 1679 Sekunden lang und wurde nicht wiederholt.

„Cosmic Calls"

Eine Serie aus neun „Cosmic-Call-Botschaften" wurde 1999 und 2003 zu verschiedenen Sternhaufen gesandt. Sie enthielten die ursprüngliche Arecibo-Botschaft sowie digitale Text-, Video- und Bilddaten, darunter den „Stein von Rosetta", der von Stephane Dumas und Yvan Dutil entwickelt wurde und viele mathematische Funktionen, Formeln und Rechenvorgänge umfasste.

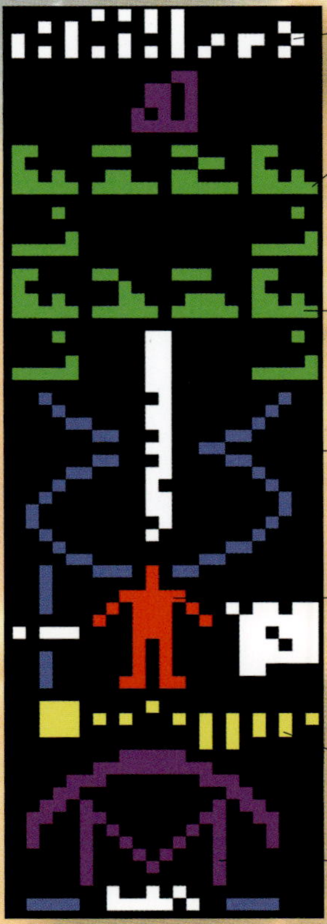

Zahlen Eins (1) durch zehn (10), im Binärcode.

Atomzahlen von Wasserstoff, Kohlenstoff, Stickstoff, Sauerstoff und Phosphor – die Elemente, aus denen die Desoxyribonukleinsäure (DNA) besteht.

Chemische Formeln für die Zucker und Basen in den Nukleotiden der DNA.

Graphik der Doppelhelixstruktur der DNA einschließlich der Anzahl der Nukleotide in der DNA.

Graphische Darstellung eines Menschen Durchschnittsgröße eines Mannes und die menschliche Bevölkerung der Erde.

Das Sonnensystem

Das Arecibo-Radioteleskop mit dem Durchmesser der Antennenscheibe.

Kornkreise

Während Berichte über Begegungen mit Außerirdischen hauptsächlich im Südwesten der USA vorkamen, waren die Kornkreise ursprünglich ein britisches Phänomen. Mitte der 1970er Jahre tauchten im Frühling und Frühsommer erstmals bizarre Muster in Getreidefeldern auf. In den 1990er Jahren wurden die Muster immer kunstvoller und erschienen auch in Russland, Japan und Nordamerika. Verschiedene Spekulationen waren die Folge: Stammten die Muster von vorbeifliegenden (oder landenden) Raumschiffen? Enthielten sie geheime, verschlüsselte Botschaften für die Bauern auf der Erde? Die Theorien knüpften an New-Age-Ideen an, die sich mit Kraftlinien, Steinkreisen und anderen „unerklärbaren" Phänomenen beschäftigten, bis einige britische Betrüger (die die Pflanzen mit Brettern an den Füßen niedergedrückt hatten) zugaben, dass die ganze Geschichte bloß ein Schwindel gewesen ist.

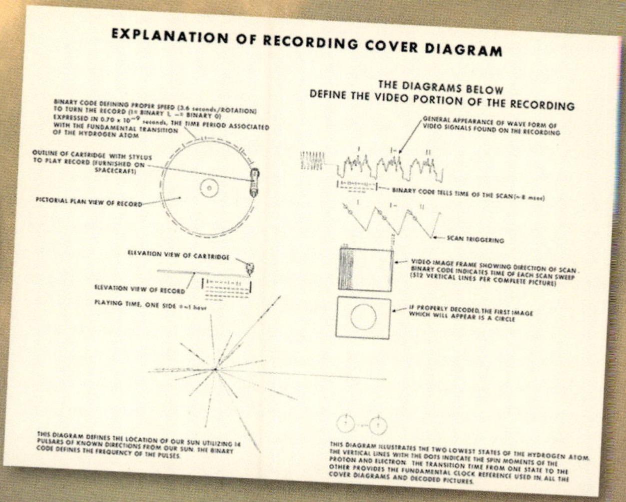

Die Goldene Schallplatte der *Voyager*

Dasselbe Team, das die *Pioneer*-Tafeln entworfen hatte, entwickelte eine Schallplatte für die Raumsonden *Voyager 1* und *Voyager 2*, die im Jahr 1977 starteten. Sie enthielt 115 analoge Bilder, Probebeispiele von 55 Sprachen, 90 Minuten Musik (leider war EMI dagegen, *Here Comes the Sun* von den Beatles beizufügen), einige Radiosendungen und eine Botschaft im Morse-Code. Die Platte wurde in Uran-238 eingehüllt, um datiert werden zu können, und hatte eine Hülle mit verschiedenen Abspielanleitungen.

Sternwörter

Die direkte Interaktion mit Außerirdischen würde sich wahrscheinlich als schwierig erweisen. Schon H.G. Wells wies in seinem Roman *Der Krieg der Welten* (1898) auf dieses Problem hin. Die Protagonisten der 1960er-Kultserie *Raumschiff Enterprise* hatten Zugang zu einem universalen Übersetzungssystem, eine Idee, die von Science-Fiction-Autoren oft ins Spiel gebracht wird. Verschiedene Sprachen wurden entwickelt, darunter die auf Mathematik basierenden Systeme „Astraglossa" (1953) und „Lincos" (Lingua cosmica, 1960), algorithmische Botschaften sowie mathematische und logische Symbole, die „uns" und „ihnen" als Kommunikationsmittel dienen sollen.

12

Der Antrieb in allen Dingen, von historischen Texten bis zu alltäglichen Ereignissen, eine verborgene Bedeutung zu finden, war lange Zeit die Domäne der Wahrsager und Verschwörungstheoretiker.

Imaginäre Codes

Die Sehnsucht, alternative Sprachen und eingebettete Botschaften zu erfinden, war ein wichtiges Motiv bei Mystery- und Fantasy-Autoren. Die Anziehungskraft einer versteckten Bedeutung ist nicht zu leugnen, ebensowenig die Schwierigkeit in der Unterscheidung des Wirklichen vom Imaginären.

Moderne Magie und Chaos

Spiritismus und Theosophie

1848 demonstrierten die jugendlichen Fox-Schwestern in Hydesville (New York) ihre angebliche Fähigkeit zur Kontaktaufnahme mit den Seelen der Toten – einer der Auslöser des Spiritismus. Die geheimnisvolle russische Adelige Madame Blavatsky (1831–1891) reiste als furchtlose Meisterin des neuzeitlichen Okkultismus durch die Welt. Trotz ihres zweifelhaften Rufs gründete Blavatsky in den 1870er Jahren die Theosophische Gesellschaft und wurde zur Wegbereiterin für zahllose New-Age-Religionen.

Trotz der religiösen Zensur und des allgemeinen Rationalismus des industriellen Zeitalters gipfelte die Nekromantie des späten 19. Jahrhunderts (*siehe S. 56*) im Phänomen des Spiritismus. Es begann ein Kult aus Séancen (*rechts*), Medien und Geistererscheinungen, der die Viktorianer faszinierte. Obwohl er sich wiederholt als Betrug entpuppte, wurde der Spiritismus von Doktoren, Universitätsprofessoren, Klerikern, Hausfrauen und Intellektuellen wie Arthur Conan Doyle und dem Physiknobelpreisträger John William Strutt Rayleigh als Ersatzreligion angenommen. Seine Anhänger teilten die Obsession für Geheimalphabate und magische Codes mit den Alchemisten und Nekromanten früherer Zeiten. Vielleicht war diese Bewegung eine spirituelle Reaktion auf den aufkommenden Säkularismus. Die Anziehungskraft der Geheimrituale, verborgenen Bedeutungen und verschlüsselten Sprachen hat in unterschiedlichen Formen bis heute überdauert.

Der „Golden Dawn“

Das Wiederaufleben magischer Praktiken im 19. Jahrhundert zeigt sich am „Hermetic Order of the Golden Dawn“, der in England seinen Ausgang nahm und sich rasch verbreitete. Die grundlegenden Lehren für den Zugang zu dieser Vereinigung waren das Studium der Rosenkreuzer (*siehe S. 58*), Tarot, die Astrologie und die Geomantie. Zu den Mitgliedern des Ordens zählten hohe Beamte, aber auch der Dichter W. B. Yeats. Die „Cipher Manuscripts“, eine Sammlung von etwa 60 Blättern, beschrieben magische Einweihungsriten und waren in einer Mischung aus Agrippas thebanischem Alphabet (*siehe S. 57*) und Hebräisch verfasst. Sie enthielten Zeichnungen von Symbolen und rituellen Gegenständen. Die Herkunft der Schriften ist umstritten, wahrscheinlich handelt es sich aber um eine Zusammenstellung von codiertem Nonsens aus der zweiten Hälfte des 19. Jahrhunderts.

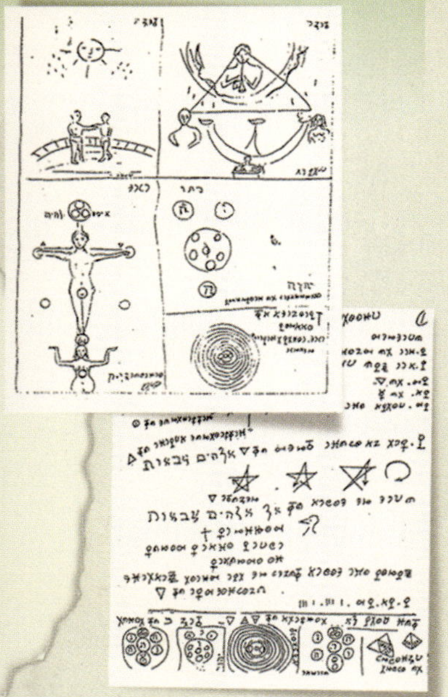

Die „Cipher Manuscripts“ enthalten scheinbar magische Formeln in einem undurchschaubaren Geheimtext.

Das Rosenkreuz
In der Mitte befindet sich das lutheranische Rosenkreuzsymbol.

Magische Schriftzeichen
Eine Mischung aus hebräischen und anderen Buchstaben.

Das Pentagramm
Variationen des Pentagramms und des Davidsterns tauchen neben den Symbolen für männlich und weiblich auf.

Die Mitglieder des „Golden Dawn“ waren begeisterte Anhänger der Rosenkreuzer. Sie entwickelten ihre eigene Mixtur aus geheimnisvollen Symbolen, um eine verborgene „Bedeutung“ in ihre Schriften einzubetten.

Dennis Wheatley und Ian Fleming

Überraschend viele anscheinend rationale Menschen wurden mit okkulten Praktiken in Verbindung gebracht. Der englische Thriller-Autor Dennis Wheatley, ein Kollege und späterer Gegner des Mystikers Aleister Crowley und Mitglied des britischen Geheimdienstes im Zweiten Weltkrieg, glaubte offensichtlich an okkulte Praktiken. *Diener der Finsternis* und *Der Agent, der den Teufel jagte* sind zwei von zahlreichen Romanen, in denen satanische oder nekromantische Riten beschrieben werden. In späteren Büchern wie *They Used Dark Forces* stellte er Hitler als Satanisten dar.

Manche vertraten die Ansicht, dass Ian Fleming, der Erfinder von James Bond und ebenfalls Mitarbeiter des Geheimdienstes, seine Romane mit verschlüsselten Anspielungen auf magische Praktiken versehen habe: Die Agentennummer 007 hat eine magische Bedeutung, ebenso die Nummer 7777 in *Du lebst nur zweimal*. Der geheime Zugangscode, mit dem Bond in diesem Roman nach Japan geschickt wird, lautet „Magic 44". Eines der möglichen Vorbilder für Bonds Spionagechef „M." war Maxwell Knight vom MI5, ein Vertrauter von Aleister Crowley. Während seiner Zeit beim Marine-Nachrichtendienst schlug Fleming vor, Crowley solle den Nazi-Schergen Rudolf Heß mit gefälschten Horoskopen versorgen und das Enoch-Alphabet (*siehe S. 57*) solle zum Chiffrieren von geheimen Nachrichten verwendet werden.

Bestseller-Autoren
Dennis Wheatley (1897–1977) und Ian Fleming (1908–1964, *unten*) waren beide im Zweiten Weltkrieg in Geheimdienstaktivitäten verwickelt und befanden sich am Rand der oft als „modisch" betrachteten Faszination für das Okkulte.

Das „Große Biest"

Aleister Crowley (1875–1947), der sich selbst als „den bösesten Menschen der Welt" bezeichnete, kam aus einem privilegierten, streng religiösen Elternhaus. Nach seinem Studium in Cambridge driftete er über den Orden des „Golden Dawn" in die Magie und Opiumabhängigkeit ab. Bald darauf trennte er sich von der Vereinigung und beschritt eigene Wege in verschiedenen Organisationen wie dem A.∴A und dem Ordo Templi Orientis (O.T.O.). Crowley veröffentlichte zahlreiche okkulte Texte, darunter *Das Buch des Gesetzes*, er schuf zusammen mit der Malerin Frieda Harris ein Tarot-Deck und entwickelte ein eigenes Hexagramm (*rechts*).

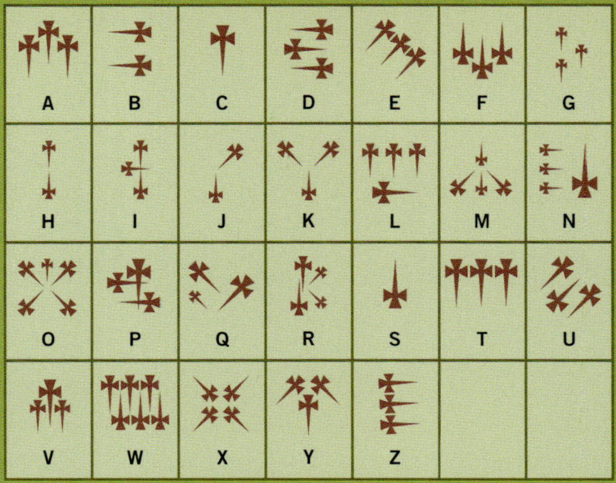

Crowley entwarf sein eigenes „Kreuz"-Alphabet zur Geisterbeschwörung in magischen Zeremonien, die an ähnliche magische Alphabete von Agrippa und John Dee erinnern (*siehe S. 57*).

Der Bibelcode

Äquidistante Buchstabensequenz
Um eine äquidistante Buchstabensequenz zu finden, wählt man einen beliebigen Buchstaben aus und bestimmt eine „Eliminierungszahl“ (die Anzahl der ausgelassenen Buchstaben zwischen zwei ausgewählten Buchstaben). Dann wählt man aus dem Text Buchstaben in gleichen, durch die Eliminierungszahl festgelegten Intervallen aus. Wendet man das System auf ein ganzes Buch an (im WRR-Artikel wurde das Buch Genesis verwendet), erhält man eine Buchstabenkette. Durch Veränderung des Ausgangspunktes und des Werts der Eliminierungszahl kann man unendliche Buchstabenketten ermitteln. Liest man diese Ketten waagrecht, senkrecht, diagonal oder von hinten (am einfachsten mit Hilfe eines Computerprogramms), kann man auf Namen, Daten etc. stoßen.

In Darren Aronofskys Spielfilm *Pi* (1998) trifft die Hauptperson, der Mathematiker Maximillian Cohen, auf einen chassidischen Juden, der mathematische Forschungen über die Tora durchführt. Er erzählt Max, dass die Tora aus Zahlenreihen aufgebaut ist, die einen von Gott gesandten Code bilden.

Das erneute Interesse an einem Bibelcode (oder Tora-Code) und dessen Dechiffrierung ist die neuzeitliche Ausprägung einer klassischen Obsession. Von den mittelalterlichen Kabbalisten (*siehe S. 54*) bis zum britischen Naturwissenschaftler Isaac Newton und dem französischen Theologen und Philosophen Blaise Pascal (1623–1662) postulierten jüdische sowie christliche Bibelforscher, dass das Alte Testament möglicherweise verschlüsselte Botschaften enthalte. In der akademischen Welt erwies sich der Bibelcode als umstrittenes Thema unter Theologen und Mathematikern, wurde aber auch zum Gegenstand eines Medienrummels.

Ursprünge des modernen Bibelcodes

1988 veröffentlichten drei Mathematiker der Hebräischen Universität von Jerusalem einen Artikel im *Journal of the Royal Statistical Society* und 1994 in der akademischen Zeitschrift *Statistical Science* mit dem Titel *Equidistant letter sequences in the Book of Genesis* („Äquidistante Buchstabensequenz im Buch Genesis“). Doron Witztum, Yoav Rosenberg und Eliyahu Rips benutzten Computerprogramme, um „bedeutungsvolle“ Botschaften im ersten Buch der jüdischen Tora zu dechiffrieren. Die Tora (die fünf Bücher Mose oder der Pentateuch) ist in hebräischer Sprache geschrieben und umfasst die Bücher Genesis, Exodus, Levitikus, Numeri und Deuteronomium. Der Artikel (kurz WRR-Artikel genannt) basiert auf dem Werk von Rabbi Michael Dov Weissmandl (besser bekannt dafür, dass er versucht hatte, slowakische Juden vor den Nazis zu retten), der während seines Studiums viel Zeit damit verbrachte, biblische Codes in der Tora zu entschlüsseln. Das System der Äquidistanten Buchstabensequenz ist laut ihren Erfindern nur auf die Tora anwendbar, und jeder Versuch, diese Methode auch auf Übersetzungen aus dem Hebräischen anzuwenden, funktioniert nicht.

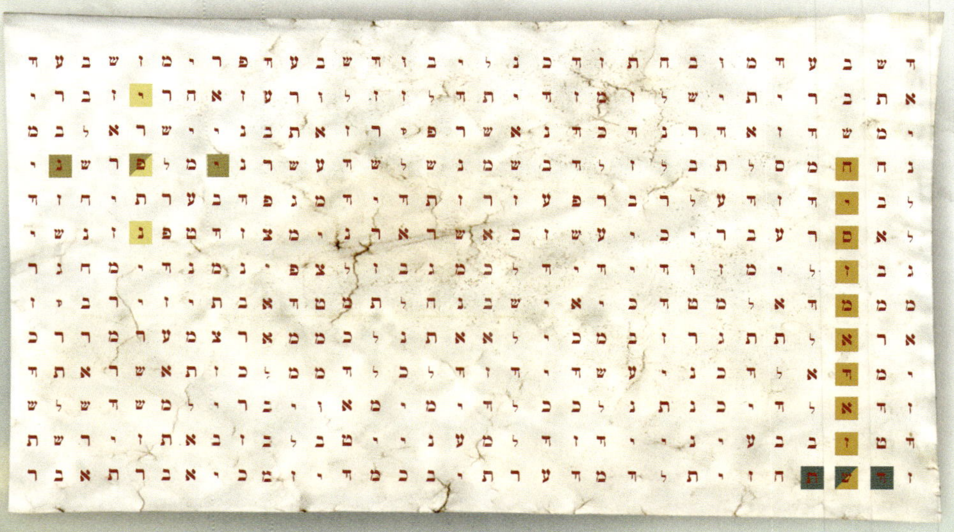

Eine der Prophezeiungen, die in der Tora gefunden wurde, sagte den US-Atombombenangriff auf Hiroshima am 6. August 1945 voraus, der in amerikanischer Weise datiert ist.

Form	Wort	Übersetzung	Vers	Position	Abstand
■	יפנ	Japan	Numeri 25:13	230779	6266
■	שואהאטומית	Atomarer Holocaust	Numeri 29:9	237020	-3133
■	יפנ	Japan	Numeri 29:9	237042	3
■	דשת	8/6/1945	Deuteronomium 8:19	265216	-1

Die *Bibelcode*-Bücher

Der amerikanische Journalist Michael Drosnin begann 1992 mit seinen Nachforschungen über den Bibelcode und veröffentlichte seine Ergebnisse 1997 in seinem berühmt-berüchtigten Bestseller *Der Biblecode*, dem 2002 das ebenso erfolgreiche Buch *Der Biblecode II* folgte. Drosnin behauptet, dass er unter Verwendung der Äquidistanten Buchstabensequenz codierte Prophezeiungen über wichtige Weltereignisse entschlüsselt habe, die nicht nur die Juden, sondern die ganze Gesellschaft beträfen. Er behauptete, die Bibel würde die Attentate auf Yitzhak Rabin und die Kennedy-Brüder vorhersagen. Seine Behauptungen wurden von Eliyahu Rips, einem der drei Autoren des WWR-Dokuments, widerlegt, und auch von Harold Gans, einem pensionierten Kryptologen des US-Verteidigungsministeriums, von Professor Menachem Cohen, einem israelischen Bibelexperten, und von Professor Brendan McKay von der Abteilung für Computerwissenschaften an der australischen National University. McKay verwendete die Methode der Äquidistanten Buchstabensequenz bei der hebräischen Übersetzung von *Krieg und Frieden,* um seinen Namen und sein Geburtsdatum in Verbindung zu bringen. McKay erklärte, dass man Drosnins Methode nicht als wissenschaftlich betrachten könnte und er auch nichts gefunden habe, was man nicht auch in jedem anderen Buch auf Hebräisch oder Englisch finden könne, sofern man die Motivation aufbringt, lange genug danach zu suchen.

«Sollten meine Kritiker in *Moby Dick* eine verschlüsselte Botschaft über ein Attentat auf einen Premierminister finden, glaube ich ihnen.»

MICHAEL DROSNIN, *NEWSWEEK*, 1997

Attentate, die angeblich in *Moby Dick* vorausgesagt werden

Während Weissmandl und die Autoren des WRR-Artikels (*siehe gegenüber*) darauf bestanden, dass die Technik der Äquidistanten Buchstabensequenz nur funktioniert, wenn man sie auf die hebräische Tora anwendet, kann man mit der Methode natürlich in jedem Text auf „verborgene" Botschaften stoßen. McKay wandte Drosnins Vorgehensweise bei Herman Melvilles *Moby Dick* (1851) an und enthüllte dadurch Vorhersagen über die Morde an folgenden Personen:

Premierministerin Indira Gandhi
Leo Trotzki
Reverend Martin Luther King
Präsident John F. Kennedy
Präsident Abraham Lincoln
Premierminister Yitzhak Rabin
Prinzessin Diana

Das bedeutet nicht, dass *Moby Dick* diese Ereignisse wirklich voraussagt, sondern beweist lediglich, dass man mit Drosnins „Methodik" alles finden kann, wonach man sucht, ohne dabei die Gesetze der Wahrscheinlichkeit zu verletzen.

DIE „BEALE PAPERS“

Die Legende

Auf Büffeljagd im Südwesten von Nordamerika (1817): Eines Abends, während das Abendessen gekocht wird, entdeckt ein Mitglied der Jagdgesellschaft zufällig ein reiches Goldlager. Die Gruppe notiert sich die Stelle, kehrt dorthin zurück und gräbt 18 Monate lang, wobei eine ungeheure Menge an Gold- und Silberbarren zum Vorschein kommt. Aus Angst um die Sicherheit des Schatzes in dem gesetzlosen Gebiet beschließt die Gruppe, den Fund an einem sicheren Ort zu verstecken. Einige Gruppenmitglieder, darunter ein gewisser Thomas J. Beale, werden nach Osten geschickt, um einen passenden Platz zu finden, und kommen nach Lynchburg in Virginia.

Im Jahr 1862 vertraute Robert Morriss, früher Eigentümer des Washington-Hotels in Lynchburg, Virginia, einem Freund ein Bündel mit Dokumenten an. Eines war ein Brief, in dem von einem Goldfund im amerikanischen Südwesten berichtet wurde, der später an einem sicheren Ort in Virginia vergraben worden sein soll. Die drei anderen Blätter waren mit Zahlen vollgefüllt, die offensichtlich numerische Ersetzungschiffren darstellten. 1885 veröffentlichte James B. Ward, ein „Agent“ des anonymen „Freundes“ von Morris, in Lynchburg eine 23-seitige Broschüre. Darin stand etwas über ein Geheimnis, das mehr als ein halbes Jahrhundert zurückreichte und einen verborgenen Schatz sowie einen komplizierten Plan einschloss. Die Broschüre ist die einzige Quelle für die Beale-Geschichte und die Chiffren, die dem Geheimnis zu Grunde liegen. Bis zum heutigen Tag ist die Broschüre ein Rätsel geblieben. Niemand hat den Schlüssel für die erste und dritte Chiffre entdeckt, obwohl viele Menschen erfolglos versucht haben, den Schatz anhand der Informationen in der „entschlüsselten“ zweiten Chiffre zu finden. War die ganze Geschichte etwa ein großer Schwindel des Herausgebers der Broschüre?

Die Beale-Chiffren

Nur eines der drei Blätter wurde entschlüsselt, offensichtlich von dem anonymem Freund von Morriss. Er nahm an, dass die Zahlen verschiedenen Buchstaben entsprächen, aber es waren zu viele Zahlen für eine unmittelbare alphabetische Ersetzungschiffre. Vielleicht war es eine Buch-Chiffre (*siehe S. 79*)? Aber welches Buch oder welcher Text? Der Autor der Broschüre behauptete, dass er mit dem Sammeln und Prüfen von Texten viele Jahre verbracht und ein Vermögen dafür ausgegeben habe, schießlich aber auf ein Dokument gestoßen sei, das zu funktionieren schien: die Unabhängigkeitserklärung. Durch Nummerierung der Wörter des Dokuments und die Annahme, dass die Zahlen des Chiffrentexts auf die Anfangsbuchstaben der einzelnen Wörter hinwiesen, tauchte eine zusammenhängende Botschaft auf.

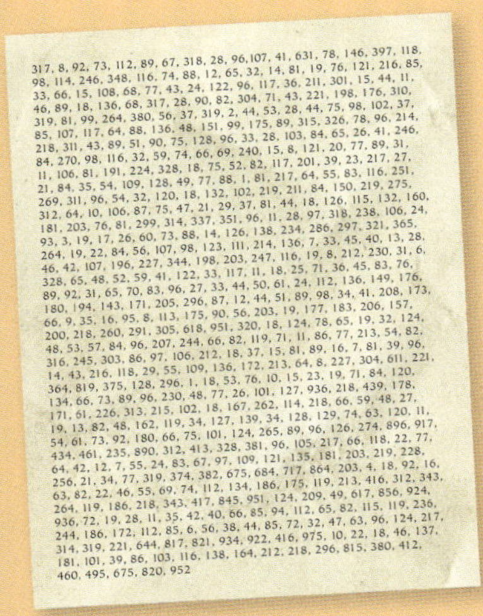

Die erste Chiffre zog die größte Aufmerksamkeit auf sich, denn sie liefert angeblich den Standort des vergrabenen Schatzes (*links*).

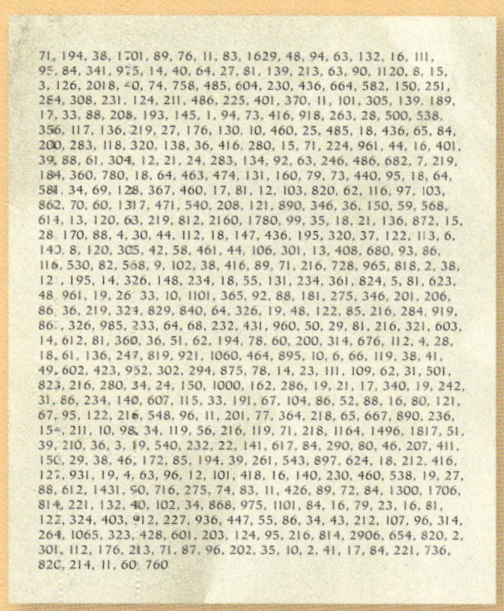

Die dritte Chiffre nennt die Anteilseigner und deren Verwandte, die entschädigt werden sollten, falls die Schatztruhe gefunden wird (*rechts*).

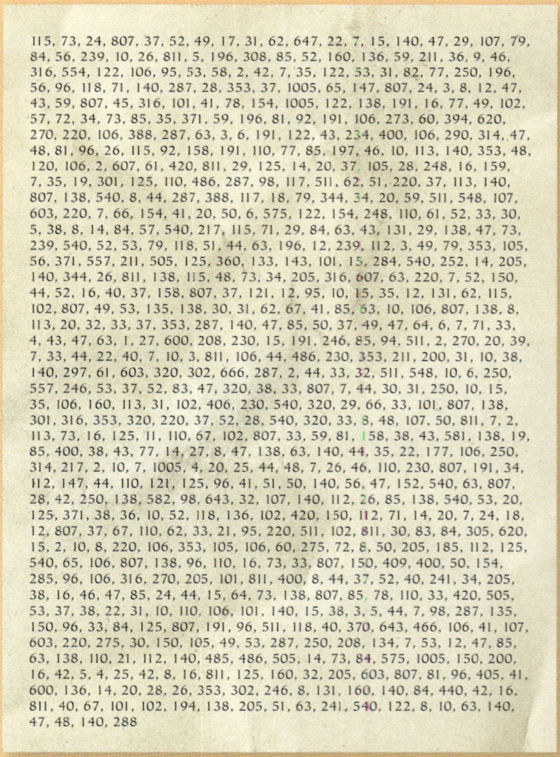

115, 73, 24, 807, 37, 52, 49, 17, 31, 62, 647, 22, 7, 15, 140, 47, 29, 107, 79,
84, 56, 239, 10, 26, 811, 5, 196, 308, 85, 52, 160, 136, 59, 211, 36, 9, 46,
316, 554, 122, 106, 95, 53, 58, 2, 42, 7, 35, 122, 53, 31, 82, 77, 250, 196,
56, 96, 118, 71, 140, 287, 28, 353, 37, 1005, 65, 147, 807, 24, 3, 8, 12, 47,
43, 59, 807, 45, 316, 101, 41, 78, 154, 1005, 122, 138, 191, 16, 77, 49, 102,
57, 72, 34, 73, 85, 35, 371, 59, 196, 81, 92, 191, 106, 273, 60, 394, 620,
270, 220, 106, 388, 287, 63, 3, 6, 191, 122, 43, 234, 400, 106, 290, 314, 47,
48, 81, 96, 26, 115, 92, 158, 191, 110, 77, 85, 197, 46, 10, 113, 140, 353, 48,
120, 106, 2, 607, 61, 420, 811, 29, 125, 14, 20, 37, 105, 28, 248, 16, 159,
7, 35, 19, 301, 125, 110, 486, 287, 98, 117, 511, 62, 51, 220, 37, 113, 140,
807, 138, 540, 8, 44, 287, 388, 117, 18, 79, 344, 34, 20, 59, 511, 548, 107,
603, 220, 7, 66, 154, 41, 20, 50, 6, 575, 122, 154, 248, 110, 61, 52, 33, 30,
5, 38, 8, 14, 84, 57, 540, 217, 115, 71, 29, 84, 63, 43, 131, 29, 138, 47, 73,
239, 540, 52, 53, 79, 118, 51, 44, 63, 196, 12, 239, 112, 3, 49, 79, 353, 105,
56, 371, 557, 211, 505, 125, 360, 133, 143, 101, 15, 284, 540, 252, 14, 205,
140, 344, 26, 811, 138, 115, 48, 73, 34, 205, 316, 607, 63, 220, 7, 52, 150,
44, 52, 16, 40, 37, 158, 807, 37, 121, 12, 95, 10, 15, 35, 12, 131, 62, 115,
102, 807, 49, 53, 135, 138, 30, 31, 62, 67, 41, 85, 63, 10, 106, 807, 138, 8,
113, 20, 32, 33, 37, 353, 287, 140, 47, 85, 50, 37, 49, 47, 64, 6, 7, 71, 33,
4, 43, 47, 63, 1, 27, 600, 208, 230, 15, 191, 246, 85, 94, 511, 2, 270, 20, 39,
7, 33, 44, 22, 40, 7, 10, 3, 811, 106, 44, 486, 230, 353, 211, 200, 31, 10, 38,
140, 297, 61, 603, 320, 302, 666, 287, 2, 44, 33, 32, 511, 548, 10, 6, 250,
557, 246, 53, 37, 52, 83, 47, 320, 38, 33, 807, 7, 44, 30, 31, 250, 10, 15,
35, 106, 160, 113, 31, 102, 406, 230, 540, 320, 29, 66, 33, 101, 807, 138,
301, 316, 353, 320, 220, 37, 52, 28, 540, 320, 33, 8, 48, 107, 50, 811, 7, 2,
113, 73, 16, 125, 11, 110, 67, 102, 807, 33, 59, 81, 158, 38, 43, 581, 138, 19,
85, 400, 38, 43, 77, 14, 27, 8, 47, 138, 63, 140, 44, 35, 22, 177, 106, 250,
314, 217, 2, 10, 7, 1005, 4, 20, 25, 44, 48, 7, 26, 46, 110, 230, 807, 191, 34,
112, 147, 44, 110, 121, 125, 96, 41, 51, 50, 140, 56, 47, 152, 540, 63, 807,
28, 42, 250, 138, 582, 98, 643, 32, 107, 140, 112, 26, 85, 138, 540, 53, 20,
125, 371, 38, 36, 10, 52, 118, 136, 102, 420, 150, 112, 71, 14, 20, 7, 24, 18,
12, 807, 37, 67, 110, 62, 33, 21, 95, 220, 511, 102, 811, 30, 83, 84, 305, 620,
15, 2, 10, 8, 220, 106, 353, 105, 106, 60, 275, 72, 8, 50, 205, 185, 112, 125,
540, 65, 106, 807, 138, 96, 110, 16, 73, 33, 807, 150, 409, 400, 50, 154,
285, 96, 106, 316, 270, 205, 101, 811, 400, 8, 44, 37, 52, 40, 241, 34, 205,
38, 16, 46, 47, 85, 24, 44, 15, 64, 73, 138, 807, 85, 78, 110, 33, 420, 505,
53, 37, 38, 22, 31, 10, 110, 106, 101, 140, 15, 38, 3, 5, 44, 7, 98, 287, 135,
150, 96, 33, 84, 125, 807, 191, 96, 511, 118, 40, 370, 643, 466, 106, 41, 107,
603, 220, 275, 30, 150, 105, 49, 53, 287, 250, 208, 134, 7, 53, 12, 47, 85,
63, 138, 110, 21, 112, 140, 485, 486, 505, 14, 73, 84, 575, 1005, 150, 200,
16, 42, 5, 4, 25, 42, 8, 16, 811, 125, 160, 32, 205, 603, 807, 81, 96, 405, 41,
600, 136, 14, 20, 28, 26, 353, 302, 246, 8, 131, 160, 140, 84, 440, 42, 16,
811, 40, 67, 101, 102, 194, 138, 205, 51, 63, 241, 540, 122, 8, 10, 63, 140,
47, 48, 140, 288

Die zweite Chiffre (*oben*), die offensichtlich vom Verfasser der Broschüre entschlüsselt wurde, enthüllt lediglich die Existenz des Schatzes (*gegenüber*).

Der geheimnisvolle Mr. Beale

Nach den Angaben in der Broschüre berichtete Morriss, dass ein großer, dunkelhäutiger Mann namens Thomas J. Beale 1820 in sein Hotel gekommen sei, wo er den Winter verbrachte, Bekanntschaft mit mehreren ortsansässigen Personen schloss und sich mit dem Hotelbesitzer anfreundete. Im Frühling verließ er die Stadt, tauchte zwei Jahre danach wieder auf und überwinterte erneut im Hotel. Im Frühling verließ er die Stadt, um im Westen Büffel und Grizzlybären zu jagen, aber nicht ohne Morriss zuvor eine eiserne Kassette anzuvertrauen – mit der Bitte, das Schloss aufzubrechen, falls er innerhalb der nächsten zehn Jahre nicht zurückkehren sollte. «Zusätzlich zu den an Sie adressierten Papieren werden Sie weitere Dokumente finden, die Sie ohne die Hilfe eines Schüssels nicht verstehen werden. Den Schlüssel habe ich versiegelt in die Hände eines Freundes in diesem Ort gegeben. Er ist an Sie adressiert und mit dem Vermerk versehen, dass er im Juni 1832 abgeschickt werden soll.» Beale kehrte nicht zurück. Jahrelang widerstand Morriss der Versuchung, die Kassette zu öffnen. Der versprochene „Schlüssel“ tauchte nie auf. Schließlich erlag Morriss 1845 seiner Neugier, brach das Schloss auf und entdeckte vier Blätter aus Papier. Das erste berichtete in Beales Handschrift von der Entdeckung des Gold- und Silberlagers und dem Plan, den Schatz in Virginia zu verstecken. Die drei anderen Blätter waren mit Zahlen bedeckt, die eine Art Chiffre darstellten.

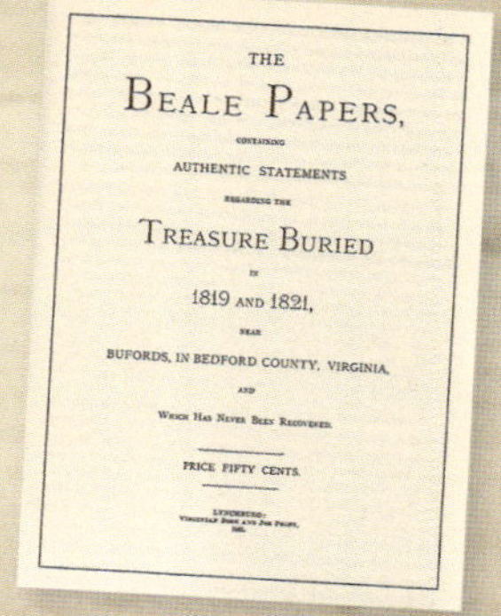

THE
BEALE PAPERS,
CONTAINING
AUTHENTIC STATEMENTS
REGARDING THE
TREASURE BURIED
IN
1819 AND 1821,
NEAR
BUFORDS, IN BEDFORD COUNTY, VIRGINIA,
AND
WHICH HAS NEVER BEEN RECOVERED.
PRICE FIFTY CENTS.

Titelseite der Broschüre aus dem Jahr 1885.

Geheimnisse der Unabhängigkeitserklärung

Ein anfänglicher Test beim ersten Absatz der Erklärung veranschaulicht das Prinzip:

«When, in the course of human events, it becomes necessary for one
1 2 3 4 5 6 7 8 9 10 11 12

people to dissolve the political bands which have connected them with
13 14 15 16 17 18 19 20 21 22 23

another, and to assume among the powers of the earth, the separate and equal
24 25 26 27 28 29 30 31 32 33 34 35 36 37

station to which the laws of nature and of nature's God entitle them, a decent
38 39 40 41 42 43 44 45 46 47 48 49 50 51 52

respect to the opinions of mankind requires that they should declare the causes
53 54 55 56 57 58 59 60 61 62 63 64 65

which impel them to the separation.»
66 67 68 69 70 71

Nimmt man die ersten paar Zahlen des Chiffrentexts, taucht ein Muster auf:

115, 73 24, 807, 37, 52, 49, 17, 31, 62, 647, 22, 7, 15, 140, 47,
- - a - e d e p o s - t e d - n

29, 107, 79, 84, 56, 239, 10, 26, 811, 5,
t - - - o - n t - o

Sogar bei dieser Probe taucht der Anfang einer Botschaft mit dem Wort „deposited“ auf.

Die entschlüsselte zweite Chiffre

«Ich habe in Bedford County, etwa vier Meilen von Buford, in einer Aushöhlung zwei Meter unter der Erdoberfläche die folgenden Gegenstände deponiert, die jenen Personen gehören, die in Nummer drei genannt sind:

Das erste Depot besteht aus 1014 Pfund Gold und 3812 Pfund Silber, eingelagert im November 1819. Das zweite Depot wurde im Dezember 1821 angelegt und besteht aus 1907 Pfund Gold und 1280 Pfund Silber; zudem Juwelen, erworben in St. Louis im Tausch für Silber, um den Transport zu erleichtern, und auf 13 000 Dollar geschätzt.

Obiges ist sicher in eisernen Gefäßen mit Eisendeckeln verpackt. Der Hohlraum ist grob mit Steinen umfasst, und die Gefäße ruhen auf hartem Gestein und sind mit solchen bedeckt. Papier Nummer eins beschreibt die genaue Lage des Hohlraums, so dass es nicht schwierig sein dürfte, ihn zu finden.»

GEHEIMNIS UND IMAGINATION

Schatzkarten

Die Suche nach einem verlorenen Schatz war ein häufiges Motiv vieler Schriftsteller. Robert Louis Stevenson (1850–1894, *oben*) perfektionierte diese Kunst in seinem Roman *Die Schatzinsel* (1883), worin eine Schatzkarte (*unten*) abgebildet war, die er wahrscheinlich mit seinem Stiefsohn Lloyd Osbourne zeichnete und die von den bekannten Kartographen John Bartholomew & Son graviert wurde. Sie bezog mehrere Rätsel mit ein, die von den Protagonisten gelöst werden mussten, um dem Standort des Schatzes auf die Spur zu kommen. Sie ist ein frühes Beispiel einer gänzlich imaginären Karte von einem erdachten Ort. Seither wurden Karten von Tolkiens Mittelerde, C. S. Lewis' Narnia, Pratchetts Scheibenwelt und zahllosen anderen fiktiven Welten entworfen.

Der Vorstellung einer verborgenen Bedeutung ist vor allem in literarischen Texten kaum zu widerstehen. Im 19. Jahrhundert entstanden mehrere äußerst beliebte Erzählungen, deren Auflösung vom Knacken einer Chiffre oder eines Codes abhängig war. Die Presse erlebte ein enormes Wachstum, und viele Zeitungen veröffentlichten Rätsel, die von ihren Lesern gelöst werden sollten. Die Begründer des Kriminalromans Edgar Allan Poe und Arthur Conan Doyle waren beide von Codes, Chiffren und verborgenen Botschaften fasziniert und ließen diese in ihre Werke einfließen.

Geheimnis oder Einbildung?

Der amerikanische Schriftsteller Edgar Allan Poe (1809–1849) gilt als Vater mehrerer literarischer Gattungen: der Kurzgeschichte, der Horrorgeschichte, der Detektivgeschichte und der Science Fiction. Poe war von den wissenschaftlichen Entwicklungen seiner Zeit fasziniert und ließ sie in seine Erzählungen einfließen. Die Kryptographie zählte zu seinen besonderen Leidenschaften, was so weit ging, dass er die Leser des *Alexander's Weekly Messenger* in Philadelphia herausforderte, ihm chiffrierte Botschaften zur Entschlüsselung zu schicken. Dabei versagte er nie, obwohl seine Fähigkeiten auf Ersetzungskryptogramme beschränkt waren. Nachdem er 100 Chiffren gelöst hatte, zog er sich zurück, um zwei chiffrierte Texte zu veröffentlichen, die ihm angeblich ein Leser geschickt hatte (wahrscheinlich aber von Poe selbst stammten), und bot der Öffentlichkeit die Chance, einen Wettbewerb zu gewinnen, falls das Rätsel gelöst würde. Es blieb jedoch 150 Jahre lang ungelöst, bis ein Internet-Wettbewerb die Lösung hervorbrachte.

Edgar Allan Poe beschäftigte sich leidenschaftlich gern mit Kryptographie.

Der Goldkäfer

Poes Erzählung *Der Goldkäfer* (1843) ist eine Geschichte über einen fehlenden Schatz, die Verrücktheit und die Leidenschaft. Der Schlüssel zum Aufenthaltsort von Kapitän Kidds verlorener Schatzkiste ist eine Mischung aus seltsamen geographischen Standorten und einer Botschaft in Form eines scheinbar komplizierten Kryptogramms, das mit unsichtbarer Tinte auf ein Stück Pergament geschrieben ist und vom melancholischen Protagonisten Legrand an einem Strand gefunden wird. Die Botschaft lautet:

“53‡‡†305)) 6*;4826)4‡.)4‡) ;806*;48†8¶60))85;1‡(;:‡*8†83(88)
5*†;46(;88*96*?;8)*‡(;485) ; 5*†2 : *‡(;4956*2 (5*—4) 8¶8*;40692 85)
;) 6†8) 4‡‡;1 (‡9;48081 ;8:8‡1 ;48†85;4) 485† 528806*81 (‡9;48;(88
;4(‡?34;48)4‡;161;:188;‡?;”

Der Erzähler kann darin keinen Sinn erkennen, und Poes Verwendung von Zahlen und Symbolen, die in einer Kette angeordnet sind, an Stelle von Buchstaben, scheint das Ganze für den Leser noch komplizierter zu machen. Legrand erklärt Schritt für Schritt, wie er die Botschaft mit Hilfe der einfachen Frequenzanalyse (*siehe S. 68*) entzifferte und ein vorläufiges Alphabet ermittelte. Zusätzlich suchte er nach doppelten Symbolen und wiederholten Ketten und entschlüsselte die Botschaft als:

«Ein gutes Glas in der Herberge des Bischofs in des Teufels Sitz einundvierzig Grad Nordost und nach Norden Hauptzweig siebentes Glied Ostseite schieße vom linken Auge des Totenkopfes eine Bienenlinie vom Baum durch den Schuss fünfzig Fuß nach außen.»

Die verschlüsselte Botschaft, die anfangs ebenso rätselhaft erscheint wie das Kryptogramm, wird von Legrand durchgearbeitet: „Glas“ bedeutet Fernrohr; „Herberge des Bischofs“ ist ein Hinweis auf eine Felsnase, auf der der „Teufelssitz“ einen Ausguckpunkt bildet; von dort kann man unter Befolgung der Peilung einen Baum mit einem in den Zweigen sitzenden Schädel erkennen; eine gewichtete Linie, die durch das linke Auge des Schädels führt, markiert einen Punkt auf dem Boden, der 15 Meter vom Standort des Schatzes entfernt ist.

Sherlock Holmes

Arthur Conan Doyles dauerhafteste Schöpfung war ein begnadeter Code-Entschlüsseler. Die meisten Geheimnisse in seinen Fallsammlungen löste er durch einen kryptoanalytischen Zugang zu den scheinbar hartnäckigsten Problemen.

„Die tanzenden Männchen“

In der Kurzgeschichte „Die tanzenden Männchen“ versetzt Holmes seinen Gefährten Dr. Watson einmal mehr durch seine Logik in Erstaunen. Obwohl er der Autor „einer belanglosen Monographie über das Thema, in der ich einhundertsechzig verschiedene Chiffren analysiere" war, verließ sich Holmes auf die einfache Frequenzanalyse, um zu seiner Schlussfolgerung zu kommen. Unglücklicherweise geschieht das zu spät, um das Leben der Opfer des Kryptographen zu retten. Möglicherweise liegt das daran, dass die codierte Botschaft in Form scheinbar harmloser Zeichungen geliefert wird und Holmes den Code nur in kleinen Schüben erhält, die für die Analyse des gesamten Codes nicht ausreichen. Holmes' Klient gibt ihm eine Reihe von Kryptogrammen in Form tanzender Strichmännchen.

Arthur Conan Doyle (1859-1930). Sein weltberühmter Held Sherlock Holmes benutzte meist die forensischen Techniken eines Kryptoanalytikers, um seine Fälle zu lösen. Aber nur in einigen seiner Erzählungen tauchen Chiffren auf.

1 Die erste Botschaft
Holmes stellt fest, dass die „tanzenden Männchen“ Chiffren für Buchstaben sind, und findet ferner heraus, dass der häufigste Buchstabe das „e“ ist und die fahnenschwingenden Männchen möglicherweise Wortendungen kennzeichnen.

Nachdem Holmes herausgefunden hat, welche Chiffre das „e“ repräsentiert, stellt er Vermutungen über fehlende Buchstaben an und fügt Leerstellen ein:

A M/ H E R E/ A .. E/ .. .. A .. E ..

Er nimmt an, dass die beiden letzten Wörter die Unterschrift oder den Namen des Kryptographen darstellen, dessen Vorname „Abe“ lauten und möglicherweise amerikanisch sein könnte.

2 Die zweite Botschaft
Sie beginnt mit einer Reihe von Figuren, die die Buchstaben **A .. / E .. R .. .. E ..** ergeben, von denen Holmes (korrekterweise) annimmt, dass sie auf den Aufenthaltsort des Kryptographen hinweisen, gefolgt von:

Da Holmes weiß, dass der Name der Ehefrau seines amerikanischen Klienten Elsie lautet, füllt er ein „I“, ein „L“ und ein „S“ ein und konzentriert sich danach auf das erste Wort. Da er annimmt, dass der Kryptograph Elsie zu einem Treffen überreden will, vermutet Holmes, dass es sich bei den ersten drei Buchstaben um ein „C“, ein „O“ und ein „M“ handeln könnte:

C O M E/ E L S I E

An diesem Punkt kann Holmes mehr von den fehlenden Buchstaben aus der ersten Botschaft einfügen:

A M/ H E R E/ A B E/ S L A .. E ..

Holmes kontaktiert die amerikanische Polizei, um herauszufinden, ob es in ihren Akten einen „Abe Slaney“ gibt. Er ist auf der richtigen Spur.

3 Die dritte Botschaft
Dies scheint eine Antwort von Elsie zu sein und liefert Holmes ein scheinbar belangloses „v“.

4 Die letzte Botschaft
Holmes fügt das letzte Stück in seine vorherigen Erkenntnisse ein, aber die Botschaft kommt zu spät in der Baker Street an.

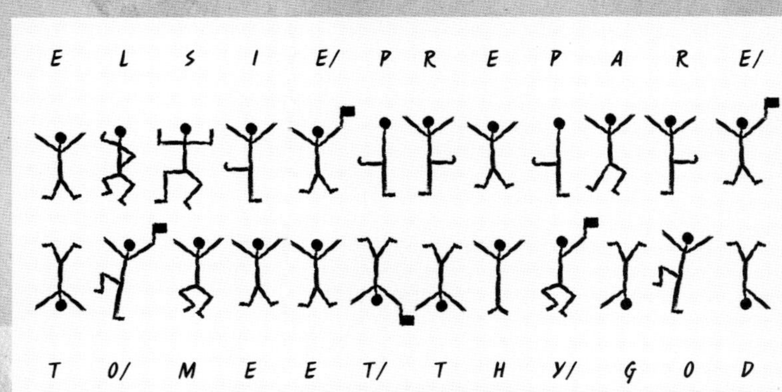

Erst als Holmes diese Botschaft gesehen und die fehlenden Buchstaben erraten hat, verfügt er über genügend Material zur Lösung des Problems. Aber der bedrohliche Absender der verschlüsselten Botschaften hat bereits zugeschlagen. Elsie ist lebensgefährlich verletzt, und Holmes' Klient ist tot. Er wurde von einem amerikanischen Verbrecher namens Abe Slaney ermordet, einem früheren Liebhaber Elsies, der sie zurückgewinnen wollte. Die schlauen Schlussfolgerungen führten zu seiner Festnahme. Der Code, den Slaney benutzt hatte, wurde angeblich in der Unterwelt von Chicago verwendet.

Fantasy-Codes

Im 20. Jahrhundert wurde die Popularität von Fantasy und Science Fiction von zahlreichen Autoren, Filmemachern und Computerspielentwicklern begleitet, die parallele Welten erschufen und mit erdachten Alphabeten, Kalendern, Zahlensystemen und verschlüsselten Geheimnissen ausstatteten. Die Mittelerde-Romane von J. R. R. Tolkien (1892–1973) enthalten mehrere fiktive Sprachen und stellen den ersten Höhepunkt dieses einfallsreichen Genres dar.

Die Runen buchstabieren den Namen von Arne Saknussemm, einem isländischen Forscher, dessen verschlüsselte Botschaft zum Zündfunken für *Die Reise zum Mittelpunkt der Erde* wird.

Frühe Science Fiction

Zwar war Edgar Allan Poe wahrscheinlich der erste Schriftsteller, der seine geheimnisvollen Erzählungen mit verschlüsselten Botschaften ausstattete (*siehe S. 260*), im 19. Jahrhundert findet man jedoch noch weitere Beispiele. Der 1864 veröffentlichte Roman *Die Reise zum Mittelpunkt der Erde* von dem Franzosen Jules Verne beginnt mit der Entdeckung einer alten Botschaft in isländischen Runen, deren Entschlüsselung die ersten vier Kapitel dominiert. Zuerst übersetzt Professor Lidenbrock die Runenschriftzeichen, aber die Übersetzung ergibt lediglich einen Wirrwarr aus Buchstaben, der eindeutig ein Kryptogramm darstellt. Auch eine Anordnung der Zeichen in senkrechten Spalten ergibt keinen Sinn, bis der Professor den ersten Buchstaben jeder Zeichengruppe hernimmt, danach den zweiten und so weiter. Noch immer ist kein Muster zu erkennen, bis endlich eine lateinische Textpassage erscheint, als man die Zeichen von hinten nach vorn liest. Sie liefert den Abenteurern eine Wegkarte zum Mittelpunkt der Erde. Zwanzig Jahre später dreht sich die Handlung in Vernes 1885 veröffentlichtem Roman *Mathias Sandorf* um die Fleißnersche Schablone (*siehe S. 81*).

Tolkiens Runen

Als Veteran der Schlachtfelder an der Somme und Professor für angelsächsische und dann englische Literatur in Oxford konnte J. R. R. Tolkien seiner Trilogie *Herr der Ringe* (1954–1955) auf Grund seines akademischen Wissens eine große Glaubwürdigkeit verleihen. Seine Vision vom letzten Gefecht zwischen den Mächten des Guten und des Bösen wurde durch seine zusammenhängende Vision von Mittelerde (er lieferte Karten des Reiches) sowie der mythologischen Geschichte bereichert, die sich durch verschiedene Runensprachen und Schriften manifestiert, die Tolkien in *Der Hobbit* (1937) und *Das Silmarillion* (1977) näher beschrieben hat. Er erfand Alphabete und Sprachen aus früheren Zeitaltern und behauptete, dass seine Vision von Mittelerde aus den Sprachen gewachsen sei und nicht umgekehrt. 1915 erfand er die erste Sprache „Quenya" (die sich zu „Hochelbisch" weiterentwickelte). Die unteren Beispiele zeigen „Der Hobbit" in verschiedenen Schriften.

Cirth
Cirth ist eine von links nach rechts geschriebene direkte Nachbildung nordischer und angelsächsischer Runen, wird für Inschriften in verschiedenen Mittelerdesprachen wie Quenya, Sindarin (das auf dem Walisischen basiert) und Zwergisch verwendet. Die Worte werden durch Punkte getrennt.

Tengwar
Tolkien investierte die größten Anstrengungen in dieses imaginäre Schriftsystem, das an tibetische und brahmanische Schriftzeichen erinnert: Es gibt unterschiedliche Schreibweisen, je nachdem, in welcher Sprache geschrieben wird (in erster Linie Sindarin oder Quenya).

Sarati
Sarati wird für eine Handvoll Inschriften verwendet und in senkrechten Reihen von links nach rechts geschrieben. Das Alphabet besteht aus Konsonanten mit diakritischen Vokalzeichen, die entweder vor oder hinter dem Konsonanten platziert werden.

Phantasieprachen

Der englische Staatsmann und Philosoph Thomas Morus (1478–1535) erfand in seiner politischen Allegorie *Utopia* (1516, *siehe rechts*) ein ideales Alphabet. Im Verlauf der letzten 50 Jahre wurden zahllose Sprachen und Alphabete für Phantasiewelten erfunden.

Thomas Morus' Idealschrift wird hier zum Buchstabieren von „Utopia" verwendet.

Antiker-Sprache	Für die TV-Serie *Stargate SG-1* erfunden.
Ath-Alphabet	Für den Roman *Crest of the Stars* (1996) aus der *Seikai*-Trilogie von Hiroyuki Morioka erfunden.
Aurek-Besh	Alphabet von Stephen Crane in *Die Rückkehr der Jedi-Ritter* und in anderen *Star-Wars*-Filmen.
Gnomisch	Kommt in der Kinderbuchreihe *Artemis Fowl* von Eion Colfer vor.
Hylianisch	Wurde für *The Legend of Zelda* und andere Nintendo-Fantasyspiele erfunden.
Kryptonisch	Erfindung von E. Nelson Bridwell für die *Superman*-Comics in den 1970er Jahren, kommt auch in der Fernsehserie *Smallville* vor.
Marain	Iain M. Banks erfand diese Sprache in seinem *Kultur*-Romanzyklus.
SGA	Galaktisches Standard-Alphabet; von Tom Hall für die *Commander-Keen*-Computerspiele erfunden.
Tenctonesisch	Von Joe Hawthorne für die *Alien-Nation*-Serie vielleicht aus der Pitman-Kurzschrift hergeleitet.

***Star Trek* hat mehrere** Alphabete für außerirdische Sprachen entwickelt wie Vulkanisch, Klingonisch und Romulanisch, das in Kzhad geschrieben wird (*oben*).

Cyberpunk

Die potenzielle Macht der Computer zur Beherrschung und endgültigen Überwältigung des menschlichen Lebens wurde gründlich erforscht, vor allem in den „Cyberpunk"-Romanen von William Gibson (geb.1948) wie *Neuromancer* (1984) und *Count Zero* (1986). Hier wird der Austausch zwischen codierten Daten und Menschen als neues Paradigma betrachtet, wobei digitale und organische Codes zu einem nahtlosen und austauschbaren Netzwerk verbunden sind. Gibson prägte den Begriff „Cyberspace".

In dem Filmzyklus *Die Matrix* der Wachowski-Brüder wird eine Zukunftswelt vorgestellt, in der die Menschen lediglich Teile einer zur Gänze von Computern erschaffenen „Realität" sind. Die Menschen wurden zu kleinen Codeketten in einem codierten Universum.

Der amerikanische Schriftsteller Neal Stephenson (geb. 1959) verfasste eine Kultromanserie, die detaillierte Geschichtsforschung (und reale Personen) mit Theorien verwob, die sich mit der mathematischen Wissenschaft und Kulturgeschichte der Kryptographie (mit fiktiven Charakteren) beschäftigt haben, wodurch eine dichte historische Erzählung entstanden ist, die den Großteil der letzten 400 Jahre umfasst. Beginnend mit *Cryptonomicon* (1999), das auf Alan Turings Entwicklung von Berechnungsmodellen in Cambridge und Bletchley Park (*siehe S. 119, 121*) sowie auf die Erschaffung einer modernen Datenoase blickte, erweiterte er seine Themen in einer ausführlichen Vorgeschichte, dem *Barock-Zyklus* (2003–2004). In dem Romanzyklus treten berühmte Mathematiker und Naturwissenschaftler auf (darunter Hooke, Newton und Leibniz), und es werden Ideen behandelt wie die Kryptographie, mechanische Computer („Logikmühlen"), die Alchemie und die Naturwissenschaften, das Freidenkertum und der Kapitalismus.

WELTUNTERGANGSCODES

Es gibt viele Namen: Jüngster Tag, Armageddon, Apokalypse, Jüngstes Gericht. Die ganze Geschichte hindurch glaubten Angehörige verschiedener Religionen und Gesellschaften, sie würden „am Ende der Tage" leben und es blieben nur noch wenige „Minuten bis Mitternacht". In den letzten fünfzig Jahren glaubten wir mehr denn je, dass das Ende der Tage bevorstünde: Atomkrieg, Umweltkatastrophen, globale Pandemien oder Dritter Weltkrieg sind populäre Endzeitbilder in den Medien. Randgruppen und paranoide Einzelpersonen glauben, dass die vorhergesagte Apokalypse nahe sei. Sie sind der Ansicht, wir würden das selbst erkennen, sobald wir den richtigen Code geknackt haben.

Die apokalyptischen Reiter
Die mittelalterliche Furcht vor Krieg, Eroberung, Pest und Tod (wie auf dem Druck von Albrecht Dürer, *oben*) ist noch immer gegenwärtig. Eine seltsame Mischung aus astronomischen und astrologischen Berechnungen hat zu einer ungeheuren Anzahl von „Weltuntergängen" geführt. Nostradamus postulierte, dass die ungünstigsten Daten für die Zukunft auftauchen würden, wenn Karfreitag auf den 23. April fällt, den Tag des hl. Georg, Ostersonntag auf den 25. April, den Tag des hl. Markus, und Fronleichnam auf den 24. Juni, den Tag des hl. Johannes des Täufers. Das kam in den folgenden Jahren vor, und einige katastrophale Ereignisse wurden den „verschüsselten" Berechnungen des Nostradamus zugeschrieben: 45, 140, 387, 482, 577, 672, 919, 1014, 1109, 1204, 1421,1451, 1546, 1666, 1734, 1886, 1945. Die nächsten Jahre mit angeblich katastrophalen Ereignissen sind 2012 und 2096.

Nostradamus

Der als Michel de Nostredame geborene Franzose Nostradamus (1503–1566) zählte zu den führenden Astrologen und Ärzten der Renaissance. Im Verlauf seines Lebens machte Nostradamus mindestens 6338 Prophezeiungen, die er in seinen jährlich erscheinenden „Almanachen", „Ankündigungen" und „Voraussagen" gewinnbringend veröffentlichte. In den vergangenen Jahren waren die Menschen vor allem an seinen Prophezeiungen interessiert, die angeblich die Weltgeschichte bis ins Jahr 3797 nach Christus vorhersagen. Die Prophezeiungen wurden mit so unterschiedlichen Ereignissen wie dem Aufstieg von Hitler oder der Kennedyfamilie in Verbindung gebracht, wobei diese offensichtlich „erfüllten" Voraussagen als Beweis dafür verwendet wurden, dass Nostradamus ein genialer Prophet gewesen sei. Viele Mythen und Gerüchte umgeben die Gestalt des Nostradamus. Angeblich wurde er aufrecht begraben, mit einem Medaillon um den Hals, das voraussagt, wann er wieder ausgegraben wird. Bei seinen Prophezeiungen tauchen viele Probleme auf. Manche vermuten, dass sie in einem Code verfasst wurden, aber in Wirklichkeit geriet die Ordnung von Büchern wie den *Centurien* im Verlauf der Jahrhunderte durcheinander, was sich auch in den Texten niederschlug. Handschriftlich duplizierte Texte, die sich von frühen Faksimiles unterschieden, und die interpretative Übersetzung stellen weitere Probleme dar.

ESTANT aſsis de nuit ſecret eſtude,
Seul repouſé ſus la ſelle d'æ rain,
Flambe exigue ſortant de ſolitude,
Fait proferer qui n'eſt à croire vain.

Der erste „Centurien"-Vierzeiler
Nachts über geheimen Studien sitzend,
Alleine auf dem Messingstuhl ruhend:
Eine kleine Flamme aus der Einsamkeit,
Was nicht vergeblich geglaubt wird,
wird hervorgebracht.

Altertümliche Schreibweise
Die Vierzeiler waren Vulgärlatein verfass und wurden ins Fra sische übersetzt. Et fünf Prozent der Wö sind nicht erkennba Französisch, weitere fünf Prozent sind Altfranzösisch, Griechisch oder Latein.

Da es in der Literatur des 16. Jahrhunderts üblich war, alle Schriftstücke (sogar wissenschaftliche Abhandlungen) in „Quatrains" (Vierzeilern) zu verfassen, schrieb auch Nostradamus in dieser Form. Er verwendete eine blumige poetische Sprache und setzte bewusst düstere altgriechische und lateinische Wörter ein. Für ungebildete Menschen erschienen sie wie „Codes", tatsächlich sind es aber nur Metaphern, um die Prophezeiungen zweideutig genug zu machen und keine einflussreichen Leute zu verärgern.

Unter den gefährlichen Daten, die Nostradamus (*links*) voraussagte, befand sich auch das Jahr 1666, in dem London von einem Großbrand zerstört wurde (*rechts*). Aus Gleichzeitigkeiten wie dieser (die für einen Bauern in Frankreich oder China kaum von Bedeutung waren), schöpften Millenaristen die Elemente für den Glauben an die Prophezeiungen.

Fünf Minuten vor Zwölf?

Die Atomkriegsuhr (eigentlich „Uhr des Jüngsten Gerichts“) ist eine Schöpfung des *Bulletin of the Atomic Scientists* an der Universität von Chicago. Seit ihrer Gründung im Jahr 1947 wurde sie von den Erfindern regelmäßig gewartet. Ihre Aufgabe ist in erster Linie symbolisch, da sie die Veränderungen und Entwicklungen in den Naturwissenschaften und Technologien darstellen soll, die die Zivilisation dem Ende näher bringen. Die Stellung der Zeiger auf dem Ziffernblatt gibt an, wie nahe die Zivilisation gegenwärtig zu „zwölf Uhr Mitternacht“ ist. Die Instandhalter der Uhr berücksichtigen das Potenzial der politischen, wirtschaftlichen und umweltbedingten Einflüsse auf den drohenden Untergang durch einen Atomkrieg, die globale Erwärmung und die Entwicklung der Biotechnologie. 1953 zeigte die Uhr zwei Minuten vor zwölf an (sowohl die USA als auch die Sowjetunion hatten innerhalb von neun Monaten Nuklearwaffen getestet), und ein weiteres Mal 1984, am Höhepunkt des Kalten Krieges. Seit dem 17. Januar 2007 steht die Uhr auf fünf Minuten vor zwölf Uhr Mitternacht.

Die abgewendete Apokalypse

Y2K, das „Jahr-2000-Problem“ oder der „Millennium-Bug“, war die Befürchtung, dass die Zeitmesssysteme in Computern auf der ganzen Welt nicht mit dem Übergang ins dritte Jahrtausend umgehen können würden und dass die Auswirkungen auf eine Welt, die sich so sehr auf die Computertechnologie verlässt, möglicherweise verheerend sein könnten. Werden wir die Kontrolle über unsere Atomkraftwerke … unsere Krankenhäuser … unsere Waffen verlieren? Das Problem ging zurück auf die Programmierung früher Computer, was (so glaubte man jedenfalls) zwischen dem 31. Dezember 1999 und dem 1. Januar 2000 zu einem Zusammenbruch der mit dem Datum verbundenen Datenverarbeitung führen würde. Zahlreiche Regierungen und private Firmen investierten große Beträge in das Aufrüsten von Computern, um sicherzugehen, dass sie „Y2K-sicher“ sind. Tatsächlich geschah am 31. Dezember 1999 nicht viel, weder in den Ländern, die viel Zeit aufgebracht und Geld ausgegeben hatten, um ihre Computer Y2K-kompatibel zu machen, noch in den Ländern, die das nicht getan hatten. Das Schlimmste passierte in Australien, wo in zwei Staaten die Entwertungsautomaten für Busfahrscheine nicht mehr funktionierten.

2012: „Endzeit“?

Der 21. Dezember 2012 wird von vielen New-Age-Anhängern als das Datum für ein katastrophales Ereignis angegeben, das die menschliche Zivilisation entweder auslöschen oder auf ewig verändern soll. Manche gründen ihre Theorie auf den 3800 Jahre alten Maya-Kalender der Langen Zählung (*oben*). Dieser misst Daten über lange Zeitperioden (alles, was länger als 52 Jahre ist), und der Winter 2012 steht am Ende des 5125-jährigen Zyklus, den der Kalender umfasst. Das Datum fällt mit der „galaktischen Ausrichtung“ zusammen, bei der sich die Sonne zur Sonnenwende auf einer Linie mit dem Äquator unserer Galaxie, der Milchstraße, befindet, und wird in weiterer Folge von einigen New-Age-Gläubigen verwendet, um ihre Theorien zu stützen. Seltsamerweise trifft es auch mit einem der apokalyptischen Daten des Nostradamus zusammen (*gegenüber*). Akademische Maya-Speziaisten verwerfen diese Theorien jedoch und meinen, dass es keinen Grund zu der Annahme gibt, dass das Ende des Kalenders der Langen Zählung das Ende der Welt anzeigt (denn die Welt hat zweifellos schon vor dem Beginn des Kalenders existiert), oder zu glauben, dass die Maya dies beabsichtigt hätten.

13

Mit dem Aufkommen von Computern begann ein neues Zeitalter für die Kryptographie. Diese außergewöhnlichen Werkzeuge veränderten nicht nur die Art, in der Codes generiert und angegriffen werden konnten. Man konnte sich mit ihnen auch nur in codierten Sprachen verständigen.

Das digitale Zeitalter

Die Allgegenwart binärer digitalisierter Systeme im modernen Leben bedeutet, dass zahllose Aspekte unseres Daseins von Kombinationen aus Nullen und Einsen abhängen, von der Führung von Staaten, über die Sicherheit und das Finanzwesen bis zu unserem Haushalt – wie wir uns verständigen, uns bewegen, Geld verdienen oder ausgeben, uns unterhalten und wie wir auf unsere Gesundheit und unser Wohlbefinden achten. Wir wurden zwangsläufig alle zu Kryptographen.

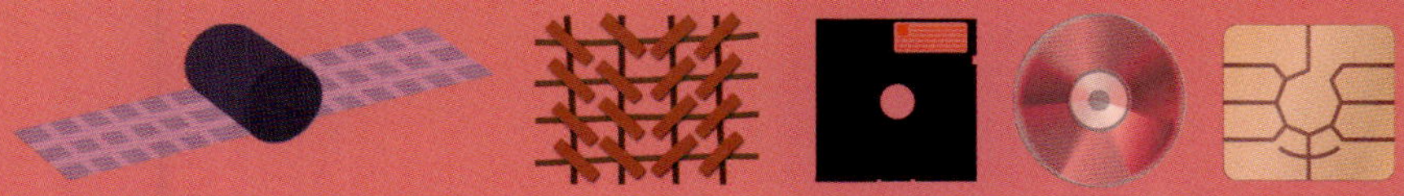

DIE ERSTEN COMPUTER

Babbage der Erfinder
Charles Babbage wurde in London geboren und studierte am Trinity College und danach am Peterhouse in Cambridge. 1812 gründete er mit John Herschel und George Peacock die Analytical Society und war von 1828 bis 1839 Professor für Mathematik in Cambridge. Zwar wird sein Name vor allem mit der Differenzmaschine in Verbindung gebracht, Babbage entwickelte jedoch auch mehrere andere bedeutende Erfindungen.

Drucker Babbage entwarf eine Version der Differenzmaschine, die die Ergebnisse auf Papier ausdrucken konnte.
Analytische Maschine Sie wurde nie gebaut, aber als leistungsstärkere Version der Differenzmaschine entworfen. Der Bediener wäre in der Lage gewesen, mit Hilfe einer Reihe von Lochkarten zu programmieren, welchen Rechenvorgang die Maschine ausführen soll. Fast ein Jahrhundert später verwendeten die ersten elektronischen Computer dieselbe Methode, um Befehle zu lesen und Daten zu speichern.
Unterbrochenes Feuer Wird bei Leuchttürmen und Leuchtschiffen eingesetzt, die rhythmisch aufflackern und dabei ein regelmäßiges Signal erzeugen, das den Seeleuten anzeigt, in der Nähe welches Leuchtturms sie sich befinden (*siehe S. 166*).
Schienenräumer Wurde an der Vorderseite von Lokomotiven angebracht, um Hindernisse von den Schienen zu räumen.

Charles Babbage (1791–1871) war ein englischer Mathematiker und begnadeter Ingenieur, der die ersten Maschinen zur Lösung mathematischer Probleme entwarf. Während seines Mathematikstudiums an der Universität von Cambridge stieg seine Frustration über das menschliche Versagen bei den damals verfügbaren mathematischen Tabellen. Da es noch keine Rechner gab, mussten Werte für Funktionen wie Sinus, Tangens und Logarithmus in Tabellen nachgeschlagen werden, die durch wochenlanges Rechnen von Hand erstellt wurden. Babbage dachte sich eine Maschine aus, die in der Lage wäre, die Werte für die Funktionen rasch und ohne die Möglichkeit des menschlichen Versagens mit einem hohen Grad an Genauigkeit zu berechnen – den ersten Computer.

Die Differenzmaschine

Charles Babbage erkannte, dass seine Maschine mit Hilfe eines speziellen mathematischen Prozesses, der sogenannten „Finite-Differenzen-Methode", die zur Lösung von Subtraktionen mit großen Zahlen benötigten langatmigen Berechnungen durchführen konnte. Das wurde durch eine dicht aufeinander abgestimmte Folge von Zahnrädern und Sperrklinken erreicht. Die Differenzmaschine war Babbages erster Entwurf, auf Grund der eingeschränkten Möglichkeiten der damaligen Technik wurde die Maschine aber nie fertiggebaut. Babbage entwarf später eine verbesserte Version der Differenzmaschine, aber erst 20 Jahre nach seinem Tod wurde eine funktionierende Version gebaut, die auf seinen Entwürfen basierte.

Ein Zahnrad vom Ergebnisteil der Maschine, das einen der vier aufgedruckten Sätze mit den Ziffern von 0 bis 9 zeigt. Die Reihen der Zahnräder geben das 31-stellige Resultat der von der Maschine ausgeführten Berechnung an.

Eine maßstabsgetreue Rekonstruktion der Differenzmaschine wurde 1991 vom Londoner Science Museum fertiggestellt. Sie besteht aus etwa 25 000 Bauteilen, wiegt 15 Tonnen und ist 2,4 Meter hoch. Die erste Versuchsberechnung spuckte eine Zahl mit 31 Ziffern aus.

Zwei von Babbages originalen Getriebezahnrädern mit einem „Übertragungshebel“. Während die Hauptantriebswelle der Maschine rotierte, drehten sich die Zahnradsäulen und brachten auch die anderen Zahnräder in der Säule dazu, sich zu drehen, abhängig von der jeweiligen Position der Zahnräder. An jedes Zahnrad war ein Rad mit Zahlen angebracht (31 in jeder Säule), das den gegenwärtigen Stand der Berechnung anzeigte. Der Übertragungshebel löste die Übertragung des Ergebnisses von einem Säulensatz zum nächsten aus.

Mit Hilfe von Babbages Lochkarten, die für die Analytische Maschine entworfen worden waren, konnte die Maschine für die Ausführung verschiedener Rechenvorgänge programmiert werden. Obwohl die Analytische Maschine nie gebaut wurde, wurden Lochkarten bis in die 1970er Jahre zum Programmieren von Computern verwendet.

Von Hand
Der Hauptrotor, der die Rechenräder bewegte, wurde von Hand gedreht, obwohl Babbage an einen Antrieb durch Dampfkraft oder Elektrizität gedacht hatte.

Frühe Lochkarten

Die ersten Lochkarten wurden im späten 18. Jahrhundert entwickelt, um Muster für mechanische Webstühle zu „programmieren“. Sie wurden auch beim automatischen Klavier (Pianola) verwendet. Babbage übernahm die Idee für seine Analytische Maschine und erfand das erste Computerprogramm.

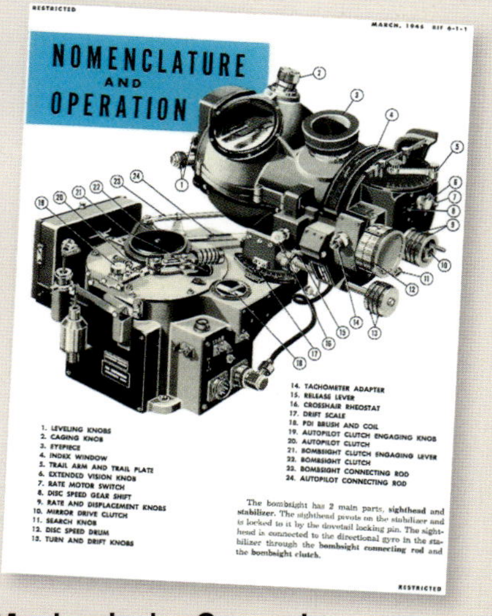

RESTRICTED

MARCH, 1946

NOMENCLATURE AND OPERATION

1. LEVELING KNOBS
2. CAGING KNOB
3. EYEPIECE
4. INDEX WINDOW
5. TRAIL ARM AND TRAIL PLATE
6. EXTENDED VISION KNOB
7. RATE MOTOR SWITCH
8. DISC SPEED GEAR SHIFT
9. RATE AND DISPLACEMENT KNOBS
10. MIRROR DRIVE CLUTCH
11. SEARCH KNOB
12. DISC SPEED DRUM
13. TURN AND DRIFT KNOBS
14. TACHOMETER ADAPTER
15. RELEASE LEVER
16. CROSSHAIR RHEOSTAT
17. DRIFT SCALE
18. PDI BRUSH AND COIL
19. AUTOPILOT CLUTCH ENGAGING KNOB
20. AUTOPILOT CLUTCH
21. BOMBSIGHT CLUTCH ENGAGING LEVER
22. BOMBSIGHT CLUTCH
23. BOMBSIGHT CONNECTING ROD
24. AUTOPILOT CONNECTING ROD

The bombsight has 2 main parts, **sighthead** and **stabilizer.** The sighthead pivots on the stabilizer and is locked to it by the dovetail locking pin. The sighthead is connected to the directional gyro in the stabilizer through the **bombsight connecting rod** and the **bombsight clutch.**

RESTRICTED

Mechanische Computer

Der moderne Computer ist ein digitales System aus elektronischen Schaltkreisen. Zuvor wurden mechanische Computer entwickelt wie der Norden Bombsight (*oben*) für amerikanische Kampfflugzeuge im Zweiten Weltkrieg. Er berechnete die Geschwindigkeit in der Luft und auf dem Boden, Flughöhe, Windgeschwindigkeit und Kursabweichungen und war an eine frühe Form des Autopiloten gekoppelt, um die Flugzeuge für Bombenabwürfe auf Zielkurs zu halten. Heute werden mechanische Computer für Situationen entwickelt, wo elektronische Geräte versagen könnten wie Nachkriegssituationen oder Umgebungen mit hohen Temperaturen oder Strahlungswerten.

Supercomputer

Als IBM 1954 mit dem IBM 704 den ersten käuflichen Computer produzierte – beinahe ein Jahrhundert, nachdem Charles Babbage seine Differenzmaschine erfunden hatte, aber nur zehn Jahre, nachdem Alan Turing seine „Bombe" entwickelt hatte (*siehe S. 120*) –, prognostizierte die Marketingabteilung der Firma einen Markt von lediglich sechs Maschinen. Ein halbes Jahrhundert später waren bereits an die zwei Milliarden Computer verkauft, von denen heute auf der ganzen Welt rund eine Milliarde in Verwendung ist. Computer sind Maschinen, die mit einem Code gefüttet werden: Codierte Sprachen legen fest, auf welche Weise wir mit Computern sprechen (*siehe S. 272*), wie sie arbeiten, denken und verschaltet sind. Vielleicht werden die immer kompakteren Geräte bald zu ihren eigenen Codemastern, so dass in absehbarerer Zukunft die Notwendigkeit des menschlichen Eingreifens überflüssig wird.

Der NEC Earth Simulator („Erdsimulator") in Yokohama, Japan, wurde 1997 gebaut und war einer der ersten und schnellsten Supercomputer. Er führt Simulationen von globalen Klimamodellen durch und überwacht die Klimaveränderung sowie geophysikalische Vorgänge. Die japanische Regierung verlässt sich für genaue Wettervorhersagen auf ihn. Er hat eine Kapazität von 35,86 Billionen Gleitkomma-Operationen pro Sekunde. 2008 wurde die Entwicklung einer noch leistungsstärkeren Maschine angekündigt.

Dein Leben in ihren Händen

Im Verlauf des vergangenen Jahrzehnts wurden moderne „Supercomputer" entwickelt, denen hochkomplizierte Aufgaben anvertraut werden, die Auswirkungen auf unser aller Sicherheit haben. Der ASC-Purple-Supercomputer der Terascale Simulation Facility am Lawrence Livermore National Laboratory im kalifornischen Livermore ist der schnellste Superrechner der Welt. Er ist mit einem weiteren System verbunden, dem BlueGene/L, ebenfalls ein Superrechner auf dem neuesten Stand der Technik. Die Aufgabe des ASC Purple besteht darin, die Sicherheit und Verlässlicheit des US-Atomwaffenarsenals durch kontinuierliche Simulationen und andere Kontrollen zu gewährleisten. Der Zugang zu dem Supercomputer wird durch Bürokratie, Hochsicherheitscodes und Firewalls erschwert, um Hacker fernzuhalten. Dennoch wurden 2007 Berichte über aus Asien stammende Hackerangriffe auf dieses und andere Spitzensysteme veröffentlicht.

Der ASC Purple umfasst einen Ring aus 196 IBM Power5 SMP-Großrechnern. Das System enthält 12 288 Mikroprozessoren mit 49,2 Terabyte Speicherplatz und 2,8 Petabyte Hauptspeicher. Es arbeitet mit einem IBM AIX 5,3L-Betriebssystem, verbraucht 7,5 Megawatt Strom (genug, um 7500 Haushalte zu versorgen) und benötigt ein spezielles Kühlsystem. Seine Arbeitsleistung erreicht 100 Teraflops (oder hundert Billionen Gleitkommaoperationen pro Sekunde).

Speicherplatzentwicklung

Eine der größten Herausforderungen bei der Entwicklung moderner Computer bestand darin, effiziente Mittel zum Speichern der codierten Daten zu finden. Programm- und Datendateien wurden ursprünglich mit Lochkarten ein- und ausgegeben (*siehe S. 272*). Radarforschungen im Zweiten Weltkrieg führten zur Entwicklung der Verzögerungsstrecken-Technologie, die das erste elektronische Speichersystem darstellte. Parallel dazu wurde 1947 die Williams-Kilburn-Kathodenstrahlenröhre entwickelt, die zu einem konkurrierenden binären Speichersystem wurde. Magnetkernspeicher, die den Weg für moderne Desktop- und Laptopcomputer ebneten, wurden 1949 erfunden, aber erst in den späten 1950er Jahren verbreitet eingesetzt.

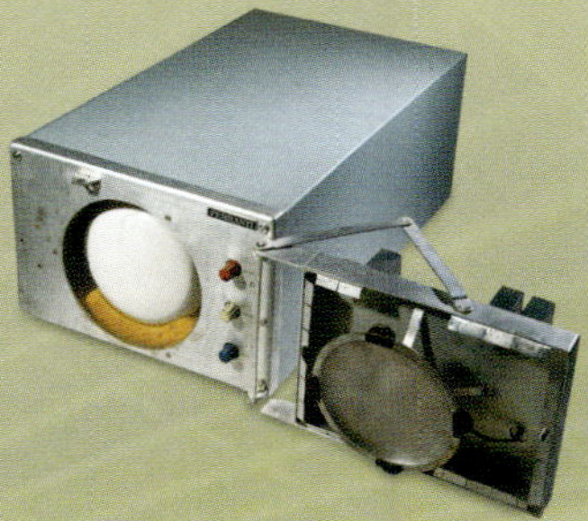

Kathodenstrahlenröhren speicherten binäre Daten durch Sekundäremission, wobei ein Punkt auf der Röhre positiv und der umgebende Bereich negativ geladen wird. Dadurch entsteht eine „Ladungswanne“, in der die Daten gespeichert werden.

Elektrische Verzögerungsspeichereinheiten arbeiteten in Serie und bestanden typischerweise aus elektrisch emaillierten Kupferdrähten, die um eine Metallröhre gewickelt waren.

Ferritringe
Im Abstand von einem Millimeter angeordnet, hatte jeder ein Bit (eine „0“ oder eine „1“) Speicherplatz.

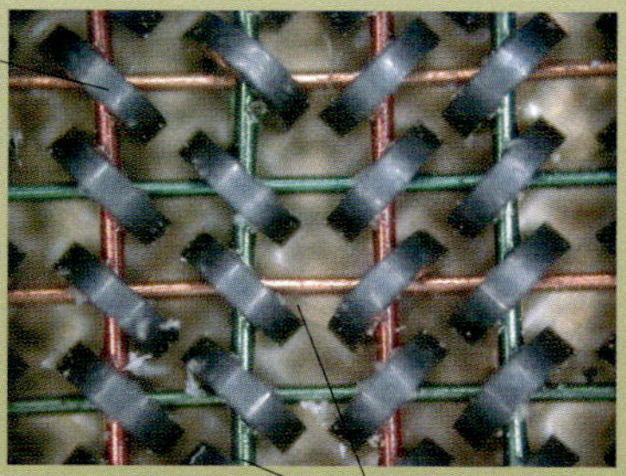

Kernspeicherebene in Nahaufnahme Die Ebenen sind in Stapeln angeordnet, durch die wechselnde elektromagnetische Ladungen strömten.

Verdrahtung
Die roten Drähte sind X- oder Y-Drähte, die grünen tasten Drähte ab oder sperren sie.

Der Minicomputer „IBM Series/1“ wurde 1976 eingeführt und zielte eher auf erfahrene Programmierer ab als auf den Hausgebrauch.

Getrennte Kulturen

Die Computerwelt teilt sich in Unternehmen, die Hardware (den Computer), und Unternehmen, die Software (den Code) herstellen. Heute werden die Unterscheidungen durch integrierte Systeme verzerrt, wodurch ein Konzern wie IBM eine ungeheure Macht erlangen kann, wenn er Verträge mit Regierungen und Verteidigungseinrichtungen abschließt. Auf der anderen Seite wurden die innovativen und benutzerfreundlichen Apple-Produkte (*unten*) zu Mode-Ikonen. Der Computerprogrammiercode wurde zum modernen Gegenstück von Erdöl oder Gold. Der Besitz eines „Core Codes“ machte Bill Gates, den Gründer von Microsoft, innerhalb weniger Jahre zu einem der reichsten Menschen unseres Planeten.

SPRECHEN MIT COMPUTERN

In mancher Hinsicht sind Computer wie Menschen. Zur Verständigung braucht man eine gemeinsame Sprache – um Computer für die Durchführung bestimmter Aufgaben zu programmieren, muss man zu ihnen in einer Sprache „sprechen", die sie verstehen. Die meisten Computer arbeiten in einem binären Code (Kombinationen von 1 und 0). Das macht die direkte Kommunikation für Menschen, die nicht an eine derartige Sprache gewöhnt sind, äußerst schwierig. Als es immer mehr digitale Computer gab, die an viele neue Verwendungszwecke angepasst werden mussten, wurden neue Programmierarten entwickelt.

Moores Gesetz

Die Anzahl der Transistoren auf einem Chip (die die Verarbeitungsleistung festlegt) verdoppelt sich alle zwei Jahre. Auf dieses Phänomen wurde erstmals 1965 vom Intel-Mitbegründer Gordon Moore hingewiesen.

1971
Erster Intel Chip
23000, 74MHz

1993
Erster Pentium3
100 000 300MHz

2006
Erster Core 2 Duo
291 000 000 320MHz

Programmiersprachen

Programmiersprachen werden nach ihrer „Stufe" eingeteilt. Die Syntax von niederen Sprachen spiegelt die Bauart und Funktionsweise der Verarbeitungseinheiten wider. Ein gutes Beispiel dafür sind die sogenannten „Assemblersprachen", die den Mikroprozessor direkt mit Anweisungen füttern. Dadurch kann man hocheffiziente Programme schreiben, die jedoch schwierig zu benutzen und nicht „übertragbar" sind. Höhere Programmiersprachen wie C und Java sind der englischen Sprache ähnlicher, wodurch große Programme relativ einfach entwickelt werden können: Die meisten Webbrowser, Büroanwendungs- und Bildbearbeitungsprogramme sind in einer höheren Programmiersprache geschrieben, die es zwar möglich macht, dass Anwendungen übertragbar sind, doch sie sind langsamer, weil mehr „übersetzt" werden muss.

„Kompilierende" und „interpretierende" Programme

Programmiersprachen können nach der Methode eingeteilt werden, die zur „Übersetzung" von Befehlen in Prozessoranweisungen verwendet wird: „kompilierende" oder „interpretierende" Programme. Bei Compiler-Sprachen wie C, C++ und COBOL nimmt ein Programm den Quelltext und übersetzt ihn in einen Maschinencode, der vom Prozessor ausgeführt werden kann. Interpreter-Sprachen sind auf ein Programm angewiesen, das den Quelltext ohne Übersetzung direkt ausführt, sobald ein bestimmter Befehl benötigt wird. Programme mit Interpreter-Sprachen wie Java sind übertragbar und können auf vielen Systemen ausgeführt werden. Programme, die in dieser Sprache geschrieben sind, funktionieren ohne erwähnenswerte Abänderungen bei Handys ebenso wie bei Supercomputern. Interpretierende Programmiersprachen sind in der Ausführung generell langsamer als kompilierende.

Medien

Jahrzehntelang wurde Charles Babbages Konzept der Lochkarten zum Programmieren von Computern verwendet (*siehe S. 269*). Es basierte auf einem Kommunikationssystem, das ähnlich funktionierte wie der Morsecode oder die Brailleschrift. Bis in die 1970er Jahre wurden Lochkarten zum Speichern und Abrufen von Daten verwendet, in den letzten 30 Jahren kam es jedoch zu einer Revolution auf dem Gebiet des Programmierens und Speicherns von Daten.

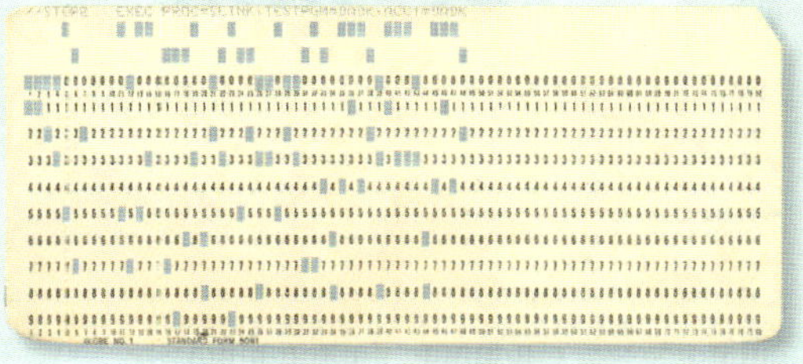

Ab 1928 hatten Lochkarten ein einigermaßen standardisiertes Format mit 80 Spalten aus möglichen Bits, zehn Reihen zur Datenspeicherung sowie einer Kontrollreihe.

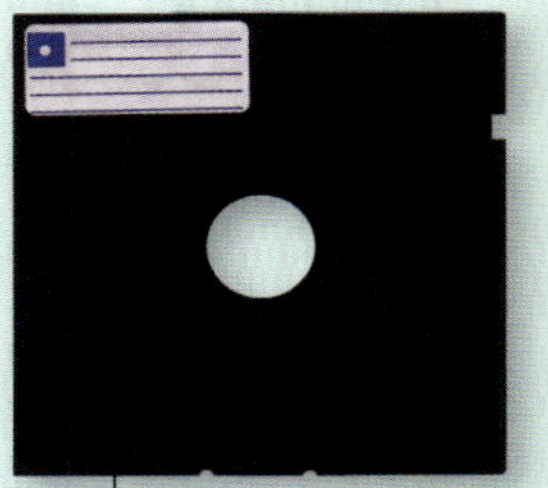

1850 – 1900 – 1950 – 1960 – 1970 – 1980

1846
Gelochte Papierstreifen
Papier

1885
Lochkarten
Papier

1950er Jahre
Magnetband
= 10 000 Lochkarten
Magnetisch

1956
IBM entwickelte FORTRAN, die erste höhere Programmiersprache.

1956
Festplattenlaufwerk HDD
4,4MB/1000GB
Magnetisch

1958
ALGOL wird zur ersten Sprache, die mit Algorithmen arbeitet.

1963
Audiokassette
20KB plus
Magnetisch

1963
ASCII wurde entwickelt, um sich mit dem Computer durch Befehle in Form binärer Anweisungen zu verständigen, die auf Sprache basieren.

Späte 1960er Jahre
SGML, die erste Text-Markup-Schnittstelle.

1969
8"-Diskette
80KB
Magnetisch

1972
Die Programmiersprache C, von Bell Telephone Laboratories entwickelt, erlaubt es, Programme zu ändern oder zu erstellen.

1976
5,25"-Diskette
256KB
Magnetisch

1979
Compact Disc
CD-ROM
700MB
Optisch

«Ich bin ein HAL 9000 Computer, Herstellungsnummer 3.»

2001: ODYSSEE IM WELTRAUM **(1968)**

In Kubricks Film *2001* führt die Besatzung des Raumschiffs freundliche Gespräche mit dem Bordcomputer Hal, der darauf programmiert ist, den Erfolg der Mission zu gewährleisten. Hal identifiziert die Crew als Bedrohung und beginnt sie zu eliminieren.

ASCII	Zeichen	ASCII	Zeichen	ASCII	Zeichen
32	(Leer)	64	@	96	`
33	!	65	A	97	a
34	"	66	B	98	b
35	#	67	C	99	c
36	$	68	D	100	d
37	%	69	E	101	e
38	&	70	F	102	f
39	'	71	G	103	g
40	(	72	H	104	h
41	)	73	I	105	i
42	*	74	J	106	j
43	+	75	K	107	k
44	,	76	L	108	l
45	-	77	M	109	m
46	.	78	N	110	n
47	/	79	O	111	o
48	0	80	P	112	p
49	1	81	Q	113	q
50	2	82	R	114	r
51	3	83	S	115	s
52	4	84	T	116	t
53	5	85	U	117	u
54	6	86	V	118	v
55	7	87	W	119	w
56	8	88	X	120	x
57	9	89	Y	121	y
58	:	90	Z	122	z
59	;	91	[	123	{
60	<	92	\	124	|
61	=	93	]	125	}
62	>	94	^	126	~
63	?	95	_	127	DEL

ASCII-Code

Die populärste und langlebigste Programmiersprache heißt ASCII (American Standard Code for Information Interchange). Mit dem System können alle Buchstaben des Alphabets, alle Ziffern und viele Satzzeichen in einer Form beschrieben werden, mit der ein Computer arbeiten kann. Ein ASCII-Zeichen wird in einem Byte (das aus acht Bit besteht) gespeichert. Traditionellerweise wurde das achte Bit des Zeichens als Fehlererkennungsbit reserviert, so dass sieben Bit zum Arbeiten übrig blieben. Da das Binärsystem auf zwei Werten basiert, können mit dem ASCII-Code zwei hoch sieben Werte dargestellt werden, die auch als ganze Zahlen von 0 bis 127 interpretiert werden können. Links sind die „druckbaren" ASCII-Codes. Alle anderen ASCII-Codes sind zur Kontrolle von Systemen reserviert, die ASCII verwenden. Der Großteil dieser „Kontrollcodes" ist mittlerweile veraltet – viele stammen aus den Tagen, als Computer noch keine Bildschirme hatten und alle Ausgaben auf Papier druckten; beispielsweise gab es Codes für die Rückführung des Schreibwagens bei altmodischen Schreibmaschinen.

Wie der ASCII-Code funktioniert Die Zahlen 39 72 65 108 108 111 44 32 67 111 109 112 117 116 101 114 33 39 bedeuten übersetzt „Hallo, Computer!" – einschließlich der Satzzeichen.

1994
Speicherkarten:
CompactFlash,
Speicherstab, USB-Stick (1998),
Secure Digital (2000),
xD-Picture Card (2002),
bis zu 64GB
Festkörper

1995
HTML: Tim Berners-Lee entwickelt eine Sprache für die Webseiten-Darstellung von Hypertext. Sun Microsystems entwickelte Java, um Webeiten zu beschreiben und zu entwerfen.

2000
Flash-Laufwerke
128MB/64GB
Festkörper

2006
Hochauflösende DVD
30GB
Optisch

Blu-ray Disc
BD50GB
Optisch

1990 **2000**

1983
3,5" Diskette
1,44MB
Magnetisch

1994
Zip-Laufwerk
100MB/750MB
Magnetisch

1995
„Digitale vielseitige Scheibe" DVD-ROM
8,5GB
Optisch

2004
„Ultradichte optische Scheiben"
30GB
Optisch

2007
Festkörperlaufwerk
32GB/832GB
Festkörper

Ein 64GB-Flash-Laufwerk
= 4 DVDs
= 90 CDs
= 45 000 3,5"-Disketten

HTML und Internet

Beinahe jede Website im Internet ist in HTML (Hypertext Markup Language) geschrieben. HTML wird zur Bechreibung der Elemente auf einer Webseite verwendet. Der Entwickler schreibt den Text der Seite und schließt jeden Abschnitt in HTML-Tags ein, die beschreiben, ob der Text entweder ein reiner Paragraphentext, ein Hyperlink, Teil einer Liste, fett oder kursiv gestaltet ist und so weiter. Bei der Eröffnung der Website werden diese Informationen an den jeweiligen Webbrowser geschickt, der danach entscheidet, wie diese Bestandteile auf der Webseite entsprechend dargestellt werden. Für eine Computersprache ist HTML sehr einfach zu lesen und zu schreiben, was angesichts der Geschwindigkeit, mit der sich das Internet entwickelte, ausschlaggebend war – man braucht nur wenig technisches Wissen, um einfache Websites zu schreiben.

Skriptsprachen

Skriptsprachen sprechen nicht direkt mit dem Aufbau der Maschine, sondern sind mit Programmen gekoppelt, die an verschiedene Anwendungen angepasst sind. PHP und ASP ermöglichen Webservern im Internet die Darstellung dynamischer Inhalte, die auf den Benutzer reagieren (wie E-Commerce-Seiten) und HTML ergänzen. CSS (Cascading Style Sheets) ist eine Skriptsprache für Webbrowser, die die Schrift- und Farbwiedergabe von Webseiten festlegen kann.

Unicode und Multibyte

Unicode- und Multibyte-Zeichensätze sind die „Fortsetzungen" von ASCII. ASCII litt immer unter der Einschränkung, dass es keine Zeichen mit Betonungszeichen gibt, die man in vielen europäischen Sprachen braucht (abgesehen von den Tausenden Zeichen, die zur Codierung von Mandarin und anderen nichteuropäischen Sprachen benötigt werden). Unicode löste das Problem und ermöglichte die Verwendung von Akzenten (Cédille, Akut, Gravis etc.) sowie die Darstellung der Betonung von Silben und das Codieren von Mandarin oder Japanisch. In den kommenden Jahren wird Unicode auch ägyptische Hieroglyphen und weitere Zeichen wie Linear A, Linear B und die des Diskos von Phaistos (*siehe S. 28, 30*) enthalten.

Alice, Bob und Eve

Primzahlen

Zur Erzeugung von einzigartigen Schlüsseln in der modernen Kryptographie sind Primzahlen von besonderer Bedeutung. Eine Primzahl ist eine natürliche Zahl, die nur durch eins und sich selbst geteilt werden kann. Viele Zahlen, die wie Primzahlen aussehen (Primzahlen sind immer ungerade Zahlen), können überraschen:

3, Primzahl Nur durch 1 (= 3) und 3 (= 1) teilbar.

5, Primzahl Nur durch 1 und 5 teilbar.

7, Primzahl Nur durch 1 und 7 teilbar.

9, keine Primzahl Durch 1 (= 9) und 3 (=3) teilbar.

11 Primzahl Nur durch 1 und 11 teilbar.

13 Primzahl Nur durch 1 und 13 teilbar.

15, keine Primzahl Durch 1 (= 15), 3 (= 5) und 5 (= 3) teilbar.

19 Primzahl Nur durch 1 (= 19) und 19 (= 1) teilbar.

21, keine Primzahl Durch 1 (= 21), 3 (= 7) und 7 (= 3).

27, keine Primzahl Durch 1 (= 27), 3 (= 9) und 9 (= 3) teilbar.

37, Primzahl Nur durch 1 und 37 teilbar.

49, keine Primzahl Durch 1 (= 49) und 7 (= 7) teilbar.

Seit den alten Ägyptern haben Primzahlen die Mathematiker verwirrt und fasziniert. Sie kommen scheinbar ohne ein bestimmtes Muster im ganzen Satz der natürlichen Zahlen vor. Um herauszufinden, ob eine sehr hohe Zahl eine Primzahl ist oder nicht, wird eine enorme Rechenleistung benötigt. In der modernen Kryptographie werden Primzahlen zur Erzeugung von Schlüsseln benutzt, weshalb die Bestimmung hoher Primzahlen außerordentlich wichtig geworden ist.

Die berühmtesten „Menschen" in der modernen Kryptographie sind zwei erfundene Personen: Alice und Bob. Müssen sich zwei Gruppen auf den Gebieten der Computerwissenschaften, der Quantenphysik und der Kryptographie untereinander verständigen, erhalten sie diese Namen. In der Vergangenheit nannte man sie „Person A", „Person B", „Person C" etc., in den späten 1970er Jahren wurde „A" zu „Alice", „B" zu „Bob", „C" zu „Carol", und noch einige weitere Namen gesellten sich zu der Gruppe. Heute werden kryptographische Systeme meist durch die Namen von Alice, Bob und deren Kollegen beschrieben. Das häufigste zusätzliche Gruppenmitglied ist „Eve" die „Lauscherin", die die Kommunikation abzufangen versucht.

Öffentliche und private Schlüssel

In den meisten kryptographische Systemen werden Informationen mit einem „Schlüssel" chiffriert. Jahrhundertelang war das System „symmetrisch", wobei Absender und Empfänger sowohl den Algorithmus als auch den Schlüssel kennen mussten. Die Verbindung der Informationsteile bestand darin, dass der Empfänger die Codierung mit Hilfe eines Schlüssels von hinten nach vorn durcharbeitete (*siehe S. 64–87*). Sofern der Schlüssel nur dem Absender und dem Empfänger bekannt war, blieb diese Vorgehensweise relativ sicher. In der digitalen Kryptographie ist der Schlüssel typischerweise eine sehr lange Zahl, mit der jedes einzelne Zeichen chiffriert wird. Es gibt verschiedene Schlüsselarten, die auf unterschiedliche Weise erzeugt werden können. Die meisten modernen Systeme benutzen zusätzlich „asymmetrische" Schlüssel, die auch als „öffentliche" und „private" Schlüssel (RSA) bezeichnet werden. Sie besitzen die Eigenschaft, dass alles, was mit dem privaten Schlüssel chiffriert wurde, nur mit dem entsprechenden öffentlichen Schlüssel dechiffriert werden kann (und umgekehrt). Der erste Schritt bei der Erstellung der Schlüsselpaare ist die Auswahl einer willkürlichen Zahl, oft eine Primzahl (*links*).

PGP

Das am häufigsten verwendete asymmetrische Codierungssystem wird „Pretty Good Privacy" (PGP) genannt und wurde 1991 von Philip Zimmermann (*links*) herausgegeben. Es wurde entworfen, um „digitale Unterschriften" zur sicheren Chiffrierung von Klartext im Internet zu liefern. Da das System so uneinnehmbar war, dass es von Kriminellen und Terroristen verwendet werden konnte, geriet es bald in Schwierigkeiten mit den Geheimdiensten. Alle Chiffriersysteme mit mehr als 40 Bits wurden in den US-Ausfuhrbestimmungen technisch als „Munition/Waffen" klassifizert, und PGP benutzte nie weniger als 128 Bits. Es wurde ein Strafverfahren eingeleitet, aber Zimmermann veröffentlichte PGP einfach in Buchform und umging die Ausfuhrbestimmungen unter Berufung auf den ersten Zusatzartikel (Meinungsfreiheit).

Mit einer sehr hohen willkürlichen Zahl beginnend (*siehe rechts*), erzeugt Alice zwei Schlüssel – einen öffentlichen und einen privaten. Sie sendet eine Kopie des öffentlichen Schlüssels an Bob und Carol. Wenn Alice eine Botschaft an Bob und Carol schicken will, chiffriert sie die Nachricht mit einem privaten Schlüssel. Da sie die einzige ist, die eine Kopie davon hat, muss alles, was mit dem entsprechenden öffentlichen Schlüssel dechiffriert werden kann, von Alice stammen.

Bob erhält eine Kopie von Alices öffentlichem Schlüssel. Bob und Carol decodieren die Nachricht von Alice mit ihren öffentlichen Schlüsseln. Wenn Bob eine Botschaft an Alice senden will, chiffriert er sie mit seinem öffentlichen Schlüssel. Nur Alice kann diese Botschaft mit dem entsprechenden privaten Schlüssel decodieren.

«…rimzahlen wachsen wie …nkraut zwischen den natür…hen Zahlen und gehorchen …heinbar keinem anderen …esetz als dem des Zufalls.»

DON ZAGIER, ZAHLENTHEORETIKER, 1975

Der RSA-Algorithmus wurde erstmals von dem Mathematiker Clifford Cocks beschrieben, der im Jahr 1973 im britischen Sicherheitszentrum GCHQ arbeitete. Das Konzept wurde später (unabhängig voneinander) von Ron Rivest, Adi Shamir und Leonard Adleman (die Bezeichnung RSA leitet sich von den Anfangsbuchstaben ihrer Familiennamen her) am MIT entwickelt und 1977 veröffentlicht.

Eve die „Lauscherin" ist von dem System ausgeschlossen. Wenn Eve eine Kopie des öffentlichen Schlüssels erhält, kann sie als Bob oder Carol maskierte Botschaften senden, aber keine Nachrichten von Bob oder Carol dechiffrieren. Das ist eine Einschränkung des Systems – obwohl öffentliche Schlüssel in Wirklichkeit regelmäßig erneuert und an die vertrauten Parteien verteilt werden.

Schickt Bob unter Verwendung des öffentlichen Schlüssels dieselbe Botschaft an Carol, wird sie diese nicht dechiffrieren können und umgekehrt, weil sie den privaten Schlüssel nicht besitzt.

Carol erhält eine Kopie von Alices öffentlichem Schlüssel. Wenn Carol eine Nachricht an Alice senden will, chiffriert sie sie mit ihrem öffentlichen Schlüssel. Nur Alice kann die Nachricht mit Hilfe ihres entsprechenden privaten Schlüssels decodieren.

Generieren der Schlüssel

Alice generiert zwei Primzahlen, p (z. B. 223) und q (199) – in Wirklichkeit wären diese Primzahlen weitaus höher.

Aus diesen Primzahlen werden weitere Zahlen generiert, n (44377 – das Produkt aus $p \times q$) und ϕ aus $(p-1) \times (q-1) = 43956$.

Nun wird eine natürliche Zahl e ausgewählt (z. B. 5), die n mit ϕ in Verbindung bringt.

Schließlich wird eine geheime Zahl d (35165) ausgewählt, die e mit ϕ in Verbindung bringt. In diesem Stadium ist der öffentliche Schlüssel (n, e) und der private Schlüssel (n, d).

Alice sendet den öffentlichen Schlüssel an Bob und Carol. Nun besitzen sie eine Kopie von (n, e), die es ihnen ermöglicht, die Botschaften von Alice zu dechiffrieren.

Alice verschlüsselt eine Botschaft und sendet sie an Bob. Der Chiffretext ist der in Zahlen umgewandelte Klartext, der in Zahlen umgewandelt wird, die mit e potenziert werden und mit dem absoluten Betrag von n multipliziert werden. Dieser Text wird jetzt chiffriert (bei diesem Beispiel in fünfstellige Zahlenfolgen) und an Bob gesendet. „Hello Bob" wird zu „26946 09392 37665 23986 12461".

Bob entschlüsselt die Botschaft. Bob hat die Nachricht „26946 09392 37665 23986 12461" und benutzt seinen Schlüssel (n, e), um sie zu dechiffrieren. Der Klartext ist der Chiffretext hoch d genommen und mit dem absoluten Betrag von n multipliziert. Wenn der Schlüssel passt, wird 26946 09392 37665 23986 12461 als „Hello Bob" gelesen werden. Andernfalls wird eine verworrene Nachricht zum Vorschein kommen.

Das Problem der Zufälligkeit

Es ist äußerst schwierig, einen Computer nach der Erstellung einer willkürlichen Zahl zu fragen. Von Natur aus müssen Computerprozessoren Befehlen gehorchen, um bestimmte Aufgaben durchzuführen. Deshalb kann man einen Computer nicht bitten, eine willkürliche Zahl auszuwählen. Bei den meisten modernen PCs wird das Problem durch die Benutzung des Taktzyklus umgangen. Jeder Computerprozessor enthält einen Kristall, der mit einer bestimmten Frequenz schwingt. Die Dauer eines Schwingungszyklus entspricht der längsten einzelnen Rechenoperation, die ein Prozessor ausführen kann. Die Schwingung des Kristalls hält den Prozessor im Takt. Alle Rechenvorgänge sind synchronisiert und starten am Beginn jeder Kristallschwingung. Jedes Mal wenn der Prozessor „tickt", springt ein innerer Zähler an. Normalerweise wird dieser Zähler als Basis für willkürliche Zahlen verwendet – jedes Mal wenn der Bediener nach einer willkürlichen Zahl fragt, hat der Zähler den Wert verändert, so dass eine neue Zahl erzeugt werden kann. Bei einem Computer mit 3 GHz tickt diese Uhr drei Milliarden Mal pro Sekunde!

Entropie-Pools

Fortschrittlichere Systeme verwenden zur Erzeugung willkürlicher Zahlen Entropie-Pools. Ein Entropie-Pool ist ein spezieller Hardwareteil, der physikalische Phänomene wie das thermische Rauschen als Quelle für willkürliche Zahlen benutzt. Die besten Entropie-Pools benutzen Quantenphänomene, da die Gesetze der Quantenmechanik vielen Systemen die Möglichkeit bieten, sich auf willkürliche und unvorhersagbare Weise zu verhalten.

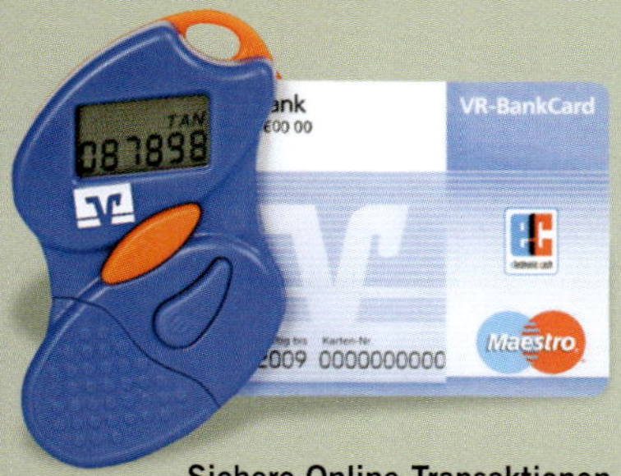

Sichere Online-Transaktionen Wie werden Kartendetails im Internet gesichert? Große Dienstanbieter wie PayPal und Google Checkout verwenden eine Privatschlüsselchiffrierung, um die Sicherheit von Online-Geschäften zu gewährleisten. PayPal hat vor kurzem einen „Schlüssel" produziert, der für die Dauer der Sitzung einen temporären Code benutzt. Viele Banken bieten ähnliche Methoden an, um Online-Bankgeschäfte sicherer zu machen.

DAS DIGITALE ZEITALTER

Der Hippokratische Eid

Der weltweit unter Ärzten anerkannte Verhaltenskodex stammt angeblich von dem Arzt Hippokrates von Kos (um 460–370 v. Chr.), dessen Ideen von anderen Vertretern der koischen Schule im *Corpus Hippocraticum* zusammengefasst wurden. In seinen Grundlagen bewahrte der Kodex über die Jahrhunderte hinweg vier moralische Hauptregeln:

Tradition Die Hochachtung vor den Lehrern und die Verpflichtung, das Wissen an die nächste Generation weiterzugeben.
Die Unantastbarkeit des Lebens Dem Patienten den bestmöglichen medizinischen Rat bieten und einem Patienten kein Gift verabreichen, auch nicht, wenn er darum bittet (sollte ursprünglich die Verabreichung von Abtreibungsmitteln verhindern).
Ärztliche Schweigepflicht Niemals ohne Einverständnis Details über den Gesundheitszustand von Patienten an Dritte weitergeben.
Respekt Intimitäten mit Patienten vermeiden.

Auf Grund der Weiterentwicklung von Gesellschaft und wissenschaftlicher Forschung sind die Ärzt heute mit einer zunehmenden Anzahl von Herausforderungen konfrontiert. Abtreibung ist nach wie vor ein umstrittenes soziales, ethisches und rechtliches Thema. Den Argumenten für Sterbehilfe in Ausnahmefällen stehen moralische Bedenken und der klinische Fortschritt entgegen. Die neuen Möglichkeiten zur Analyse des Erbguts verursachen Unbehagen, und die Gentechnik im Bereich der Humanmedizin bleibt ein kontroverses Thema.

Vielen Menschen sind medizinischen Techniken wie die „Schlüsselloch"-Chirurgie oder routinemäßige Organtransplantationen ein Begriff. Die rasante Weiterentwicklung in der medizinischen Forschung (vor allem seit der Beendigung des Humangenomprojekts; *siehe S. 174*) ging Hand in Hand mit der Entwicklung anderer Technologien wie der Pharmazeutik, der Miniaturisierung (Nanotechnik) und der Robotik. All diese Forschungszweige sind in einem bestimmten Maß auf codierte Computertechnologien angewiesen. In dem halben Jahrhundert, seit Watson und Crick den DNA-Code identifiziert haben (*siehe S. 170*), sind unsere Gesundheit und Langlebigkeit immer mehr auf die digitale Technik angewiesen.

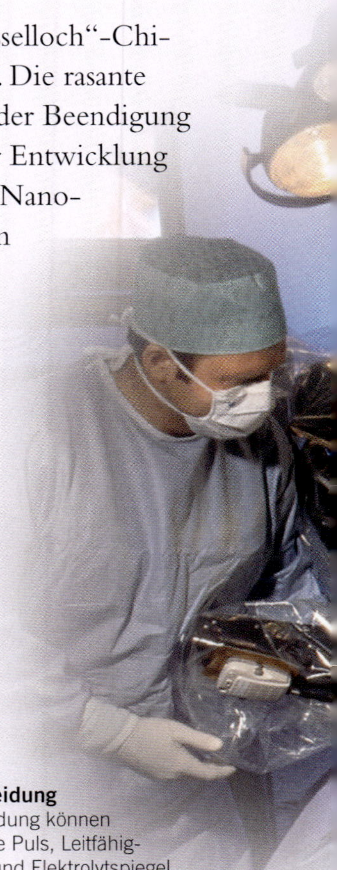

Neue Technologien

Die Computerisierung hat die Heilkunde dermaßen verändert, dass jetzt umgestaltete Tintenstrahldrucker („Zellstrahldrucker") verwendet werden, um Ersatzkörpergewebe zu „bauen", während computerisierte Untersuchungen der Seh- und Hörfunktionen von Tieren dabei helfen, beschädigte Systeme für blinde und taube Menschen zu rekonstruieren. In jüngster Zeit durchgeführte Experimente in der DNA-Forschung lassen vermuten, dass der Ersatz verlorener Körperteile nicht länger in den Bereich der Science Fiction gehört, sondern bald Realität werden könnte.

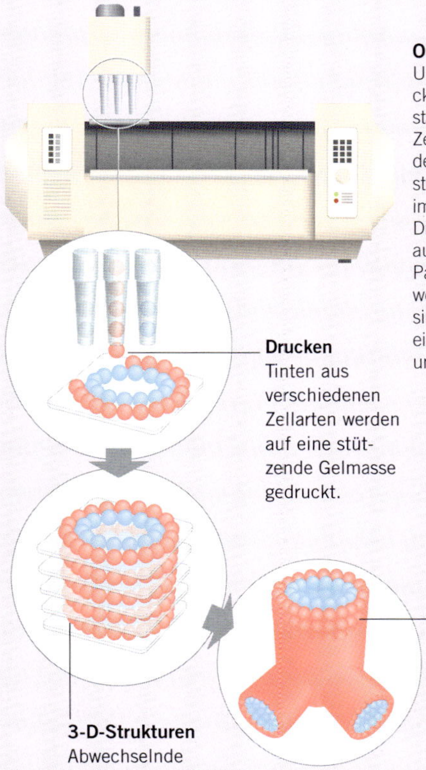

Organe aus dem Drucker
Umgebaute Tintenstrahldrucker mit stützender Gelmasse statt Papier und lebenden Zellen statt Tinte, die lebendes Gewebe und Organe herstellen können, sind bereits im Entwicklungsstadium. Die Zellkulturen könnten aus den Organzellen des Patienten gezüchtet werden, wodurch das Abstoßungsrisiko und die Notwendigkeit, einen Spender zu finden, umgangen würden.

Tragbare Sensorkleidung
Sensoren in der Kleidung können Körperfunktionen wie Puls, Leitfähigkeit, Atemfrequenz und Elektrolytspiegel im Schweiß überwachen. Sie können mit Gesundheitszentren kommunizieren, um den Gesundheitszustand und den Aufenthaltsort des Trägers anzugeben. Die Daten könnten als allgemeine Gesundheitsinformationen verwendet werden und im Notfall die Ambulanz alarmieren.

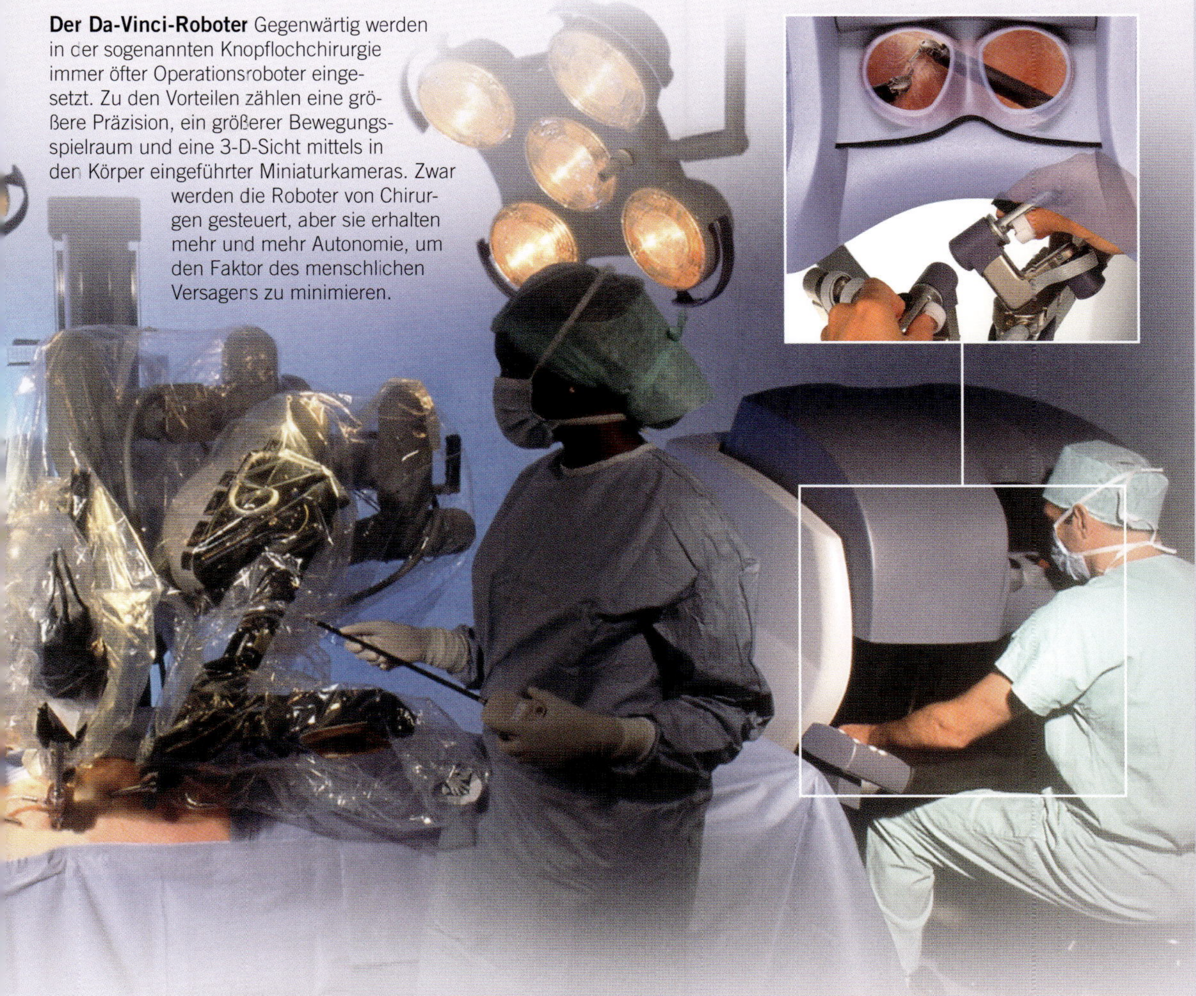

Der Da-Vinci-Roboter Gegenwärtig werden in der sogenannten Knopflochchirurgie immer öfter Operationsroboter eingesetzt. Zu den Vorteilen zählen eine größere Präzision, ein größerer Bewegungsspielraum und eine 3-D-Sicht mittels in den Körper eingeführter Miniaturkameras. Zwar werden die Roboter von Chirurgen gesteuert, aber sie erhalten mehr und mehr Autonomie, um den Faktor des menschlichen Versagens zu minimieren.

Vitalparameter Die Daten werden ausgewertet. In Notfällen wird eine medizinische Station verständigt und unverzüglich Hilfe angefordert.

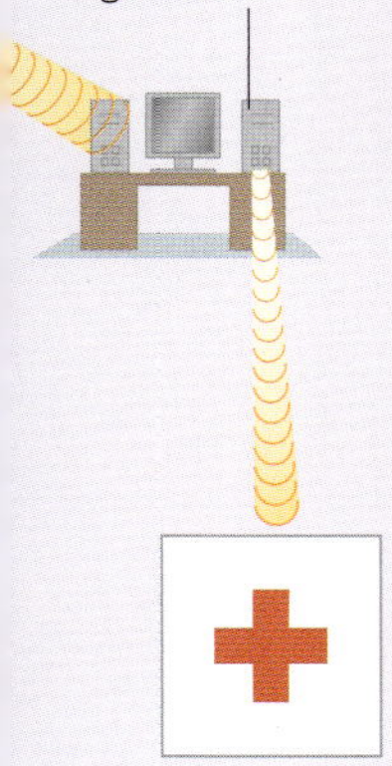

Nanotechnologie Es sind Behandlungsmethoden auf der Nanoskala (meist 1–100 Nanometer) in Entwicklung, die möglicherweise eines Tages selbstverständlich sein werden. Winzige Molekülkugeln, sogenannte Fullerene oder Fußballmoleküle, dienen dazu, Medikamente an bestimmte Stellen des Körpers zu befördern. Das ist vor allem in der Chemotherapie sehr nützlich, damit Medikamente direkt zu den Krebszellen gelangen. Dadurch werden Nebenwirkungen verringert. Stützen aus Nanoröhren sollen helfen, eine Struktur für den Wiederaufbau von beschädigtem Gewebe und eine Basis für das Wachstum von Organen zu liefern.

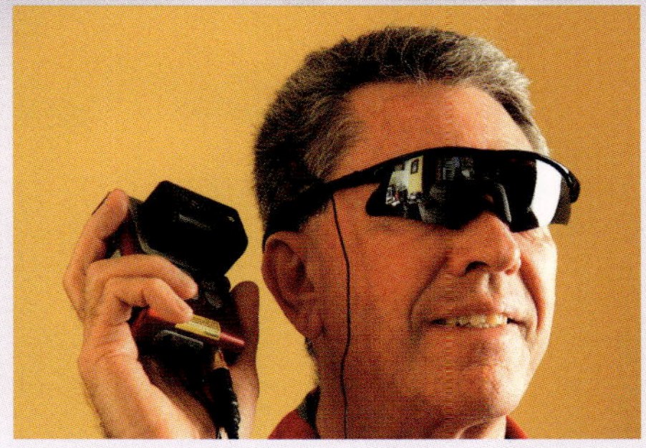

Decodieren von Gehirnwellen Signale von Elektroden im Gehirn einer Katze wurden dazu benutzt, vage Bilder ihres Gesichtsfelds nachzubilden. Sie wurden hinter dem Sehnerv entnommen und mittels „linearer Decodiertechnik“ interpretiert. Umgekehrt könnte es möglich sein, Kamerabilder in Signale zu übersetzen und diese direkt in die Sehrinde eines blinden Menschen einzugeben, um ihm das Sehen zu ermöglichen. Heute werden Algorithmen erforscht, die die Aktivität des Sehzentrums mathematisch abbilden können. Vielleicht wird das dazu führen, dass man eines Tages „die Träume und Vorstellungen des anderen sehen kann“.

Militärmedizin

Im Verlauf der Geschichte führte die Notversorgung verwundeter Soldaten zu zahllosen medizinischen Durchbrüchen. In Zukunft werden vielleicht mobile Einheiten von Roboterchirurgen verletzte Soldaten bergen und sie vor dem Abtransport stabilisieren. In Anlehnung an ähnliche Maschinen in Robert Heinleins Science-Fiction-Roman *Starship Troopers* (1957) werden diese Einheiten „Trauma Pods“ genannt. Sie stellen während der „goldenen Stunde“ (der ersten Stunde nach der Verwundung), die für das Schicksal der Verwundeten ausschlaggebend ist, automatische medizinische Versorgung bereit. Regenerierende Techniken wie aufsprühbare Haut zur Behandlung von Verbrennungen, Blutgerinnsel bildendes Pulver und chemisch imprägnierte Kampfanzüge, die den Blutverlust stoppen (die Ursache für 50% aller Todesfälle auf dem Schlachtfeld), könnten weitere Fortschritte darstellen. Diese Methoden werden bereits in begrenztem Maße eingesetzt.

Auch kleine tragbare Anästhesiegeräte werden entwickelt, die Schmerzsignale von verwundeten Körperregionen unterbinden. Ultraschallgeräte sollen innere Verletzungen lokalisieren und Blutungen stoppen. Sensoren in Kampfanzügen könnten die Sanitäter von ferne über den körperlichen Zustand eines Soldaten informieren. Dies soll dazu führen, dass die am schwersten verwundeten Soldaten als Erste versorgt werden.

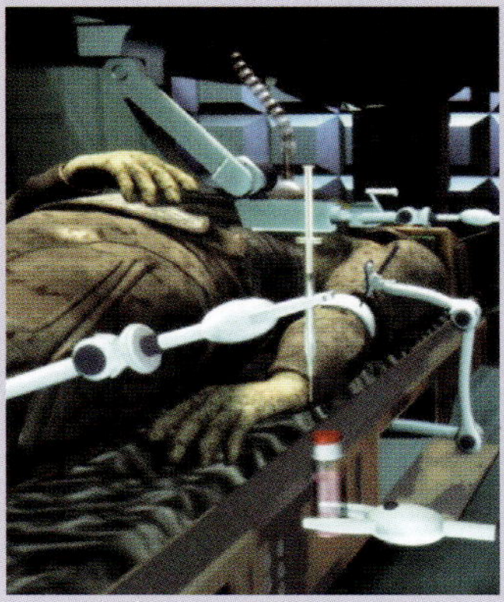

Im Inneren eines „Trauma Pod“ Ein verwundeter Soldat wird vor dem Abtransport von einer Maschine medizinisch versorgt und stabilisiert.

Wohin führen uns Codes?

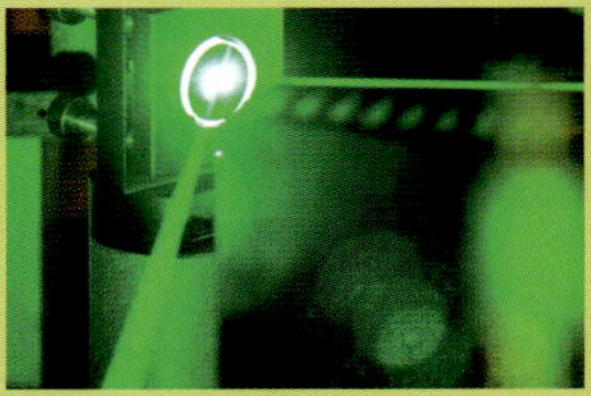

Quantencomputer

Der vielversprechende Forschungszweig beschäftigt sich mit der Nutzbarmachung des Potenzials subatomarer Teilchen und der Quantenphysik. Bei sehr kleinen Elementen (Atomen und subatomaren Teilchen) verändern sich die physikalischen Gesetze radikal. Im Reich der Quantenphysik sind Teilchen auch Wellen, und Materie ist auch Energie. Forscher versuchen, diesen Welle-Teilchen-Dualismus nutzbar zu machen, um Computer mit enormer Speicherkapazität und Rechengeschwindigkeit zu bauen. Sie könnten die Probleme in Sekunden lösen, für die heutige Rechner mehrere hundert Jahre brauchen würden. Um funktionstüchtige Quantencomputer zu bauen, müssen jedoch noch viele Probleme überwunden werden. Der Effekt der „Quantenverschränkung", den Einstein als „spukhafte Fernwirkung" bezeichnete, wurde bereits zur „Teleportation" von Quanteninformationen benutzt. Das hat sowohl Auswirkungen auf die Quantenberechnung als auch auf die Chiffrierung von Daten und wird eine absolut sichere Datenübertragung ermöglichen.

Unsere Raffinesse beim Finden codierter Sprachen zur Beschreibung der Welt und bei der Manipulation der Ergebnisse ist erstaunlich. Trotzdem glauben viele Menschen, dass die digitale Revolution gerade erst begonnen hat. Die Computerleistung verdoppelt sich laut Moores Gesetz (*siehe S. 272*) alle zwei Jahre, und es gibt Verbesserungen in vielen anderen Bereichen der digitalen Technologie. Telefone, Kameras, Autos, Musikanlagen, Fernsehgeräte und PCs haben sich in den vergangenen Jahrzehnten so sehr verändert, dass uns ihre Vorläufer fremdartig erscheinen. Gibt es eine Grenze für diesen Fortschritt? Die Anzahl der Transistoren, die auf eine Siliziumscheibe passen, ist auf jeden Fall begrenzt. Sie bildeten jahrzehntelang die Basis von Mikroprozessoren, aber die Überhitzung und die begrenzte Größe stellen Einschränkungen dar, die zunehmend schwieriger zu überwinden sind. Es ist Zeit für etwas Neues.

Die „DNA-Connection"

Die Forschung nach neuen Computern weist in eine Zukunft mit nahezu unbegrenzter Rechenleistung und Geschwindigkeiten, die selbst mit heutigen Supercomputern unvorstellbar sind (*siehe S. 270*). Ein halbes Kilogramm DNA hat mehr Speicherkapazität als alle Computer auf Siliziumbasis, die je gebaut wurden, und DNA ist reichlich vorhanden und relativ billig. Computer, die dieses Potenzial nutzen, sollten Berechnungen parallel durchführen können und nicht linear wie herkömmliche Computer. Dadurch wird sich die Rechengeschwindigkeit enorm erhöhen, die Größe verringern, und regentropfengroße Computer werden die schnellsten heutigen Geräte übertreffen. Ähnliche Ideen werden erforscht, die eine „Suppe" aus verschiedenen Chemikalien benutzen, in der Rechenvorgänge von chemischen Reaktionen ausgeführt werden.

Fliegende Autos

Werden fliegende Autos, ein Versprechen vieler Science-Fiction-Autoren, eines Tages Realität? Die derzeitige Forschung lässt vermuten, dass sie in zwei Jahrzehnten auf den Markt kommen. Prototypen von Senkrechtstarter-Fahrzeugen gibt es bereits. Das größte Hindernis liegt in der Steuertechnik, aber Computermodelle, GPS und 3-D-Positionssoftware werden diese Probleme lösen.

Digitale Kriegsführung

Auf Grund der gewaltigen Verteidigungsbudgets sind technische Fortschritte bei Waffensystemen immer auf dem neuesten Stand des Wissens. In dieser manchmal surrealen Welt kann die Realität seltsamer sein als die Sience Fiction. Das Bild zeigt den Pilotenhelm des neuen Kampfflugzeugs F-35 Joint Strike Fighter, der dem Piloten ein noch nie dagewesenes Ausmaß an Information und Kontrolle bietet. Zusätzlich zu den unten angegebenen Ausrüstungsgeräten ermöglichen die an der Außenseite des Kampfflugzeugs montierten Digitalkameras dem Pilot den Blick zur Seite, nach oben, nach unten und hinter das Flugzeug.

Zwillingsprojektoren werfen Bilder auf die Innenseite des Visiers.

Stimmkommandos Die meisten digitalen Funktionen können durch die Stimme aktiviert werden.

Datenkabel Die digitale Eingabe liefert Daten und gibt die Kommandos weiter.

Sauerstoffversorgung Mit hohem Druck wird Luft in die Lungen des Piloten gepumpt.

Kopfhörer Sie übermitteln Funknachrichten und synthetisierte Stimminformationen vom computerisierten Kontrollsystem des Flugzeugs.

In die Matrix

Mit Prozessoren auf der atomaren Skala werden wir vielleicht bald eine Welt sehen, in der superschnelle Minicomputer auf Gegenstände gedruckt werden, die auf der Haut angebracht sind und durch ein Quantennetzwerk miteinander kommunizieren. Durch Verringerungen der Kosten und Größe können Mikroprozessoren bereits in alltägliche Gegenstände wie Lesegeräte eingebaut werden. Mit kabellosen Netzwerkverbindungen und genügend Bandbreite werden sie sich bald von selbst Informationen übers Internet holen oder untereinander austauschen. Rasensprenger werden Wettervorhersagen lesen; Kleidung wird den Aufenthaltsort unserer Kinder über GPS-Systeme verraten; Arzneischränke werden Medikamente automatisch erkennen und vor möglichen Nebenwirkungen warnen, und Lebensmittelpackungen werden dem Herd erklären, wie der Inhalt zubereitet werden muss.

Der Großteil der Rechenleistung wird wahrscheinlich von unseren Wohnungen und Büros in riesige Computerstandplätze ausgelagert. Unsere Terminals werden auf tragbare Größe reduziert – Armbanduhren (*rechts*) oder Stirnbänder mit ständigem Internetzugang, die uns mit Informationen füttern, unseren Aufenthaltsort und unsere Umgebung kennen und in der Lage sind, unsere Wünsche und Absichten zu ermessen.

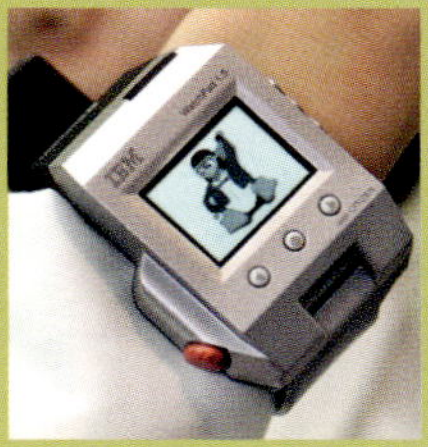

Einstecken

Neben unserer Fähigkeit zur Dechiffrierung der elektrischen Aktivitäten des Gehirns werden auch Gehirn-Computer-Schnittstellen (BCIs) immer raffinierter. Mit Sensoren, die auf der Kopfhaut angebracht sind, können Menschen durch ihre Gedanken einen Cursor bewegen und Nachrichten auf Computerbildschirme schreiben (*unten*). Affen wurden darauf trainiert, sich selbst mit Roboterarmen zu füttern, die mit Gehirnsensoren verbunden waren. Durch die Interpretation von Signalen aus Elektroden konnten wir sogar mit den Augen einer Katze sehen. Wir können uns eine Welt vorstellen, in der Menschen und Maschinen verbunden sind, um unsere kognitiven Fähigkeiten zu erweitern und uns gesund zu erhalten, uns zu informieren, zu verbinden und zu unterhalten. Alles und jeder könnte mit dem Internet verbunden sein – mit schrecklichen Folgen für die Privatsphäre. Werden wir mit unserem Gehirn verdrahtete Elektroden akzeptieren? Betrachten wir dies als erstrebenswert oder als einen Orwellschen Alptraum?

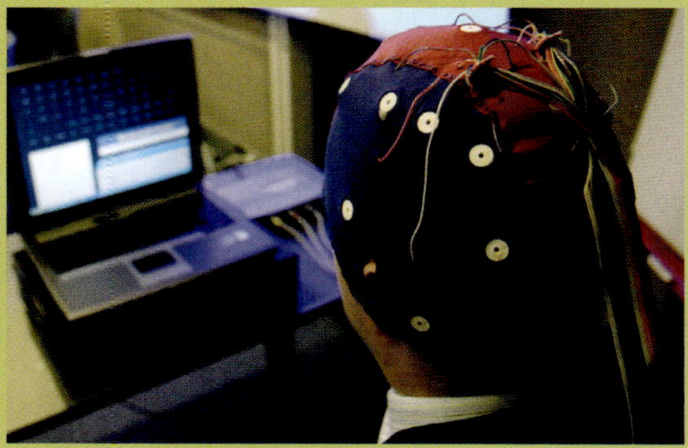

Lift in den Himmel
Die Möglichkeit eines Aufzugs zu einer geostationären Raumstation wird ernsthaft in Betracht gezogen. Durch computerunterstützte Nanotechnologie kann man aus Kohlenstoffnanoröhren außerordentlich starke Leichtgewichtsfasern bauen. Damit werden wir vielleicht eines Tages ohne den Einsatz teurer Raketentechnik Frachten und Menschen in den Weltraum befördern können.

GLOSSAR

Algorithmus
Allgemeiner Begriff für ein System zur Verschlüsselung eines Quelltextes in einen Chiffrentext. Algorithmen sind meist durch die Benutzung eines Schlüssels gekennzeichnet. *Siehe S.* 66.

Anagramm
Einfache Umstellungschiffre, bei der die Zeichen eines Wortes oder Satzes neu angeordnet werden, wodurch ein anderes Wort oder ein anderer Satz entsteht. *Siehe S.* 66.

ASCII
„American Standard Code for Information Interchange": ein System, das Schriftzeichen in binäre Zahlen umwandelt. *Siehe S.* 273.

Asymmetrische Schlüsselkryptographie
Moderne Form des geheimen Nachrichtenaustauschs, bei der zum Chiffrieren und Dechiffrieren zwei unterschiedliche Schlüssel benutzt werden, die häufig als „öffentlicher" und „privater" Schlüssel bezeichnet werden. Die Technik wird in RSA- und PGP-Systemen eingesetzt und immer öfter für digitale Online-Kommunikation und Transaktionen benutzt. *Siehe S.* 274–275.

Buchchiffre
Chiffre, deren Schlüssel die Form eines längeren Textes annimmt; unter den verwendeten Texten befinden sich z. B. die Bibel und die Amerikanische Unabhängigkeitserklärung.

Chiffre
Jedes System, in dem Buchstaben, Ziffern oder Zeichen eines Quelltextes durch eine andere Reihe aus Buchstaben, Ziffern oder Zeichen ersetzt werden, um die Bedeutung des Quelltextes zu verschleiern.

Chiffrenalphabet
Anordnung von Buchstaben, Ziffern oder Zeichen, die das normale Alphabet ersetzt, um einen Chiffrentext zu erstellen.

Chiffrentext
Der verschlüsselte Quelltext.

Chiffrieren
Einen Quelltext in einen Chiffrentext verwandeln.

Codieren
Einen Quelltext in eine codierte Nachricht verwandeln.

Dechiffrieren
Einen Chiffrentext mit Hilfe eines Dechiffriersystems bearbeiten, um den Quelltext zu enthüllen.

Decodieren
Eine codierte Nachricht in den ursprünglichen Quelltext umwandeln.

Digitale Signatur
Methode zur Überprüfung einer digitalen Botschaft mit Hilfe der asymmetrischen Schlüsselkryptographie.

Digramme
Häufig vorkommende Buchstaben oder Zeichenpaare.

Entschlüsseln
Eine codierte Nachricht decodieren oder dechiffrieren.

Fraktionierung
Vorgang der Umwandlung der Buchstaben eines Quelltexts in Zahlen oder Zahlengruppen.

Geheimsprachen
Sprache in einer Sprache, die als Mittel zur geheimen Verständigung innerhalb bestimmter Gruppen benutzt und eher gesprochen als geschrieben wird. Zu den Geheimsprachen zählen Jargons, Diebessprachen und Sprachen wie der Cockney-Reim-Slang. *Siehe S.* 99, 128–129, 132–133, 134–135, 146–147.

Homophone Verschlüsselung
Verschlüsselungsmethode, bei der Buchstaben, Ziffern oder Satzzeichen verwendet werden, um wiederkehrende Buchstaben, Ziffern oder Satzzeichen in einem Quelltext zu ersetzen. Die homophone Verschlüsselung wird zur Verschleierung der häufig vorkommenden Zeichen in monoalphabetischen Ersetzungschiffren benutzt.

Kryptoanalyse
Wissenschaft des „Codeknackens", die sich mit dem Aufdecken der Algorithmen und Schlüssel von Chiffren beschäftigt.

Kryptographie
Verschleierung der Bedeutung einer Botschaft; die Entwicklung und Erstellung von Chiffriersystemen.

Kryptologie
Das Studium von codierten Nachrichten und Geheimschriften.

Monoalphabetische Ersetzungschiffren
Ersetzungschiffriersystem, in dem die Ersetzung von Buchstaben, Ziffern oder Satzzeichen durch andere Buchstaben, Ziffern und Satzzeichen die ganze Nachricht hindurch beibehalten wird, sofern keine homophone Verschlüsselung verwendet wird. *Siehe S.* 66, 74, 103.

Nomenklator
Kombination aus einer monoalphabetischen Ersetzungschiffre mit einer großen Anahl von Homophonen, die wiederkehrende Buchstaben, Ziffern oder Wörter repräsentieren.
Siehe S. 70–71, 74–75, 106–107.

One-Time-Pad
Zufälliger Schlüssel in Form eines Codebuches, das nur ein Mal benutzt wird. Solange das Codebuch nicht verloren geht oder gestohlen wird, sind One-Time-Pads nicht zu knacken.

Polyalphabetische Ersetzungschiffren
Ersetzungschiffriersystem, in dem Buchstaben, Ziffern oder Satzzeichen des Quelltexts durch verschiedene andere Buchstaben, Ziffern oder Satzzeichen ersetzt werden.

Quelltext
Die Botschaft vor der Ver- oder nach der Entschlüsselung.

Raster
Methode zur Verschleierung einer verborgenen Botschaft in einem harmlosen Quelltext. Raster bestehen meist aus einem Blatt Papier oder Karton mit Löchern, das man über den Quelltext legt, um Wörter oder Buchstaben zu enthüllen, die eine verborgene oder geheime Nachricht bilden.

Schlüssel
Das Element in einer Chiffre, das gemeinsam mit dem Algorithmus das Verschlüsseln und Entschlüsseln ermöglicht, indem es die Verwendung des Algorithmus festlegt. Schlüsselwörter und -sätze (manchmal längere Texte) können in Verbindung mit einer *Tabula recta* zur Erstellung polyalphabetischer Chiffren benutzt werden wie der Vigenère-Chiffre, *siehe S.* 104.

Steganographie
Methode zum Verbergen einer Botschaft ohne Kryptographie.

Symmetrische Schlüsselkryptographie
Allgemeiner Begriff für die meisten vorneuzeitlichen kryptographischen Systeme, deren Algorithmus und Schlüssel sowohl dem Absender als auch dem Empfänger bekannt sind. Dabei kehrt der Empfänger das System seines Vorgängers einfach um.

Tabula recta
Verschlüsselungswerkzeug, das zur Erstellung polyalphabetischer Chiffren benutzt wird. Die waagrechten und senkrechten Achsen einer Tabelle können in Verbindung mit einem Schlüsselwort oder -satz zur Entwicklung verschiedener polyalphabetischer Chiffren verwendet werden wie der berühmten Vigenère-Chiffre, *siehe S.* 104–105.

Transpositionschiffren
Methode zur Neuanordnung der Zeichen eines Quelltextes, um einen Chiffrentext zu erstellen. Zu den Transpositionschiffren zählen Anagramme und die „Gartenzaun"-Transposition.

Trigramme
Häufige Folgen aus drei Buchstaben.

Verschlüsselung
Vorgang der Umwandlung eines Quelltexts in einen Chiffrentext unter Verwendung eines Algorithmus.

REGISTER

C

D

E

F

X

Y

Z

Danksagung

Dieses Buch behandelt ein ungemein komplexes Thema, und neben den auf S. 4 genannten Beratern möchten sich die Herausgeber bei folgenden Personen für ihre Fachkenntnis und ihren Rat bei den Vorbereitungen zur Veröffentlichung des Buches bedanken:

Britt Baille, Laura Cowan, Denise Goodey, Amelia Heritage, George Heritage, Julian Mannering, Tim Osborne, Alexander Stone, Caroline Stone, James Stone und John Sullivan

Mit Beratern, Graphikern, Redakteuren und Freunden, die über die ganze Welt verstreut sind, verdient auch das codierte Wunder des Internets eine Erwähnung.

Außerordentlicher Dank gebührt Christopher Davis, der dafür sorgte, dass das Projekt bis zur Veröffentlichung gelangte, und dessen Unterstützung uns bei der Zusammenstellung des Buches eine große Hilfe war.

Jedes Buch zu diesem Thema ist dem meisterhaften und gut lesbaren *Codes: Die Kunst der Verschlüsselung* von Simon Singh (2002) zu Dank verpflichtet.

Weitere Informationen findet man in folgenden Quellen:

Literatur

Friedrich L. Bauer *Entzifferte Geheimnisse* (Berlin: Springer, 2000)

Albrecht Beutelspacher *Geheimsprachen* (C.H.Beck: München, 2005)

Rudolf Kippenhahn *Verschlüsselte Botschaften* (Rowohlt: Reinbek bei Hamburg, 2005)

Simon Singh *Geheime Botschaften* (dtv: München, 2001)

Websites

www.omniglot.com

www.simonsingh.net/The_Black_Chamber.html

www.zodiackiller.com

Der Herausgeber möchte folgenden Personen und Institutionen für die Erlaubnis zur Reproduktion ihrer Bilder danken.

Schlüssel: (o-oben; u-unten; Hg-Hintergrund; m-Mitte; g-ganz; l-links; r-rechts)

akg-images: 42lo, 52-53m, 56-57mu, 58lo, 58m, 86-87m, 114mlo, 164-165Hg, 179ro, 185M, 194ru, 232mu; Elie Bernager 59ru; Französische Nationalbibliothek, Paris 59lo, 104lo, 160lo, 160lu; Archiv für Kunst & Geschichte, Berlin 112-113mu; Erich Lessing 61l, 64u, 186ru, 190lu; Musée du Louvre, Paris/Erich Lessing 43mlu; Museo Nazionale Archeologico, Neapel/Nimatallah 102-103mu; Postmuseum, Berlin 162ru; Ullstein Bild 114mu; Victoria & Albert Museum, London/Erich Lessing 201lo.
Alamy: blickwinkel 14gmlu; Mike Booth 209muU; capt.digby 152lo; Classic Image 74ru; Phil Degginger 159mo; Javier Etcheverry 19ro; Mary Evans Picture Library 9mu, 47o, 53ro, 58ru, 65ro, 72lo, 73lu, 80lo, 97mu, 109ro, 114mr, 124lu, 172-173Mu, 197mr, 260lo; Mark Eveleigh 15glo; Tim Gainey 182u; Duncan Hale-Sutton 95Mru; Dennis Hallinan 77mo, 194lo; Nick Hanna 205lu; Peter Horree 264ro; INTERFOTO Pressebildagentur 21lo, 49mo, 73ro, 96lo, 110lo, 189lu; Steven J. Kazlowski 15ru; Stan Kujawa 145mo; David Levenson 189mo; Jason Lindsey 188ru; The London Art Archive 78lo, 265u; Manor Photography 179lo; Mediacolor's 208lo; Todd Muskopf 244m; Jim Nicholson 15ro; Photo Researchers 156lo; Photos12 204lu; Phototake Inc. 277mlu; Pictorial Press Ltd 94mlu, 121ru, 125mo; The Print Collector 20mo, 36lo, 55mlu, 70b, 91ru, 113mo, 131ml, 189m; PYMCA 146m; Friedrich Saurer 167m; Sherab 187ru; Ian Simpson 18-19M Skyscan Photolibrary 74lo; Stefan Sollfors 188mlu; Stockfolio 207mo; Amoret Tanner 224l; Don Tonge 91mo; Genevieve Vallee 15mr; Vario Images GmbH & Co. KG 275ru; Mireille Vautier 157lu; Visual Arts Library, London 20ru, 33ro, 33ml, 53mu, 172m, 197mu, 242lo; Dave Watts 175mo; Ken Welsh 186mlo; Norman Wharton 45br; Tim E. White 120mlo Maciej Wojtkowiak 183mo; World Religions Photo Library 187lu, 187mlu; Konrad Zelazowski 15mo.
Amhitheatrum Sapientae Aeternae **von Heinrich Khunrath, 1606:** 52lu.
Apex News & Pictures: 155ro.
Mit freundlicher Genehmigung von **Apple Computer, Inc.:** 98mu, 271ru.
The Art Archive: 116mlu, 120lu, 211ro; Museo de América, Madrid 153m; Archäologisches Museum Chatillon-sur-Seine/Dagli Orti 102lo; Archäologisches Museum, Chora/Dagli Orti 29lo; Archäologisches Museum Sousse, Tunesien/Dagli Orti 43lo; Archives de l'Académie des Sciences, Paris/Marc Charmet 158mu; Ashmolean Museum, Oxford 57ro; Bibliothèque des Arts Décoratifs, Paris/Dagli Orti 28ro; Ägyptisches Museum, Kairo/Dagli Orti 35mr; Ägyptisches Museum, Turin/Dagli Orti 20lo; Galerie Christian Gonnet, Louvre des Antiquaires/Dagli Orti 209mu; Heraklion-Museum/Dagli Orti 28lo, 30-31; Jean Vinchon Numismatiker/Dagli Orti 212lo; Musée Cernuschi, Paris 185ru; Musée Condé, Chantilly/Dagli Orti 228lo; Musée du Louvre, Paris/Dagli Orti 46lo; Musée Luxembourgeois, Arlon/Dagli Orti 27mlo; Museo della Civiltà Romana, Rom/Dagli Orti 42mlu, 152ru; Museum von Karthago/Dagli Orti 43mr; National Gallery, London/Eileen Tweedy 195ro, 195u; National Gallery, London/John Webb 196lo; National Maritime Museum/Eileen Tweedy 92-93m; Nationalmuseet, Kopenhagen 189ru; Dagli Orti 7glu, 26m 34mu, 45mo, 85m, 190lo, 196lu; Palenque Site Museum, Chiapas/Dagli Orti 36mro; Privatsammlungvatsammlung/Marc Charmet 188mro; Ragab-Papyrusinstitut, Kairo/Dagli Orti 152ml; Science Museum, London/Eileen Tweedy 84mro; Eileen Tweedy 93mo; Mireille Vautier 185mlo; Victoria & Albert Museum, London/Sally Chappell 74mlo; Laurie Platt Winfrey 85lo.
Philippa Baile: 206lo.
The Bridgeman Art Library: Bonhams, London 198mlu; Centre Historique des Archives Nationales, Paris/Giraudon 49ru; Kathedrale von Chartres 193mro, 193ru; Fondazione Giorgio Cini, Venedig 82ml; Vadim Gippenreiter 43mu; Look and Learn 257ru; Orientalisches Museum, Universität von Durham 180mu; Prado, Madrid 242lu; Privatsammlung 54mlu, 210lo; Royal Geographical Society, London 164lo, 164lu; Santa Sabina, Rom 43ru; St Paul's Cathedral Library, London 210mr, 210u; Victoria & Albert Museum, London 181o The Worshipful Company of Clockmakers' Collection, GB 153mu.
Corbis: 6br, 120-121mu, 123ro, 123m, 187o, 214lo; The Art Archive 224lo, 246ml; Asiatische Kunst & Archäologie, Inc. 130mlu; Alinari Archive 76-77u; Richard Berenholtz 206-207mu; Bettmann 9glu, 56lo, 77ru, 78-79mu, 104u, 124ru, 129mr 134lu, 134-135m, 138mlu, 170lo, 179lu, 228-229m, 232lu, 243lo, 264lu; Stefano Bianchetti 148m; Tibor Bognár 226-227m; Andrew Brookes 6glu, 175lu; Christie's Images 82-83m, 172lu, 200mu; Dean Conger 192lu; Ashley Cooper 220-221m; Gérard Degeorge 186mr; Marc Deville 106-107m; DK Ltd 95mo; EPA 6lu, 246-247mu; Robert Essel NYC 174lo; Kevin Fleming 7ru, 38-39m; Michael Freeman 184-185m, 209ru; Rick Friedman 248lo; Gallo Images 14ro; Historisches Bildarchiv 111mo; Angelo Hornak 5ru, 192-193m; Hulton-Deutsch-Sammlung 132-133u, 133mo, 254-255mo; Kim Kulish 270lu; Massimo Listri 194mr, 218lu; Araldo de Luca 24mr; Meeresmuseum, Barcelona/Ramon Manent 166m; Francis G. Mayer 209l; Gideon Mendel 7gru, 131mu; Ali Meyer 128-129u; David Muench 18lu; Robert Mulder 45mu; Kazuyoshi Nomachi 22-23u; Charles O'Rear 208lu; Gianni Dagli Orti 20lu, 23m, 234lo; Papilio/Robert Gill 15lo; Steve Raymer 204-205hg; Roger Ressmeyer 119ro; Reuters 173mo; Reuters/Mike Mahoney 148lu; Reuters/Guang Niu 25ro; Reuters/Mike Segar 207ro; H. Armstrong Roberts 261hg; Royal Ontario Museum 209mu; Tony Savino 207lo; Stapleton Collection 57mo, 66-67m; Swim Inc. 2, LLC 122lo, 219ro; Sygma/Denver Post/Kent Meireis 139ro; Sygma/Franck Peret147ro; Sygma/Gaylon Wampler 274mu; Atsuko Tanaka 147lo; Penny Tweedie 19ru; TWPhoto 131ro; Underwood & Underwood 16ru; Werner Forman Archive 68lu, 186mu, 188ro; Adam Woolfitt 185ml; Michael S. Yamashita 249mo; Zefa/Howard Pyle 147lu; Zefa/Guenter Rossenbach 166lo; Zefa/Christine Schneider 224mu.
Dogme et Rituel de la Haute Magie **von Levi Eliphas, 1855:** 44-45m.
Mary Evans Picture Library: 32ru.
Eric Gaba: 168lo.
Getty: 175ru; AFP 156-157mu, 157ru; AFP/Frederic J. Brown 226lo; AFP/Alastair Grant 230-231mo; AFP/Stephane de Sakutin 279ru; AFP/Yoshikazu Tsuno 279mr; De Agostini Picture Library 200-201hg; Aurora/David H. Wells 183ru; Aurora/Scott Warren 17ru; Tim Boyle 265mlo; The Bridgeman Art Library/Art Gallery and Museum, Kelvingrove 75lu; The Bridgeman Art Library/Bibliothèque Nationale, Paris 106lo; The Bridgeman Art Library/Instituto da Biblioteca Nacional, Lisbon 27ru; The Bridgeman Art Library/National Museum of Karachi, Pakistan 4ru, 20mu; The Bridgeman Art Library/Privatsammlung 5lu, 90ml, 234lu; The Bridgeman Art Library/Royal Geographical Society, London 163ru; The Bridgeman Art Library/Stapleton Collection 25mu; Paula Bronstein 9lu, 227ro; Katja Buchholz 146ro; Matt Cardy 148-149m; CBS Photo Archive 263mu; Central Press 135ro; Evening Standard 118u; Christopher Furlong 50mlu, 50mu, 50-51mo, 51mr; Cate Gillon 154r; Tim Graham 14mlu, 128lu, 230mu; Henry Guttmann 229mo; Dave Hogan 55lu; Hulton Archive 29ro, 81ru, 113ro, 205mo, 231mu, 233ru; Hulton Archive/Horst Tappe 255mr; IDF 213lu; Image Bank/Ezio Geneletti 262-263m; Image Bank/Martin Puddy 98-99mu Imagno 60ru, 191l, 233mo; Kean Collection 260mlu; Keystone 235ro, 255lu; London Stereoscopic Company 132lo, Lonely Planet Images/Chris Mellor 32l; Haywood Magee 262m; Ethan Miller 218-219mu; Minden Pictures/Ingo Arndt 171ro, 171ru; Minden Pictures/Michael & Patricia Fogden 249mu, 249u; Minden Pictures/Mark Moffett 249ro; Michael Ochs Archive 94mru; NEC 270-271m; Panoramic Images 8ru, 144-145u; Photographer's Choice/Marvin E. Newman 16-17hg; Photographer's Choice/Bernard Van Berg 125ro; Picture Post/Bert Hardy 222mlo; Popperfoto 122-123; Sportschrome/Rob Tringali 222-223m; Stone/Paul Chelsey 146mu; Stone/Frank Gaglione 240-241m; Stone/Jason Hawkes 6gru, 64-65hg; Stone/Arnulf Husmo 96-97m; Stone/Nicholas Parfitt 13hg; Stone/Stephen Wilkes 144-145mo; Stone/Art Wolfe 13ru; Taxi/Christopher Bissell 274-275m; Taxi/FPG 173lo; Taxi/Elizabeth Simpson 98-99hgo; Time & Life Pictures 79ro, 108u, 121mo, 247ru, 268lo; Time & Life Pictures/Dorothea Lange 136-137; Roger Viollet 94-95m; Ian Waldie 175ro; Mark Wilson 125mu.
Prof. Jochen Gros/www.icon-language.com: 239ru.
Helsinki, Universitätsbibliothek: 244lo.
Amelia Heritage: 206lu, 225ro, 255ro.
Image courtesy **History of Science Collections, Bibliotheken der University of Oklahoma**; copyright the Board of Regents of the University of Oklahoma: 84lo.
Identification Anthropométrique **von Alphone Bertillon, 1914:** 138m.
Mit freundlicher Genehmigung von **IKEA:** 239mu.
© 2008 Intuitive Surgical Inc.: 277mo, 277cm
IOC/Olympic Museum Collections: 239mlo.
iStockphoto.com: 12lo, 24-25hg, 36-37u, 61ru, 91ro, 178m, 224cm 241mru, 245ru, 272mu, 273lu; Adrian Beesle 178lu; Nicholas Belton 68-69hg; Daniel Bendjy 212mu; Anthony Brown 9gru, 247mro; Mikhail Choumiatsky 90-91m; Lev Ezhov 273mu; Markus Gann 152lu; Vladislav Gurfinkel 200mo; Uli Hamacher 272lo; Clint Hild 69ro; Eric Hood 218lo; Hulton Archive 226mlu; Gabriele Lechner 272-273mu; Arie J. Jager 211m; Sebastian Kaulitzki 276-277hg; Mark Kostich 248mu; Matej Krajcovic 152-153hg; Arnold Lee 8lu, 240lo; Tryfonov Levgenii 68mu; Marcus Lindström 140hg; Susan Long 98lo; Robyn Mackenzie 213ro; José Marafona 49ro; David Marchal 262-263hgo; Roman Milert 5glu, 243mlo; Vasko Miokovic 210-211hg; S. Greg Panosian 179mo; Joze Pojbic 251ro; Heiko Potthoff 106lu; Achim Prill 12hg; Johan Ramberg 149ro; Stefan Redel 240mro; Amanda Rohde 158ru; Emrah Turudu 213m; Smirnov Vasily 256-257m; Krzysztof Zmij 273ro.
Susan Kare LLP: 239mr.
Kobal-Sammlung: A.I.P. 173ro; Artisan Ent 256mlu; Bunuel-Dali 235ru; MGM 273mo; Paramount 251mru; Warner Bros 263ro.
Library of Congress, Washington, D.C.: 61ro, 84lu, 84-85u, 112lo, 260mr, 261ro; Edward S. Curtis 258-259o.
Light for the Blind **von William Moon, 1877:** 243mro.
Musée Condé, Chantilly: 46mu.
Musée du Louvre, Paris: 34lo.
Museo Nazionale Archaeologico, Neapel: 103lo.
Musée des Sciences Naturelles, Brüssel: 26lo.
Museum of Natural History, Manhattan: 169mr.
National Archives, London: 75mro.
National Portrait Gallery, London: 74ro.
NASA: 250mu; ESA und H.E. Bond (STSml) 250lo; ESA und J. Hester (ASU) 250-251hg; JPL 164ru, 251lu, 251lu; MSFC 279l.
Mit freundlicher Genehmigung der **National Security Agency:** 84mu., 85mru, 119mo, 125mo.
Photo12.com: ARJ 199; Pierre-Jean Chalençon 110-111m.
Photolibrary: AGE Fotostock/Esbin-Anderson 227ru; Jon Arnold Images 48mu; Jon Arnold Travel/James Montgomery 39ru; F1 Online 28-29mu; Garden Picture Library/Dan Rosenholm 168lu; Robert Harding Travel/David Lomax 166-167m; Hemis/Jean-Baptiste Rabouan 64ru; Imagestate/Pictor 265mu; Imagestate/The Print Collector 156lu; Pacific Stock/John Hyde 248-249mo; Franklin Viola 38lu.
Philosophiae Naturalis Principia Mathematica **von Isaac Newton, 1687:** 156mo.
Privatsammlung: 22lo, 42mu, 47u, 54r, 55mo, 56lu, 60mr, 64mr, 65lo, 73ru, 87mo, 94m, 97lu, 102ml, 107mu, 115ml, 115ru, 116mlu, 117mu, 124lo, 129lo, 134lo, 139bu 158lo, 162-163mo, 164mro, 164mru, 165, 168m, 173ru, 196ru, 197lo, 197m, 201ro, 201mu, 206ro, 212ro, 212mlu, 232ru, 234-235mu, 238mr, 238mu, 254lo, 254lu, 260lu, 264lo, 264mr, 269mru, 271mo, 271ro, 272mu.
Antonia Reeve Photography: 51lu.
Relación de las Cosas de Yucatán **von Diego de Landa, 16thC:** 37lo.
Rex Features: 278lu; Greg Mathieson 65m; Sipa Press 147ru; Dan Tuffs 277mru.
Tony Rogers: 96lu.
Königlich Schwedische Akademie der Wissenschaften: 168ru.
Science and Society Picture Library: 117r, 119lo, 119ml, 152mr, 268mu, 268-269m, 269mo, 269ro, 269m, 271mo, 271mr.
Science Photo Library: 116lo.
SETI League Photo: Used by Permission 251mo.
SRI International: Image courtesy of DARPA and XVIVO 277ru.
Still Pictures: Andia/Zylberyng 179ru; Biosphoto/Gunther Michel 184lo; The Medical File/Geoffrey Stewart 171mu; Ullstein/Peters 185lo; Visum/Wolfgang Steche 167ru; VISUM/Thomas Pflaum 278lo; WaterFrame.de/Dirscherl 221ro.
Caroline Stone: 7lu, 9ru, 198mru, 201ml.
Tim Streater: 64ml.
Telegraph Media Group: 86lu.
Louise Thomas: 14-15mu, 198lo.
Times of India: 87mu.
University of Pennsylvania: 154lo.
US-Luftwaffe: 124-125m.
US-Regierung: 212ru.
The U.S. National Archives and Records Administration: 115mo, 115mu.
Courtesy of **VSI:** 278ru.
Werner Forman Archive: 32mr; Biblioteca Universitaria, Bologna 27ro; Haiphong Museum, Vietnam 180ro; Museum für Völkerkunde, Wien 21mo; Museo de América, Madrid 153mo; Nationalgalerie, Prag 18lo; Nationalmuseum, Kyoto 130mr.
John Wolff, Melbourne: 85tr.
Zodiackiller.com: 5gmr, 140mr, 141, 142-143.